Wachstumskultur

Mary C. Murphy ist Professorin für Psychologie und Neurowissenschaften an der Indiana University. Sie ist Gründerin des Summer Institute on Diversity at the Center for Advanced Study in the Behavioral Sciences der Stanford University und Gründerin und CEO des Equity Accelators, einer Forschungs- und Consulting-Organisation, die mit Schulen und Unternehmen zusammenarbeitet, um mithilfe sozial- und verhaltenswissenschaftlicher Methoden gleichberechtigtere Arbeits- und Lernumgebungen herzustellen.

Murphy leistet Pionierarbeit in der Motivations- und Leistungsforschung sowie in der Forschung zu Intergruppenbeziehungen. Ihr Hauptinteresse gilt der Frage, wie Kontexte und Situationen unser Denken, unsere Gefühlswelt und unser Verhalten prägen. Sie hat mehr als 100 Artikel in führenden wissenschaftlichen Zeitschriften veröffentlicht, und ihre Arbeit wurde unter anderem in der *New York Times*, in *Forbes*, der *Harvard Business Review*, im *Scientific American* und im *National Public Radio* besprochen. Murphy hat zahllose staatliche und private Fördergelder und Auszeichnungen erhalten und wurde 2019 mit dem Presidential Early Career Award für Wissenschaftler und Ingenieure ausgezeichnet, der höchsten staatlichen Auszeichnung für Nachwuchswissenschaftlerinnen und -wissenschaftler. Neben ihrer Tätigkeit in verschiedenen nationalen und internationalen wissenschaftlichen Gremien und Kommissionen ist sie auch gewähltes Mitglied des US-amerikanischen Verbandes für Wissenschaftsförderung.

Mary C. Murphy

Wachtums-kultur

Wie die neue Mindset-Theorie
Menschen, Teams und Organisationen
verändern kann

Mit einem Vorwort von Carol Dweck
Aus dem Englischen von Jan W. Haas

Campus Verlag
Frankfurt / New York

Die englische Originalausgabe erschien 2024 bei Simon & Schuster, Inc.,New York, unter dem Titel *Cultures of Growth. How the New Science of Mindset Can Transform Individuals, Teams, and Organizations.*

MIX
Papier | Fördert gute Waldnutzung
FSC® C089473
FSC
www.fsc.org

ISBN 978-3-593-51854-1 Print
ISBN 978-3-593-45691-1 E-Book (PDF)
ISBN 978-3-593-45690-4 E-Book (EPUB)

Umschlaggestaltung: Guido Klütsch, Köln, nach einem Design von David Fassett
Redaktion: Günter Neeßen
Satz: Oliver Schmitt, Mainz
Gesetzt aus der Minion und Gill Sans
Druck und Bindung: Beltz Grafische Betriebe GmbH, Bad Langensalza
Beltz Grafische Betriebe ist ein klimaneutrales Unternehmen (ID 15985-2104-1001).
Printed in Germany

www.campus.de

INHALT

Für Arya, Conner, Ella, Everett, Friday, Jackson,
Miles, River und Tyberius.
Für Victor, meine große Liebe.
Für euch, die Kulturgestaltenden.
Lasst uns gemeinsam Wachstumskulturen aufbauen.

VORWORT

Eines denkwürdigen Tages im Jahr 2006 betrat Mary Murphy mein Büro. Sie war damals eine von vielen bewunderte Doktorandin an unserem Fachbereich an der Stanford University. Ich freute mich daher, als sie einen Gesprächstermin mit mir vereinbarte, und war gespannt, zu hören, was sie zu sagen hatte. Damals ahnte ich noch nicht, dass es nach diesem Gespräch kein Zurück mehr geben würde.

Erlauben Sie mir, Ihnen einige Hintergrundinformationen aus der Zeit vor Mary zu geben. Die jahrzehntelange Mindset-Forschung hatte belegt, dass viele Menschen ihre Grundfähigkeiten, etwa ihre Intelligenz, als gegeben und unveränderlich betrachten. Wir bezeichnen dies als starres oder statisches Mindset, und wir haben gezeigt, dass diese Einstellung Menschen oft dazu bringt, vor Herausforderungen zurückzuschrecken, die eine niedrige eigene Kompetenz offenbaren könnten, und Fehler oder Rückschläge als Ergebnis mangelnder Fähigkeiten zu interpretieren. Sie geben daher in schwierigen Situationen schneller auf. Andere Menschen dagegen haben ein eher dynamisches, auf Wachstum ausgerichtetes Mindset – sie glauben, dass Fähigkeiten sich mit der Zeit entwickeln lassen, etwa durch harte Arbeit, gute Strategien und viel Hilfe und Unterstützung von anderen. Und wir konnten belegen, dass dieser Glaube Menschen die Kraft gibt, Herausforderungen zu ergreifen, die ihre Fähigkeiten steigern, und aus Fehlern und Rückschlägen zu lernen. Dadurch können sie ihre Ziele wirksamer verfolgen und langfristig mehr erreichen.

Als Mary an jenem Tag mein Büro betrat, sagte sie etwa Folgendes: Ich schätze Ihre Arbeit sehr und halte sie für wichtig, aber Sie gehen davon aus, dass eine Einstellung immer nur im Kopf eines

Menschen existiert. Es stimmt, Menschen neigen einer bestimmten Denkweise zu, und das kann eine große Rolle spielen. Doch auch die Umwelt, der soziale Kontext, die Organisation, in der sich ein Mensch bewegt, können eine Grundeinstellung – ein Mindset – besitzen. Dieses kann in den vorherrschenden Glaubenssätzen oder Praktiken der Gruppe oder Organisation verankert sein, und es kann deren Mitglieder stark beeinflussen, ganz unabhängig von ihren jeweiligen persönlichen Grundeinstellungen.

Nun wussten wir bereits, dass Menschen zwar oft dem einen oder anderen Mindset zuneigen, jedoch nicht unter allen Umständen. So kann beispielsweise ein großer Rückschlag oder Misserfolg dazu führen, dass Menschen in ein starres Mindset hineingeraten, obwohl sie eigentlich zu einem dynamischen Mindset tendieren. Doch Marys Idee war tiefgreifender: Sie behauptete, dass sich das Arbeits- oder Ausbildungsumfeld eines Menschen stark auf ihn auswirkt, ganz unabhängig von seiner persönlichen Grundeinstellung. Mit anderen Worten: Auch Menschen mit einem ausgeprägten dynamischen Mindset können auf Orte treffen, wo dieses ihnen nichts nützt. Diese Orte sind Umfelder mit starrer Denkweise oder – wie sie es nennt – »Geniekulturen«.

Doch wie genau kann ein schulisches oder Arbeitsumfeld ein starres Mindset haben? Nun, ihr Denken und Tun kann von der Idee durchsetzt sein, dass Fähigkeiten statisch und unveränderlich sind – demnach wären einige Menschen von Natur aus intelligent und andere nicht. Ein solches Umfeld mag eine unmittelbar perfekte Leistung schätzen, die scheinbar mühelos und ohne Irritationen erbracht wurde. Es mag Genialität höher bewerten als Lernen und Wachstum. Es mag Menschen, die augenscheinlich über geniale Fähigkeiten verfügen, höher schätzen als jene, die diese nach seiner Meinung nicht besitzen. Und unabhängig von der persönlichen Grundeinstellung wird diejenige der Umwelt oft den Sieg davontragen. Es ist schwer, große Herausforderungen anzunehmen oder Rückschläge wertzuschätzen und aus ihnen zu lernen, wenn man als intelligent oder unintelligent, würdig oder unwürdig bewertet wird.

Kurz gesagt lautete Marys Botschaft: Das Umfeld, in dem man sich bewegt, kann seine eigene Mindset-Kultur besitzen. Es kann eine Kultur sein, die davon überzeugt ist, dass alle Menschen sich entwickeln können, und diese Entwicklung wertschätzt. Oder aber eine Kultur, die an unveränderliche Fähigkeiten glaubt und diese hoch bewertet – eine Kultur, die davon ausgeht, dass manche Menschen fähiger sind und andere (dauerhaft) weniger fähig.

Wie habe ich auf Marys Ausführungen reagiert? Nun, mit heller Begeisterung. Ich erkannte sofort, dass dies eine wirklich neue und sehr bedeutsame Idee war – ein wichtiges Forschungsthema und vor allem eine gesellschaftlich bedeutsame Idee. Also sagte ich: »Packen wir's an!« Und im Handumdrehen hatte Mary ihr mittlerweile renommiertes Forschungsprojekt ins Leben gerufen.

Im Zuge ihrer Forschung hat Mary immer wieder gezeigt, dass Organisationen und Teams, die eine Wachstumskultur besitzen und diese in ihre Strategien und Praktiken einfließen lassen, Mitarbeitende haben, die motivierter und engagierter, solidarischer, kreativer und innovativer sind. Diese Mitarbeitenden neigen auch weniger zu Täuschungsmanövern, unzulässigen Abkürzungen oder Ideendiebstählen. Universitätsdozentinnen und -dozenten, denen es gelingt, ein auf Wachstum ausgerichtetes Mindset zu etablieren, haben Studierende, die motivierter sind, mehr lernen und bessere Noten erzielen. Eine solche Wachstumskultur wertschätzt jeden einzelnen Menschen, unterstützt ihn bei der Entwicklung seiner Fähigkeiten und schafft die nötigen Bedingungen dafür, dass er einen wertvollen Beitrag leisten kann. In einer solchen Kultur kommen großartige Ideen und Beiträge von zahlreichen Menschen auf allen Hierarchieebenen und aus allen Bereichen einer Organisation – und nicht nur von jenen, die als brillant, talentiert oder »High Potentials« identifiziert wurden.

Ich kann gar nicht genug betonen, wie neu und wertvoll diese Perspektive war. Sie bedeutete, dass es nicht mehr genügte, Mitgliedern einer Organisation oder eines Kurses die Vorzüge eines dynamischen Mindsets zu vermitteln. Es lag nicht mehr ausschließlich in ihrer persönlichen Verantwortung, so zu handeln, wie ein auf Wachstum orientiertes Mindset es erfordert. Vielmehr war es nun Aufgabe der Organisations- oder Kursleitung, eine Wachstumskultur zu errichten; eine Kultur, deren Praktiken alle Beteiligten motiviert und unterstützt und ihre Lern- und Entwicklungsanstrengungen belohnt. Doch Marys Einfluss ging über diese Erkenntnis noch hinaus. Sie inspirierte uns alle, die wir über Mindsets forschen, herauszufinden, wie wir dazu beitragen könnten, solche Kulturen zu erschaffen – indem wir nämlich geeignete Praktiken, die Lehrende oder Führungskräfte wirksam einsetzen können, entwickeln und gründlich testen. Meine anfängliche Begeisterung über Marys Idee ist mit der Zeit nur gewachsen.

Inzwischen hat Mary zahllose Organisationen weltweit untersucht und mit ihnen zusammengearbeitet, darunter sowohl »Geniekulturen« als auch »Wachstumskulturen«. Sie hat erfahren, was diese Kulturen im Einzelnen charakterisiert, wie sie funktionieren und wie sich jedes der beiden Mindsets auswirkt. In diesem Buch teilt sie uns diese faszinierenden und unglaublich wertvollen Erkenntnisse mit, mit deren Hilfe Organisationen und Gruppen jeder Art auf den Wachstumspfad gelangen können – und so Kulturen errichten können, die alle Mitglieder darin unterstützen, ihr volles Potenzial zu entfalten und zur Produktivität, Entwicklung und zum Erfolg des großen Ganzen beizutragen. Wäre es nicht toll, wenn das auf nationaler oder gar weltweiter Ebene geschähe? Dieses Buch gibt die Anleitung dazu.

Prof. Dr. Carol S. Dweck

Fachbereich Psychologie, Stanford University
Autorin von *Mindset (Selbstbild: Wie unser Denken Erfolge oder Niederlagen bewirkt)*
Stanford, Kalifornien

EINLEITUNG

Stellen Sie sich die folgende Situation vor: Es ist Ihr erster Tag im neuen Job, und Sie sind voller Energie. Jahrelang haben Sie sich vorgestellt, wie es wohl wäre, hier zu arbeiten, und nun haben Sie es geschafft – Sie haben eine der begehrten Positionen in einem der angesagtesten Unternehmen Ihrer Branche ergattert. Natürlich wird es eine Herausforderung sein, aber Sie fühlen sich gut gerüstet. Darüber hinaus bietet der Job fantastische Lernchancen – Sie können es gar nicht erwarten, endlich loszulegen!

Sie blicken auf die Uhr und stellen fest, dass es Zeit für Ihre erste montägliche Teamkonferenz ist. Der Konferenzraum füllt sich langsam, und ein geschäftiges Raunen erfüllt die Luft. Der Mann neben Ihnen stellt sich vor. »Sie sind also die neue Mitarbeiterin/der neue Mitarbeiter, an welcher Uni haben Sie studiert?« Sie sagen es ihm und er nickt. »Nicht schlecht. Ich habe einen Doppelabschluss vom MIT.« Das Meeting beginnt, und als der Chef die Projektleiter um ein Status-Update bittet, gibt jeder mit seinen Erfolgen an. Als sich herausstellt, dass eine wichtige Deadline verpasst wurde, stellt sich eine angespannte Stimmung ein; es gibt viele Schuldzuweisungen, aber keine klare Begründung. Schließlich bittet der Chef um Vorschläge, wie ein heikles Problem, welches das Team aufgehalten hat, gelöst werden kann. Sie sind versucht, sich zu melden, da Sie glauben, einen guten Vorschlag zu haben, doch Sie halten sich zurück. Angesichts dessen, was Sie soeben erlebt haben, befürchten Sie, womöglich danebenzuliegen. Was wäre, wenn Ihre Idee gar nicht so gut ist? Was werden Ihr Chef und die anderen von Ihnen denken? Sie beschließen, dass es vielleicht besser ist, einfach den Mund zu halten.

Am Ende des Meetings haben Sie ein komisches Gefühl in der Magengrube. Vielleicht haben Sie einen Fehler gemacht. Vielleicht haben Sie doch nicht die nötigen Kompetenzen.

Spulen wir nun einmal zurück und betrachten ein anderes Szenario.

An ihrem ersten Arbeitstag sind Sie voller Energie und blicken auf die Uhr. Es ist Zeit für die montägliche Teamkonferenz. Nachdem sich alle vorgestellt haben, sagt der Chef: »Ich weiß, dass Sie wertvolle Kompetenzen und Erfahrungen ins Team einbringen werden. Wir freuen uns, dass Sie dabei sind.« Es folgen die Status-Updates, und die Projektleiter berichten über ihre Erfolge, aber auch über eine Herausforderung, mit der sie gerade kämpfen, und das Team macht Vorschläge, wie diese bewältigt werden könnten. Eine wichtige Deadline wurde verpasst, und anstelle von Schuldzuweisungen bespricht das Team, was man daraus lernen kann, wie die Prozesse umgestellt werden könnten, damit Ähnliches nicht wieder passiert, und was man tun möchte, um den nächsten Meilenstein zu erreichen. Schließlich bittet der Chef um Vorschläge, wie ein heikles Problem, welches das Team aufgehalten hat, gelöst werden kann. Sie lassen erst die anderen reden, aber als Sie erkennen, dass Sie einen Vorschlag haben, der noch nicht zur Sprache kam, melden Sie sich, und Ihre Idee trifft auf begeisterte Zustimmung.

Am Ende des Meetings haben Sie das Gefühl, dass Sie Teil eines großen Ganzen sind. Sie erkennen, wie das Team miteinander Probleme bearbeitet, innovative Lösungen findet und Risiken eingeht. Sie freuen sich auf die künftigen Herausforderungen und Chancen!

So sehen zwei unterschiedliche Kulturen aus: eine von einem starren Mindset geprägte Kultur – ich nenne sie *Geniekultur* – und eine von einem dynamischen Mindset geprägte Kultur – mit anderen Worten, eine *Wachstumskultur*. Wie Sie bereits anhand dieser beiden kurzen Beispiele erkennen können, ist es, was individuelle, Team- und Unternehmensleistung betrifft, bedeutsam, in welcher Kultur man sich bewegt. Von Anfang an.

Im Verlauf dieses Buches werde ich den Unterschied zwischen diesen beiden Kulturen eingehend erläutern, möchte aber schon hier erwähnen, dass Satya Nadella sich gleich nach seinem Amtsantritt als CEO von Microsoft öffentlich dazu verpflichtete, die Kultur des Unternehmens umzugestalten. Er wusste, dass der Erfolg von Microsoft von dessen Fähigkeit abhing, die innovativsten und kreativsten Produkte zu entwickeln, und fragte sich: »Wie kann ein auf Wachstum ausgerichtetes Mindset uns dabei helfen, das zu schaffen?«[1] Mit anderen Worten: Wie können Unternehmen eine solche Grundeinstellung nicht nur in die Praxis umsetzen, sondern sie auch dazu nutzen, einige ihrer größten Herausforderungen zu meistern?

Als Nadella 2014 Microsoft übernahm, lag der Aktienkurs des Unternehmens bei rund 36 Dollar.[2] Im November 2021 erreichte er einen Spitzenwert von 340 Dollar, und auch beim Crash an den Technologiebörsen im Folgejahr hielt er sich wacker.[3] Microsoft löste sich von seiner starken Abhängigkeit von Windows und entwickelte sich zu einem Konkurrenten des Giganten Amazon Web Services um Marktanteile im Cloud-Computing-Segment. 2021 erreichte es als zweites US-Unternehmen (nach Apple) einen Marktwert von 2 Billionen Dollar.[4] Microsoft wird oft als Fallbeispiel für die Anwendung dieser oder jener Strategie herangezogen, und wenn es hier in einem weiteren Buch geschieht, mag das bei manch einem vielleicht ein Gähnen auslösen. Doch die meisten Erfolge, für die das Unternehmen gelobt worden ist, beruhen auf einem einzigen Ideal: Nadellas Entschlossenheit, eine auf einem dynamischen Mindset beruhende Kultur im Unternehmen zu verankern. Heute dreht sich in der Welt der Datenverarbeitung alles um die Verheißungen der künstlichen Intelligenz, und Microsoft versucht, die allgemeine Arbeitsplatzkultur zu verbessern, indem es der Technologie die Aufgabe stellt, uns dabei zu helfen, unser auf Wachstum ausgerichtetes Mindset öfter auszuleben. Nach einigen hochnotpeinlichen Schnitzern ihres Chatbots Tay[5] (und später Bing)[6] wies Nadella sein Technikerteam an, geeignete Methoden zu entwickeln, um ihre Produkte inklusiver und wachstumsorientierter zu machen.

Meine Mitarbeitenden und ich nehmen an diesen Anstrengungen teil und arbeiten gemeinsam an der Entwicklung KI-basierter Werkzeuge, mithilfe deren Lehrende sowie Managerinnen und Manager in ihren Kursen und Teams Kulturen entwickeln können, die auf einer Wachstumshaltung beruhen.

Doch was genau macht eine solche Kultur aus? Welche Verheißung verbirgt sich dahinter, wie sieht sie in der Praxis aus und wie stellt sich der Übergang zu einer solchen Kultur dar? In diesem Buch beantworte ich diese Fragen. Darüber hinaus zeige ich Ihnen, dass Kulturen, die auf einem dynamischen Mindset fußen, nicht nur in großen Unternehmen die Leistungen steigern, sondern auch in Schulen und Universitäten, gemeinnützigen Stiftungen oder Sportmannschaften … im Grunde überall dort, wo zwei oder mehr Menschen zusammenarbeiten. (Nebenbei: Drei der vier Teams, die 2023 die Endspielserie der US-Basketballmeisterschaften erreichten, waren wachstumsorientiert; mit anderen Worten, ihre Trainer oder Mannschaftskapitäne hatten öffentlich für einen auf Wachstum ausgerichteten Ansatz plädiert.)[7] Wir betrachten auch die neuesten Forschungsergebnisse zu individuellen Mindsets und deren Berührungspunkte mit unseren Erkenntnissen zu Mindset-Kulturen.

Die von Microsoft durchlaufene Transformation verdankt sich zu großen Teilen der Tatsache, dass Nadella das Buch *Mindset* von Carol Dweck gelesen hat. Es erschien zuerst 2006, hat inzwischen mehr als sieben Millionen Leserinnen und Leser gefunden und wurde in mehr als 40 Sprachen übersetzt. Der Begriff bezieht sich auf unsere Vorstellungen bezüglich der Formbarkeit von Intelligenz: ob diese im Wesentlichen statisch oder aber entwicklungsfähig ist. Das Konzept des Mindsets hat unser Verständnis des menschlichen Geistes revolutioniert. Wer die Grundeinstellung eines Menschen kennt, kann vorhersagen, wie er auf Herausforderungen und Angriffe reagiert, welche Ziele er vermutlich verfolgt und wie er sich verhalten wird. Menschen mit starrem Mindset geben oft auf, wenn sie frustriert sind, gehen beim Lernen und in ihrer Entwicklung geringere Risiken ein und neigen dazu, Fehler zu vertuschen.

Ich lernte Carol 2006 als Doktorandin kennen. Die Erkenntnis, dass Mindsets nicht nur individuell, sondern auch im Umgang mit anderen Menschen – und insbesondere in Gruppen – bedeutsam sind, verblüffte mich. Ob man zu einem gegebenen Zeitpunkt auf Basis einer starren oder einer auf Wachstum ausgerichteten Grundeinstellung handelt, entscheidet sich nicht unbedingt in erster Linie zwischen den beiden Ohren – sondern außerhalb des Körpers. Sie haben richtig gelesen: Mindsets sind nicht nur ein Ausfluss des eigenen Denkens. Inzwischen bin ich Carols Kollegin und forsche seit mehr als einem Jahrzehnt gemeinsam mit ihr zu der Frage, wie Mindsets sich auf Gruppen und Organisationen auswirken. Die Ergebnisse unserer Untersuchungen sind transformativ und verändern grundlegend unser Verständnis der Funktionsweise von Systemen und Teams. Und sie zeigen, wie stark wir einander beeinflussen.

Denken Sie einmal an einen Fisch, der in einem See herumschwimmt. Zu behaupten, dass Mindsets rein individuelle Eigenschaften sind, hieße, zu behaupten, dass das Verhalten dieses Fisches nur von ihm allein abhängt. Eine solche Sichtweise ignoriert vollständig, was im Wasser geschieht (etwa die Bewegungen der anderen Fische). Übertragen bedeutet dies, dass die Mindset-Kultur, in der wir Menschen »schwimmen«, unsere Gedanken, unsere Motivation und unser Verhalten tiefgreifend beeinflusst.

Mir ist bewusst, dass heutzutage vor allem in westlichen Kulturen alles um persönliche Handlungsfähigkeit kreist. Egal, was um uns herum geschieht: Wir können lernen, unser Denken so zu beherrschen, dass wir am Ende alles unter Kontrolle haben – so jedenfalls lautet die verbreitete Ansicht. Diese Vorstellung dient oft dazu, Individuen die Schuld zuzuweisen und vom Versagen von Organisationen abzulenken. Mein Ziel ist es nicht, irgendjemandem seine Handlungsfähigkeit oder seine Fähigkeiten abzusprechen, doch ich möchte die bedeutenden Einflüsse herausstellen, die von außen auf uns einwirken. Wir prüfen unser Umfeld, um dessen Normen und die an uns gerichteten Erwartungen festzustellen und zu erkennen, wie wir erfolgreich sein und Bewunderung auf uns ziehen können. Diese Informationen leiten wir aus der Kultur ab.

Unternehmen können eine Kultur haben, die statische Fähigkeiten preist und belohnt. In der Folge bewundern und loben solche Unternehmen Menschen, die als brillant gelten, und tadeln solche, die da nicht mithalten können. Wie würden Sie in einer solchen Kultur handeln? Was wäre Ihr Ziel? Gegen die Kultur anzukämpfen wäre wie gegen den Strom zu schwimmen. Natürlich kann man das tun, doch wahrscheinlich ist es nicht.

Eine auf einem dynamischen Mindset fußende Kultur schätzt, fördert und belohnt persönliches Wachstum und Entwicklung aller ihrer Mitglieder. Natürlich dürfen auch solche Unternehmen die Zahlen nicht aus dem Blick verlieren, doch sie eint folgender Glaubenssatz: Erfolg und Gedeihen hängen davon ab, dass Menschen auf eine Weise lernen, wachsen und sich entwickeln, die sie und das Unternehmen voranbringt.

Die Mindset-Kultur, in der wir uns bewegen, prägt uns auch auf einer tieferen Ebene: Sie verändert unser Selbstbild. So übernehmen wir vielleicht schleichend und oft unbewusst das Mindset unserer Organisation, und das wirkt sich wiederum darauf aus, wie wir andere Menschen wahrnehmen und beurteilen. Dies setzt einen sich selbst verstärkenden Kreislauf in Gang, innerhalb dessen wir die Mindset-Kultur immer nachdrücklicher in uns verankern.

Jede Ansammlung von Menschen ist von einer Mindset-Kultur geprägt. Tatsächlich haben aber die meisten Organisationen nicht die geringste Vorstellung davon, wie ihre Mindset-Kultur aussieht und wie sie die Gruppe und deren Ergebnisse beeinflusst. Im Verlauf dieses Buches werde ich zeigen, wie Mindset-Kulturen Gruppen jeder Art prägen, sei es am Arbeitsplatz, in Schulen, Familien, Sportgruppen oder auch anderswo. Dabei verwende ich aus Gründen der Lesefreundlichkeit jeweils die Begriffe »Organisation«, »Führungskräfte« und »Beschäftigte« oder »Angestellte«. Sie sollten aber wissen, dass sich eine auf einem dynamischen Mindset beruhende Kultur in nahezu jedem Umfeld fördern lässt, nicht nur am Arbeitsplatz.

Mindsets sind nicht etwas, das in unserem Körper gefangen ist, sondern sie lassen sich am besten als Interaktionssystem zwischen drei konzentrischen Kreisen begreifen: Ihr persönliches Mindset wird oft durch die lokale Mindset-Kultur Ihrer Gruppe oder Ihres Teams beeinflusst, welche wiederum durch die Mindset-Kultur der Gesamtorganisation beeinflusst wird. Wie auch bei Individuen sind diese Kulturen nicht entweder statisch oder wachstumsorientiert, sondern bewegen sich entlang eines Kontinuums. Im Verlauf unserer zehnjährigen Forschungsarbeiten haben mein Team und ich die beiden Extreme dieses Kontinuums der Mindset-Kulturen identifiziert: Wir bezeichnen sie als Geniekultur und Wachstumskultur.

Der Begriff »Geniekultur« klingt reizvoll, nicht wahr? Doch denken Sie an verschiedene Führungskräfte, die sinnbildlich für eine solche Kultur stehen. Da wäre zunächst Elizabeth Holmes, CEO von Theranos, die ihr Studium an der Stanford University abbrach, um mit Unterstützung einiger dortiger Lehrkräfte, die glaubten, die nächste Silicon-Valley-Revolutionärin entdeckt zu haben, ein mittlerweile berüchtigtes Bluttest-Unternehmen zu gründen. Als sich herausstellte, dass Holmes nicht nur ihr Versprechen nicht einlösen konnte, sondern auch über die Probleme des Unternehmens gelogen hatte, wurde sie wegen Betrugs und Verschwörung angeklagt und für schuldig befunden.[8] Dann wäre da Arif Naqvi, der in ähnlicher Weise als Impact-Investor auftrat und dessen Private-Equity-Fonds Abraaj sich vorgeblich für einen »verantwortungsbewussten Kapitalismus« einsetzte, der zum Allgemeinwohl beitrage. Wie Holmes blendete Naqvi Investoren, die er mit seiner scheinbaren Genialität beeindruckte, doch tatsächlich war alles nur Schall und Rauch: Naqvi erleichterte den Fonds um 780 Millionen Dollar.[9] Ein drittes Beispiel ist Charlie Javice, CEO von Frank, einem Unternehmen, das Studierenden Finanzhilfe anbot und von Javice als »Amazon der Hochschulbildung« bezeichnet wurde. Javice gelang es, einige Investoren von ihrem Vorhaben zu begeistern, und sie stieg rasch zum Darling der Tech-Medien auf. Später jedoch verklagte das US-Justizministerium sie aufgrund »falscher und dramatischer Aufblähung der Kundenzahlen« mit dem Ziel, JPMorgan Chase zum Erwerb des Unternehmens für eine stolze Summe zu bewegen.[10]

Eine Geniekultur ist Resultat einer statischen Denkweise. Sie ist geprägt von dem Glauben, dass Talente und Fähigkeiten angeboren sind – entweder hat man sie oder nicht. Eine Geniekultur bewertet Scharfsinn und Intelligenz am höchsten, insbesondere, wenn beides natürlich angelegt zu sein scheint. Sie blickt nahezu ausschließlich auf hohe statische Intelligenz. Wer sich um einen Job in einer derartigen Organisation bewirbt, stellt daher seinen IQ, seine Testergebnisse sowie seine akademischen und intellektuellen Auszeichnungen und Leistungen heraus, in der Hoffnung, als würdig und als Mitglied des kleinen Kreises von Auserwählten betrachtet zu werden.[11]

Wachstumskulturen hingegen suchen zwar auch nach klugen Köpfen, wollen aber, dass diese hoch motiviert sind und sich darauf freuen, ihre Fähigkeiten durch Lernen, das Ausprobieren neuer Strategien und die bedarfsweise Inanspruchnahme von Unterstützung zu entwickeln. Folglich stellen Bewerberinnen und Bewerber nicht nur ihre Erfolge heraus, sondern auch die Herausforderungen, die sie auf dem Weg dorthin gemeistert haben, ihr Engagement und ihren Wunsch, sich weiterzuentwickeln. Im Mittelpunkt einer Wachstumskultur steht der Glaube, dass Talente und Fähigkeiten mithilfe geeigneter Strategien, Mentoring und Unterstützung seitens der Organisation entwickelt und aufgewertet werden können.

Genauso wie individuelle Denkweisen klare Rückschlüsse auf künftige Verhaltensweisen und Ergebnisse zulassen, gilt dies auch für Mindset-Kulturen. Die Forschung belegt eindeutig, dass sich anhand des Mindsets einer Organisation der Erfolg ihrer Mitglieder, Teams und der Gesamtorganisation vorhersagen lässt. Es beeinflusst, ob Menschen zusammenarbeiten; ob sie innovative Ideen und Lösungen entwickeln; ob sie bereit sind, Risiken einzugehen; ob sie ethisch problematische Verhaltensweisen wie das Horten von

Informationen, das Vertuschen von Fehlern oder den Diebstahl von Ideen an den Tag legen; und schließlich, ob das Unternehmen von den Einsichten und Talenten von Menschen aus diversen Gruppen profitiert oder nur über eine beschränkte Perspektive verfügt. In diesem Buch werden Sie erfahren, wie Satya Nadella eine Wachstumskultur etabliert hat, welche die Anlagestrategie von Microsoft ebenso prägt wie die Fähigkeit des Unternehmens, mit Apple und anderen Wettbewerbern zusammenzuarbeiten sowie technische Fehlschläge zu überwinden. Sie werden zudem weitere Erfolgsgeschichten von Wachstumskulturen kennenlernen, etwa jene von den zwei Schwestern, die mithilfe eines lösungsorientierten Ansatzes den Weinmarkt revolutionierten, um hochwertige Produkte einem größeren und breiter gefächerten Kundenkreis zugänglich zu machen, oder jene darüber, wie der Glaube an die Lernfähigkeit aller Studierenden die Lehre an einem Community College revolutionierte und die Leistungen dramatisch verbesserte.

Zum Glück lässt sich das Mindset einer Organisation bewusst formen. In meiner Arbeit mit Führungskräften, Managern und Mitarbeitern habe ich das Vermögen von Wachstumskulturen, Menschen zu motivieren und den Erfolg von Individuen und Organisationen zu steigern, mit eigenen Augen gesehen. Wir haben herausgefunden, wie man Organisationen dabei unterstützen kann, ein auf Wachstum ausgerichtetes Mindset in eine konkrete Form zu gießen und zu fördern. Wir haben entdeckt, was die Mindset-Kultur eines Unternehmens formt und wie man Strategien, Praktiken und Normen so verändert, dass Menschen in eine dynamische Grundeinstellung hineinwachsen.

Darüber hinaus haben wir die Verbindung zwischen Mindset-Kultur und Diversität sowie Inklusion entdeckt: Das Mindset einer Organisation entscheidet darüber, ob es ihr gelingt, aus einer Vielzahl von Gruppen Menschen zu identifizieren, zu rekrutieren und an sich zu binden. Diese Erkenntnis hat uns zur Gründung des Equity Accelerators bewegt, der ersten Forschungseinrichtung in den USA, die ihre Anstrengungen gezielt darauf richtet, sozialwissenschaftliche und Verhaltensforschung zur Herstellung – und Sicherung – von gleichberechtigteren Lern- und Arbeitsumgebungen einzusetzen. Die Förderung inklusiver Kulturen, die von einem auf Wachstum ausgerichteten Mindset geprägt sind, ist eine Hauptaufgabe dieser Einrichtung, und ich werde Ihnen zeigen, wie Sie dies in Ihren eigenen Teams umsetzen können.

In diesem Buch stelle ich Ihnen die wegweisenden Forschungsergebnisse vor, die Ihnen zeigen, wie Sie und Ihr Team gemeinsam ein auf Wachstum ausgerichtetes Mindset entwickeln können. Wir beschreiben, wie bekannte Unternehmen und Organisationen in einer Vielzahl von Branchen die Art und Weise, wie ihre Mitarbeiter zusammenarbeiten, verändert und Wachstumskulturen geschmiedet haben. Wir tauchen ein in die Welt der Bildung, der gemeinnützigen Organisationen, des Sports und anderer Bereiche, um zu zeigen, dass Wachstumskulturen überall florieren können – etwa im US-Bundesstaat New York, wo ein Schulinspektor die Mindset-Kultur seines Schuldistrikts neu justierte und dadurch massive Ungerechtigkeiten, denen nichtweiße Kinder seines Distrikts ausgesetzt waren, beseitigen konnte. Oder in einer als Stiftung gegründeten Bäckerei, welche die Prinzipien eines dynamischen Mindsets auf ihre Personalrekrutierung und -entwicklung anwandte und so berufliche Aufstiegsmöglichkeiten für ehemalige Häftlinge geschaffen hat, während sie gleichzeitig ein hoch erfolgreiches Geschäft betreibt.

Das Wichtigste zum Schluss: Ich werde Ihnen zeigen, wie Sie sich selbst dazu anregen können, in ein dynamisches Mindset zu gelangen und auch Ihr Umfeld damit zu inspirieren, sodass Ihr Team eine Wachstumskultur entwickelt. Dieses Buch steckt voller Übungen, Werkzeuge und Praktiken, mit deren Hilfe Sie gleich heute loslegen und die Zusammenarbeit innerhalb Ihrer Organisation verändern können. Sie werden erkennen, welche Auslösereize Sie in Richtung Ihres starren beziehungsweise dynamischen Mindsets treiben (kleiner Hinweis: Wir alle tragen beide Mindsets in uns). Darüber hinaus werden Sie lernen, wie Sie die Reize, die Sie in ein starres Mindset hineintreiben, umkehren und in Situationen verwandeln können, die Sie inspirieren und in denen Sie sich entwickeln können. Von dieser hohen Warte aus werden Sie anderen dabei helfen können, dasselbe zu erreichen – und so die gewünschte Wachstumskultur zu entwickeln.

Dieses Buch wird Ihr Wissen über Mindsets verändern und schärfen. Sie werden neue, evidenzbasierte Einsichten und Strategien kennenlernen, von denen Sie persönlich, Ihr Team und Ihre Organisation profitieren können. In Teil I nehmen wir einen Mindset-Neustart vor und werfen einen frischen Blick auf die Funktionsweise von Mindsets. In Teil II betrachten wir Mindsets von Organisationen und untersuchen, wie sich diese auf fünf zentrale Bereiche auswirken:

- *Zusammenarbeit:* Möchten wir mit unseren Kolleginnen und Kollegen eher konkurrieren oder kollaborieren?
- *Innovation:* Gelingt es uns, neue Ideen zu entwickeln, oder sind wir gezwungen, das Alte beständig zu wiederholen?
- *Risikobereitschaft und Resilienz:* Sind wir bereit, etwas zu riskieren, oder wollen wir lieber auf Nummer sicher gehen?
- *Redlichkeit und ethisches Verhalten:* Sind Abkürzungen und Regelbrüche erlaubt, um Leistungserwartungen zu erfüllen, Fehler zu vertuschen oder den eigenen Ruf aufzubessern?
- *Vielfalt, Gleichstellung und Inklusion:* Wollen wir eine Belegschaft rekrutieren und an uns binden, die sich durch eine Vielzahl von Talenten und Sichtweisen auszeichnet, oder möchten wir unsere Einstellungspolitik auf einen eng gefassten Erfolgsprototypen gründen?

Ich werde Ihnen zeigen, wie Sie das Mindset Ihrer Organisation und dessen Einflussfaktoren identifizieren können, um anschließend den Hebel dauerhaft in Richtung Wachstum umzulegen. In Teil III betrachten wir, wie Auslösereize unser individuelles Mindset beeinflussen. Ich stelle Ihnen dort die vier typischen situativen Reize vor, die uns in Richtung unseres statischen beziehungsweise dynamischen Mindsets bewegen:

- Situationen, in denen unsere Anstrengungen beurteilt werden;
- Situationen, in denen wir auf schwierige Herausforderungen treffen;
- Situationen, in denen wir kritisches Feedback erhalten;
- Situationen, in denen wir mit den Erfolgen anderer konfrontiert werden.

Sie werden lernen, zu erkennen, welche Situationen Sie zumeist in eine bestimmte Richtung entlang des Kontinuums treiben und wie Sie Ihr dynamisches Mindset öfter aktivieren können.

Doch obwohl jeder Einzelne viel tun kann, können wir nicht alles allein schaffen. Unsere besten und größten Leistungen entstehen aus der Zusammenarbeit mit anderen, denn nur gemeinsam können wir unser volles Potenzial abrufen. Mindsets sind eine Teamaufgabe, und ich möchte Sie ermutigen, das Gelernte mit anderen zu teilen. Eine Wachstumskultur zeichnet sich dadurch aus, dass sie allen Beteiligten zu Wachstum verhelfen will. Das gelingt nur, wenn wir uns in unser dynamisches Mindset begeben, die Ärmel hochkrempeln und es gemeinsam anpacken.

Teil I

MINDSETS: EINE NEUBETRACHTUNG

1

DAS MINDSET-KONTINUUM

Wir haben Mindsets bislang völlig missverstanden. Nun gut, nicht *völlig*, aber wir haben das Konzept allzu sehr vereinfacht – zu unserem Nachteil.

»Mindset« scheint ein leicht verständliches Konzept zu sein: Entweder glaubt man, dass Intelligenz und Begabung weitgehend festgelegt und unveränderlich sind, oder man ist davon überzeugt, dass sich beides nähren und entwickeln lässt. Doch wenn Sie an Ihre eigenen Erfahrungen denken, spüren Sie vielleicht, dass dieses Gegensatzpaar, dieses Entweder-oder, unterkomplex ist.

Erinnern Sie sich einmal an eine Situation, in der Sie vor einer Herausforderung standen. Wie haben Sie darauf reagiert? Nehmen wir an, dass Ihre Vorgesetzte Sie um Vorschläge für die Beschaffung von Geldmitteln bat, um ein erwartetes Defizit auszugleichen. Vielleicht sind Sie auf Nummer sicher gegangen und haben nur Initiativen vorgeschlagen, die sich mit dem deckten, was die Organisation in der Vergangenheit bereits gemacht hatte. Vielleicht erkannten Sie in der Bitte aber auch die Chance, etwas Neues auszuprobieren, und gaben sich Mühe, ungewöhnliche Lösungen zu entwickeln, die über herkömmliche Öffentlichkeitsarbeit und Veranstaltungen hinausgingen. Oder Sie listeten zunächst die üblichen Ideen auf, beschlossen aber dann, über den Tellerrand hinauszublicken.

Tatsächlich hat niemand *ausschließlich* ein starres oder ein dynamisches Mindset. Zwar mögen wir das eine oder andere Mindset bevorzugen, doch wir besitzen beide – und jeder von uns wechselt zwischen beiden hin und her. Zudem gilt: Wenn wir uns von einem starren zu einem dynamischen Mindset hinbewegen, fühlt sich das nicht unbedingt so an, als würde ein Schalter umgelegt; oft gleicht es mehr dem Drehen an einem Dimmer.

Das Mindset bewegt sich entlang eines Kontinuums. Wo wir uns zu einem gegebenen Zeitpunkt auf diesem Kontinuum befinden, entscheidet sich oft anhand unserer aktuellen Situation und der Menschen in unserem Umfeld.[1]

Doch unser herkömmliches Denken über Mindsets spiegelt diese Komplexität nicht wider. Seit Carol Dweck das Konzept erstmals vorgestellt hat,[2] ist in Hörsälen und in den sozialen Medien immer wieder folgende Darstellung zu sehen:[3]

Dynamisches Mindset	Statisches Mindset
Ich kann alles lernen, was ich will.	Entweder ich kann's oder ich kann's nicht.
Wenn ich frustriert bin, mache ich beharrlich weiter.	Wenn ich frustriert bin, gebe ich auf.
Ich suche nach Herausforderungen.	Ich schätze Herausforderungen nicht.
Ich lerne aus Misserfolgen.	Aus Misserfolgen ziehe ich den Schluss, dass ich es nicht kann.
Sag mir, dass ich mich anstrenge.	Sag mir, dass ich schlau bin.
Dein Erfolg inspiriert mich.	Dein Erfolg bedroht mich.
Meine Anstrengungen und meine Einstellung sind entscheidend.	Meine Fähigkeiten sind entscheidend.

Abbildung 1: Welches Mindset haben Sie?

Woran krankt diese Abbildung? Es stimmt, Menschen neigen von Natur aus unterschiedlichen Mindsets zu, doch der reine Blick auf unsere Köpfe impliziert, dass sich Mindsets ausschließlich dort entwickeln. Zudem beschränken wir uns auf ein Entweder-oder. Wir sollen bestimmen, welches Mindset wir haben – mit anderen Worten, es kann nur das eine oder das andere sein. Erkennen Sie die Ironie? Zu glauben, dass wir immer entweder das starre oder das dynamische Mindset verkörpern, ist eine sehr starre Sichtweise auf das Mindset-Konzept!

Das obige Bild beinhaltet auch eine klare Präferenz: Dynamisch ist gut und starr ist schlecht. Zwar haben Menschen und Kulturen, die ein eher dynamisches Mindset besitzen, viele bewundernswerte Qualitäten, wie wir noch sehen werden. Doch dieses Missverständnis hat zu einer Moralisierung des Mindset-Begriffs geführt; das gilt vor allem für das US-amerikanische Bildungssystem und für Unternehmen, die sich diesem Konzept verschrieben haben. Wenn wir Mindsets als starre Eigenschaft betrachten, die einem Individuum innewohnt, und wenn wir glauben, dass eine Person mit Mindset A ein besserer Mensch ist als eine Person mit Mindset B, dann lässt sich das Konzept leicht dazu missbrauchen, Menschen in Schubladen einzusortieren. Es bedeutet auch, dass wir dem Einzelnen die Pflicht aufbürden, sich zu ändern, anstatt den Kontext und die Kultur zu berücksichtigen, die Mindsets hervorbringen und verstetigen.[4]

Mindset-Kulturen entstehen außerhalb von Individuen als aktive, gemeinschaftliche Entwicklung. Dennoch konzentrieren sich Führungskräfte oft auf individuelle Mindsets, so als ob es genügte, Angestellte mit »dynamischem Mindset« zu rekrutieren und an sich zu binden, um eine auf Wachstum ausgerichtete Unternehmenskultur zu etablieren. Viele Schulsysteme haben meine Kollegen und mich gefragt, ob es Beurteilungsverfahren gebe, die es ihnen ermöglichen würden, Lehrkräfte auf ihr starres beziehungsweise dynamisches Mindset hin zu überprüfen. Investmentfirmen haben mich gebeten, derartige Beurteilungsverfahren zu entwickeln, anhand deren sie entscheiden wollten, in welche Unternehmungen sie investieren. Oft möchten Organisationen solche Bewertungen bei der Personalauswahl heranziehen. Dem liegt die Annahme zugrunde, dass (a) Mindsets statisch sind, (b) Mindsets rein individuell sind und (c) solche Beurteilungsverfahren die »Wahrheit« über das Mindset des Individuums ans Licht bringen werden – ob also er oder sie ein dynamisches (oder starres) Mindset besitzt und somit eine gute (oder schlechte) Arbeitskraft sein wird. Und wenn wir diese Überzeugungen auf Menschen anwenden, werden sie dasselbe bei anderen Menschen tun.

In dem Fortbildungswerk für Lehrkräfte, das ich gemeinsam mit meinen Kolleginnen und Kollegen gegründet habe,[5] erleben wir immer wieder, wie Pädagoginnen und Pädagogen auf dieses falsche Gegensatzpaar zurückgreifen, um Schüler und Schülerinnen abzustempeln, die unter Motivations- oder Leistungsproblemen leiden. Sie sagen dann etwa: »Tut mir leid, aber dieses Kind hat nun mal ein starres Mindset, da kann ich nicht viel dran ändern«, oder: »Diese Schülergeneration hat einfach ein starres Mindset«. Wenn wir die Lehrkräfte fragen, wie sie die Schülerinnen und Schüler dabei unterstützen, sich auf ihr dynamisches Mindset zuzubewegen, antworten sie manchmal: »Das ist nicht meine Aufgabe. Entweder müssen sie einfach ein dynamisches Mindset haben oder ihre Eltern müssen mit ihnen an dessen Entwicklung arbeiten.« Doch das Abstempeln von Kindern als veränderungsunfähig ist die Definition eines starren Mindsets – aufseiten der Lehrkraft. Und da manche Lehrkräfte sich wünschen, dass der Lernerfolg rasch und mühelos eintritt (eine weitere Haltung, die auf einem starren Mindset beruht), kürzen sie manchmal die Anstrengungen – und damit das Lernen – des Kindes ab, indem sie sofort die richtige Antwort anbieten oder das Kind mit den Worten beruhigen: »Macht nichts, es kann ja nicht jeder ein Mathegenie sein.«[6]

All dies spiegelt ein falsches Verständnis sowohl von Mindsets wider als auch von den Faktoren, die in einem gegebenen Moment unser Mindset beeinflussen. Selbst diejenigen unter uns, die sich beruflich mit Mindsets befassen, neigen nicht stets einem dynamischen Mindset zu. *Je nach Situation kann unser starres oder unser auf Wachstum ausgerichtetes Mindset vorherrschen.*

Willkommen im Mindset-Kontinuum.

Zwischen statisch und dynamisch

Wir werden je nach Situation in die eine oder andere Richtung getrieben. Doch auf diesem Kontinuum haben wir einen vorgegebenen Ausgangspunkt.[7] Vielleicht neigen Sie von Natur aus eher dem dynamischen Ende des Kontinuums zu oder reagieren auf Herausforderungen zunächst eher starr. (Bitte klammern Sie sich auch hieran nicht allzu sehr fest, denn unser Ausgangspunkt kann sich im Zeitverlauf und in unterschiedlichen Situationen ändern.)

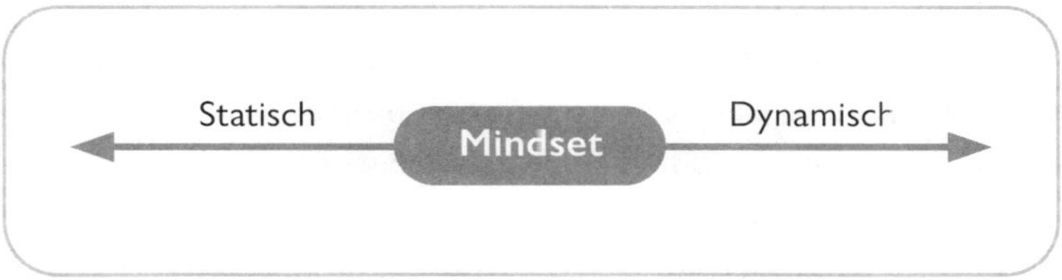

Abbildung 2: Das Mindset-Kontinuum

Wie Carol Dwecks klassische Forschung belegt,[8] kann es hilfreich sein, seinen Ausgangspunkt zu kennen, doch niemand lebt in einem Vakuum. Tatsächlich lautet eines unserer erstaunlichsten Forschungsergebnisse, dass sich Menschen aufgrund von prognostizierbaren, erkennbaren Auslösereizen entlang des Kontinuums bewegen. Mindset-Beurteilungen, die darauf angelegt sind, unser eines, »wahres« Mindset zu erkennen, laufen daher oft ins Leere.[9]

Mindset-Kulturen

Die uns umgebende Mindset-Kultur ist einer der bedeutendsten Einflussfaktoren auf unsere Überzeugungen, unsere Motivation und unser Verhalten. Diese Mindset-Kultur existiert auf Gruppen- und auf Organisationsebene.[10]

Mindset-Kulturen sind so wirkmächtig, dass sie sogar das dynamische Mindset des Einzelnen blockieren können.[11] Wenn Führungskräfte sich auf die Entwicklung einzelner Mitarbeiterinnen und Mitarbeiter konzentrieren, übersehen sie fast immer den Einfluss der Mindset-Kultur, die sie selbst geschaffen haben. Oft wissen sie gar nicht, welche Kultur das ist! So glaubte beispielsweise Sadie Lincoln, die CEO von Barre3, ein Fitness-Unternehmen aufgebaut zu haben, das sich ganz einem auf Wachstum ausgerichteten Mindset verschrieb. Doch eine anonyme unternehmensweite Umfrage erschütterte das Selbstbild, das sie mühevoll zu errichten versucht hatte – das einer perfekten Führungskraft, die den Eindruck erweckte, dass ihr alles leicht von der Hand ging. »Ich habe mich bemüht, diese Rolle zu spielen, auch wenn ich dabei nicht immer ehrlich war«, berichtet Lincoln. »Ich erkannte nicht, dass ich eine Kultur des Perfektionismus etabliert hatte. Und die Folge war, dass wir weniger authentisch wurden und Vertrauen sowie Innovationsfähigkeit verloren.«[12] Perfektionismus ist ein Kennzeichen einer statischen Mindset-Kultur. In einem Umfeld, das ihnen scheinbar mühelos erbrachte perfekte Arbeitsleistungen abverlangte (nach dem Vorbild der Unternehmensleitung), fühlten sich die Mitarbeitenden demotiviert und entmutigt anstatt gestärkt und dazu animiert, Herausforderungen anzunehmen. Selbst eine so aufmerksame Führungskraft wie Sadie Lincoln musste schockiert feststellen, dass sie unwissentlich statt einer Wachstumskultur das geschaffen hatte, was ich als Geniekultur bezeichne – ein Unternehmen, dessen Strategien, Praktiken und Normen die Glaubenssätze eines starren Mindsets widerspiegeln.

Lincoln begriff, dass sie und ihr Team ihre Unternehmenskultur generalüberholen mussten. Der erste Schritt bestand darin, sich ihre eigene Verantwortung für das Entstehen eines schädlichen Arbeitsklimas einzugestehen. (In Kapitel 11 betrachten wir, wie sie dabei vorging.) Es war nicht leicht und blieb auch nicht ohne Folgen. »Ich verlor etliche Teammitglieder in dieser schwierigen Zeit«, verriet Lincoln der Zeitschrift *Marie Claire*.[13]

Einige Leute, denen die statische Mindset-Kultur der mühelos erbrachten Perfektion zusagte, waren verunsichert, als Lincoln ihr Versagen öffentlich eingestand. Doch die verbleibenden Mitarbeiterinnen und Mitarbeiter unterstützten sie beim Aufbau einer neuen dynamischen Mindset-Kultur. Und wie Lincoln dem Moderator Guy Raz in einem Interview in seinem Podcast *How I Built This* erläuterte, halfen ihr die Erkenntnisse aus jenen Tagen, die Corona-Pandemie erfolgreich zu überstehen – eine Zeit, in der zahllose andere Fitness-Unternehmen ihre Tore für immer schließen mussten. Schon wenige Tage nach Schließung aller seiner Standorte ging Barre3 als Online-Fitnessplattform an den Start.[14]

Doch Lockdowns waren nur die erste von vielen Herausforderungen, denen Barre3 sich stellen musste. Als Reaktion auf die »Black Lives Matter«-Bewegung berieten sich Lincoln und ihr Team mit Expertinnen und Experten und begannen einen Plan zu entwerfen, um Problemen mit strukturellem Rassismus sowie mit Vielfalt, Gleichstellung und Inklusion (engl. *diversity, equity, and inclusion*, DEI), die sie innerhalb ihres Unternehmens ausgemacht hatten, zu begegnen. Wie Lincoln Raz verriet: »Dies ist einer der schwierigsten, tiefgreifendsten und wichtigsten Momente unserer Firmengeschichte. (…) Ich bin eine weiße Frau in einer hoch privilegierten Führungsposition, und [ich habe unbewusst] ein Unternehmen mit Führungskräften aufgebaut, die mir äußerlich sehr ähnlich sind«[15] – einschließlich Franchisenehmern und Ausbildern. In den letzten Jahren hat das Unternehmen gemeinsam mit seinem DEI-Partner seine Führungskräfte und Franchisenehmer entsprechend fortgebildet und seine Öffentlichkeitsarbeit und Einstellungspraktiken überarbeitet. Es hat seine Vorhaben auf dem firmeneigenen Blog publiziert sowie interne Kennzahlen zur Erfolgsmessung entwickelt. Zudem bemüht es sich, seine Strukturen so anzupassen, dass DEI-Gesichtspunkte künftig im Mittelpunkt sämtlicher Unternehmenspraktiken und -strategien stehen.[16]

Geniekulturen und Wachstumskulturen

Organisationale Mindsets sind Überzeugungen hinsichtlich Intelligenz, Talent und Begabung, die von einer Gruppe von Menschen innerhalb einer Organisation geteilt werden. Diese Mindsets offenbaren sich anhand der kulturellen Ausdrucksformen oder Artefakte dieser Gruppe – ihrer Strategien, Praktiken, Verfahren und Verhaltensnormen, der Botschaften der Führungsebene und anderer mächtiger Personen, der öffentlichkeitswirksamen Publikationen (wie etwa die Website, das Leitbild und andere Grundlagendokumente) und so weiter.[17]

Auch organisationsbezogene Mindsets sind entlang des Kontinuums von starr bis dynamisch angesiedelt.[18] Teams haben nicht einfach ein starres Mindset, sondern bewegen sich je nach aktuellen Chancen und Herausforderungen sowie den Angeboten der Gesamtorganisation zwischen diesen beiden Polen. Die Überzeugungen, die sich im Mindset der Organisation ausdrücken – also wie starr oder veränderlich Intelligenz, Begabungen und Fähigkeiten nach Meinung der jeweiligen Gruppe sind –, beeinflussen nicht nur unser Verhalten und unser öffentliches Auftreten, sondern leiten auch unsere Interaktionen mit anderen Menschen und unsere Erwartungen ihnen gegenüber.[19] Diese Grundüberzeugungen bestimmen, wie die Mitglieder einer Gruppe denken, fühlen und auftreten. Am Arbeitsplatz hat die Mindset-Kultur einen Dominoeffekt, der sich auf sämtliche Bereiche auswirkt: Zusammenarbeit und Innovation; Einstellungs-, Entlassungs- und Beförderungsverfahren; ethisches (oder unethisches) Verhalten; Diversität und Inklusion; und den wirtschaftlichen Erfolg. In Lehranstalten bestimmt die Mindset-Kultur die Erfahrungen, das Engagement und die Leistungen der Lernenden. Zudem beeinflusst sie die Ansichten von Lehrkräften und Verwaltung darüber, welche Schülerinnen und Schüler anspruchsvolles Lernmaterial sowie zusätzliche Förderung erhalten sollen.

Organisationen mit statischem Mindset – mit anderen Worten, Geniekulturen – glauben und vertreten öffentlich, dass menschliche Fähigkeiten unveränderlich, also statisch sind.[20] Wenn die Führung glaubt, dass manche »es« haben und andere nicht, verlagert sich der Schwerpunkt ganz von allein auf die Suche nach »Stars« und deren Rekrutierung und Förderung, während alle anderen entweder ignoriert oder entlassen werden. In Geniekulturen sind die Strukturen dergestalt, dass die Mitarbeiterinnen und Mitarbeiter dazu ermutigt werden, miteinander zu konkurrieren, um sich zu beweisen und um zu sehen, wer sich durchsetzt (wobei oft sämtliche Mittel erlaubt sind).

Wenn Menschen das Wort »Geniekultur« ohne Kontext hören, bekommen sie ironischerweise große Augen. »Oh, das klingt toll!«, sagen sie dann. Unsere Gesellschaft hegt eine kulturell bedingte Faszination für alles Geniale und für die Vorstellung, dass es einige besondere Menschen mit angeborenen Eigenschaften und Fähigkeiten gibt, die allen anderen nicht zugänglich sind. Wir verdrehen sogar die historischen Tatsachen, um ein Genie oder einen einsamen Helden in den Vordergrund zu rücken, der dank eines angeborenen Talents einen brillanten »Aha-Moment« erlebt, der die Welt verändert. Paradoxerweise ist es sogar so, dass wir uns umso stärker an derartigen Genie-Erzählungen festhalten, je mehr unser tägliches Leben von gegenseitiger Abhängigkeit, Zusammenarbeit und Teamarbeit geprägt ist. Wie die Harvard-Professorin Marjorie Garber in der Zeitschrift *The Atlantic* schrieb: »Je weiter sich unsere Gesellschaft von individueller Handlungsfähigkeit entfernt – je weniger also das Individuum in der Lage zu sein scheint, Dinge zu verändern –, desto stärker idealisieren wir das Genie, das nach dieser Definition das Gegenteil einer Arbeitsgemeinschaft oder einer gemeinsamen Anstrengung ist. Tatsächlich lässt sich die Abneigung gegenüber der Vorstellung, dass Shakespeare seine Bühnenwerke in Zusammenarbeit mit anderen Dramatikern und sogar Schauspielern seiner Kompanie schrieb, teilweise daraus erklären, dass wir noch immer und bisweilen verzweifelt versuchen, dieses Idealbild eines individuellen Genies zu verteidigen.«[21]

Wie Garber weiter ausführt, beschrieb Joseph Addison, ein im 18. Jahrhundert lebender Chronist der Geschichte des Genies, zwei Genie-Typen, die zu Beginn jenes Jahrhunderts populär waren: das natürliche im Gegensatz zum Bildungsgenie. Man konnte schon im frühen Alter Scharfsinn besitzen, aber diesen auch durch Fleiß (oder das, was ich »wirksame Anstrengung« nenne) erlangen. Heutzutage konzentrieren wir uns fast ausschließlich auf die zuerst genannte Ausprägung, und derartige Genies werden nahezu vergöttert. Deshalb klingt der Begriff »Geniekultur« zunächst so verlockend.

Als ich Carol Dweck fragte, woher unsere Verehrung von Genies wohl komme, antwortete sie: »Ich glaube, zu einem Großteil rührt sie aus unserem hierarchischen Erbe.« Sie erklärte mir, dass die Mächtigen mit ihren ererbten Privilegien und ihrer Ausbildung an Eliteschulen oft nach Rechtfertigungen dafür suchten, dass es ihnen besser gehe.[22] Claude Steele, Psychologieprofessorin an der Stanford University, äußerte eine ähnliche Idee: »Es ist vermutlich ein Standbein einer Ideologie, die zur Festigung von Macht und Privilegien dient. Wer es einmal hat, der hat es, und wer es nicht hat, der hat halt Pech. Wenn ich ein Genie bin und über eine bestimmte Begabung verfüge, dann garantiert mir das einen bestimmten Status – ein Gefühl von Exklusivität, wonach andere Leute es vielleicht nicht dorthin schaffen werden und dies einfach die natürliche Ordnung der Dinge ist.«[23] Steele fügt hinzu, dass solches Denken »Privilegien legitimiert und reinwäscht. Tatsächlich geht es mir gut, weil ich mit einem ordentlichen Grundgerüst ausgestattet wurde, aber die Genie-Vorstellung erlaubt es mir, es anders zu sehen – ich kann dann denken: ›Das ist meine Begabung.‹« Meine Untersuchungen unterstützen diese Analyse, denn sie zeigen, dass die Genie-Mentalität dazu beiträgt, den Status quo zu erhalten. Jene, die am meisten vom Status quo profitieren – die wenigen, die als Stars angesehen werden –, sind bewusst oder unbewusst daran interessiert, ihn zu bewahren. Gleichzeitig nimmt es den Druck von den Ungesalbten, die nun denken können: Da ich keiner von denen bin, die »es« haben, erwartet man von mir auch nicht so viel.[24]

Vielleicht ist es also nur logisch, dass wir zum Aufbau von Geniekulturen neigen. Wenn wir von einem Genie geführt werden – und außerdem möglichst viele weitere in der Organisation verstreuen –, können wir doch eigentlich nur äußerst erfolgreich sein, oder etwa nicht? Doch das widerspricht meinen Forschungsergebnissen. Wie Sie in den späteren Kapiteln sehen werden, produzieren Geniekulturen paradoxerweise oft *weniger* Genialität – mit anderen Worten, sie sind in der Regel von deutlich weniger Innovation, Kreativität, nachhaltigem Wachstum, gleich bleibenden Ergebnissen und so weiter gekennzeichnet. Tatendrang; die nötige Risikobereitschaft, um die nächste große Idee zu entwickeln oder den nächsten Durchbruch zu erzielen; der Wunsch, mit Kolleginnen oder Menschen in anderen Bereichen zusammenzuarbeiten: All dies wird in einer Kultur, in der es darum geht, mühelos erreichte Perfektion vorzutäuschen, wie es in Geniekulturen der Fall ist, meist gedämpft.

Umgekehrt gilt, dass Kulturen, die von einem dynamischen Mindset geprägt sind und Komplexität, Möglichkeitsräume und engagierte Bemühungen wertschätzen – eben Wachstumskulturen –, gelegentlich als anstrengender erscheinen. In Organisationen, wo beständig gelernt wird, gibt es immer Möglichkeiten, sich zu verbessern und zu neuen Ufern zu streben.

Dennoch wird ein auf Wachstum ausgerichtetes Mindset oft als weicher und weniger streng betrachtet. Wachstumskulturen gelten dann als solche, in denen Führungskräfte uneingeschränkt Wärme, Positivität und endlose Bestätigungen anbieten und Anstrengungen höher bewerten als Ergebnisse. Doch meine Forschungsergebnisse widersprechen dem diametral. Sie zeigen, dass Studierende, deren

Lehrkräfte eine von einem dynamischen Mindset geprägte Lernkultur etablieren, diesen Unterricht nicht als leichter oder weniger streng erleben. Stattdessen beschreiben sie den Unterricht als sehr fordernd und gelegentlich sogar als irritierend. Eine Lehrkraft, die sich während des Kurses in ihrem dynamischen Mindset befindet, wird die Studierenden laufend herausfordern, um sie zum Lernen und zum Wachstum anzuregen. Solche Lehrkräfte sind unzufrieden, wenn auch nur ein Student oder eine Studentin auf einem Lernplateau stehen bleibt. Sie streben nach ständiger Verbesserung, auch bei Studierenden, die schon gute Leistungen zeigen. Aus Sicht der Studierenden ist das nicht immer angenehm. Doch langfristig wissen sie es meist zu schätzen, denn sie erbringen dadurch bessere Leistungen und lernen mehr.[25]

Menschen in Wachstumskulturen glauben, dass Begabungen und Fähigkeiten entwicklungsfähig sind. Erforderlich seien hierfür Anstrengungen, Beharrlichkeit, gute Strategien, die Bereitschaft, Hilfe in Anspruch zu nehmen, und Unterstützung. Diese Menschen werden oft dazu aufgefordert, über ihre Fortschritte und ihre Entwicklung zu reflektieren, anstatt nur zu berichten, ob sie ihr Ziel erreicht haben. Sie werden zudem gebeten, jene Faktoren zu benennen, die diesen Prozess ausgelöst haben (darunter auch Dinge, die schiefgelaufen sind, nicht nur die erfolgreichen). Und schließlich fordert man sie auf, die Organisation mithilfe dieses Wissens voranzubringen. Wachstumskulturen bieten konkrete Strategien und Strukturen an, um Innovation zu fördern und die Kompetenzen ihrer Belegschaft zu erweitern. Mit anderen Worten: Wachstumskulturen verschreiben sich ganz der Entwicklung, und das ist herausfordernd – es erfordert Anstrengungen, Aufmerksamkeit und vollen Einsatz, um Verbesserungsmöglichkeiten proaktiv aufzuspüren. Doch entscheidend ist, dass der Einzelne auf diesem Weg nicht alleingelassen wird; vielmehr unterstützt ihn die Organisation und stellt ihm die nötigen Ressourcen zur Verfügung.

Meine Untersuchungen belegen, dass die Mindset-Kultur einer Organisation sich beständig auf fünf Feldern auswirkt, in denen

Menschen gut kollaborieren (oder auch nicht).[26] Zusammenarbeit; Innovation; Risikobereitschaft und Resilienz; Redlichkeit und ethisches Verhalten; sowie Vielfalt, Gleichstellung und Inklusion (DEI). Diese *Verhaltensnormen* (darunter versteht man ungeschriebene Regeln darüber, welches Verhalten in einer Gruppe als akzeptabel oder wünschenswert gilt) greifen oft ineinander. Wenn ein Team beispielsweise Schwierigkeiten in puncto Zusammenarbeit und Innovation hat, hapert es meist auch bei der Risikofreudigkeit, dem ethischen Verhalten und bei DEI. In Teil II zeige ich, wie Mindset-Kulturen jede dieser Normen beeinflussen und wie Sie diese Normen dazu nutzen können, eine Organisation aufzubauen, in der Vertrauen, Arbeitnehmerzufriedenheit und Engagement herrschen – und dabei noch Gewinne zu erwirtschaften. Das ist eine ganze Menge, und die Frage, warum wir so sicher sein können, dass Mindset-Kulturen eine so große Rolle dabei spielen, ist daher völlig berechtigt.

Organisationale Mindsets als sinnstiftendes System

Das Mindset einer Organisation kann auf gemeinsamen Überzeugungen gründen, doch es hat zahlreiche Auswirkungen auf die anderen Überzeugungen und Ziele ihrer Mitglieder sowie auf deren Verhalten.[27] Wenn wir Rückschläge erleiden, dazu aufgefordert werden, erhebliche Anstrengungen in unsere Arbeit zu investieren, oder uns ein neues Wissensgebiet erschließen müssen, reagieren wir darauf entsprechend den Grundüberzeugungen unserer Organisation. Wachstumskulturen verleiten uns dazu, diese Herausforderungen als Chance zu betrachten, unsere Fähigkeiten zu erweitern und uns beruflich und persönlich zu entwickeln. In Geniekulturen besteht die Gefahr, dass uns wir in solchen Situationen verteidigen und beweisen wollen, auch auf Kosten anderer. Anstatt zu lernen, bemühen wir uns, unseren Status und unser Ansehen aufzuwerten.

Organisationen sind nicht monolithisch: Sie verkörpern nicht jederzeit und in jedem Kontext eine Genie- oder eine Wachstumskultur. Ebenso wie persönliche Mindsets bewegen sich auch organisationale Mindsets entlang eines Kontinuums.[28] Zwar ist häufig ein übergreifendes Mindset auf Organisationsebene (der kulturelle Ausgangspunkt) erkennbar, doch gleichzeitig gibt es oft eine Vielzahl von *Mindset-Mikrokulturen*. So kann beispielsweise eine Organisation als Ganzes überwiegend ein statisches Mindset aufweisen, während einzelne Bereiche, Abteilungen oder Teams stärker wachstumsorientiert sind.

Dann gibt es auch noch das individuelle Mindset. Durch unsere Forschungsarbeit haben wir vier häufig auftretende, vorhersagbare Situationen identifiziert, die uns dazu bringen, unser persönliches starres oder dynamisches Mindset zu verkörpern. Diese Situationen werden als *Mindset-Trigger* bezeichnet. (Sie oder andere Menschen mögen Trigger haben, die hier nicht aufgeführt sind, doch diese vier sind nach Maßgabe der Literatur und unserer anekdotischen Erfahrungen aus der Zusammenarbeit mit verschiedenen Organisationen die häufigsten.)[29] Es lohnt sich, diese Situationen zu verstehen, denn man kann aus ihnen Erkenntnisse darüber ableiten, wann wir dazu neigen, in unser starres Mindset zurückzufallen, und wie wir uns selbst auf den Wachstumspfad bringen können. Alle Informationen hierzu folgen in Teil III. (Und falls Sie sich immer noch fragen sollten, wie das alles zusammenpasst: keine Sorge, im Laufe des Buches werde ich es erläutern.)

Lassen Sie uns an dieser Stelle nur kurz auf die Darstellung des persönlichen Mindsets zu Beginn dieses Kapitels zurückkommen. Anstatt der beiden miteinander konkurrierenden Köpfe sei hier aufgezeigt, wie es sich in Wirklichkeit verhält. Die folgende Grafik berücksichtigt den Einfluss sowohl der Mindset-Kultur als auch der Mindset-Trigger, die uns entlang des Kontinuums zwischen unserem persönlichen starren und dynamischen Mindset bewegen.

Der einzelne Mensch kann sein eigenes Mindset zwar durchaus beeinflussen, doch externe Faktoren wie die Mindset-Kultur einer Organisation spielen eine große und unterschätzte Rolle bei der Ausformung unserer Gedanken, unserer Motivation und unseres Verhaltens.

Ihre Organisation hat eine Mindset-Kultur – die Frage lautet: Kennen Sie diese und wissen Sie, inwiefern sie sich auf Sie selbst und die anderen Mitglieder Ihrer Organisation auswirkt?

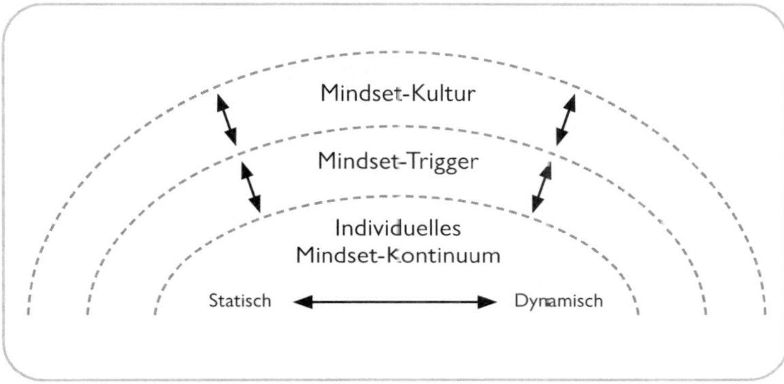

Abbildung 3: Wie unser Mindset wirklich funktioniert

2

MINDSETS VON ORGANISATIONEN

William James, der oft als einer der Gründer der US-amerikanischen Psychologie bezeichnet wird, schrieb, dass ein Mensch »so viele Varianten des sozialen Selbst hat, wie es unterschiedliche Gruppen gibt, auf deren Meinung er Wert legt«.[1] Um die Praxistauglichkeit dieses Konzepts zu überprüfen, überlegen Sie einmal, wie Sie sich in verschiedenen beruflichen und sozialen Situationen verhalten. Wenn ich beispielsweise an der kirchlichen Trauung meiner Freundin oder meines Freundes teilnehme, verhalte ich mich entsprechend diesem Kontext und damit anders als in einer Vorlesung oder bei einer abendlichen Verabredung mit Freunden. Je nach Situation kommen unterschiedliche Teile unserer Identität zum Vorschein und verhalten wir uns unterschiedlich. Die Mindset-Kultur der jeweiligen Gruppe ist Bestandteil der Situation, die unterschiedliche Teile unseres Selbst hervorlockt.

Eines der ersten Male, dass ich den Einfluss von Mindset-Kulturen auf menschliches Verhalten erkannte, war ein Erlebnis während meines Promotionsstudiums. Wie die meisten Fachbereiche für Psychologie ist auch jener der Stanford University in verschiedene Institute gegliedert: soziale Psychologie, kognitive Psychologie, Entwicklungspsychologie, Neurowissenschaften. Am Ende jedes Studienjahres werden die Doktorandinnen und Doktoranden gebeten, ihr Promotionsprojekt und dessen Fortschritte im Rahmen eines Vortrags vorzustellen. Viele Studierende empfinden diese

Anforderung als nervenaufreibend; das gilt insbesondere für Studierende im ersten oder zweiten Jahr, die vor Lehrkräften vortragen müssen.

Eines Nachmittags besuchte ich Carol Dweck in ihrem Büro und teilte ihr meine Beobachtung mit, wonach die Studierenden aus zwei der Seminare sehr unterschiedlich vorgegangen waren. Das erste Seminar hatte eindeutig eine starre Mindset-Kultur, in der es darauf ankam, sich zu beweisen. Hier lehrten einige der angesehensten und am höchsten dekorierten Lehrkräfte des Fachbereichs, viele davon Mitglieder der National Academy of Sciences, der prestigeträchtigsten Wissenschaftsorganisation des Landes. Man konkurrierte miteinander darum, den ersten schweren Fehler zu entdecken, die erste vernichtende Kritik anzubringen oder den schneidendsten Kommentar abzugeben. Jede Lehrkraft wollte gerne der Star der Veranstaltung sein, und die Studierenden litten. Sie hatten das ganze Jahr über an ihrem jeweiligen Projekt gearbeitet und waren Experten darin, doch angesichts der vielen *Ähms* und *Hmms* erlitten viele einen teilweisen Blackout. Es schnürte ihnen die Kehle zu, obwohl sie ihre Arbeit doch in- und auswendig kannten. Danach waren sie frustriert und entmutigt: »Warum habe ich dies oder jenes nicht gesagt? Es hätte so viele Möglichkeiten gegeben, diese Frage zu kontern. Die Daten unterstützen die Interpretation jener Lehrkraft gar nicht!«

Obwohl auch im zweiten Seminar angesehene Lehrkräfte wirkten, war das Klima viel eher durch eine Wachstumskultur gekennzeichnet. Das Umfeld war zwar ebenfalls kritisch und die Lehrkräfte wiesen auf Schwachstellen und Probleme hin, doch anstatt miteinander um die klügste Bemerkung zu rangeln, lautete der Ansatz »analysieren, um aufzubauen«. Die Dozentinnen und Dozenten waren der Meinung, dass man in einem Seminar lernen sollte, welche Hindernisse sich bei Forschungsprojekten auftun und wie man sie überwindet. Sie nahmen ihre gegenseitigen Bemerkungen auf und gaben den Studierenden Hinweise, wie sie ihr Forschungsdesign und ihren analytischen Ansatz verbessern und so ihr Projekt stärken könnten. Zwar waren die Studierenden angesichts der renommierten Lehrkräfte, die ihnen zuhörten, immer noch nervös, aber sie stolperten oder erstarrten nicht in der gleichen Weise wie die Studierenden im Seminar mit statischem Mindset. Sie konnten die gestellten Fragen beantworten und gemeinsam mit den Lehrkräften ein Brainstorming zur Verbesserung ihrer Arbeit durchführen. Sie verließen den Raum motiviert und mit der festen Absicht, die Veränderungen vorzunehmen, die ihre Arbeit verbessern würden.

Nachdem ich beschrieben hatte, wie diese Seminare das Verhalten der Studierenden beeinflusst hatten, fragte ich Carol: »Hat irgendjemand jemals Mindset als kulturellen Einflussfaktor untersucht? Als Eigenschaft einer ganzen Gruppe oder eines Umfelds?« Ihre Augen leuchteten auf, und mit einem breiten Lächeln schüttelte sie den Kopf und sagte: »Nein! Das hat noch niemand geprüft. Aber, Mary … wir sollten das gemeinsam angehen!« Und so war das Konzept der *Mindset-Kultur* geboren.

In den vorangegangenen drei Jahrzehnten dachte man, dass Mindsets fast ausschließlich individueller Natur seien. Zahlreiche Untersuchungen hatten gezeigt, was geschieht, wenn Individuen aus einem starren oder dynamischen Mindset heraus agieren,[2] doch niemand hatte erforscht, wie wir denken, fühlen und uns verhalten, wenn wir auf das Mindset einer Organisation stoßen. Wir wussten noch nicht einmal, dass es so etwas überhaupt gibt.

Wie Organisationen ihre Mindset-Kultur verraten

Um zu erkennen, wie Menschen auf Mindset-Kulturen reagieren, legt mein Team ihnen unter anderem Unternehmensleitbilder vor, die zu einer Genie- beziehungsweise einer Wachstumskultur passen.[3] Doch nicht nur Unternehmensleitbilder, sondern auch andere kulturelle Artefakte wie Websites, Gründungsdokumente, Onboarding-Verfahren oder Beurteilungs- und Beförderungspraktiken lassen Rückschlüsse auf die Mindset-Kultur eines Unternehmens zu. In der Gesamtschau ergibt sich ein Porträt. Unternehmen, die ihren Blick auf die Ergebnisse verengen – die ihren Angestellten Gelegenheiten anbieten, sich »zu beweisen« und »Höchstleistungen abzurufen«; die damit angeben, wie »erfolgsorientiert« sie seien; oder die explizit erwähnen, dass sie die »besten Leute« und deren »natürlichen Talente und Erfolge« schätzten, ohne ihr Wachstum und ihre Entwicklung auf dem Weg dorthin zu erwähnen –, vermittelten eher eine starre Mindset-Kultur. Diese Artefakte zeichnen das Bild einer Schwarz-Weiß-Kultur: Entweder man ist erfolgreich oder man versagt; die Mitarbeiter sind entweder Stars oder aber nicht; es zählt nur das Endergebnis, nicht der Weg dorthin.

Die meisten Organisationen mit statischem und dynamischem Mindset haben einige gemeinsame Eigenschaften. Alle wünschen sich eine Top-Performance – wer auch nicht? –, damit die Gewinnmarge stimmt. Der Unterschied liegt darin, *wie* dieser Erfolg erreicht werden soll. Organisationen mit einer Wachstumskultur konzentrieren sich auf Fortschritte und sorgen für die nötige Unterstützung, damit diese erreicht werden können. Sie bieten ihren Mitarbeitern Wachstumschancen anstatt »Chancen, ihre Fähigkeiten unter Beweis zu stellen«. Sie setzen sich leidenschaftlich für Verbesserungen und Entwicklung ein – natürlich auch ihrer Gewinnmarge, aber ebenso stark auch ihrer Mitarbeiter. Organisationen mit einer Wachstumskultur glauben, dass ihr Erfolg nicht nur von gegebenen Fähigkeiten, Begabung und Intelligenz abhängt, sondern auch von Faktoren wie Motivation, Kreativität, Problemlösungskompetenz und der Bereitschaft zur ständigen Weiterentwicklung.

Meine Untersuchungen zeigen, dass Organisationen mit einer Wachstumskultur erfolgreichere Unternehmenskulturen hervorbringen und zufriedenere, leistungsstärkere Mitarbeiter besitzen.[4]

Abbildung 4 fasst einige der Unterschiede zwischen den beiden Kulturen zusammen, die sich aus der Analyse von Unternehmensartefakten wie Leitbildern und Stellenanzeigen ableiten lassen.

Die folgenden Eigenschaften beobachten wir in Unternehmen, die sich an den Extrempunkten des Mindset-Kulturen-Kontinuums befinden.

Geniekultur	**Wachstumskultur**
Bietet höchste Leistungschancen	Bietet höchste Wachstumschancen
Betont die Begabungen und Erfolge der Beschäftigten	Betont die Motivation und harte Arbeit der Beschäftigten
Erfolgsorientiert	Erfolgs- und prozessorientiert
Es zählen die »besten« Instinkte, die »besten« Ideen, die »besten« Leute	Es zählen Lernbegeisterung, Leidenschaft, Kreativität und Einfallsreichtum

Abbildung 4: Organisationale Mindsets[5]

Wenn Sie mittlerweile vermuten, dass Ihre Organisation überwiegend einer Geniekultur zuneigt, sollten Sie wissen, dass es möglich ist, Mindset-Kulturen zu ändern. Der Wandel ist allerdings ebenso mühevoll, wie ein großes Schiff zu wenden. Viele Unternehmen fallen direkt wieder in dieses verzwickte falsche Gegensatzpaar zurück. Doch seien Sie versichert: Es ist machbar, und in Teil II zeige ich Ihnen einige Möglichkeiten, den Wandel einzuleiten, darunter einige konkrete Maßnahmen, die Sie sofort umsetzen können.

Der Mindset-Kulturzyklus

Vielleicht rätseln Sie noch, wo sich Ihre Organisation im Mindset-Kontinuum befindet. Das führt automatisch zu der Frage: »Wie finde ich es heraus?« Vielleicht hoffen Sie auf einen Test, der es Ihnen ermöglicht, Führungskräfte oder Mitarbeiterinnen und Mitarbeiter mit starrem Mindset zu identifizieren. Dieser Wunsch ist verständlich, insbesondere in einer Welt voller Rankings und statischer Beurteilungen. Doch in Bezug auf Mindsets besteht die große Gefahr, dass man mit solchen Bewertungen schiefliegt. Sie mögen zeigen, was jemand aktuell über seine Fähigkeiten und Intelligenz denkt, doch sie verraten nicht, wo – und unter welchen Umständen – sich das starre oder dynamische Mindset dieser Person offenbart oder was man als Vorgesetzte oder Mentor tun könnte, um sie bei der Ausschöpfung ihres Potenzials zu unterstützen.

Die Frage lautet nicht: »Sind Sie ein Mensch mit starrem oder dynamischem Mindset?« Vielmehr lautet sie: ›Wann befinden Sie sich in Ihrem starren und wann in Ihrem dynamischen Mindset?« Auf der Ebene der Organisation lautet die Frage nicht: »Wie können wir vermeiden, Menschen mit starrem Mindset einzustellen?« Vielmehr lautet sie: »Welche Trigger führen dazu, dass unsere Angestellten eher Einstellungen und Verhaltensweisen zeigen, die typisch für ein starres oder dynamisches Mindset sind? Wie können wir das Arbeitsumfeld so gestalten, dass es öfter zu einem eher auf Wachstum ausgerichteten Mindset einlädt?«

Bei dem Versuch, die Ausgangspunkte des Mindsets einzelner Mitarbeiterinnen und Mitarbeiter zu ermitteln, konzentrieren sich Organisationen oft zu stark auf das Verhalten, das ihre Angestellten zeigen, und zu wenig auf die Gründe dafür.

Sehen wir uns einmal an, was geschieht, wenn wir versuchen, Menschen anhand ihres Mindsets abzustempeln. Ein Personalchef könnte beispielsweise nach einem brillanten Mitarbeiter mit angeborenem Talent suchen. Diese Brillanz-Heuristik – eine kognitive Abkürzung, um die Suche auf Menschen und Muster auszurichten, die wir mit Scharfsinn in Verbindung bringen – führt rasch in die Vorurteilsfalle.[6] Denn welche Eigenschaften deuten auf Brillanz und angeborenes Talent hin? Die Antwort hierauf ist stets gefärbt von den kulturellen Normen unserer Gesellschaft und voller Stereotype. Wer wissen möchte, wer in unserer Kultur typischerweise als Genie gilt, kann eine Google-Suche unter der Fragestellung »Wie sieht ein Genie aus?« starten und stößt überwiegend auf Fotos von Albert Einstein.[7] Wenn Geniekulturen nach Leuten suchen, die von Führungskräften als naturbegabt betrachtet werden, schließen sie implizit Menschen aus solchen Gruppen aus, deren Fähigkeiten und Kompetenzen seit jeher mit dem Stereotyp »unterlegen« belegt wurden – nicht, weil diese Gruppen über wenig Brillanz und angeborenes Talent verfügen, sondern weil sie nicht automatisch ins Blickfeld geraten, wenn es um den Genie-Prototyp geht, den Geniekulturen verehren.

Oft hängt es von der jeweiligen Branche ab, welche Gruppen in einer Geniekultur unter den Tisch fallen. In der Tech-Branche und anderen MINT-Bereichen verkörpern in der Regel weiße (und manchmal auch asiatische) Männer den Genie-Prototyp. Denken Sie etwa an die bekanntesten Tech-Gründer: Fast alle sind weiße oder asiatische Männer. Wer passt nicht zum Prototyp eines Naturgenies in diesem Feld? Frauen, nichtweiße Menschen, Latinos und Latinas, indigene Menschen, LGBTQ+-Menschen, behinderte Menschen und so weiter. In Geniekulturen entwickeln sich solche Prototypen automatisch und unbewusst, sodass die Entscheidungsträger sich ein genaues Bild der einzustellenden Person machen, ohne zu überlegen, wie jemand, der dieses Stereotyp nicht erfüllt, zum Unternehmenserfolg beitragen könnte.[8] Eine Wachstumskultur legt ebenfalls Wert auf Stärken und Kompetenzen, doch zusätzlich priorisiert sie die Motivation von Menschen, ihren Entwicklungspfad, ihr Engagement und ihre Bereitschaft zur beständigen Weiterentwicklung. Diese Bereitschaft zum Wachstum ist eine Qualität, die jeder Mensch haben kann, ganz unabhängig von Rasse, Geschlecht, Alter, Beeinträchtigungsgrad oder anderen Merkmalen.

Dies ist ein Beispiel dafür, wie Verhaltensnormen aus Grundüberzeugungen erwachsen können.[9] Um diesen Vorgang detaillierter zu beleuchten, wählen wir ein völlig anderes Beispiel: Einstellungen zur Bedeutung von Zeit. Wenn eine Organisation oder ein Team dem Grundsatz folgt, dass Zeit ein knappes Gut ist und bestmöglich genutzt werden muss, dann ergeben sich daraus klare Normen hinsichtlich des Beginns von Meetings (immer pünktlich) und in Bezug auf Verspätungen (unbedingt vermeiden, sonst …!).

Dies bestimmt das Verhalten der Menschen (Erscheine pünktlich zu Meetings!). Dort, wo Zeit als reichlich verfügbares Gut betrachtet wird, wird sie oft zum Nachdenken genutzt. Anstatt Ideen so schnell wie möglich umzusetzen und dabei womöglich Schaden anzurichten, bevorzugen solche Organisationen eine eher umsichtige, wohlüberlegte Herangehensweise. Der mittlerweile verstorbene MIT-Professor Edgar Schein hat jahrzehntelang Organisationskulturen untersucht und gezeigt, wie solche Normen aus Grundüberzeugungen erwachsen.[10] Diese Normen sind tief in Organisationen verwurzelt und prägen die unterbewussten, als selbstverständlich erachteten Verhaltensweisen, die den Kern der Organisationskultur bilden.

Wie die Zeit verkörpert auch das Mindset eine dieser Grundüberzeugungen über menschliches Verhalten.[11] Mindset ist ein Eckpfeiler jeder Organisationskultur. Ob wir Intelligenz, Begabung und Fähigkeiten als fix oder veränderbar ansehen, beeinflusst jeden wichtigen Organisationsablauf in einem selbstverstärkenden Prozess. Ich bezeichne dies als Mindset-Kulturzyklus.

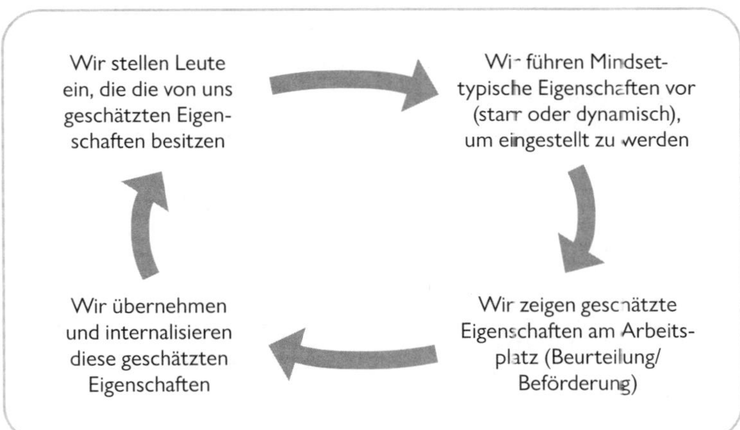

Abbildung 5: Wie organisationale Mindsets kulturelle Normen erzeugen und verstetigen

Je nach unserer Einschätzung des Wertekanons eines Unternehmens werden wir entweder unsere zu einem starren oder unsere zu einem dynamischen Mindset passenden Eigenschaften in den Vordergrund rücken, wenn wir uns um eine Stelle oder später um die Mitwirkung in prestigeträchtigen Teams oder bei prestigeträchtigen Aufgaben bewerben. Sollten wir damit erfolgreich sein, werden wir diese Eigenschaften weiter zeigen, um die Vorteile zu erlangen, die uns die Organisation bietet – gute Beurteilungen, Beförderungen, Bonuszahlungen und so weiter. Während wir nunmehr die Mindset-typischen starren oder dynamischen Eigenschaften verkörpern, die unser Team so schätzt (was uns Respekt und Anerkennung verschafft), beginnen wir an unsere eigene Schauspielerei zu glauben. Um unser Verhalten in Einklang mit unseren Überzeugungen zu bringen, glauben wir nun, dass diese Eigenschaften uns tatsächlich ausmachen. Wir internalisieren das Mindset der Organisation und lösen so unsere kognitive Dissonanz weiter auf.[12]

Unsere Forschung zeigt, dass Menschen, welche die Eigenschaften des bevorzugten Mindsets der Organisation über einen längeren Zeitraum hinweg an den Tag legten, nicht nur diese Eigenschaften bei anderen Menschen zu schätzen begannen. Vielmehr waren sie deutlich stärker geneigt, andere auszuwählen, die dieselben Eigenschaften zeigten. All dies wiederum verstärkte das Mindset der Organisation. Diese Feedback-Schleifen prägen die Erfahrung des Einzelnen in der Organisation, was wiederum seine Arbeitsleistung, seine Beharrlichkeit und sein Engagement beeinflussen und sich damit erheblich auf den persönlichen und den Organisationserfolg auswirken kann.[13]

Beschäftigte vertrauen Geniekulturen weniger und fühlen sich ihnen gegenüber weniger verpflichtet als gegenüber Wachstumskulturen. Da Geniekulturen glauben, dass manche Menschen über das gewisse Etwas verfügen und andere nicht, müssen sich die Menschen stets beweisen, in dem Bewusstsein, dass sie immer an ihrer jeweils letzten Arbeitsleistung gemessen werden. In einem solchen Umfeld herrscht ein ständiger Konkurrenzkampf, und jeder überlegt, wer ihn wohl ersetzen könnte. Eine solche Kultur untergräbt das Vertrauen in die Kolleginnen und Kollegen sowie darauf, dass die Organisation die eigenen Fähigkeiten erkennt, wertschätzt und anerkennt. Es ist daher verständlich, dass Beschäftigte sich Unternehmen mit ausgeprägter Geniekultur weniger verpflichtet fühlen. Solche Beschäftigten sind eher bereit, externe Angebote zu erwägen, und suchen häufiger nach Ausstiegsstrategien als Beschäftigte in Wachstumskulturen.[14]

Organisationale Mindsets prägen Verhaltensnormen

Wenn ein Unternehmen behauptet, dass Zusammenarbeit sein zentraler Wert sei, folgt dann daraus, dass es vermutlich eine Kultur der Zusammenarbeit pflegt? Oder drückt sich eine Kultur eher darin aus, wie die Menschen sich verhalten und miteinander umgehen? Meine Kolleginnen und Kollegen und ich stellten fest, dass die in Unternehmensleitbildern ausgedrückten Werte zwar auf das Mindset einer Organisation hinweisen können, diese Verbindung aber nicht eindeutig ist.[15] Um den Einfluss von Mindsets auf individuelles Verhalten zu verstehen, müssen wir etwas genauer hinsehen. So werden beispielsweise Normen wie Zusammenarbeit, Risiko- und Innovationsbereitschaft sowie Integrität oft mit größerem Vertrauen und Verpflichtungsgefühl gegenüber Organisationen in Verbindung gebracht, und sie beeinflussen deren Produktivität und wirtschaftlichen Erfolg. Doch wir wissen vergleichsweise wenig über die Überzeugungen, die diesen Normen zugrunde liegen. Mit anderen Worten: Welche Wechselwirkungen bestehen hier? Gemeinsam mit meinen Kolleginnen und Kollegen beschloss ich daher, zu untersuchen, wie organisationale Mindsets die Beschäftigten am Arbeitsplatz beeinflussen, in diesem Fall am Arbeitsplatz in Fortune-500-Unternehmen.

Natürlich erwarteten wir, auf Unterschiede zwischen Geniekulturen und Wachstumskulturen zu stoßen, doch das Ausmaß dieser Unterschiede überraschte uns. *Unsere Untersuchungen ergaben, dass Beschäftigte von Organisationen mit ausgeprägter Geniekultur eine um 40 Prozent niedrigere Zufriedenheit mit der Unternehmenskultur bekundeten als Beschäftigte in ausgeprägten Wachstumskulturen.*

Wir haben die Leitbilder der Fortune-500-Unternehmen – die zwei Drittel des US-amerikanischen Bruttoinlandsprodukts darstellen – untersucht und sie mit Daten zur Arbeitnehmerzufriedenheit verglichen, die wir auf Glassdoor fanden (einer Website, auf der Unternehmen von aktuellen und ehemaligen Mitarbeitern anonym bewertet werden können). Die Ergebnisse ergaben ein klares Bild: Das in den Leitlinien dieser Unternehmen ausgedrückte Mindset wirkte sich eindeutig darauf aus, wie Beschäftigten die Unternehmenskultur erlebten. Doch die bloße Verkündung von Normen und Werten garantiert noch nicht, dass sie auch umgesetzt werden.

Interessanterweise waren Beschäftigte in Geniekulturen nicht in jeder Hinsicht weniger zufrieden. In Bezug auf Entlohnung und Nebenleistungen beispielsweise wiesen beide Kulturen ähnliche Zufriedenheitswerte auf. Dies zeigte uns, dass die Beschäftigten in Wachstumskulturen nicht einfach alles durch die rosarote Brille betrachteten, während sie in Geniekulturen mit getrübtem Blick herumliefen. Das hätte bedeutet, dass sie alles anhand von Grundempfindungen bewerteten (die Psychologie bezeichnet dies als Halo-Effekt). Vielmehr wirkte sich die Mindset-Kultur in klar erkennbarer Weise auf die Werte und Normen der jeweiligen Organisation aus. Sie beeinflusst nicht alles. *Sie beeinflusst jedoch das Selbstbild der Beschäftigten, ihren Umgang miteinander und die Art der Leistungserbringung einer Organisation.*

Unsere Frage lautete daher, ob das Mindset einer Organisation das tatsächliche Verhalten ihrer Mitglieder beeinflusst. In einer anderen Studie, die wir gemeinsam mit einer Kulturberatungsfirma in San Diego durchführten, untersuchten wir die Verhaltensnormen, die Wachstums- und Geniekulturen kennzeichnen. Wir fanden heraus, dass Zusammenarbeit, Innovationsbereitschaft und Integrität – die mit positiven kulturellen und wirtschaftlichen Ergebnissen für Unternehmen in Verbindung gebracht werden –

nicht in beiden Kulturen im gleichen Ausmaß vorhanden waren. Beschäftigte in Geniekulturen berichteten, dass ihre Organisation weniger Wert auf Zusammenarbeit lege, weniger innovativ sei und gedankliche Risikobereitschaft weniger ermutige. Darüber hinaus bekundeten Angestellte solcher Unternehmen, dass die Beschäftigten eher bereit seien, unredliches Verhalten an den Tag zu legen, etwa zu mogeln, verbotene Abkürzungen zu nehmen, Informationen zu horten, Geheimnisse zu hüten oder hinter dem Rücken der anderen um Beförderungen oder beliebte Aufgaben zu buhlen. Es konnte daher nicht überraschen, dass Beschäftigte in Geniekulturen ihrem Unternehmen tendenziell weniger vertrauten und sich ihm weniger verpflichtet fühlten.

Bemerkenswerterweise stellten wir fest, dass organisationale Mindsets tatsächlich wirkmächtig genug sind, um das Verhalten von Menschen zu beeinflussen. Denken Sie an meine frühere Aussage, wonach eine Geniekultur die individuelle Neigung zugunsten eines auf Wachstum ausgerichteten Mindsets überlagern kann. Die meisten von uns haben diese Situation schon einmal beobachtet oder selbst erlebt: Ein wachstumsorientierter Mensch versucht sich gegen eine starre und einschränkende Organisationskultur durchzusetzen, nur um sich schließlich entweder dieser Kultur anzupassen oder aufzugeben und sie zu verlassen. Wie unsere Analyse gezeigt hat, erlebten Beschäftigte in Geniekulturen eine weniger anpassungsfähige Unternehmenskultur. Sie berichteten, dass sie ihrem Unternehmen weniger vertrauten, sie gerecht zu behandeln, und äußerten öfter den Wunsch, das Unternehmen zu verlassen und neue Wege zu gehen, als Beschäftigte in stärker ausgeprägten Wachstumskulturen.[16]

Als Nächstes interessierte uns, ob sich die Wahrnehmungen der Führungskräfte hinsichtlich der Verhaltensnormen des Unternehmens mit denen der Beschäftigten deckten und wie sie ihre Untergebenen überwachten. Erneut wurden wir von unseren Erkenntnissen überrascht.[17] Die Analyse der Aussagen von Führungskräften in stärker ausgeprägten Geniekulturen ergab, dass ihre direkten Untergebenen weniger an Zusammenarbeit orientiert, weniger innovativ und weniger redlich waren, als dies Führungskräfte in stärker ausgeprägten Wachstumskulturen erlebten. Wir konnten auch Unterschiede hinsichtlich des Vertrauens und des Verpflichtungsgefühls der Beschäftigten gegenüber ihrem Unternehmen feststellen – beides war in Geniekulturen geringer. Die diesbezüglichen Aussagen der Führungskräfte glichen denen der Beschäftigten; die Wahrnehmungen beider Seiten deckten sich also. Nicht erwartet hatten wir jedoch die Auswirkungen von Mindset-Kulturen auf Arbeitsleistung und Führungspotenzial. Wenn Geniekulturen große Sorgfalt darauf verwenden, die allerbesten Talente anzulocken und langfristig zu fördern, müssten die Manager dann ihre Beschäftigten nicht für besonders talentiert und führungsstark halten, verglichen mit denen in Wachstumskulturen? Stattdessen waren es Letztere, die über die hohe Arbeitsleistung ihrer Beschäftigten berichteten und ihnen ein höheres Führungspotenzial attestierten. Beschäftigte in Geniekulturen mögen sich selbst als Stars mit Führungspotenzial betrachten, und ihre Vorgesetzten mögen anfangs dasselbe denken, doch dann kommen irgendwann die Beurteilungen und dieser Glaube scheint sich in Luft aufzulösen. Und das ergibt womöglich auch Sinn, denn in Geniekulturen ist es schwer, sein volles Potenzial auszuschöpfen.

Da wir nun die Bedeutung des organisationsbezogenen Mindsets kennen, ist es Zeit, herauszufinden, wie man das Mindset der eigenen Organisation ermittelt.

Hinweise auf Mindset-Kulturen entdecken

Wenn mein Team und ich mit der Bestimmung und Ver*änderung* von Mindset-Kulturen beauftragt werden, setzen wir ein Werkzeug ein, das wir als besonders effektiv erkannt haben: ein Hinweis-Audit. Zunächst erläutern wir den Beschäftigten das Mindset-Kontinuum und nennen ihnen die vier typischen Situationen, die Menschen dazu veranlassen, sich vom einen Mindset aufs andere zuzubewegen. Dann bitten wir sie, an Richtlinien und Praktiken zu denken, die ihnen täglich in ihrem Unternehmen begegnen und die (vielleicht sogar unabsichtlich) ein starres oder dynamisches Mindset ausdrücken. Organisationen kommunizieren ihren Beschäftigten oft versehentlich widersprüchliche Mindset-Botschaften. Hinweis-Audits können besonders hilfreich bei der Aufdeckung solcher (oft recht subtilen) Widersprüche sein und Beschäftigte auch dazu anregen, sie zu beseitigen.

Diese Hinweise finden sich in den Aussagen und Handlungen von Führungskräften. Im Jahr 2016 bat eine große multinationale Bank unser Team, zu untersuchen, ob und wie die Mindset-Kultur des Unternehmens die Arbeitserfahrung ihrer Beschäftigten beeinflusst. Im Zuge unserer Arbeit erkannten wir, dass die Grundeinstellungen der Führungskräfte zu ihren Mitarbeiterinnen und Mitarbeitern ihr Verhalten prägten. Manager, die eher mit einem dynamischen Mindset verknüpfte Ansichten vertraten, setzten mehr auf dynamische Fortbildungs- und Kommunikationsmethoden. Ihre direkten Mitarbeiterinnen und Mitarbeiter durften auch einmal zeigen, dass sie sich quälten oder verunsichert waren, insbesondere, *während sie gerade eine neue Fertigkeit erlernten.* Sie waren auch eher geneigt, ihre Zeit und Energie auf alle Beschäftigten zu verteilen, anstatt sich auf jene zu konzentrieren, zu denen sie sofort einen Draht entwickelten oder die als Stars galten. Das passte zu ihrer Überzeugung, dass jeder Mensch sich entwickeln und wachsen kann. Und schließlich forderten sie das gesamte Team auf, Kolleginnen und Kollegen bei Problemen zu unterstützen. Herausforderungen seien demnach gemeinsam zu überwinden und nicht Sache des Einzelnen.

Führungskräfte, die eher mit einem statischen Mindset verknüpfte Ansichten über ihre Untergebenen vertraten, bevorzugten die Spitzenkräfte, die kaum Entwicklung benötigten. Sie glaubten, dass ein guter Manager seine Top-Performer bei Laune halten muss, und teilten daher die langweiligen, uninteressanten Aufgaben jenen zu, die ihrer Meinung nach weniger Potenzial hatten. Diese Führungskräfte fanden, dass man einen sich abmühenden Mitarbeiter lieber beruhigen sollte, indem man ihm sagte, dass die jeweilige

Aufgabe wohl einfach nicht seine Stärke sei. Sie boten folglich auch denen, die sie für besonders begabt hielten, größere Entwicklungsmöglichkeiten, anstatt sich um die Entwicklung des gesamten Teams zu bemühen. Diese Art von Verhalten, das auf einem statischen Mindset beruht, findet sich in den verschiedenen von Führungskräften geprägten Mikrokulturen der meisten Unternehmen.

Fasziniert von den Erkenntnissen, die ich bei diesem und anderen Großunternehmen gewann, untersuchte ich gemeinsam mit dem Unternehmer Ben Tauber und dem Psychologen Christopher Samsa 165 Start-up-Firmen im Silicon Valley. In einer zweiten, unabhängigen Studie, die wir zusammen mit Kathleen Boyle Dalen und Wendy Torrance von der Ewing Marion Kauffman Foundation durchführten, untersuchten wir die Mindsets von 300 weiteren Unternehmerinnen und Unternehmern. In beiden Fällen wollten wir erforschen, wie das Mindset der Gründer die von ihnen geprägten Unternehmenskulturen beeinflusst hat. Es zeigte sich eine Übereinstimmung mit den Fortune-500-Ergebnissen:[18] G*ründerinnen und Gründer, die Ansichten zuneigten, die auf ein starres Mindset schließen lassen, schufen Unternehmen, in denen eine Konkurrenzkultur herrschte,* die Beschäftigten eher zu unredlichem Verhalten bereit waren und nach Meinung der Beschäftigten eine geringere Fehlertoleranz bestand. Unternehmen, deren Gründerinnen und Gründer zumeist Überzeugungen folgten, die einem dynamischen Mindset entsprachen, förderten eher die Risikobereitschaft ihrer Beschäftigten und waren flexibler und anpassungswilliger. Diese Organisationen hatten innovativere, ethisch höher angesetzte und weniger konkurrenzbetonte Unternehmenskulturen. Sie wiesen zudem eine niedrigere Personalfluktuation auf, da ihre Beschäftigten der Organisation stärker vertrauten und sich ihr gegenüber stärker verpflichtet fühlten. Diese Kultur half den Unternehmerinnen und Unternehmern auch dabei, die benötigten Finanzmittel einzuwerben. *Mindsets beeinflussen nicht nur Überzeugungen und Verhalten, sondern auch den wirtschaftlichen Erfolg.*

Auswirkungen von Mindset-Kulturen

Nun ist es an der Zeit, einen genaueren Blick auf die konkreten Auswirkungen von Mindsets auf das Verhalten in Organisationen und auf dessen Folgen zu werfen. In Teil II behandeln wir die fünf Teilbereiche von Verhaltensnormen, die von Mindset-Kulturen geprägt werden. Diese sind:

- *Zusammenarbeit:* Sind die Beschäftigten zu gemeinschaftlicher Arbeit bereit und motiviert, oder verstricken sie sich in interpersonelle Konkurrenzkämpfe?
- *Innovation:* Fühlen sich die Beschäftigten bei großen Entwürfen unterstützt und ermutigt, oder wird ihre Kreativität durch kleinliche Bedenken behindert?
- *Risikobereitschaft und Resilienz:* Erhalten die Beschäftigten die nötigen Ressourcen und werden darin bestärkt, Risiken einzugehen und sich von Fehlschlägen nicht entmutigen zu lassen, oder gehen sie auf Nummer sicher, um ja nicht zu versagen oder im Falle von Rückschlägen ihre Position aufs Spiel zu setzen?
- *Redlichkeit und ethisches Verhalten:* Werden die Beschäftigten darin bestärkt, das Richtige zu tun, oder eher, unzulässige Abkürzungen zu nehmen?
- *Vielfalt, Gleichstellung und Inklusion:* Gelingt es der Organisation, eine breit gefächerte Belegschaft zu rekrutieren und an sich zu binden? Und gelingt es ihr, sich um den Erfolg aller Beschäftigten zu bemühen, oder erschafft sie eine exklusive Kultur, die nur einige wenige Auserwählte einschließt und fördert?

Beginnen wir also mit dem Bereich Zusammenarbeit.

Teil II

MINDSET-KULTUREN

3

ZUSAMMENARBEIT

Eine meiner ersten Fachbereichsversammlungen als neue Professorin an der Indiana University war der Frage gewidmet, wie die Leistungszulagen des Fachbereichs verteilt werden sollten. Wie in vielen Organisationen sind diese Zulagen meist winzig – vielleicht ein bis zwei Prozent pro Jahr, wenn überhaupt Geld zur Verfügung stand.

In der Vergangenheit hatte eine Leistungsprüfungskommission die jährlichen Leistungsberichte aller gut 60 Lehrkräfte geprüft – wie viele Fachaufsätze wir geschrieben, wie viele Doktorandinnen und Doktoranden wir betreut, wie viele Drittmittel wir eingeworben hatten und so weiter – und auf dieser Grundlage alle Lehrkräfte bewertet und eingestuft. Ich war entsetzt, zu erfahren, dass jede Lehrkraft daraufhin einen Brief mit der vollständigen Rangliste erhielt; der eigene Rang war darin mit gelbem Leuchtstift hervorgehoben. Man muss wissen, dass wir einen tollen Fachbereich haben, mit einigen der produktivsten Professorinnen und Professoren des ganzen Landes, gemessen an ihren Publikationen, eingeworbenen Drittmitteln, Auszeichnungen, Mitgliedschaften in nationalen Akademien, Bewertungen von Studierenden oder der Zahl von betreuten und in Jobs vermittelten Studierenden. Doch der Tag, an dem dieser Brief eintraf, war bei vielen Lehrkräften besonders gefürchtet.

In diesem System waren die Nachwuchskräfte fast immer benachteiligt. Wie sollten sie auch gegen ihre älteren Kolleginnen und

Kollegen bestehen, denen so viel mehr Ressourcen und Möglichkeiten zur Verfügung standen, die über größere Labore mit mehr Studierenden und Personal sowie über mehr Drittmittel verfügten und somit mehr leisten konnten? Aber auch die altgedienten Kräfte empfanden das System als ungerecht, denn die jährlichen Gehaltszuwächse hielten nicht mit der Inflation mit, und so verdienten sie nach 25 Jahren real kaum mehr als ihr Anfangsgehalt. Und fast alle waren der Meinung, dass das Ranglistensystem zu viel Konkurrenzkampf innerhalb des Fachbereichs schuf, zumal angesichts einer Gehaltszulage von nur ein bis zwei Prozent.

Doch nicht nur die Lehrkräfte litten unter einem solchen Ranglistensystem. Als ich einige Wochen später an unserem großen Hörsaal vorbeiging, fielen mir einige Ausdrucke auf, die neben dem Eingang an der Wand hingen. Ich sah, dass sie die Klausurnoten aller Studierenden in unserem Einführungskurs Psychologie aufführten, von der besten bis zur schlechtesten Note. Manche der vorbeikommenden Studierenden ignorierten diese Liste absichtlich; andere standen um sie herum und suchten die Matrikelnummern mit dem Finger ab in der Hoffnung, ihre eigene auf Seite eins oder zwei zu finden anstatt auf Seite vier oder fünf.

Wir müssen oft um etwas rangeln, sei es um den besten Sitzplatz im Klassenzimmer, der nach Leistung vergeben wird, oder um unsere Position in Ranglistensystemen am Arbeitsplatz. In einer Gesellschaft, die von sich behauptet, leistungsorientiert zu sein (wenn auch aufgrund veralteter und unsinniger Normen), erscheint es vernünftig, Ressourcen – etwa die Zulassung zu fortgeschrittenen Kursen, Stipendien, Beförderungen oder Gehaltserhöhungen – zu verteilen, indem man Menschen anhand eines vorgegebenen Kriterienkatalogs misst. Doch innerhalb von Organisationen zeitigt der Konkurrenzkampf, den solche Praktiken anheizen, oft ungewollte Folgen: Er zerstört zum Beispiel jede Zusammenarbeit.

Bevor Sie nun aufspringen und die Vorteile von Wettbewerb verteidigen, lassen Sie mich erklären. Wettbewerbsfähigkeit *am Markt* scheint tatsächlich eine notwendige Voraussetzung für langfristigen Erfolg zu sein; das gilt insbesondere für kapitalistische Unternehmen: Man will der angesagteste Hersteller oder die beliebteste Marke oder Universität sein. Mir geht es hier nicht um den Wettbewerb *zwischen* Organisationen, sondern *innerhalb* von Organisationen. Wenn die Menschen darauf getrimmt werden, intern um Status und Ressourcen zu kämpfen, wenn man unter Druck steht, sich gegenüber anderen zu profilieren, und wenn die Erfolgsmöglichkeiten begrenzt sind, dann stehen nicht so sehr Lösungen als vielmehr Probleme im Vordergrund. Manche Führungskräfte glauben, dass sie ihre Arbeitskräfte zu Höchstleistungen animieren, indem sie ein Klima nach Art der *Tribute von Panem* schaffen. Wir wissen aber, wie die Geschichte ausging, und die Forschung unterstützt diese Erkenntnis: *Sind die Erfolgschancen gering, wirkt dies als Trigger, der die Menschen in Richtung ihres statischen Mindsets treibt.* Langfristig (und manchmal auch kurzfristig) zeigen sie dann ein Verhalten, das ihre eigene Leistung trübt und ihr Potenzial beschränkt – und damit auch das ihrer Organisation.

In diesem Kapitel betrachten wir, wie organisationale Mindsets das Arbeitsumfeld beeinflussen und auf Wettbewerb oder Zusammenarbeit trimmen. Wir analysieren zudem einige der Strategien und Verhaltensweisen, die Mindset-Kulturen prägen und verfestigen, und untersuchen, wie sich Mindsets auf den Erfolg von Organisationen auswirken. Und schließlich unterbreite ich Ihnen einige konkrete Vorschläge für eine auf Wachstum ausgerichtete Herangehensweise an das Thema Zusammenarbeit in Ihrer Organisation.

Vielleicht glauben Sie, dass innerbetriebliche Konkurrenz eine notwendige Voraussetzung für Innovation und Wachstum sei. Doch während Wettbewerb sich auf manche Menschen positiv auswirkt – wenn auch in Maßen und für begrenzte Zeit –, sind diese Erfolge oft teuer erkauft, wie wir sehen werden. Bei der Förderung von Zusammenarbeit geht es nicht nur darum, ein Gefühl des Wohlbefindens zu verbreiten, sondern vielmehr, ein Umfeld zu schaffen, das langlebige, dauerhafte und von möglichst vielen Organisationsmitgliedern geteilte Erfolge hervorbringt.

Wachstumskulturen legen viel Wert auf Zusammenarbeit und haben daher nach Auffassung mancher Menschen nicht den nötigen Biss, um erfolgreich zu sein. Unsere Forschung belegt das Gegenteil. Diese Organisationen haben jede Menge Biss, doch sie betrachten Leistungen nicht als etwas, das zu einer Waffe gemacht und nach innen gerichtet werden sollte und somit die Belegschaft in Gewinner und Verlierer aufspaltet, wie es in Geniekulturen so oft der Fall ist. *Wachstumskulturen betrachten, wo die einzelnen Menschen und die Organisation aktuell stehen und wo sie hinmöchten, und sie nutzen die Kluft zwischen beidem, um gemeinsame Anstrengungen zu fördern, die es allen ermöglichen, ihre Ziele zu erreichen.* Wie unsere Forschung zeigt, können Wachstumskulturen am Markt außerordentlich wettbewerbsfähig sein, und zwar ohne die Kollateralschäden, die Geniekulturen oft erleiden.[1]

Bevor wir uns der Frage widmen, wie man eine auf Wachstum ausgerichtete Zusammenarbeitskultur etabliert, wollen wir zunächst untersuchen, warum eine solche Kultur effektiver ist, als Menschen gegeneinander in Stellung zu bringen.

Wie interner Konkurrenzkampf Verlierer produziert – und wie wir es besser machen können

Adam Neumann behauptete, dass WeWork durch Konkurrenzkampf floriere. Der ehemalige CEO war dafür bekannt, persönlich Beschäftigte gegeneinander aufzuwiegeln. In Jed Rothsteins Dokumentarfilm *WeWork: Or the Making and Breaking of a $47 Billion Unicorn* (WeWork oder Aufstieg und Fall eines 47 Milliarden Dollar schweren Einhorns)[2] beschrieb eine frühere Assistentin Neumanns ein Mitarbeiterbeurteilungsgespräch, das in einem von WeWorks allgegenwärtigen verglasten Konferenzzimmern stattfand. In diesem Gespräch sagte Neumann der Assistentin, dass sie einen guten Job mache. Doch als eine andere Mitarbeiterin draußen vorbeiging, zeigte er auf diese und sagte: »Aber Sie sind nicht so wie sie.

Sie könnten es sein, aber Sie haben nicht ihr Selbstbewusstsein.« Die Assistentin berichtete, dass sie mit dem Gedanken nach Hause gegangen sei, was sie wohl tun müsse, um so wie die andere Mitarbeiterin zu werden. »Du lebst in der ständigen Sorge: ›Jemand anders wird mir meinen Job wegnehmen. Ich muss darum kämpfen, hier bleiben zu können‹«, sagte sie. »Ich hatte ständig das Gefühl, keine Luft zu bekommen.« Sie fügte hinzu, dass Neumann seine Belegschaft oft rügte, etwa mit den Worten: »Ich könnte euch alle feuern und das alles hier allein erledigen.«

WeWork verschrieb sich dem Konzept, rangtiefe Angestellte regelmäßig zu entlassen, und trennte sich jährlich von einem Fünftel seiner Belegschaft. Dieses Prozedere, auch als »stack ranking« bekannt,[3] geht auf den früheren CEO von General Electric, Jack Welch, zurück. Bei WeWork wurde es jedoch mit dem unsympathischen Begriff »Jen-ocides« (Jen-ozide) belegt,[4] ein Verweis auf die Anwältin und Managerin Jennifer Berrent, die oft für die Entlassungen zuständig war. Die verbleibenden Mitarbeiter standen vor der Herausforderung, ihren Platz unter den Top-80-Prozent zu verteidigen. Sie erhielten nur selten die nötigen Ressourcen oder die erforderliche Unterstützung, um überdimensionierte Ziele zu erreichen, und es war völlig normal, dass Beschäftigte – viele davon Millennials, die von Neumanns Einladung »do what you love« angelockt worden waren – sich weniger als 18 Monate im Unternehmen hielten. Manche gingen vermutlich auch, weil sie die Nase voll hatten. Angestellte, die einem auf Wachstum ausgerichteten Mindset zuneigen, werden in Geniekulturen angesichts der begrenzten Entwicklungsmöglichkeiten ungeduldig. Sie können nicht die für ein echtes Wachstum erforderlichen Risiken eingehen, denn sie erkennen, dass ihr Einsatz nicht geschätzt wird und sie sich ständig um ihren Status sorgen müssen. All dies wirkt sich auf den Erfolg einer Organisation aus. Eine hohe Fluktuation ist teuer; sie kostet die Organisation nicht nur Geld, sondern auch Ansehen. Auf dem Arbeitsmarkt herrscht Wettbewerb, und Unternehmen mit hoher Fluktuation können ironischerweise leicht ihren

Wettbewerbsvorteil bei der Anwerbung der begehrtesten Arbeitskräfte verlieren.

Daten des US-amerikanischen Thinktanks Center for American Progress zufolge müssen Unternehmen rund 20 Prozent des Jahresgehalts eines Beschäftigten aufwenden, um ihn zu ersetzen. Dies gilt zumindest für Beschäftigte, die weniger als 50 000 Dollar im Jahr verdienen. Bei Angestellten höherer Hierarchieebenen wird es noch teurer – bis zu mehrere Jahresgehälter.[5] Das Marktforschungsinstitut Gallup schätzt, dass die Fluktuation bei Millennials allein die US-Wirtschaft rund 30,5 Milliarden Dollar pro Jahr kostet.[6] Zu den Hauptprioritäten von Millennials zählen nach deren eigenem Bekunden, die Sinnhaftigkeit ihrer Aufgabe zu verspüren und in einem Unternehmen zu arbeiten, das die eigenen Werte teilt.[7] Wie unsere Glassdoor-Studie gezeigt hat, sind Beschäftigte in Geniekulturen weniger mit ihrem Arbeitgeber zufrieden als solche in Wachstumskulturen.[8] Wenn eine Organisation eine große Vielfalt an Talenten insbesondere unter jüngeren Beschäftigten für sich gewinnen möchte, könnte das Wissen, dass es sich intensiv um deren Förderung bemüht, entscheidend dazu beitragen, dass sie Menschen anzieht und an sich bindet, die ausgezeichnete und engagierte Beschäftigte sind oder es künftig werden. Als 2021 eine noch nie dagewesene Kündigungswelle – die »Great Resignation« – das Land überrollte und mehr als 30 Millionen US-Amerikaner freiwillig ihre Arbeitsplätze aufgaben,[9] stellten Experten für Organisationsverhalten fest, dass Menschen nicht nur einen Job quittieren, sondern vielmehr schlechte Arbeitskulturen.[10] Angesichts des massiven Exodus der Belegschaften waren Wachstumskulturen besser aufgestellt, um Talente an sich zu binden, aber auch als Zielort für Menschen, die die besseren individuellen Entwicklungsmöglichkeiten und die bessere Unterstützung in solchen Kulturen schätzen.

Kaum ein Faktor hat so viel Einfluss auf die Arbeitserfahrungen, Motivation und Arbeitsleistung von Beschäftigten wie deren Wahrnehmung des Mindsets ihrer Vorgesetzten.[11] Anhand dieser Wahrnehmung lassen sich diese Ergebnisse sogar besser prognostizieren als anhand der Selbsteinschätzung von Vorgesetzten bezüglich ihrer Mindsets. Dies erklärt sich teilweise daraus, dass Vorgesetzte, die ihrem statischen Mindset zuneigen, meist größere Schwächen in Bezug auf ihre Selbstwahrnehmung haben. Erst als Neumanns ehemalige Assistentin das Unternehmen schließlich verließ, erkannte sie, welche Lücke zwischen dem Bild, das Neumann und andere Führungskräfte vom Unternehmen zeichneten, und ihrer eigenen Erfahrung der Unternehmenskultur klaffte.[12]

In Geniekulturen ist es besonders einfach, den Erfolg oder Misserfolg einer Unternehmung einer einzelnen charismatischen Führungskraft zuzuordnen, denn sie schützt und bewahrt den Genie-Mythos. Doch wie unsere Forschung zeigt, ist das Mindset einer Organisation besonders wirkmächtig, wenn die Belegschaft es übernimmt.[13] Wer den Aufstieg und Fall von WeWork ausschließlich Neumann und seiner überlebensgroßen Persönlichkeit zuschreibt, übersieht, dass er eine Kultur erschuf, in der zahllose Topmanager, Führungskräfte und Investoren sein Verhalten aktiv unterstützten und ermutigten und so einen sich selbst erhaltenden Kulturkreislauf in Gang setzten.

Ironischerweise stellte WeWork die angebliche Stärke seiner Kultur öffentlich heraus, obwohl die Erfahrungen der Menschen, die in dieser Kultur arbeiteten, beträchtlich von dem abwichen, was die unternehmenseigene Website oder Neumann selbst behaupteten.[14] Die Firma hatte zwar durchaus eine starke Kultur, allerdings nicht jene, die Neumann vorgab. Derartige Lücken zwischen den angeblichen Werten eines Unternehmens und seiner tatsächlichen Kultur (die sogenannten Umsetzungslücken) sind eine teure Angelegenheit. Nach einem verkorksten Börsengang wurde Neumann schließlich hinausgedrängt. Die Bewertung des Unternehmens war binnen weniger Wochen von 47 Milliarden auf rund 9 Milliarden US-Dollar geschrumpft, nachdem sich herausgestellt hatte, dass WeWorks Finanzdaten überwiegend Lug und Trug waren, aufgepäppelt nur durch Neumanns Verkaufskünste und durch überdimensionierte Wagniskapitalspritzen.[15]

Wie man anhand von neueren Beispielen wie WeWork[16] und Theranos[17], aber auch älteren wie Wells Fargo[18] und Enron[19] erkennt, werden in Geniekulturen oft Menschen gegeneinander ausgespielt. Und irritierenderweise scheinen Ranglistensysteme in der Tech-Branche derzeit ein Comeback zu feiern.[20] Doch Konkurrenz muss gar nicht durch derartige Praktiken formalisiert werden – sie kann vielmehr unmittelbar aus den *Wahrnehmungen* der Beschäftigten entstehen.[21] Wenn die Beschäftigten erkennen, dass ihr Unternehmen Ideen vertritt, die mit einem starren Mindset einhergehen, genügt das, um ein Gerangel um die beste Ausgangsposition auszulösen. Die Mitarbeiterinnen und Mitarbeiter werden sehr wahrscheinlich versuchen, selektiv ihre überlegenen Talente und Fähigkeiten darzustellen sowie ihre Fehler und Schwächen zu vertuschen. Der Druck, ihre Intelligenz unter Beweis zu stellen, führt dazu, dass die Beschäftigten miteinander konkurrieren, anstatt zusammenzuarbeiten. Schließlich lässt sich der individuelle Beitrag, den Geniekulturen so schätzen, in einer Gemeinschaftsarbeit schlechter identifizieren. Wenn die Arbeitsergebnisse einer Teamleistung entspringen, ist es schwieriger, sich als großer Star darzustellen. In Geniekulturen vermeiden es die Menschen eher, innovative oder risikoreiche Aufgaben zu übernehmen, denn diese könnten zu Fehlschlägen führen und dadurch womöglich auf ein Kompetenzdefizit hindeuten. Und schließlich gilt: Wenn Menschen unter dem Druck stehen, sich zu beweisen, steigt die Chance, dass sie unredliche Verhaltensweisen an den Tag legen, etwa Informationen horten oder Fehler vertuschen, um als klug und fähig zu gelten. Diese Verhaltensweisen verstärken wiederum statische Einstellungen, denen zufolge einige das gewisse Etwas haben und andere nicht, und so nimmt der Kulturzyklus seinen Lauf.

Wie Mindset-Kulturen individuelles Verhalten prägen

In meiner Forschung bei Fortune-500-Unternehmen zeigten die Teilnehmenden an unseren Untersuchungen eine bestimmte Erwartungshaltung: Herrschte in einem Unternehmen eine Wachstumskultur vor – konnte man beispielsweise seiner Website und seinem Leitbild entnehmen, dass es Wert auf die Entwicklung der Beschäftigten legte –, so rechneten sie mit einem Klima der Zusammenarbeit. Umgekehrt galt, dass sie bei Unternehmen mit expliziter Geniekultur – die sich etwa bemühten, nur die hellsten Köpfe anzuwerben, und sich allein auf Ergebnisse und Arbeitsleistung kaprizierten – von einem Klima ausgingen, das von interner und interpersoneller Konkurrenz geprägt war.[22] Doch uns genügten derartige externe Wahrnehmungen nicht (auch wenn sie Einfluss darauf haben könnten, wer sich bei den jeweiligen Organisationen bewirbt). Wir wollten herausfinden, wie Beschäftigte und Führungskräfte innerhalb dieser Unternehmen das Mindset ihrer Organisation wahrnahmen und wie diese Wahrnehmung den Umgang der Organisationsmitglieder miteinander beeinflusste.

Gemeinsam mit einer Unternehmensberatung überzeugten wir verschiedene Fortune-1000-Unternehmen aus diversen Branchen – Energie, Gesundheitsfürsorge, Einzelhandel und Technologie –, an unserer Studie teilzunehmen. Wir stellten den Beschäftigten eine Reihe von Fragen, um das Mindset der Organisation zu ermitteln (etwa, ob die meisten Führungskräfte zu glauben schienen, dass Begabung fix oder beeinflussbar sei), ebenso wie die Verhaltensnormen, die Zusammenarbeit und Wettbewerb in ihrem Unternehmen regelten. Wir fragten sie, inwieweit sie Aussagen wie den folgenden zustimmten oder diese ablehnten

- In diesem Unternehmen schätzt man es, wenn Menschen zusammenarbeiten.
- In diesem Unternehmen ist es äußerst wichtig, immer allen zu beweisen, wie clever man ist.
- Es ist sehr wichtig, zu zeigen, dass ich für meine Arbeit begabter bin als andere.
- Es ist wichtig, dass meine Vorgesetze/mein Vorgesetzter mich nicht für weniger kundig als meine Mitarbeiterinnen und Mitarbeiter hält.

Die Ergebnisse waren eindeutig: Beschäftigte in Geniekulturen berichteten, dass die meisten ihrer Kolleginnen und Kollegen eher auf Konkurrenz als auf Zusammenarbeit fokussiert waren. In Wachstumskulturen hingegen war die Bereitschaft größer, Probleme gemeinschaftlich zu lösen und Ziele gemeinsam zu erreichen. Auch die Führungskräfte unterstützten diese Beobachtungen. Diese Ergebnisse sind signifikant, denn je nachdem, wie die Beschäftigten den Stellenwert von Zusammenarbeit oder Wettbewerb wahrnahmen, gestaltete sich ihr Vertrauen und ihr Verpflichtungsgefühl gegenüber der Organisation. *Die Wahrnehmung, dass die Kultur Zusammenarbeit erwartet und unterstützt, stärkt bei Beschäftigten das Vertrauen und das Verpflichtungsgefühl gegenüber der Organisation. Wird Konkurrenz als Norm empfunden, sinkt das Verpflichtungsgefühl der Beschäftigten.*

Geniekulturen etablieren konkurrenzbetonte Verhaltensnormen und stellen weniger Ressourcen für Wachstum und Entwicklung ihrer Belegschaft zur Verfügung. Ihr Wertesystem deutet damit auf ein starres Mindset hin. Da die Stars ihren Status bereits haben, kann man die Minderleister einfach ziehen lassen. Die CEO, Unternehmerin und BWL-Professorin Margaret Hefferman beschreibt es so: »Wenn wir Top-Performern huldigen, infantilisieren wir alle anderen. Damit senden wir die Botschaft aus, dass sich jeder angesichts der gewaltigen Fähigkeiten Einzelner passiv verhalten darf – oder gar sollte.«[23] Auch die äußere Wahrnehmung von Organisationen wird davon beeinflusst, ob ihre Kultur auf einzelne Star-Spieler oder auf Teams setzt.

Wie der Zufall es will, hat ein Team von Forscherinnen und Forschern an der University of Kansas und der Murray State University Sportteams daraufhin untersucht, welche Vorstellungen über »eingekaufte« und »gewachsene« Teams herrschten und welche Wertschätzung diesen jeweils entgegengebracht wurde.[24] »Gekaufte« Teams kaufen Stars von anderen Organisationen ein, während »gewachsene« Teams ihre Talente selbst entwickeln und fördern. In Umfragen bevorzugten die Befragten regelmäßig die gewachsenen Teams. Das galt im Übrigen nicht nur für die Sportbranche, sondern auch für andere Berufsgruppen. Auf die Frage, warum sie die gewachsenen Teams bevorzugten, lautete die häufigste Antwort, dass diese Teams in ihren Augen härter für den Erfolg arbeiten und mehr leisten müssten, was ihnen Bewunderung und Respekt abnötige. Sie bewunderten diese Organisationen auch für ihre Bemühungen um die Ausbildung ihrer Leute. Den Teams mit eingekauften Stars wurde vorgeworfen, dass sie eine Abkürzung zum Erfolg gewählt hätten. Die zweithäufigste Antwort lautete, dass die gewachsenen Teams eine größere Geschlossenheit und Zusammenarbeit an den Tag legten, da sie *gemeinsam* aufgebaut worden seien. Diese Ergebnisse decken sich mit den Erkenntnissen aus unserer Fortune-500-Studie: Führungskräfte in Wachstumskulturen waren besser in der Lage, Leistung und Führungspotenzial zu erkennen, als Führungskräfte in Geniekulturen, wo man einfach nur erwartet, dass »eingekaufte« Stars die Fähigkeiten zeigen, für die sie eingekauft wurden.

Eines der Unternehmen mit wachstumsbetonter Philosophie ist Atlassian, ein Software-Entwickler, der sich auf Produkte zur Unterstützung von Teams spezialisiert hat, etwa Projektmanagementsysteme. In auffallendem Gegensatz zum »Friss oder stirb«-Ansatz, der die Einstellungspraxis vieler Geniekulturen leitet, verrät Atlassian Bewerberinnen und Bewerbern, wie sie erfolgreich sein können. Es geht dem Unternehmen also nicht darum, perfekte Angestellte zu finden, sondern vielmehr darum, Chancengleichheit herzustellen, um individuelles Potenzial zu heben. So wird Bewerberinnen und Bewerbern versichert, dass man sie nicht zwingen werde, unter Druck zu arbeiten, denn »wenn Bewerber gestresst sind, werden sie kaum erkennen, was sie tun könnten und ob sie einen Mehrwert für das Team schaffen könnten«. Darüber hinaus werden Bewerberinnen und Bewerber aufgefordert, sich im Vorstellungsgespräch so natürlich wie möglich zu präsentieren, und erhalten genaue Informationen darüber, was sie erwartet und wie sie ein gutes Bild abgeben können. Da heißt es etwa: »Erläutern Sie den Kontext, den wir benötigen, um Ihre Arbeit zu verstehen, bevor Sie ins Detail gehen. (…) Wir wissen, dass die meisten Projekte in Gemeinschaftsarbeit entstehen; beschreiben Sie daher offen und ehrlich Ihren eigenen Beitrag.«[25] Darüber hinaus erläutern drei Mitarbeiterinnen aus verschiedenen Ethnien auf der Website, wie Frauen in der Tech-Welt erfolgreich sein können.[26] Eine weitere Seite beantwortet potenzielle Fragen von Praktikantinnen und Praktikanten sowie von frischgebackenen Universitätsabsolventinnen und -absolventen. Da liest man unter anderem, dass »Produktivität zyklisch ist« – sie sollten also nicht allzu besorgt sein, wenn sie nicht immer Höchstleistungen erbrächten.[27] Hingegen ist die aggressive Sprache auf den Websites von Organisationen mit statischem Mindset oft voller Superlative. Da heißt es etwa, die Organisation sei der »anerkannte Marktführer« und biete einen »Wettbewerbsvorteil« für alle, die eine »Weltklasseleistung« und »überragende Ergebnisse« erzielen wollten.

Die Philosophie von Atlassian lautet, dass »berufliche Entwicklung innerhalb der ersten 90 Tage nach Antritt einer neuen Stelle« einsetzt. Folglich werden neue Mitarbeitende mit einem 90-Tage-Plan ausgestattet, der sie beim gelingenden Einstieg unterstützen soll. So lernen sie die Werte und Abläufe der Organisation kennen und knüpfen erste persönliche Kontakte, die ihnen bei ihrer Arbeit und Entwicklung nützlich sein können. Danach formulieren Beschäftigte gemeinsam mit ihren Vorgesetzten einen Karriereentwicklungsplan, der aufzeigt, wie sie wachsen und innerhalb des Unternehmens aufsteigen können.[28] Atlassian verrät auch, wie aktuelle Beschäftigte ihren Aufstieg gemeistert haben, wobei nicht nur Siege, sondern auch Anstrengungen und Herausforderungen als normal dargestellt werden: »In meinen ersten sechs Monaten [als Führungskraft] hatte ich ehrlich gesagt keine Ahnung, was ich genau tat.«[29] Das Unternehmen bemüht sich auch, kontinuierlich etwas über die Karriereziele seiner Angestellten zu erfahren, nicht nur bei deren Ausscheiden. Sarah Larson, Leiterin der Abteilung für Talentmanagement und Entwicklung, empfiehlt ihren Führungskräften, nicht auf die Kündigungsgespräche zu warten und stattdessen »Verbleibgespräche« mit ihren Teammitgliedern zu führen, um deren Verpflichtungsgefühl und Zufriedenheit zu prüfen und gegebenenfalls nach Wegen zur Verbesserung ihrer Arbeitserfahrung zu suchen. Larson zufolge sollten Führungskräfte jedes Teammitglied danach befragen, was es motiviert und worauf es sich bei der Arbeit freut, was es im Unternehmen hält und künftig halten könnte und schließlich, wann es zum letzten Mal an einen möglichen Wechsel gedacht hat. »Ihr Ziel ist es, ein Vertrauensverhältnis [zu Ihren Mitarbeiterinnen und Mitarbeitern] aufzubauen und so einen fortlaufenden Dialog über ihre aktuelle Arbeitssituation und ihre Pläne für die Zukunft in Gang zu setzen.«[30] All dies zeigt Beschäftigten, dass sie in einer Kultur arbeiten, in der sie wachsen und sich entwickeln können – und in der dies auch erwartet und unterstützt wird. Wie eine Glassdoor-Erhebung aus dem Jahr 2023 zeigt, würden 93 Prozent der Atlassian-Beschäftigten ihr Unternehmen einem Freund empfehlen, und das Unternehmen erhielt in puncto Kultur und Werte die Note 4,8 von 5.[31] Wer nun vermutet, dass Wachstumskulturen weniger wettbewerbsfähig seien, dem sei gesagt, dass Atlassian im Mai 2023 mit mehr als 38 Milliarden US-Dollar bewertet wurde und seine Produkte, darunter Jira und Trello, regelmäßig zu den besten ihrer Kategorie gezählt werden.[32]

Die Forschung lässt keinen Zweifel daran zu, dass Dauerstress – der in einer Konkurrenzkultur allgegenwärtig ist – einen hohen Preis fordern kann. Das Yerkes-Dodson-Gesetz illustriert die Beziehung zwischen Druck und Arbeitsleistung und zeigt, dass Stress ab einem gewissen Punkt den Lernerfolg während einer herausfordernden Tätigkeit sogar behindert.[33] *Wenn die Motivation von Beschäftigten in der Angst besteht, dass sie ihren Job an innerbetriebliche Konkurrenten oder Stars verlieren könnten, die von außen eingekauft werden, untergräbt das nicht nur ihr psychologisches Sicherheitsgefühl und langfristig vielleicht auch ihre Gesundheit, sondern beeinträchtigt sehr wahrscheinlich auch ihre Lern- und Entwicklungsfähigkeit.*

Druck allein entscheidet nicht über die Leistung – schließlich gibt es in nahezu jedem Arbeitsumfeld Situationen, in denen unter

Hochdruck gearbeitet oder Fristen eingehalten werden müssen. Die Frage ist, ob wir diesen Druck kanalisieren können, um Zusammenarbeit, Teamgeist und Innovationsbereitschaft zu entfachen und so den Stress in etwas umzudefinieren, das man gemeinsam überwinden kann, indem man seine Energie, seine Ressourcen und seine Beiträge bündelt; oder ob der Stress vielmehr dadurch verstärkt wird, dass man ständig auf Habachtstellung gegenüber seinen Kolleginnen und Kollegen ist und alles allein machen muss, was der Kreativität und dem Wir-Gefühl abträglich ist. Mit der Zeit setzt dann oft ein Frustrationsgefühl (oder auch Krankheit) ein und die Beschäftigten kündigen. Wiederum zeigt unsere Forschung, dass Beschäftigte in Geniekulturen eher einen Wechsel in Erwägung ziehen.[34]

Nachdem wir nun einige der negativen Folgen interner Konkurrenz betrachtet und gesehen haben, wie sie Zusammenarbeit behindert, wollen wir etwas genauer untersuchen, wie Zusammenarbeit die Arbeitsleistungen und Ergebnisse in Wachstumskulturen *stärkt.*

Wie Wachstumskulturen Zusammenarbeit befördern und einen Wettbewerbsvorteil generieren

Als junges Mädchen interessierte sich Jennifer Doudna für die Geschichte von der Entdeckung der Helix-Struktur der DNA durch James Watson und Francis Crick. Doch was sie vielleicht am stärksten faszinierte, war der Beitrag der Ko-Forscherin Rosalind Franklin zu dieser Entdeckung. Die Lektüre über Franklin war für Doudna eine Offenbarung: Auch Frauen konnten Wissenschaftlerinnen sein. Diese Erkenntnis sollte nicht nur ihr Leben prägen, sondern auch die Genforschung nachhaltig verändern. In Zusammenarbeit mit Kolleginnen und Kollegen innerhalb und außerhalb ihres Labors sollte Doudna eine Reihe von wissenschaftlichen Entdeckungen machen, die unmittelbar zur Entwicklung von CRISPR führten – einer Technologie zur Veränderung von DNA-Bausteinen, die eines Tages eine Vielzahl von Erbkrankheiten ausmerzen könnte und dazu verwendet wird, neue Methoden zur Identifizierung und Bekämpfung viraler Bedrohungen zu entwickeln.[35]

Die Tatsache, dass Watson und Crick darauf verzichteten, Franklins Beitrag zu ihrer Entdeckung zu erwähnen, könnte Doudna ebenfalls beeinflusst haben. Ihre eigene Karriere zeichnet sich nicht nur durch die bahnbrechenden Forschungsergebnisse ihres Labors aus, sondern auch durch die Art und Weise, wie diese zustande kamen. Doudnas Team legt einen ungewöhnlichen Grad an Teamgeist an den Tag und widersetzt sich damit der Genie-Mentalität, die im Wissenschaftsbetrieb vorherrscht. Dieser Teamgeist gründet auf Doudnas festem Glauben, dass Zusammenarbeit zu schnelleren Fortschritten und besseren Lösungen führt, als wenn ein oder zwei Forschende in völliger Abgeschiedenheit arbeiten. Im Jahr 2020 erhielt Doudna den Nobelpreis für Chemie, zusammen mit Emmanuelle Charpentier, einer externen Wissenschaftlerin, mit der sie gemeinsam zentrale Forschungsprojekte geleitet hatte, die zur Entwicklung von CRISPR führten. Nach Beginn der Corona-Pandemie stellte Doudna eine organisationsübergreifende Projektgruppe zusammen, um herauszufinden, wie die CRISPR-Technologie im Kampf gegen das SARS-CoV-2-Virus eingesetzt werden könnte. Sie beendete zudem eine langjährige Rivalität mit dem Gentechniker Feng Zhang.[36] Die beiden beschlossen, ihre Kräfte zu vereinen und jegliche Erkenntnisse ohne Rücksicht auf Patentvergaben zu veröffentlichen. Das Ergebnis war ein Diagnostiktest auf Basis der CRISPR-Technologie, der Anfang 2022 die Zulassung der US-Gesundheitsbehörde FDA für den Notfalleinsatz erhielt.[37]

Aus Doudnas Sicht ist es vorrangig, die Kultur in ihrem Labor aufrechtzuerhalten. Wie Walter Isaacson in seinem Buch *Der Codebreaker* beschreibt,[38] legte Doudna bei der Zusammenstellung ihres Teams »ebenso viel Wert darauf, dass jemand gut hineinpasste, als auf seine oder ihre Forschungsleistungen«. Isaacson hinterfragte diese Praxis einmal kritisch und wollte von Doudna wissen, ob sie nicht vielleicht auf einige »brillante Außenseiter« verzichtete.

Doudna entgegnete: »Ich kenne einige Menschen, die kreative Konflikte schätzen. Doch ich habe in meinem Labor lieber Leute, die gerne zusammenarbeiten.« Bei Bewerbungen auf Doktorandenstellen wird das gesamte Team befragt, ob die jeweilige Person wohl gut hineinpasst. »Unser Ziel war es, Leute zu finden, die eigenständig arbeiten, aber dennoch kollegial sind«, sagt sie. Dort, wo intrinsische Motivation von einer auf Wachstum ausgerichteten Mindset-Kultur begleitet wird, braucht es keinen Wettbewerb mit anderen Teammitgliedern, um die Menschen anzutreiben. Vielmehr glüht in ihnen der Wunsch zu wachsen, zu lernen und gemeinsam Erfolge zu erzielen. Doudna selbst ist bekanntermaßen sehr wettbewerbsorientiert, doch innerhalb ihres Teams ermutigt und erwartet sie Zusammenarbeit, bei der die Stärken und Spezialkenntnisse jedes einzelnen Teammitglieds ein gemeinsames Forschungsfeld befruchten und so neue Entdeckungen ermöglichen. Als Leiterin prägt sie die Laborkultur.

In Doudnas Labor herrscht kein Verdrängungswettbewerb, sondern sie und ihr Team erzielen Fortschritte durch Zusammenarbeit. Einmal bemerkte Doudna, dass ein Student sich nicht richtig bemühte. Sie nahm ihn beiseite und sagte ihm: »Du übernimmst nicht die Art von Projekten, die ein Student wie du bewältigen könnte. Warum betreiben wir denn Wissenschaft? Wir tun das, um den großen Fragen auf den Grund zu gehen und Risiken einzugehen. Wenn du nichts ausprobierst, wirst du nie einen großen Durchbruch erzielen.« Mit Doudnas Ermutigung, enger Führung und Unterstützung gelangen dem Forscher mehrere Entdeckungen, die das Wissensgebiet voranbrachten. Denselben Ansatz vertrat Doudna auch außerhalb ihres Labors: Als Mitgründerin initiierte sie eine CRISPR-Konferenz, um Wissenschaftlerinnen und Wissenschaftler auf dem Gebiet der Genschere persönlich zusammenzuführen und ihnen den Austausch von unveröffentlichten Daten und neuen Ideen in einem sicheren Umfeld zu ermöglichen.

Doudnas Beharren auf Zusammenarbeit und Teamgeist hat zum Aufbau und Erhalt einer Wachstumskultur beigetragen, die ihr

Labor zu einem der erfolgreichsten, innovativsten und wirtschaftlich wettbewerbsfähigsten seiner Art gemacht hat. Doch wie wir im Laufe unserer Forschungsarbeit bei einer multinationalen Bank feststellten, können Organisationen, die Zusammenarbeit nicht aktiv fördern, ihren Beschäftigten unbewusst eine ganz andere Botschaft vermitteln. Zwar kommen Mindset-relevante Botschaften aus einer Vielzahl von Quellen, doch die in einer Organisation geschätzten Verhaltensweisen werden insbesondere von den Vorgesetzten vermittelt. Unsere Erhebungen aus zahlreichen Studien, an denen Tausende von Beschäftigten und Führungskräften teilnahmen, ergaben, dass bestimmte Führungsstrategien das Kooperations- oder Konkurrenzverhalten der Beschäftigten beeinflussten. Eine dieser Strategien bestand darin, den Stars der Belegschaft besonders schwierige Aufgaben zu übertragen, um sie bei Laune zu halten, und folglich den weniger begabten Leuten langweiligere Aufgaben zu geben. Die Führungskräfte nährten damit unbeabsichtigt eine Geniekultur, und als die Beschäftigten die auf einem starren Mindset beruhenden Praktiken ihrer Vorgesetzten erkannten, begannen sie miteinander um die besten Plätze zu rangeln. Führungskräfte mit einem eher dynamischen Mindset hingegen verteilten schwierige Projekte auf ihr gesamtes Team und halfen ihm, Erfolgsstrategien zu entwickeln.

Bei Patagonia, einem Anbieter von Outdoor-Bekleidung, folgt das Management bei der Personalauswahl und -entwicklung einem solchen engagierten, auf Wachstum ausgerichteten Ansatz. Der Unternehmensgründer Yvon Chouinard hat die Förderung von Zusammenarbeit von Anfang an in den Vordergrund gestellt. »[Wir] suchen nicht nach ›Stars‹, die eine Vorzugsbehandlung und tolle Nebenleistungen erwarten«, sagt er. »Unsere Top-Leistungen entstehen in Zusammenarbeit, und unsere Kultur belohnt den Teamplayer, während sie Leute, die immer im Rampenlicht stehen müssen, nur schwer erträgt.«[39] Dies ist übrigens ein hervorragendes Beispiel dafür, dass ein statisches Mindset (hinsichtlich Zusammenarbeit – entweder tut man es oder nicht) auch positive Folgen zeitigen kann.

(Chouinard und sein Führungsteam sind nicht nur unflexibel bezüglich ihrer Null-Toleranz-Haltung gegenüber Leuten, die ihren eigenen Status auf Kosten von anderen erhöhen möchten, sondern auch, was ihre Nachhaltigkeit und ethischen Standards anbelangt.)

Patagonia möchte durchaus Spitzenkräfte in seinen Reihen haben, nur eben solche, denen mehr an Gruppen- und Organisationserfolgen gelegen ist als an individuellen Rankings oder Ergebnissen. »Wir stellen keine Leute ein, die man herumkommandieren kann. (...) Wir wollen keine Drohnen haben, die nur Anweisungen folgen. Wir suchen Angestellte, die bereit sind, schlechte Entscheidungen zu hinterfragen.« Diese letzte Aussage ist entscheidend für Patagonias Fähigkeit, die hohen ethischen und Qualitätsstandards für ihre Produkte aufrechtzuerhalten: Design- und Produktionsteams arbeiten eng zusammen. Wäre es anders, könnte eine simple Designveränderung zur Verlagerung der Produktion in eine andere Fabrik führen, was wiederum einen ganz neuen Zertifizierungsprozess nach sich ziehen würde, um sicherzustellen, dass Materialien sowie der Umgang mit der Belegschaft die hauseigenen Standards erfüllt.

Die Unternehmenskultur von Patagonia setzt auf Eigengewächse. Die Firma besetzt frei werdende Stellen gerne intern, was gut funktioniert, da man ebenso wie Doudna bei der Personalauswahl viel Wert auf kulturelle Passung, Zusammenarbeit und Potenzial legt – auch wenn das bedeutet, dass manche Beschäftigte erst allmählich in die Gänge kommen, weil sie zunächst einige rollenspezifische Fertigkeiten erlernen müssen. Das Modell von Patagonia ist so erfolgreich, dass sie ihre Wachstumspläne gelegentlich zügeln müssen, um sicherzustellen, dass sie ihre eigenen Umweltverträglichkeitsstandards nicht verletzen. Dennoch ist das Unternehmen einer der wenigen Einzelhändler, die während größerer wirtschaftlicher Rezessionen nicht nur profitabel geblieben, sondern sogar gewachsen sind.

Führungspersönlichkeiten wie Doudna und Chouinard haben einen großen Einfluss auf organisationale Mindsets, und unsere Forschung zeigt, dass dies auch für andere Unternehmerinnen und

Unternehmer gilt. Die oben erwähnte Studie in Zusammenarbeit mit der Kauffman Foundation ergab, dass Unternehmen mit stärker ausgeprägtem dynamischem Mindset meist Gründerinnen und Gründer hatten, die an eine positive Korrelation zwischen Anstrengungen und Kompetenzen glaubten: Je mehr man sich anstrengt, desto kompetenter wird man. Herrschte hingegen ein starres Mindset vor, dann ging man von einer negativen Korrelation zwischen Anstrengungen und Kompetenzen aus: Wer sich anstrengen muss, ist vermutlich wenig kompetent. Unternehmen, die von Gründerinnen und Gründern mit eher dynamischem Mindset geleitet wurden, wiesen auch seltener konkurrenzbetonte und dafür häufiger auf Zusammenarbeit orientierte Verhaltensweisen auf als Unternehmen von Gründerinnen und Gründern mit eher starrem Mindset. Doch mussten Unternehmen mit Wachstumskultur einen Preis für diese kollaborativen Normen bezahlen? Überhaupt nicht. Wie oben erwähnt, war nicht nur die Fluktuation in diesen Unternehmen geringer, sondern es gelang ihnen auch häufiger, die jährlich benötigten Geldmittel einzuwerben. Und sollten Sie glauben, dass Gründerinnen und Gründer mit dynamischem Mindset sich einfach niedrigere Ziele gesetzt hatten – nein, sie waren genauso ambitioniert wie ihre Gegenüber mit starrem Mindset.

Manch einer könnte nun noch immer an dem Glauben festhalten, dass interner Wettbewerb die besten Ergebnisse zeitigt. Vielleicht bildet ein Fachgebiet wie die Chirurgie, in dem einzelne Menschen tatsächlich Superstars sein müssen, weil es um Leben und Tod geht, die Ausnahme, in der Wettbewerb vorteilhaft ist? Der renommierte Neurochirurg David Langer behauptet das Gegenteil, und er sollte es wissen. Langer leitet die neurochirurgische Abteilung am Lenox Hill Hospital in New York, das vom *U.S. News & World Report* als eines der besten Krankenhäuser des Landes für Neurologie und Neurochirurgie ausgezeichnet wurde.[40] Er sagt: »Wo keine Zusammenarbeit herrscht, es keine großartigen Teams gibt und die Leute nicht motiviert sind, sich gegenseitig zu helfen, bricht alles zusammen. (…) Wir verdanken unseren Sieg unserer

Fokussierung, unserem emotionalen Einsatz und unserer Kooperationskultur. Hier stimmt einfach die Chemie, und das hat es uns ermöglicht, es mit den größten neurochirurgischen Abteilungen des Landes aufzunehmen.«[41]

Wie man eine kollaborative Wachstumskultur aufbaut

Hier sind einige Werkzeuge, mit deren Hilfe Sie Ihre eigene kollaborative Wachstumskultur errichten und gleichzeitig abträgliche Binnenkonkurrenz in Ihrem Unternehmen minimieren können.

Führen Sie ein Mindset-Hinweis-Audit durch

Wenn mein Team eine Organisation neu kennenlernt, beginnt es fast immer mit einem Hinweis-Audit, um aktuelle Strategien, Praktiken und Normen zu identifizieren und zu prüfen, ob diese die Beschäftigten eher zu ihrem starren oder ihrem dynamischen Mindset hinführen. Eine solche Prüfung können Sie auch in Ihrer Organisation durchführen. Achten Sie dabei vor allem auf die Routineabläufe, die Ihre Beschäftigten womöglich gegeneinander aufbringen und dadurch den Gruppenzusammenhalt unterlaufen.

Unsere Hinweis-Audits beginnen typischerweise in den sozialen Affinitätsgruppen der Organisation – jenen Gruppen, denen ein negatives Klischee anhaftet oder die strukturell benachteiligt oder zahlenmäßig unterrepräsentiert sind. Wie wir aus unserer Forschung wissen, achten solche Menschen genauer auf Hinweise in ihrem Umfeld, die ihnen anzeigen, ob das Unternehmen Normen wie Respekt, Inklusion und Zusammenarbeit praktiziert. Frage ich beispielsweise Angehörige einer ethnischen Minderheit, wie sie Zusammenarbeit und Inklusion in Teams erleben, erfahre ich viel über die Verhaltensnormen einer Organisation. Manchmal berichten solche Gruppen von ihrem Gefühl, dass sie wie »Spielsteine« vorgezeigt werden, das Unternehmen nur »Schönfärberei« betreibe, um »gut auszusehen«, sie dann aber weder herausfordernde Aufgaben noch Zugang zu Netzwerken erhielten, die ihr Wachstum und ihre Entwicklung unterstützen könnten. In solchen Fällen erkenne ich ein Kulturproblem. Nicht selten höre ich, dass manche Leute Fehler machen und aus ihnen lernen dürfen, andere jedoch nicht (und dass sich oft entlang von ethnischer oder Geschlechtszugehörigkeit entscheidet, wer zu welcher Gruppe gehört).

Zu Beginn unserer Mindset-Hinweis-Audits beschreibe ich oft das Mindset-Kontinuum und erkläre dann, dass Strategien und Praktiken diese Mindsets vermitteln können. Anschließend bitte ich die Beschäftigten, einige der täglichen Interaktionen, Praktiken und Strategien zu nennen, bei denen sie das Gefühl haben, dass starre oder dynamische Mindset-Botschaften vermittelt werden. Und dann geht es los. Detailliertere Empfehlungen für die Durchführung eines Audits finden Sie auf der Website dieses Buches unter www.marycmurphy.com.

Folgen Sie den Daten

Eine häufige Fehlwahrnehmung besteht darin, dass Wachstumskulturen weniger datenorientiert seien als Geniekulturen. Tatsächlich ist oft das Gegenteil richtig. Der Glaube an Genialität verführt dazu, dass Menschen stärker auf ihr Bauchgefühl (oder das des Genies) vertrauen; der Blick auf die Daten könnte außerdem die Genialität infrage stellen. Der Lauftrainer Steve Magness, einer der Whistleblower, die die unlauteren und demütigenden Praktiken des Nike-Trainers Alberto Salazar öffentlich machten, erinnert sich an eine Begebenheit, als Salazar sich darüber beschwerte, dass eine bestimmte Läuferin – die gerade zum ersten Mal Weltmeisterin mit ihrem Team geworden war – »zu fett« sei. Magness zeigte Salazar Diagramme, denen zufolge die Läuferin einen außergewöhnlich niedrigen Körperfettanteil besaß. Angeblich schoss Salazar zurück: »Es ist mir völlig schnuppe, was die Wissenschaft sagt. Ich weiß, was ich mit meinen eigenen Augen sehe – sie muss abnehmen.«[42] (Im Übrigen berichtet Magness, dass Salazar ihm immer wieder mit der vorzeitigen Beendigung seines Vertrags drohte, falls Magness sich nicht immer wieder »bewies«.) Geniekulturen herrschen oft dort, wo man sich weigert, Daten zu analysieren oder sie mit den hauseigenen Teams, Abteilungen oder mit externen Dritten zu teilen, die das Unternehmen unterstützen sollen.

In Geniekulturen besteht man vielleicht darauf, dass interpersonelle Konkurrenz ein Schlüsselelement des eigenen Erfolgs sei. Ein Blick auf die Daten verleitet allerdings oft zu anderen Schlüssen, die sich mit dem Mythos der Organisation nicht vertragen. Unsere Forschung zeigt, dass Teams mit stärker ausgeprägter Wachstumskultur Verhaltensnormen folgen, die mehr auf Zusammenarbeit geeicht sind, und dass dies zu besseren Quartalsergebnissen (und zu höherer Arbeitszufriedenheit) führt.

Das überrascht oft Führungskräfte, die es ohne Prüfung der Daten nicht erfahren hätten. Doch glauben Sie mir nicht blind, sondern folgen Sie lieber Ihren eigenen Daten.

Definieren Sie Wettbewerb neu

In der Sitcom *Friends* ist die Darstellerin Monica dafür bekannt, ständig im Wettbewerb zu stehen – mit jedem und über alles. In einer Folge ist Monica bestürzt, zu erfahren, dass sie nicht, wie sie selbst behauptet, die besten Massagen gibt. Tatsächlich gibt sie die schlechtesten Massagen. Um den Schock ein wenig abzumildern, formuliert ihr Liebhaber Chandler die Information um, indem er Monica mitteilt, sie gebe die »besten schlechten Massagen«.[43] Wenn wir Wettbewerb neu definieren, geht es nicht darum, schwache Egos zu schonen; vielmehr soll das Wettbewerbskonzept ein wenig aufgelockert und kreativer werden.

Die Frage lautet: Wie verhindert man, dass sich die Beschäftigten auf statische Weise miteinander messen und gegenseitig ausschalten, und ermutigt sie vielmehr, in einen Wettbewerb in Bezug auf Zusammenarbeit, Wachstum und Entwicklung einzutreten? Das Tech-Unternehmen DigitalOcean bietet nichtfinanzielle Anreize und Auszeichnungen für kollaboratives Verhalten, darunter Tablets mit bereits heruntergeladenen Wirtschaftsbüchern, die der CEO persönlich ausgewählt hat.[44] Bei PepsiCo bemessen sich die Jahresprämien anhand des Beitrags der Angestellten zum Erfolg ihrer Kolleginnen und Kollegen. Wie könnten Sie selbst Ihr Anreiz- und Beurteilungssystem neu ausrichten, um Einzelne und Teams zu würdigen, die besonders entwicklungsfreudig sind oder ihre Fähigkeit zur gemeinschaftlichen Innovation unter Beweis stellen? Vielleicht könnten Sie das Projekt auszeichnen, welches das größte Maß an Zusammenarbeit zwischen verschiedenen Teams oder Abteilungen ausgelöst hat? Oder sogar Teams dazu herausfordern, Ideen für einen wachstumsorientierten Wettbewerb zu entwickeln?

Überarbeiten Sie Ihr Beurteilungssystem

Im Jahr 2013 schaffte Microsoft sein Ranglistensystem ab.[45] Wenn Ihre Organisation Ranglisten verwendet (oder einen ähnlich wettbewerbsbetonten Ansatz, der Menschen dazu ermutigt, um knappe Ressourcen zu wetteifern), prüfen Sie, ob es nicht ein geeigneteres System zur Beurteilung und Ressourcenverteilung gibt, das ihre Mitarbeiterinnen und Mitarbeiter zur Zusammenarbeit mit ihren Kolleginnen und Kollegen bewegen könnte, anstatt den internen Konkurrenzkampf zu befeuern.

Als Patagonia sein eigenes Personalmanagementsystem kritisch hinterfragte, beschloss es unter anderem, vollständig auf individuelle Beurteilungen zu verzichten. Wie Personalchef Dean Carter bekundet, lässt er sich bei der Personalführung inzwischen von der Bewegung für nachhaltige Landwirtschaft leiten.[46] In der herkömmlichen Landwirtschaft wird die reife Frucht abgepflückt oder abgeschnitten und anschließend der Boden beackert. Carter zufolge erschöpft dies den Boden, sodass man Ressourcen investieren muss, um ihn wieder fruchtbar zu machen und den Vorgang erneut in Gang zu setzen. Dieser Ansatz ist ganz auf Extraktion ausgerichtet, und genauso behandeln wir gemeinhin unsere Beschäftigten in einer Organisation. In der nachhaltigen Landwirtschaft achten die Bauern sowohl auf die Inputs als auch auf die Erträge, wodurch die Böden gesünder bleiben. Carter erkannte, dass Patagonia unbewusst seinen eigenen Nährboden abtrug, indem es sich ganz auf das konzentrierte, was es von seinen Beschäftigten bekommen konnte, ohne darauf zu achten, was es ihnen zurückgab. Er fragte sich: »Welche Prozesse im Personalmanagement sind eher auf Extraktion angelegt und welche sind mehr regenerativ?« Diese Fragen lenkten den Blick von Carters Team auf die jährlichen Beurteilungen. Er erkannte, dass diese zu massivem Unmut führten (so, wie es auch mir und meinen Kolleginnen und Kollegen hinsichtlich des Prozederes zur Ermittlung der jährlichen Leistungszulagen erging). Wie Carter berichtet, waren die Beurteilungen »ein Moment, den die Beschäftigten hassten, den die Vorgesetzten hassten und von dem sich alle erst einmal erholen mussten«. Das Beurteilungsverfahren laugte die Leute aus, und das Unternehmen musste Gehaltserhöhungen und Bonuszahlungen anbieten, um den Nährboden wieder fruchtbar zu machen und die Moral wieder zu heben. Als Carter ankündigte, dass Patagonia seinen Leistungsmanagementprozess überarbeiten würde, standen die Mitarbeiterinnen und Mitarbeiter auf und applaudierten. Obwohl das Unternehmen dafür bekannt ist, seinen Beschäftigten einen großen Spielraum für eigene Entscheidungen darüber zu geben, wie sie ihre Arbeit am besten erledigen, waren die neu angesetzten Versammlungen, bei denen Ideen zur Neugestaltung des Leistungsmanagements ausgetauscht werden sollten, hervorragend besucht. Beim Brainstorming über neue Möglichkeiten der Leistungsbeurteilung »gab es nur noch Stehplätze«. Anstatt einer jährlichen Beurteilung hat die Personalabteilung nun ein Werkzeug zur Leistungsförderung entwickelt, das die Beschäftigten »je nach persönlicher Situation und persönlichen Bedürfnissen sowie den Bedürfnissen der Vorgesetzten nutzen können, anstatt dass wir die Polizisten spielen«, sagt Carter. Der neue Ansatz hat die Arbeitsleistungen der Belegschaft verbessert und der Personalabteilung viel freie Zeit beschert, um interessante Einsichten und Daten zu gewinnen, mit denen sie die Beschäftigten bei ihrer Entwicklung unterstützen kann. Diese neuen Dimensionen der Leistungsanalyse haben der Personalabteilung viel mehr nützliche Informationen zugänglich gemacht, berichtet Carter. Er fügt hinzu, das System habe »auch den Beschäftigten und Führungskräften mehr Zeit beschert, um ihre Arbeit besser zu machen – oder im Fall von Patagonia vielleicht surfen zu gehen«.

Im Rahmen seines Programms zur Potenzialerkennung ermuntert der Software-Entwickler GitLab seine Manager, nicht nur die Leistungen von Mitarbeitenden in der Vergangenheit, sondern auch ihr Wachstumspotenzial für die Zukunft zu bewerten. Wie es das Unternehmen formuliert: »Der Begriff ›Wachstumspotenzial‹ beschreibt die Fähigkeit und den Wunsch eines Teammitglieds, zunehmend umfassendere oder komplexere Verantwortungsbereiche erfolgreich zu übernehmen und sich neue Fähigkeiten anzueignen, im Vergleich mit Kolleginnen und Kollegen sowie gemessen an den Verantwortlichkeiten, die mit seiner Rolle innerhalb der jeweiligen Stellengruppe einhergehen. Er kann sich auf das Potenzial beziehen, die nächste Stufe innerhalb der Stellengruppe zu erreichen, oder auch auf eine Querbewegung.«[47] Die Führungskräfte ermitteln das Wachstumspotenzial eines oder einer Beschäftigten anhand der vier Grundsäulen Anpassungsfähigkeit, Ausbaufähigkeit, Beharrlichkeit und Selbstwahrnehmung. Auf dieser Grundlage können sie dann den besten Weg ausfindig machen, um ihnen bei der Umsetzung dieses Potenzials zu helfen. Ganz nach Art von Wachstumskulturen stellt das Unternehmen fest, dass das Wachstumspotenzial sich je nach Kompetenzniveau des oder der Beschäftigten und deren wechselnden Interessen verändern kann. *Ähnliches können auch Sie für Ihre Beschäftigten entwickeln und ihnen somit helfen, ihre Entwicklungsmöglichkeiten zu identifizieren und zu realisieren.*

Zu Beginn dieses Kapitels habe ich die peinliche Art und Weise beschrieben, mit der meine Kolleginnen und Kollegen am Fachbereich jährliche Bewertungen in den Umlauf brachten. Heute bilden wir den Umfang der Zusammenarbeit bei Fachaufsätzen, Projekten und der Einwerbung von Drittmitteln ab, und das Diagramm, welches das Netzwerk der Zusammenarbeit in unserem Fachbereich zeigt, hängt am Hauptbüro aus, gleich neben den Briefkästen der

Lehrkräfte. *Überlegen Sie, welche Messgrößen Ihre Organisation verwenden könnte, um eine kollaborative Wachstumskultur zu befördern und die konkurrenzorientierte Geniekultur zu hinterfragen. Denken Sie etwa an die hoch individualisierten Entwicklungspläne bei Atlassian, wo beständiges Wachstum von allen erwartet und unterstützt wird. Und wenn ihr neues System* sich etabliert hat, dann vergessen Sie nicht, mithilfe der Daten genau zu prüfen, wie sie Messgrößen wie etwa Leistung und Fluktuation im Vergleich zum alten System beeinflussen, sodass sie gegebenenfalls nachsteuern können.

4

INNOVATION UND KREATIVITÄT

Ein Blick auf die Zukunft der Energiegewinnung zeigt, dass wir keine Wahl haben, als es anders zu machen als bisher. Unternehmen, deren Produktion auf fossilen Brennstoffen beruht, müssen ihr bewährtes Geschäftsmodell für etwas Unbekanntes und Komplexes aufgeben. Oder wie Shell es formuliert: »Wie gelingt uns der Schritt von einer Welt, in der eine einigermaßen berechenbare Veränderlichkeit herrscht, in eine, die fundamental unsicher ist?« Ein weltweiter Wandel im Energiesektor stehe vor der Tür. »Wir wissen nicht, wie schnell es gehen wird oder wie umfassend [er sein wird] …, aber wir wissen, dass er kommen wird«,[1] sagt Jorrit van der Togt, stellvertretender Personalchef bei Shell (und außerdem promovierter Sozialpsychologe). Um sich in einer unsicheren Zukunft zu bewegen, musste Shell sein gesamtes Geschäft neu aufstellen. Doch wie?

Van der Togt sah sich in verschiedenen Branchen um, um herauszufinden, ob andere alteingesessene Unternehmen einen so grundlegenden Wandel erfolgreich bewältigt hatten. Er landete bei Microsoft und dessen Verwandlung vom Nachzügler zum Marktführer im Bereich der Cloud-Technologien. CEO Satya Nadella gelang das, indem er die Unternehmenskultur von einer Geniekultur hin zu einer Wachstumskultur umorientierte. Van der Togt erkannte, dass auch Shell einen ähnlichen Kulturwandel benötigte, um der veränderten globalen Energienachfrage Rechnung zu tragen.

Wie es der Zufall wollte, überarbeitete van der Togt zu diesem Zeitpunkt gerade das Personalentwicklungsprogramm von Shell, und Stanford zählte zu den Bewerbern um eine Mitarbeit bei diesem Unterfangen. Van der Togt flog nach Palo Alto und lauschte einen Tag lang den Vorträgen von Hochschullehrerinnen und -lehrern über die Möglichkeiten zur Bewältigung einer Umbruchsituation, wie sie Shell gerade erlebte. So trafen wir uns. Nach meinem Vortrag wurde ihm einiges klar. Er verstand, dass Shell dringend Veränderungen vornehmen und dabei so kreativ wie nur möglich vorgehen musste, um die anstehenden Herausforderungen zu meistern. Vielleicht, so schloss er, wäre es dazu hilfreich, sich auf organisationale Mindsets zu konzentrieren, denn schließlich hatte das auch Microsoft weitergebracht.

Ich reiste nach Den Haag, wo ich verschiedene Meetings mit dem damaligen CEO Ben van Beurden und anderen Vorstandsmitgliedern abhielt. Alle stimmten van der Togt zu. Sie begriffen, dass Organisationskulturen von der Leitungsebene geprägt werden und sie folglich vorangehen müssten: Es würde an ihnen liegen, die Kultur federführend zu gestalten. Jeder Manager überlegte sich seine eigene Mindset-Story – in welcher Situation hatte er sein starres Mindset ausgespielt, wie und warum hatte er sich in Richtung seines dynamisches Mindsets bewegt, und inwiefern hatte sich dieser Wandel positiv auf seine Karriere ausgewirkt?

Verständlicherweise wollte das Führungsteam unser Modell des Wandels von Mindset-Kulturen testen. Es hätte diesen Test auf niedriger Flamme laufen lassen können, sodass im Falle eines Misserfolgs die negativen Auswirkungen potenziell gering gewesen wären. Stattdessen traf man die strategische Entscheidung, das Modell auf einen der wichtigsten und herausforderndsten Bereiche anzuwenden: Arbeits- und Anlagensicherheit. »In unserem Fall gilt«, sagt van der Togt, »dass wir in einer von Haus aus gefährlichen Branche arbeiten, wo es im Betriebsablauf bedauerlicherweise auch zu Todesfällen kommen kann. Daher stand Sicherheit für uns im Vordergrund.«

Shell war seit jeher einer Geniekultur gefolgt, insbesondere in puncto Sicherheit. Klingt vernünftig, oder? Sicherheit ist ein Gebiet, in dem strenge Protokolle angemessen zu sein scheinen. Jede Mitarbeiterin und jeder Mitarbeiter bei Shell, einschließlich der Leitungsebene, trug ein Umhängeband mit den Sicherheitsprinzipien, auf die das Unternehmen stolz war. Es gab jedoch ein Problem: Obwohl das konsequente Bekenntnis zur Sicherheit dazu beigetragen hatte, die Zahl der Unfälle zu reduzieren, war es Shell nie gelungen, diese auf null zu drücken – ganz gleich, wie viele Checklisten sie befolgten und wie viele Untersuchungen von Vorfällen sie durchführten.

Das 2007 beschlossene »Goal Zero« (null Unfälle) war Shells heiliger Gral der Sicherheit: Bei allen Tätigkeiten des Unternehmens sollte es weder Schäden noch Lecks geben – von der Ölförderung über den Transport per Straße, Schiene und zu Wasser sowie die Lagerung in riesigen Tanks bis zur Verarbeitung zu Produkten, die weltweit verkauft wurden.[2] Obwohl Shell Todesfälle und Lecks im Betriebsablauf nicht hinnehmen wollte, hatte es »Goal Zero« nie erreicht. Es gab jährlich Fortschritte, sodass die Zahl der Vorfälle langsam zurückging. Nun fragte man sich, ob es mithilfe einer dynamischen Mindset-Kultur gelingen könnte, diese Zahl auf null zu senken. Würde es gelingen, sich von starren Denkweisen und Routineabläufen zu lösen und stattdessen auf Lernen zu setzen, insbesondere, wenn die stets unvermeidlichen Fehler auftraten? In einer Situation, in der Shell sein Geschäftsmodell neu ausrichtet und sich neue Ziele für die Energiewende setzt und gleichzeitig den Sicherheitsanforderungen Rechnung tragen muss, ist Innovation mit noch höheren Herausforderungen und Einsätzen verbunden als in anderen Branchen. Gemeinsam suchten wir nach Wegen, um den Beschäftigten zu helfen, aktiv nach Möglichkeiten zur Verbesserung der Sicherheitsprotokolle zu suchen, und sie zu ermutigen, bei Sicherheitsfragen in ihr »Lern-Mindset« zu schlüpfen, wie Shell es nennt. Weiter unten in diesem Kapitel werden wir sehen, wie gut Shell der Wandel seines organisationalen Mindsets beim Streben nach »Goal Zero« gelang.

Wie Zusammenarbeit werden auch Kreativität und Innovation von der Kultur einer Organisation beeinflusst. Aus Zusammenarbeit erwächst Innovation. Wachstumskulturen profitieren somit doppelt, wenn sie in Zusammenarbeit investieren: Sie ermutigen Menschen, neue Ideen zu entwickeln oder bestehende Konzepte neu miteinander zu verknüpfen. Zwar können Geniekulturen durchaus Innovationen hervorbringen und tun das auch, wie etwa Shell in Sicherheitsfragen, doch sie stoßen oft auf strukturelle und interpersonelle Hindernisse aufgrund von Normen, die einem starren Mindset entspringen. In einer Geniekultur zu arbeiten gleicht einem Flug bei starkem Gegenwind: Man erreicht zwar sein Ziel, aber mit größerem Kostenaufwand, zu einem späteren Zeitpunkt und mit viel mehr Strapazen. Und auch wenn Geniekulturen bisweilen wichtige Innovationen gelingen, bleibt doch die Frage, wie viel mehr sie (zu niedrigeren Kosten) hätten leisten können, wenn sie öfter einem dynamischen Mindset gefolgt wären.

Wenn wir über *lernende Organisationen* sprechen, denken wir an Wachstumskulturen. Jeder Tag gleicht dort einer Schatzsuche, wo die Beschäftigten bereitwillig nach neuen Ideen forschen, mit denen sich Produkte und Prozesse verbessern lassen. Geniekulturen begnügen sich hingegen oft mit dem Status quo oder orientieren sich bei ihren Tätigkeiten an ihrem Vorgehen in der Vergangenheit. Sie mögen gelegentlich Ressourcen für Innovationen bereitstellen und dazu ermutigen, doch die Nutznießer sind üblicherweise nur einige ausgewählte Stars oder die Lieblingsprojekte der Leitungsebene.

In diesem Kapitel wollen wir die unterschiedlichen Herangehensweisen von Wachstumskulturen und Geniekulturen an das Thema Innovation betrachten und untersuchen, welche Hilfestellungen Mindsets bieten oder welche Hürden sie errichten.

Wie Mindsets Innovation befeuern oder verhindern

Der letzte Bereich, den man mit dem Begriff »Innovation« verbinden würde, ist vielleicht die Buchhaltung. Dennoch gelang Candace »Candy« Duncan genau das, indem sie Menschen dazu inspirierte, größer zu denken, und geschickt die Balance zwischen Kreativität und der Einhaltung rechtlicher und ethischer Normen hielt. Duncan war geschäftsführende Partnerin bei der Washingtoner Niederlassung von KMPG, die erste ihres Geschlechts bei diesem Unternehmen, und leitete die Bemühungen um ein qualitatives Wachstum in den Bereichen Wirtschaftsprüfung, Steuern und ethische Verhaltensregeln. Ihr Lebenslauf ist beeindruckend, doch wenn ihre früheren Mitarbeiterinnen und Mitarbeiter an sie denken, kommt ihnen vor allem eine Frage in den Sinn, die sie oft stellte: »Wie können wir die Messlatte höher legen?«

In einem Interview sagte Duncan, dass sie alle ihre Mitarbeitenden stets vor dieselbe Herausforderung gestellt habe: »Geben Sie jeden Tag Ihr Bestes. Das klingt leicht, aber versuchen Sie, es nächste Woche umzusetzen. Versuchen Sie es nächsten Monat. Nehmen Sie keine Abkürzungen. Ich finde, dass diese Zielsetzung hilfreich ist, egal ob man gerade die Schule abgeschlossen hat oder mit 51 Jahren eine neue Führungsposition antritt. Sie werden erstaunt sein, was da im Laufe eines Jahres alles entsteht. Schauen Sie nur, was bei mir im Laufe einer 37-jährigen Karriere herausgekommen ist.«[3] Mit gutem Beispiel voranzugehen ist ein Grundpfeiler des Erfolgs von Duncan – »Ich bitte nie jemanden, etwas zu tun, das ich selbst nicht tun würde« – und eine Praxis, die von einer Studie über Finanzberaterinnen und -berater gestützt wird: Wenn diese sich in ihrem dynamischen Mindset befanden, waren sie bereit, sich besonders ins Zeug zu legen, sofern man ihnen ein solches Verhalten vorlebte.[4]

Duncan zufolge ist die Ermutigung von Zusammenarbeit eines der Schlüsselelemente, um Neuerungen in einem Umfeld voller Rechtsvorschriften durchzusetzen. »Ich glaube, dass ein Team in 90 Prozent aller Fälle die bessere Lösung vorschlagen wird«, sagt sie. »Ein breit aufgestelltes Team steuert mehr Erfahrungen bei. Das ist einfach kluges Geschäftsgebaren. Warum sollte man sich nicht das Beste zunutze machen, das man hat?« Sie fügt hinzu, dass ihr aufgrund der Vielfalt an Vorschlägen, die Beschäftigte auf allen Ebenen der Organisation einbringen, auch ihre eigenen Wissenslücken bewusst werden. »Manchmal weiß man nicht, was man nicht weiß«, sagt sie. »Wenn man mit jemandem zusammenarbeitet und nicht versteht, warum er das tut, was er tut, wenn man bereit ist zu lernen, dann betrachtet man die Dinge plötzlich aus einer ganz anderen Perspektive.« Neugier und Lernbereitschaft, Duncans Kernwerte, sind typische Kennzeichnen eines dynamischen Mindsets.

Viele Unternehmen formulieren einen Kanon an Grundwerten, um ihre Kultur unternehmensweit zu verankern. Im Falle der Personenbeförderungs-App Uber bedeutete dies, dass einige ihrer ursprünglichen, heute berüchtigten Grundsätze ihre Geniekultur-Mentalität ausdrückten: (1) Gib immer alles; (2) fühle dich als Eigentümer, nicht als Mieter; (3) gehe auf volles Risiko; (4) feiere Städte; (5) sei besessen vom Kunden; (6) kenne das Geschäft in- und auswendig; (7) behindere das Unternehmenswachstum nicht; (8) wirke Wunder; (9) Leistung zählt, auch auf Kosten anderer; (10) optimistische Führung; (11) prinzipiengeleitete Kritik; (12) sei enthusiastisch; (13) zeige ein Gewinner-Mindset; (14) sei du selbst. Wie sollen Mitarbeiterinnen und Mitarbeiter auf Leistung und Gewinne fixiert, aber gleichzeitig sie selbst sein? Wie der *New York Times*-Journalist Mike Isaac in seinem Buch *Super Pumped* schrieb, zeichneten sich die Leistungsbeurteilungen bei Uber in den frühen Jahren dadurch aus, dass die Beschäftigten anhand von Kriterien wie Leidenschaft, Wirkungsgrad, Enthusiasmus und Innovationsbereitschaft beurteilt wurden. »Eine niedrige Punktzahl konnte zur Kündigung führen, eine hohe hingegen zu Gehaltserhöhungen, Beförderungen und jährlichen Bonuszahlungen«, berichtet Isaac. Es überrascht kaum, so Isaac, dass die Punktzahlen »oft davon abhingen, wie gut sich der oder die Beschäftigte mit dem Vorgesetzten oder der Abteilungsleiterin verstand, die die Bewertung durchführten«.[5]

Ubers früherer statischer Mindset-Kultur mangelte es an klaren und angemessenen Standards. Doch ein gängiges Klischee gegenüber Wachstumskulturen lautet, dass sie zu zwanglos seien und keine Grenzen setzten. Richtig ist allerdings, dass Menschen in Organisationen mit dynamischem Mindset lernen, wo die wirklichen Grenzen liegen, und sich innerhalb dieser Grenzen kreativ und innovativ betätigen. Bei KPMG und in einem Umfeld voller rechtlicher und regulatorischer Beschränkungen stand Duncan einer Herausforderung gegenüber, die sich auch mit einem Höchstmaß an Kreativität nicht bewältigen ließ – jedenfalls nicht auf lautere Art und Weise. Wenn eine staatliche Stelle in den USA gerade ein Vergabeverfahren gestartet hat, die Verwaltung jedoch aufgrund eines Haushaltsstreits im Kongress stillsteht, kann man staatlichen Angestellten keine Fragen stellen, da sie nicht arbeiten sollten. Duncan erinnert sich an eine Begebenheit, als ihr damaliger Vorgesetzter in der New Yorker Niederlassung von KMPG nicht hinnehmen wollte, dass das Washingtoner Büro keine Informationen einholen konnte, die ihr Gebot konkurrenzfähiger machen würden. Ihr Team tat alles, was in seiner Macht stand, um kreativ zu sein und »die Informationen, die uns die Verwaltung gegeben hatte, zu interpretieren und in unserem Gebot anzusprechen«. Ihr Vorgesetzter bestand aber darauf, dass sie die staatlichen Angestellten kontaktierte. Sie wusste, dass dies unmöglich war. »Das ist illegal«, antwortete sie. Duncan löste das Problem, indem sie zwei Mitglieder der nächsthöheren Führungsebene darum bat, die möglichen rechtlichen Folgen zu erläutern. Schließlich lenkte ihr Vorgesetzter ein. Duncan hatte gezeigt, wie man Kurs hält, auch wenn man zu einer Regelverletzung gedrängt wird.[6]

Bei Uber hingegen hatte Kreativität oft eine dunkle Seite. So gab man jährlich zweistellige Millionensummen für die Beeinflussung von Abgeordneten zugunsten des Unternehmens aus. Wer sich dagegen sperrte, wurde mithilfe von Hightech-Werkzeugen mit Spam überzogen. Uber verfolgte auch heimlich die Bewegungen früherer Nutzer der App, stellte ehemalige CIA-, NSA- und

FBI-Mitarbeiter ein, um Regierungsbeamte auszuspionieren, und erweiterte den Fahrer-Pool, indem es Fahrer mit zwielichtigem Hintergrund ins Team aufnahm, die kein Anrecht auf eine reguläre Taxifahrerlizenz gehabt hätten. Eine »Innovation« von Uber, von den Beschäftigten »Hölle« genannt, war ein Hightech-Programm, das die Aktivitäten von Lyft-Fahrern überwachte, von denen viele gleichzeitig für Uber arbeiteten. Zu den Taktiken des Unternehmens gehörte etwa die strategische Manipulation der Uber-Löhne, um Fahrer dazu zu bewegen, mehr Uber-Fahrten zu absolvieren.[7] Diese Beispiele illustrieren auf eindringliche, wenn auch bedauerliche Art und Weise, wie sich die Verhaltensnormen einer Organisation gegenseitig beeinflussen – Mitarbeiterinnen und Mitarbeiter werden auf Biegen und Brechen zu Innovationen gedrängt, und so geht der Erfolg auf Kosten der Redlichkeit.

Uber beteiligte sich an einem Nullsummenspiel, und ein solches Spiel kann man verlieren. Das Unternehmen stand auch kurz davor, als eine massive Kampagne unter dem Hashtag #DeleteUber einige seiner Taktiken enthüllte und ein Blogpost der damaligen Uber-Technikerin Susan Fowler aufdeckte, dass sexuelle Belästigung am Arbeitsplatz an der Tagesordnung war. Der Mitgründer und CEO Travis Kalanick wurde als Hauptursache der umfassenden Kulturprobleme des Unternehmens ausgemacht und schließlich seines Amtes enthoben. Doch Unternehmenskulturen haben tiefe Wurzeln, wie die Harvard-Professorin Frances Frei erfahren musste, als man sie zur Senior-Vizepräsidentin für Strategisches Management berief, um Ubers Kultur neu aufzustellen. Frei sorgte für einen massiven Zuwachs an Fortbildungen der Leitungsebene zu logischen, strategischen und Führungsfragen, um bestehende Lücken zwischen den Aufgaben und den Kompetenzen der Führungskräfte zu beseitigen. Doch wie sie bekundet, »wurde es sonnenklar, dass das Training weit darüber hinausgehen musste«.[8] Es sei erwähnt, dass die neue CEO von Uber, Dara Khosrowshahi, die 14 Grundsätze von Kalanick rasch abschaffte und durch neue ersetzte, in denen Inklusivität und Ethik eine Hauptrolle spielten, etwa »Wir achten

Unterschiede« und »Wir tun das Richtige«.[9] Doch weiterhin bleibt für Uber einiges zu tun, um aus seinen Fehlern zu lernen, sein Image zu reparieren und sein wahres Potenzial auszuschöpfen – und ein Wandel der Mindset-Kultur spielt dabei eine große Rolle.

Nachdem wir nun anhand einiger Beispiele gesehen haben, wie sich Innovationen in Wachstums- und Geniekulturen unterscheiden können, wollen wir einige Elemente von Organisationskulturen näher betrachten, um zu verstehen, wie organisationale Mindsets Innovation befeuern oder verhindern können.

Wie Mindsets kreatives Denken beeinflussen

In Wachstumskulturen sind alle für Kreativität zuständig, nicht nur ein paar begabte »Kreative«, wie es in Geniekulturen der Fall ist. Wenn wir das Gefühl haben, uns ständig beweisen zu müssen, hemmt dieser Druck unsere kreativen Fähigkeiten, wie die Forschung zeigt.[10] Genauer gesagt können wir weniger kognitive Ressourcen auf eine Aufgabe verwenden, wenn wir vor allem mit dem Gedanken daran beschäftigt sind, wie unsere Anstrengungen wohl aufgenommen und bewertet werden. In einer Reihe von Experimenten stellten Forscherinnen und Forscher Bachelor- und Master-Studierenden verschiedene mathematische oder sprachliche Aufgaben. Begleitend dazu erhielten sie einige wenig subtile Hinweise, um sie in ihr statisches Mindset zu ziehen, etwa: »Während dieses Tests werden Ihre Leistungen bewertet. Um Ihre Kompetenz zu beweisen, ist es wichtig, dass Sie gut abschneiden und eine hohe Punktzahl erreichen. Denken Sie daran, dass viele andere Studierende denselben Test absolvieren. Versuchen Sie also, sich positiv von der Masse abzuheben, also mehr Punkte zu holen als die meisten anderen.« Die ins starre Mindset getriebenen Studierenden schnitten tatsächlich schlechter ab, getrieben von der Sorge um ihre Bewertung.

Diese Befunde unterstützen die Hypothese, dass die Beschäftigung mit sozialen Vergleichen und der Darstellung der eigenen Kompetenz die Arbeitskapazität beansprucht. Wenn Beschäftigte befürchten, für eine schlechte Leistung sanktioniert zu werden, können sie weniger Gehirnschmalz einsetzen. Das wiederum bedeutet weniger Innovation und schlechtere Lösungen. (Wir nennen dieses mentale Geschnatter übrigens *aufgabenirrelevante Gedanken*, denn zur Lösung schwieriger Aufgaben werden sie nicht gebraucht.) Eine weitere Studienreihe ergab wiederum, dass Menschen mit dynamischem Mindset hinsichtlich kreativer Fähigkeiten zumeist einen stärkeren Hang zu kreativem Denken und bessere Leistungen zeigten.[11]

Auf kognitiver Ebene geht man davon aus, dass Kreativität mindestens zwei verschiedene Denkarten umfasst: divergentes Denken, also die Bereitschaft, verschiedene Ansätze und Lösungen zu erwägen, und konvergentes Denken, also die Suche nach der besten oder richtigsten Lösung. In einer Studie wurde versucht, divergentes Denken zu messen und insbesondere die Beziehung zwischen Mindsets und der Fähigkeit, kreative Lösungen zu entwickeln, zu erfassen. Es zeigte sich, dass diejenigen, deren Überzeugungen hinsichtlich ihrer kreativen Fähigkeiten von einem dynamischen Mindset geprägt waren, abwechslungsreichere und unverwechselbarere Ideen entwickelten als jene, die glaubten, dass ihre Kreativität begrenzt sei.[12]

In einer weiteren Untersuchung maß das Forscherteam konvergentes Denken.[13] Dazu mussten die Teilnehmenden innerhalb von zehn Minuten eine Reihe von Denkfragen lösen, beispielsweise: »Der Ohrring einer Frau fiel in eine Tasse voller Kaffee, wurde aber nicht nass. Wie ist das möglich?« (Okay, ich werde Sie nicht rätseln lassen. Die Tasse der Frau war nicht mit zubereitetem Kaffee gefüllt, sondern mit Kaffeepulver.) Die Ergebnisse zeigten, dass Teilnehmende, die sich in ihrem starren Mindset befanden, weniger Spaß an der Aufgabe hatten, eher negative Emotionen empfanden – und schlechter abschnitten. Jene, die sich in ihrem dynamischen Mindset befanden, hatten mehr Freude an der Aufgabe, erlebten eher positive Emotionen und waren eher bereit, sich anzustrengen. *Ein Umfeld, das Menschen bei kreativen Leistungen in ihr dynamisches Mindset führt, fördert eher ihre Selbstwirksamkeit und Motivation in Bezug auf ihre kreativen Fähigkeiten und hilft ihnen so, Probleme erfolgreicher zu lösen.*

Flexibles Denken fördern

Ein oft Charles Darwin zugeschriebenes Zitat lautet: »Es ist nicht die stärkste Spezies, die überlebt, auch nicht die intelligenteste, sondern diejenige, die am besten auf Veränderungen reagiert.« In der Psychologie beschreibt der Begriff der kognitiven Flexibilität die Fähigkeit, das eigene Denken und die eigene Aufmerksamkeit bei einer Umgebungsveränderung neu zu justieren. Diese Definition verdeutlicht, warum Flexibilität ein Grundbestandteil von Innovation ist. Doch viele Unternehmen stehen vor dem Dilemma, zu entscheiden, ob sie auf Nummer sicher gehen und ihre Ressourcen maximieren sollen (bekannt als *exploitation* oder Verwertung) oder einen Wachstumspfad einschlagen und nach neuen Produkten, Betätigungsfeldern oder Partnerschaften suchen sollen (bekannt als *exploration* oder Erkundung).[14] Die Forschung belegt, dass Individuen und Organisationen, die sich überwiegend in ihrem auf Wachstum ausgerichteten Mindset befinden, meist flexibler sind.[15]

Jacqueline Novogratz hatte eine schillernde Karriere im höheren Finanzwesen hingelegt, doch der Wunsch, wirklich etwas zu bewegen, beschäftigte sie. Als sich ihr die Gelegenheit für eine Reise nach Afrika bot, ergriff sie diese daher und begann, in Ruanda und anderen Ländern lokale Unternehmerinnen und Unternehmer durch die Vermittlung von Mikrokrediten zu unterstützen. Die dysfunktionalen Systeme, denen sie begegnete und die eine sinnvolle Hilfe erschwerten, bestürzten sie jedoch. So knüpften viele Organisationen, die sich der Unterstützung afrikanischer Unternehmerinnen und Unternehmer verschrieben hatten, ihre Hilfsgelder an strenge Richtlinien, die keine Rücksicht auf die Funktionsweise lokaler Ökonomien oder die echten Bedürfnisse der Empfängergruppe nahmen. Allzu oft gilt beim wirkungsorientierten Investieren (*impact investing*), dass die Geldgeber auch die Lösungen präsentieren – sie erzählen anderen, was aus ihrer Sicht funktionieren wird. Vor Ort erlebte Novogratz immer wieder, wie dieser Ansatz fehlschlug. Er verschafft den Spendern ein gutes Gefühl, trägt aber wenig dazu bei, den Armen zu helfen. Nach der Mitgründung eines erfolgreichen Vergabeprogramms für Kleinstkredite beschloss Novogratz, ihre Vision auszuweiten. Ihre Organisation namens Acumen ist ein gemeinnütziger, weltweit agierender Fonds, der örtlichen Unternehmerinnen und Unternehmern, die ihre eigenen bewährten Konzepte zur Armutslinderung umsetzen oder erweitern wollen, finanzielle und beratende Unterstützung anbietet. Die Geldgeber von Acumen erwarten keine eigene finanzielle Rendite, sondern eine Rendite in Form von Wachstum, Innovation und finanziellen Erträgen für die lokalen Gemeinschaften. Das innovative Modell der Organisation vereint den Geschäftssinn von Wagniskapitalgebern mit der Empathie von Wohltätigkeitsorganisationen und einem ehrlichen Respekt für die Menschen, denen sie dient.[16]

Einer der Unternehmer, die Acumen unterstützt hat, ist Ankit Agarwal, der entschlossen war, etwas zur Reduzierung der Verschmutzung von Indiens heiligem Fluss Ganges zu unternehmen. Jeden Tag besuchen Hindus die Tempel im ganzen Land und bringen den Göttern Opfergaben in Form von Blumen und Lebensmitteln dar. Wenn die Blumenberge zu groß werden, werfen die Priester sie in der Regel in einen nahe gelegenen Fluss. Die auf dem Wasser treibenden Blumen mögen ein hübscher Anblick sein, doch in vielen Fällen sind sie mit Pestiziden behandelt und verschmutzen so die Wasserwege. Das galt auch für den Ganges. Agarwal und sein bester Freund und Geschäftspartner Karan Rastogi entwickelten ein unternehmerisches Vorhaben, das mehrere Herausforderungen gleichzeitig in Angriff nahm. Ihr Unternehmen namens Phool (»Blume« auf Hindi) sammelt Blumen von Tempeln entlang des Ganges ein, besprüht sie mit einem organischen Reinigungsmittel, um sie von Giftstoffen zu befreien, und verarbeitet die Blumen dann zu Räucherstäbchen. Das hält die Wasserwege nicht nur frei von Pestiziden, sondern die Stäbchen sind auch gesünder als die traditionellen Räucherstäbchen aus Kohle, die sich schädlich auf die

Atemwege auswirken können. Agarwal und Rastogi erweiterten ihre Vision, indem sie Arbeitskräfte aus der niedrigsten Kaste Indiens, jener der Straßenfeger, anheuerten. Diese müssen typischerweise die lästigsten Arbeiten erledigen – wie die Beseitigung menschlichen Abfalls – und gehören zu den Ärmsten der Gesellschaft. Phool verschafft ihnen einen Lohn, der die Lebenshaltungskosten deckt, und versorgt sie mit einer Krankenversicherung, Transport, einem einladenden und komfortablen Arbeitsplatz sowie sauberem Wasser, das sie zu ihren Familien nach Hause mitnehmen können. Acumen unterstützt auch deutlich größere Initiativen, etwa ein Unternehmen namens d.light, das bezahlbare Solarlicht- und Netzlösungen für einkommensschwache Menschen weltweit bereitstellt. Im Jahr 2023 hatte d.light bereits rund 140 Millionen Menschen in 70 Ländern dabei geholfen, preiswerte und umweltfreundliche Produkte zu erwerben, die ihr Leben verbessern.[17] Novogratz berichtet, dass Acumen mittlerweile 40 Unternehmen fördert, die netzunabhängige Energielösungen anbieten. »Wir können ehrlich behaupten, dass wir 215 Millionen der am schwersten erreichbaren Menschen weltweit mit sauberer Energie in Form von netzunabhängigem Solarstrom versorgen möchten.«[18] Das nenne ich wirkungsvoll.

Der sogenannte Stakeholder-Kapitalismus greift oft zu kurz, und viele damit verbundene Probleme lassen sich auf eine Geniekultur zurückführen. In meinem Interview mit Jacqueline Novogratz erzählte sie mir von einem Gespräch mit Hedgefonds-Investoren über einige der Herausforderungen bei der Vergasung von Reishülsen, die sich einem von Acumen unterstützten Unternehmen in einer ländlichen Region des indischen Bundesstaats Bihar stellten. Deren Reaktion lautete: »Nun, warum lassen Sie nicht einfach uns Ihr Unternehmen führen?« Sie waren noch nie in Indien gewesen und wussten nichts über Vergasung. »Aus ihnen sprach einfach nur die Geniekultur, die einen gleich abschreibt«, sagt Novogratz. Das sei eine typische Denkweise in diesen Kreisen. »Ihre tiefe Überzeugung war, dass sie es auf jeden Fall viel besser machen würden, als es uns je gelingen könnte. Dieser geistige Rahmen mag in ihren Köpfen funktionieren, aber nicht unbedingt in der Realität.«[19]

Acumens Ansatz setzt hingegen auf Zuhören, Lernen und Bescheidenheit. Es geht ihnen darum, ein tiefes Verständnis der Probleme zu gewinnen, damit sie gemeinsam mit den Unternehmerinnen und Unternehmern bestmögliche Lösungen entwickeln können. Bei der Suche nach geeigneten Projektpartnern lässt sich Acumen nicht von großen Versprechungen beeindrucken. Entscheidend ist nicht Charisma, sondern Charakter. »Charakter ist alles«, sagt Novogratz. Acumen sucht nach Menschen, die »unverblümt über Misserfolge und die Lehren daraus sprechen, und zwar auf glaubwürdige Art, die Resilienz beweist. Leute, die bereit sind, Feedback aufzunehmen und zuzuhören, und die ein echtes Interesse an den Menschen zeigen, denen sie dienen wollen. Es sollte auch ein gewisses Bewusstsein für die eigenen Defizite vorhanden sein, gepaart mit dem Versuch, ein Team aufzubauen, dessen Mitglieder ihnen beim Ausgleich dieser Defizite helfen können.« Novogratz betont, dass dies auch ihr eigenes Team beschreibt. Ein solches breit aufgestelltes Team sorgt für die nötige Beweglichkeit und Flexibilität, um in herausfordernden Märkten zu bestehen und komplexe Probleme zu lösen.

Mindset-orientiertes Marketing

Bislang haben wir uns nahezu ausschließlich auf die Frage konzentriert, wie sich Mindset-Kulturen *innerhalb* einer Organisation zeigen. Wie unsere Forschung belegt, empfangen jedoch auch Personen *außerhalb* einer Organisation eindeutige Signale hinsichtlich ihres Mindsets.

Wählen Sie Ihre Jeans, Burritos oder Mietwagen anhand Ihres Mindsets aus? Zahlreiche Studien, darunter solche, die ich zusammen mit Carol Dweck durchgeführt haben, beantworten diese Frage mit »Ja«.[20] Wenn Sie ein französisches Kochbuch kaufen möchten, weil Sie nach einer Herausforderung in der Küche suchen, befinden Sie sich in einem anderen Mindset, als wenn Sie auf Ihrer nächsten

Dinnerparty mit Ihren Kochkünsten angeben wollen. Ein Unternehmen, welches das Mindset seiner Stammkunden kennt, kann wirksamere Botschaften aussenden, um die Bedürfnisse dieser Kunden anzusprechen.

Gemeinsam mit dem Wissenschaftler Josh Clarkson von der University of Cincinnati konnte ich auch zeigen, dass unser Mindset uns zu gewissen Produkten hinführt, weil diese uns entweder unseren Leistungszielen oder unseren Lernzielen näherbringen. Wir erkannten, dass Menschen, die sich in ihrem dynamischen Mindset befinden, eher zu Produkten greifen, die ihr Wissen über die jeweilige Produktgruppe erweitern. So neigen Merlot-Liebhaber mit dynamischem Mindset eher dazu, eine völlig neue Weinsorte (zum Beispiel einen Chardonnay) als eine Untergattung ihrer Lieblingsweinsorte (etwa einen Verschnitt aus Merlot und Cabernet Sauvignon) zu probieren, da hier ein größeres Lernpotenzial besteht. Studienteilnehmerinnen und -teilnehmer mit eher dynamischem Mindset wählten neue, exotische Schokoladengeschmacksrichtungen, Software, die sich noch im Entwicklungsstadium befand, Songs aus einer ihnen bislang unbekannten Musikrichtung und neuartige Elektrowagen, da sie so ihre Kenntnisse hinsichtlich der jeweiligen Produktkategorien erweitern konnten.[21]

Menschen, die sich in ihrem starren Mindset befinden, setzen sich eher selbstverstärkende Leistungsziele als Lernziele. So würden sie an der Verkostungstheke eher anderen ihr bestehendes Wissen zeigen wollen – indem sie über Tannine und Terroirs sprechen –, als Fragen zu stellen und nach neuen Informationen zu suchen. In unseren Studien zeigten Teilnehmerinnen und Teilnehmer mit überwiegend starrem Mindset eher Interesse an Produkten, die ein gutes Licht auf sie werfen würden oder Hinweise darauf enthielten, dass sie die besten in ihrer Kategorie waren. So wählten sie den Merlot-Cabernet-Verschnitt, Schokolade mit »besonders intensivem Schokoladegeschmack« (statt neuer Geschmacksrichtungen), eine neue Version der führenden Software (also eine Iteration einer bewährten Einheit) und einen neuen Sportwagen »mit hoher

Beschleunigung«, dessen Vorteile schon aus der Beschreibung hervorgingen.[22]

Das Marketing von Produkten kann darüber entscheiden, ob diese eher Menschen mit starrem oder dynamischem Mindset ansprechen.[23] So zielt ein Video von Baby Einstein, das Kleinkindern die passive Aufnahme von Genialität ermöglicht, eher auf unser starres Mindset. Hingegen sprechen die Gehirntraining-Plattform von Lumosity oder die Sprach-App Duolingo, die jeweils einen Kompetenzzuwachs durch harte Arbeit versprechen, eher unser dynamisches Mindset an. Die Forschung im Bereich Organisationsverhalten zeigt zudem, dass Menschen, die sich in ihrem starren Mindset befinden, die Nähe zu Marken suchen, die ihre Selbstdarstellung fördern: Sie wollen Marken erwerben, welche die positiven Eigenschaften herausstellen, die man gemeinhin mit ihnen verbindet.[24] (Denken Sie etwa daran, wie viele Menschen sich eine Luxusgeldbörse mit deutlich sichtbarem Markennamen kaufen, um ihr Stilbewusstsein zu zeigen.)

Organisationen mit statischem Mindset gelten oft als prestigeträchtiger, solche mit dynamischem Mindset hingegen als vertrauenswürdiger. Die Verbraucher vertrauen zudem eher einem Unternehmen, das sich lernbereit zeigt.[25] Dies ist auch einer der Gründe für den Erfolg der »We try harder«-Kampagne des Autovermieters Avis in den 1960er-Jahren. Avis betonte darin seine Position als Branchenzweiter (hinter dem Marktführer Hertz), um zu erklären, warum es sich für seine Kunden besonders anstrengte. So hieß es in den Werbeanzeigen: »Wir vermieten Autos und stehen dabei im Schatten eines Riesen. So mussten wir lernen zu überleben. (…) Unsere Einstellung als Nummer zwei? Das Richtige tun. Nach neuen Wegen suchen. Try harder.«[26] *Slate* zufolge waren die Anzeigen ein sofortiger Erfolg, der dem Unternehmen half, einen Jahresverlust von 3,2 Millionen Dollar in einen Gewinn von 1,2 Millionen zu verwandeln – es war der erste Jahresgewinn seit einem Jahrzehnt.

Wenn eine Geniekultur auf Prestigegewinn setzt, könnte sie damit Erfolg haben, wenn auch auf Kosten von Verbrauchervertrauen. Bitcoin und andere Kryptowährungen verdanken ihren Aufschwung überwiegend dem gesunkenen Vertrauen vor allem der jüngeren Kundschaft in herkömmliche Finanzdienstleister. Eine Metastudie über Millennials ergab, dass ganze 92 Prozent der Befragten den Traditionsinstituten ihr Geld nicht anvertrauen wollten. Ihr Misstrauen begründeten sie damit, dass die Banken darauf setzten, die Kundschaft in einer Schuldnerbeziehung zu halten, und es viele Fälle von Misswirtschaft gegeben habe. Zudem verstünden diese Organisationen ihre Bedürfnisse nicht.[27] Derartige Ansichten öffnen den Markt für neue Geldformen sowie für innovative Dienstleistungen oder Produkte von Unternehmen, die normalerweise nicht mit Finanzen in Verbindung gebracht werden, etwa Virgin Group und deren Markenerweiterung Virgin Money. Dies zeigt, dass Vertrauen ein zentrales Unterscheidungsmerkmal innerhalb der eigenen Branche sein kann. Wenn eine Organisation oder eine Branche an Vertrauen verliert, lässt sich diese Chance mit Kreativität und Innovation ergreifen.

Apropos Virgin: Dem Unternehmen ist es gelungen, die Kunden auf eine Markenreise durch verschiedene Produktlinien mitzunehmen, darunter Schallplatten, Flüge, Raumfahrt, Mobilfunk und mehr. Einige bemerkenswerte Flops gab es jedoch auch, zum Beispiel Virgin Cola. Die Wirtschaftsgeschichte zeigt, dass es riskant ist, die Limonade-Präferenzen der Menschen verändern zu wollen. Coca-Cola musste diese Lektion bei der Markteinführung von New Coke lernen.[28] Das Getränk hatte zwar in Geschmackstests gut abgeschnitten, stieß aber dennoch auf heftigen Widerstand bei Coke-Trinkern. Coca-Cola wurde von Verbrauchern als »Traditionsmarke« betrachtet (wie beispielsweise auch die klassischen Poloshirts von Ralph Lauren oder die süchtig machenden kleinen »Werther's Orginal«-Bonbons). Solche Marken haben es oft schwer, erfolgreiche Erweiterungen auf den Markt zu bringen, denn sie haben bei ihren Anhängern einen starren Mindset hinsichtlich der berechenbaren Eigenschaften ihrer Produkte erzeugt: In gewisser Weise haben die Verbraucher zu erwarten gelernt, dass sie sich niemals verändern werden. So war Coca-Cola schließlich gezwungen, Coca-Cola Classic auf den Markt zu bringen und New Coke aufzugeben.

Ein weiteres Beispiel ist der Versuch eines Ketchup-Herstellers, Kinder unmittelbar anzusprechen. Die Spritztuben von Heinz mit der traditionell roten Würzsauce wurden um grüne, lila- und rosafarbene Varianten mit lustigen Namen erweitert. Das Produkt hatte anfangs zwar einigen Erfolg, erwies sich aber letztlich als Fehlschlag, unter anderem, weil gesundheitsbewusste Eltern sich über ein Produkt ärgerten, das künstliche Farben und Geschmacksstoffe enthielt und daher mehr nach Frankenstein-Nahrung als nach den von ihnen bevorzugten Speisen aussah.[29] Andererseits beschreiben sich manche Marken wie Virgin selbst als innovativ und als Trendsetter. Solche Marken lösen bei Kunden ein dynamisches Mindset aus, das dazu führt, dass man Markenerweiterungen von ihnen erwartet – selbst solche (und vielleicht gerade solche), die kaum etwas mit ihrem ursprünglichen Markt zu tun haben, wie die Expansion von Virgin von einer reinen Fluggesellschaft zum Anbieter von Telefondienstleistungen.[30]

Das organisationale Mindset beeinflusst Innovation auch dort, wo ein Unternehmen versucht, seinen Zielmarkt zu identifizieren.[31] Es prägt unsere Einstellungen gegenüber bestimmten Gruppen sowie hinsichtlich deren Vorlieben und Abneigungen. Der Begriff *Intergruppen-Mindsets* beschreibt, welche Eigenschaften eine Gruppe von Menschen einer anderen zuschreibt und ob sie glaubt, dass diese Eigenschaften fix oder veränderbar sind.[32] Ein statischer Ansatz könnte dazu führen, dass Organisationen bestimmte Märkte meiden. Zielt etwa ein Produkt seit jeher überwiegend auf eine weiße Kundschaft, könnte das Unternehmen beschließen, ethnische Minderheiten nicht anzusprechen, weil diese als »unerreichbar« gelten. Will es neue Märkte erschließen, dann könnte ein statisches Mindset dazu führen, dass es Produkte oder Dienstleistungen anbietet, die ein Stereotyp über die Verbraucher bedienen und dadurch bei ihnen nicht ankommen. Ein Beispiel hierfür war der Versuch der

Taco-Kette Taco Bell, in den mexikanischen Markt vorzudringen.[33] Ihr Geschäftsführer in Mexiko verkündete stolz, dass das in Mexiko eingeführte Menü fast identisch mit dem US-amerikanischen sei. Doch wie jeder texanische Tex-Mex-Liebhaber (so wie ich) ihnen hätte verraten können, sind bestimmte Produkte, die die Amerikaner lieben, nicht wirklich authentisches mexikanisches Essen. Die von Taco Bell angebotenen Hartschalen-Tacos verwirrten die Mexikaner oder verstörten sie sogar, denn in der heimischen Küche gibt es so etwas nicht. »Das sind keine Tacos (…), das sind zusammengefaltete Tostadas. Sie sind sehr *hässlich*«, beklagte ein Kunde.

McDonald's hat es bei seiner Expansion in ausländische Märkte viel besser gemacht und auf die Geschmäcker der lokalen Kundschaft geachtet.[34] So gibt es Bier in den Filialen in Belgien und Deutschland, *poutine* (Pommes frites mit Bratensoße und Käse) in Kanada oder Vegemite (einen Aufstrich mit sehr markantem Geschmack) in Australien. Organisationen, die neue Kundensegmente oder Märkte mit einem dynamischen Mindset erschließen, lernen mehr über Verbraucherpräferenzen und passen sich diesen besser an. So entwickeln sie Innovationen, die zum jeweiligen Markt passen, auch wenn dies bedeutet, dass das Produkt dafür ein wenig verändert werden muss.

Wer sich auf neue Felder vorwagen und auch unbequeme Ansätze gelassen ausprobieren will, braucht psychologische Sicherheit. Sie ist ein kritischer Faktor, um eine Wachstumskultur aufzubauen und zu bewahren.

Psychologische Sicherheit

»Angst hemmt das Lernen.«[35]

Dies stellt Amy Edmonson fest, Expertin für Organisationsverhalten an der Harvard University. Angst oder Sorge zehrt an unseren physiologischen Ressourcen. Wie wir oben gesehen haben, haben wir weniger Arbeitsgedächtnis, das auf komplexe Aufgaben verwandt werden kann, wenn wir uns um die Beurteilung unserer Leistung sorgen. Furcht (und das Verharren in unserem starren

Mindset) hemmt unsere Kreativität und unsere Problemlösungskompetenz, die für Innovation unverzichtbar sind. Herausforderungen sind wünschenswert, aber die Menschen müssen über die nötigen Ressourcen und die nötige Unterstützung verfügen, um sie zu meistern. Da Geniekulturen auf starre Kompetenzen und auf Wettbewerb fokussiert sind, versetzen sie Menschen leider oft in einen Panikmodus. In ihrem Buch *Die angstfreie Organisation* fasst Edmonson es wie folgt zusammen: »Menschen können schwerlich ihr Bestes geben, wenn sie Angst haben.« Wachstumskulturen ermutigen Menschen, sich in Richtung ihres dynamisches Mindsets zu bewegen, indem sie psychologische Sicherheit schaffen.

Als frischgebackene Doktorandin trat Edmonson einem Team bei, das ärztliche Behandlungsfehler in Krankenhäusern untersuchte. Ihr Forschungsinteresse bezog sich auf die Auswirkungen von Teamarbeit auf die Fehlerquote. Ein halbes Jahr lang befragte und beobachtete Edmonson die Ärzteteams, während hiermit beauftragte Krankenschwestern Daten sammelten. Ihre Ausgangshypothese lautete, dass die effektivsten Teams die wenigsten Fehler machen würden. Doch die Daten irritierten sie: Die besseren Teams schienen tatsächlich *mehr* Fehler zu machen. Tiefergehende Untersuchungen zeigten dann jedoch, dass die am besten funktionierenden Teams in Wirklichkeit nicht mehr Fehler machten, sondern lediglich offener darüber sprachen und auch eher bereit waren, darüber zu berichten, als die anderen Teams, die ihre Fehler eher unterschlugen. Ihr Wille zu lernen in Verbindung mit der psychologischen Sicherheit, die man zur Offenheit benötigt, sorgte dafür, dass die funktionalsten Teams sich um ständige Verbesserung bemühten.

Psychologische Sicherheit hat nichts mit einem Vermeiden von Kritik zu tun, um so den Wohlfühlfaktor zu steigern. Es geht vielmehr darum, respektvolle Offenheit zu pflegen. Erkennen Beschäftigte, dass etwas nicht funktioniert, dann erleichtert es ihnen ein psychologisch sicheres Umfeld, das Thema anzusprechen, denn sie müssen nicht befürchten, ignoriert, ausgelacht oder entlassen zu werden. Eine dynamische Mindset-Kultur geht aber noch darüber hinaus: Sie ermutigt die Beschäftigten, aktiv nach Innovations- und Verbesserungsmöglichkeiten zu suchen, auch was die eigene Arbeit anbelangt. Psychologische Sicherheit schafft ein Klima, in dem die Beschäftigten gerne ihre Einsichten und Ideen mitteilen. In diesem Zusammenhang untersuchten Forscherinnen und Forscher, wie sich die Ausgangspunkte des Mindsets schüchterner Menschen auf deren Herangehensweise an soziale Situationen auswirken. Wie sich zeigte, suchten schüchterne Menschen, die sich überwiegend in ihrem dynamischen Mindset befinden, geradezu nach herausfordernden sozialen Situationen, da sie glaubten, dass solche Interaktionen ihre sozialen Fähigkeiten verbessern könnten. Jene, die ihrem statischen Mindset zuneigten, bevorzugten hingegen weniger fordernde Interaktionen, wo ihre angenommenen sozialen Defizite nicht auffallen würden. Beim interpersonellen Austausch legten sie eher ein Vermeidungsverhalten an den Tag.

Wie Jacqueline Novogratz bei ihren Vorarbeiten zur Gründung von Acumen feststellte,[36] war der Mangel an psychologischer Sicherheit eine riesige Hürde bei der wirkungsvollen Zusammenarbeit mit Unternehmerinnen und Unternehmern in ganz Afrika. In vielen Programmen, an denen sie teilnahm, hatten die Unternehmerinnen zwar innovative Ideen, aber sie hatten auch gelernt, den Geldgebern genau das zu sagen, was diese hören wollten, anstatt ihre eigenen Einsichten oder erfolgsrelevanten Bedürfnisse mitzuteilen. »Menschen, die immer auf Almosen oder das Wohlwollen anderer angewiesen waren, fällt es oft schwer, ihre wahren Bedürfnisse auszudrücken, weil üblicherweise niemand sie danach fragt. Und passiert es doch, dann denken die Armen oft, dass keiner wirklich die Wahrheit hören möchte«, schreibt sie in *The Blue Sweater*. Das Gleiche gilt oft auch innerhalb von Organisationen: Den Beschäftigten wird so selten aus einem lernorientierten Mindset heraus zugehört, dass sie bezweifeln, dass ihre Meinungen wirklich zählen. Diese Einsichten bewegten Novogratz bei der Gründung von Acumen. Wie sie Wohltätern und anderen Partnern, die sich bei Acumen engagieren möchten, sagt, beginnt Führung »mit Zuhören«.

Wie Shell der Wandel seiner Mindset-Kultur gelang

Als Shell begann, eine dynamische Mindset-Kultur zu fördern, um Innovationen im Sicherheitsbereich anzustoßen, waren nicht alle davon überzeugt, dass ein Mindset-Wandel das Unternehmen »Goal Zero« näherbringen würde. Vielleicht wäre es dem Ziel ja sogar abträglich?

Bei meiner Ankunft am Hauptsitz von Shell erhielt ich das verpflichtende Umhängeband, das jeder im Gebäude trägt. Im Hauptfoyer zeigte ein großer Bildschirm, wie es aktuell um »Goal Zero« stand. Die passenden Artefakte, um die Wertschätzung des Unternehmens für seine Sicherheitskultur anzuzeigen, waren also vorhanden, doch das Null-Fehler-Ziel blieb unerreicht. Sollte das Unternehmen sich einem tiefgreifenden Mindset-Wandel verschreiben? Würde ihm das helfen, sein Ziel zu erreichen?

Shell beschloss, seine Kulturrevolution in Angriff zu nehmen. Man verstand, dass es mit ein paar Brainstorming-Sitzungen und einer herkömmlichen Sicherheitskampagne nicht getan war. *Alle* mussten in Richtung ihres dynamischen Mindsets bewegt werden, und zwar in jedem Unternehmensbereich – vom Finanzwesen über die Technik-, die Rechts- und die Personalabteilung bis hin zu den einfachen Beschäftigten und den Vertragsfirmen, die an der Implementierung vor Ort beteiligt waren. Dies umfasste nicht nur die Beschäftigten und Vertragsfirmen von Shell, sondern auch andere Partner der Organisation, ob im Büro, auf den Ölfeldern oder den Bohrinseln. Ohne volles Engagement würde es kaum möglich sein, die Menschen auf die schwere Aufgabe zu verpflichten, neue Technologien zu erlernen, Neuerungen auf kreative, aber sichere Weise zu entwickeln, neue Partnerschaften einzugehen und aus den unvermeidlichen Fehlern zu lernen, die unterwegs gemacht würden. Shell verstand auch, dass zwar alle mitziehen mussten, der Wandel aber an der Spitze beginnen musste.

Zur althergebrachten Geniekultur gehörte die Erwartungshaltung, dass die Führungsriege von Shell aus Alleswissern statt aus

Alleslernern bestand. »Wenn das mittlere Management neue Wege zu gehen versucht, aber die Unternehmensspitze sagt: ›Die Leitung weiß, wo's langgeht‹, dann passt da etwas nicht zusammen«, erklärt Jorrit van der Togt. »Wir folgerten daher, dass Führungskräfte sich nicht als Lehrende verstehen dürften, die alle Antworten *haben*, sondern als Lernende, die ihre Mitarbeitenden und Teams dazu ermuntern, nach Antworten zu *suchen*. Es geht nicht darum, uns auf unserer Wissensbasis auszuruhen, sondern darum, bessere Antworten zu finden – und zwar schneller als die Wettbewerber.«[37] Nicht, was man weiß, ist entscheidend, sondern wie man etwas herausfindet. Bei der Änderung dieses Alleswisser-Mindsets zu helfen gehörte zu meinen ersten Aufgaben bei Shell.

Wir begannen mit dem damaligen CEO Ben van Beurden und seinem Vorstand, der alle Unternehmensbereiche leitete. Der Vorstand stellte gezielte Fragen zu Mindsets und deren Manifestierung am Arbeitsplatz, insbesondere in der Beziehung zwischen Führungskräften und Mitarbeitenden. Die Vorstandsmitglieder entdeckten dann Beispiele aus ihrer eigenen Karriere, wo ein starres Mindset sie selbst oder ihr Team behindert hatte, aber auch solche, wo ein dynamisches Mindset ihnen geholfen hatte, beharrlich zu bleiben, Innovationen zu entwickeln und ihre Karriereziele zu erreichen. Sie verpflichteten sich, ihre Geschichten mit ihren jeweiligen Leitungsteams zu teilen, und schufen einen Mechanismus, der dafür sorgte, dass diese Führungskräfte und die ihnen untergeordneten Hierarchieebenen dasselbe taten.

Shell untersuchte auch, welche der vorherrschenden Verhaltensnormen seine Beschäftigten in ihr statisches Mindset hineintreiben könnten. Wie liefen beispielsweise Meetings für gewöhnlich ab? Wurde dort eher doziert oder voneinander gelernt? Welche Prozesse konnte man entwickeln, um die Beschäftigten öfter in Richtung ihres dynamischen Mindsets zu bewegen?

Auch die Beurteilungsverfahren wurden unter die Lupe genommen, um sicherzustellen, dass künftig Wachstum und Entwicklung bei den Jahresgesprächen im Vordergrund stünden. Die Beschäftigten wurden ermutigt, sich einem dynamischen Mindset entsprechende Lernziele zu setzen und diese regelmäßig mit ihren Vorgesetzten und im Team zu besprechen, insbesondere, wenn sie nicht weiterkamen oder auf Hürden stießen, die nach einem Strategiewechsel verlangten. Insbesondere wurden jedoch alle ermutigt und dafür belohnt, nach Möglichkeiten zur Verbesserung der eigenen Arbeit zu suchen. Man schuf auch Möglichkeiten, der Leitungsebene Verbesserungsvorschläge mitzuteilen, sodass diese Ideen (insbesondere solche mit Bezug zu Sicherheitsprotokollen) in größerem Maßstab getestet und implementiert werden konnten. Es ging nun plötzlich nicht mehr nur darum, die auf den Umhängebändern notierte Sicherheitsroutine zu befolgen und sich zu melden, wenn etwas nicht den Vorschriften entsprach. Vielmehr waren die Beschäftigten und Vertragsfirmen nun aufgefordert, proaktiv Verbesserungsvorschläge zu machen, denn ihr Ziel war es, zu lernen, wie man die Dinge noch besser (und sicherer) machen kann.

Auf dieser Grundlage integrierten die Leiter der Personal- und der Strategieabteilung ein dynamisches Mindset – oder »Lern-Mindset«, wie Shell es nannte – in sämtliche Unternehmensbereiche. Am jährlichen Sicherheitstag, an dem alle 86 000 Beschäftigten teilnehmen, erläuterte Shell diese Lerninitiative. Die erste Frage lautete: *Was müssen unsere Führungskräfte anders machen?* Wie van der Togt erklärt, müssen die Leute »zuhören – lieber vier oder fünf Fragen mehr stellen, bevor man etwas kommentiert. Unsere Herangehensweise an Sicherheitsfragen hat sich wirklich verändert. Es heißt nicht mehr: ›Fehler müssen um jeden Preis vermieden werden‹, denn das ist unmöglich. Heute heißt es: ›Lerne, auf Fehler schnell zu reagieren.‹« Mit anderen Worten: Nachdem der akute Vorfall bewältigt ist, *lerne daraus*, bevor du zum Arbeitsalltag zurückkehrst.

Shell setzte die Forschungsergebnisse hinsichtlich der Rolle von Mindsets bei der Beeinflussung des Verhaltens von Beschäftigten in praktisches Handeln um. In einer Geniekultur, in der nur Stars erfolgreich sein können und jeder versucht, seine Fähigkeiten zur Schau zu stellen und Fehlleistungen herunterzuspielen, wiederholen sich Fehler oft. Das ist besonders für Unternehmen gefährlich, für die Sicherheit eine Kernrolle spielt. Shells Bestreben, eine Wachstumskultur zu errichten, führte dazu, dass seine Leitung nun auf Lernen fokussiert war und Fehler als Chance betrachtet, neue proaktive Strategien zu entwickeln, um bessere Ergebnisse zu erzielen. Ein Lern-Mindset auf Leitungsebene sorgte für die nötige psychologische Sicherheit bei den Beschäftigten, sich zu äußern, Fehler und Schwachstellen zu benennen sowie proaktiv nach Verbesserungsmöglichkeiten zu suchen. Shell lernte, Fehler als wertvolle Lernmöglichkeiten zu nutzen.

»Ich glaube, dass wir heute viel besser mit Fragen rund um unsere Sicherheitsprotokolle umgehen«, sagt van der Togt, »doch mittlerweile konzentrieren wir uns weniger auf die Erkenntnisse an sich als darauf, sie zu verbreiten und dafür zu sorgen, dass das ganze Unternehmen daraus lernt.«

Im Jahr 2020 tat Shell einen Riesenschritt in Richtung »Goal Zero«: In den von Shell betriebenen Anlagen weltweit gab es keinen einzigen Todesfall, wohingegen seine Wettbewerber traurigerweise weiterhin Todesfälle verzeichneten.[38] Der Wandel hin zu einem dynamischen Mindset half Shell, Leben zu schützen und zu retten.

Wie man Innovation befördert und ermutigt

Es gibt unzählige Möglichkeiten, der Belegschaft zu vermitteln, dass jeder Einzelne für Innovation und organisatorische Entwicklung zuständig ist. Hier sind einige Vorschläge.

Ideen von überallher aufgreifen

In Wachstumskulturen kommen großartige Ideen aus jeder Ecke einer Organisation. Der Philosophie von Patagonia zufolge ist Umweltzerstörung ihr größter Konkurrent – diesen gilt es zu schlagen, und das erfordert eine gemeinschaftliche Anstrengung, um die besten Lösungen zu finden.[39] Ihre gesamten internen Abläufe sind nach Art eines »offenen Buchs« strukturiert, sodass alle Beschäftigten die Entscheidungen der Leitungsebene leicht nachvollziehen können und regelmäßig Unterstützung und Feedback aus allen Hierarchieebenen des Unternehmens anfordern können. Solche transparenten, niedrigschwelligen Schritte zeigen an, dass es sich bei der Wertschätzung der Erkenntnisse jedes Einzelnen nicht nur um ein Lippenbekenntnis handelt.

Pixar wendet eine Vielzahl von Strategien an, um sicherzustellen, dass jeder sein Bestes gibt, darunter den Abbau von Teilnahmehindernissen.[40] In der Frühzeit des Unternehmens stand ein wunderschön designter Tisch in der Mitte eines der Konferenzzimmer, und das Kreativteam traf sich hier, um laufende Filmprojekte zu besprechen. Der Regisseur, der Produzent und ein paar weitere leitende Teammitglieder saßen ganz vorne, damit alle sie hören konnten. Mit zunehmender Teamgröße wurde es am Tisch zu eng, also mussten die anderen Teammitglieder an der Wand sitzen oder stehen. Irgendwann begann jemand, Namenskarten für die Teamleitung zu schreiben, um ihnen einen Platz am Tisch zu reservieren, doch das hatte einen unbeabsichtigten Effekt: Eines Tages bemerkte Pixars Mitgründer Ed Catmull, dass sich außer den namentlich Hervorgehobenen und ihrem unmittelbaren Umfeld niemand zu Wort meldete. Man hatte nicht nur versehentlich eine Hierarchie etabliert, sondern es auch allen erschwert, einen Beitrag zu leisten. Also schaffte man die Namenskarten wieder ab und organisierte einen größeren möblierten Raum, sodass nun jeder mit am Tisch sitzen konnte, sowohl im Wortsinn als auch im übertragenen Sinn.

Emma McIlroy, die Mitgründerin von Wildfang – einem innovativen Damenbekleidungshersteller, der Designelemente mit einbezieht, die üblicherweise bei der Anfertigung von Herrenbekleidung verwendet werden –, nennt zwei einfache Wörter, die sie immer wieder daran erinnern, dass gute Ideen von überallher kommen können: *Ja, vielleicht.*[41] Als Emma sieben Jahre alt war, hielt sie sich für eine kommende Paläontologin. Auf einem Strandspaziergang mit ihrer Mutter in ihrer Heimat Nordirland fand sie einmal etwas,

was ihrer Ansicht nach ganz sicher ein versteinerter Mammutfuß war. Emmas Mutter wusste, dass der raue Klumpen in der Hand ihrer Tochter kein Mammutfuß war, aber anstatt »Quatsch!« zu sagen, nickte sie und sagte: »Ja, vielleicht ist es das. Bringen wir es zu einem Museum, um es herauszufinden.« Wenn wir die Ansichten anderer mit einer Spielart von »Quatsch!« beantworten, ist das Gespräch beendet und der Möglichkeitsraum geschlossen. Oft wird der Adressat der Botschaft sich außerdem schlecht fühlen und sich beim nächsten Mal lieber zurückhalten. »Ja, vielleicht« ermöglicht hingegen ein weiteres Nachdenken. Vor ein paar Jahren stellte ein jüngerer Mitarbeiter des Kundendienstes McIlroy eine Idee vor, wie man etwas anders machen könnte. Sie begann sofort, die Idee in ihrem Kopf zu zerpflücken. Sie sei schräg und verwegen gewesen, erzählt McIlroy, und oberflächlich betrachtet habe es tausend Gründe gegeben, warum sie nicht funktionieren konnte. Doch sie musste zugeben, dass sie noch nie daran gedacht hatte. Ihr kam jener Strandbesuch mit ihrer Mutter wieder in den Sinn, und so sagte sie ihrem Angestellten, dass er die Idee weiterentwickeln solle – er möge Forschungen anstellen und etwas Vorarbeit leisten, dann würde man weitersehen. McIlroy zufolge möchten viele junge Menschen bei Wildfang arbeiten, da sie von dessen Kultur angezogen würden, in der gelte: »Ideen können von überallher kommen.« Doch »sie haben nicht unbedingt eine praktische Ausbildung«, weshalb einige dieser Ideen nicht auf praktischen Erfahrungen beruhten. »Bei manchen Ideen erkennt man gleich die Schwächen und Mängel«, dann bestehe die Herausforderung darin, sie nicht im Keim zu ersticken, bevor sie Gelegenheit zur Ausformung hätten. Heute stehe sie täglich vor der Wahl, »Ideen entweder zu blockieren oder ihnen ein Wachstum zu ermöglichen«.

Wie McIlroy sagt, ist eine »Ja, vielleicht«-Haltung in der Praxis schwerer durchzuhalten als in der Theorie. Besonders hilfreich sei es, sich diese Frage immer wieder persönlich zu stellen. Ihrer Meinung nach neigen viele Menschen dazu, ihre eigenen Möglichkeiten zu blockieren. Daher könnte unsere Innovationsfähigkeit stark davon beeinflusst werden, dass man »Ja, vielleicht« zu sich selbst sagt. Hilfreich ist, dass McIlroy eine hohe Fehlertoleranz hat; sie betrachtet Fehlschläge als »Teil des Innovationsweges«. Diese Einstellung hat sie als Mitglied der irischen Leichtathletik-Nationalmannschaft auf internationalen Wettbewerben gelernt. Wenn sie nicht oft genug verlor, litt ihre Leistung darunter, begriff sie dort. Innovation bei Wildfang betrachtet sie ähnlich: Jeder größere Fortschritt sei aus einer Niederlage erwachsen. »Die von uns geschaffene Kultur legt höchsten Wert darauf, Fehlschläge anzunehmen, daraus zu lernen und das Gelernte weiterzugeben. (…) Wenn alle von der Unternehmensleitung abwärts Fehlschläge akzeptieren und eingestehen, gibt das dem Rest der Organisation das Gefühl, dass alles erlaubt ist. Dann verwandelt sich die Organisation in einen Organismus – sie wächst und verändert sich in einer Weise, die man selbst nicht für möglich gehalten hätte, weil die Beschäftigten sich wirklich bestärkt fühlen, (…) sich auszuprobieren und zu scheitern.« (Ach, und übrigens, dieser Stein, den die junge Emma fand? Ihre Mutter und sie trugen ihn tatsächlich ins Museum, und wie sich herausstellte, handelte es sich nicht um einen Mammutfuß. Es war der 200 Millionen Jahre alte Schädel eines Ichthyosauriers, und wie das Museumspersonal ihr mitteilte, war es das beste Exemplar eines solchen Schädels, das je in Irland gefunden wurde. Falls Sie mal in Belfast sind: Es ist dort immer noch im Ulster Museum zu besichtigen.)

Ob durch philosophische Ansätze oder physisches Design – Wachstumskulturen suchen und beseitigen Hindernisse, die einem allgemeinen Verständnis im Wege stehen, dass alle Ideen willkommen sind.

Investieren Sie genügend Zeit in Innovation

Der Mitgründer von Visa, Dee Hock, sagte einmal: »Das Problem ist niemals, wie man neue, innovative Gedanken in seinen Kopf bekommt, sondern wie man die alten dort rauskriegt. Räumen Sie eine Ecke in Ihrem Kopf frei, und sie wird augenblicklich mit Kreativität gefüllt.«[42] Einige Unternehmen verfolgen die Strategie, im

Terminkalender ihrer Angestellten Platz zu schaffen. In Kapitel 3 habe ich beschrieben, dass das Software-Unternehmen Atlassian auf Zusammenarbeit setzt. Mindset-Kulturen funktionieren als geschlossenes Bedeutungssystem, weshalb Organisationen, die Normen wie Zusammenarbeit hochhalten, auch andere Normen wie Innovation verkörpern, die ebenfalls Ausdruck eines dynamischen Mindsets sind. Atlassian führt diese Normen mit seinem ShipIt-Tag zusammen, an dem die Beschäftigten 24 Stunden erhalten, um im Team jedes beliebige Problem anzugehen, das ihnen einfällt.[43] Das reicht von Problemen mit dem Help-Desk-System bis zum Mangel an Spielautomaten im Aufenthaltsraum für die Angestellten. Einer der Vorteile der vierteljährlichen ShipIt-Tage besteht darin, dass sie zur abteilungsübergreifenden Zusammenarbeit anregen, was weitere Innovationen in der Zukunft beflügeln kann.

Viele andere Organisationen haben ähnliche Strukturen etabliert, um Innovation zu fördern. Die ursprüngliche Idee stammt jedoch von 3M, einem internationalen Mischkonzern, der für Produkte wie die Post-it-Klebezettel bekannt ist, daneben aber auch rund 60 000 andere Produkte herstellt und 46 Technologieplattformen betreibt.[44] Rund ein Drittel seines Jahresumsatzes erwirtschaftet 3M mit Produkten, die innerhalb der letzten fünf Jahre entwickelt wurden, und dieses Ziel ist bewusst gesetzt. Wie 3M bekundet, verdankt es seine Fähigkeit, erfolgreich neue Produkte zu lancieren, seinem Bestehen auf Zusammenarbeit. Das Unternehmen gilt als Erfinder der »15-Prozent-Zeit« – eines Programms, das alle Beschäftigten auffordert, 15 Prozent ihrer Arbeitszeit auf das Lösen von Fragen und Herausforderungen zu verwenden, die ihnen persönlich aufgefallen sind –, und zwar schon im Jahr 1948. (Und ja, *alle* Beschäftigten sind gemeint, nicht nur Ingenieure, denn wie das Unternehmen sagt, können großartige Ideen von überallher kommen – ein weiterer Indikator einer Wachstumskultur.) Doch die 15-Prozent-Zeit soll nicht nur einsamen Genies dazu dienen, Erfindungen zu machen. Ausgearbeitete Vorschläge sollen vielmehr den Kolleginnen und Kollegen vorgestellt werden, in der Hoffnung, dass diese sich von ihnen inspiriert fühlen und so viel Potenzial darin erkennen, dass sie sich dem jeweiligen Projekt anschließen. Das vielleicht bekannteste Ergebnis dieses Programms sind die berühmten Post-it-Klebezettel, die der Wissenschaftler Arthur Fry entwickelte, indem er einen Klebstoff verwendete, den ein anderer 3M-Mitarbeiter entwickelt hatte. Wie es die Journalistin Katherine Schwab in der Zeitschrift *Fast Company* beschrieb: »Einmal jährlich fertigen rund 200 Angestellte aus Dutzenden von Abteilungen Pappschautafeln an, um ihr 15-Prozent-Zeit-Projekt zu erläutern, so als müssten sie als Mittelstufenschüler ein Vulkanmodell präsentieren. Sie stellen ihre Schautafeln auf, bleiben dann daneben stehen und warten auf Feedback, Vorschläge und mögliche Unterstützer.« Ein Manager der Schleifmittel-Abteilung von 3M kommentiert: »Für unsere Technikerinnen und Techniker ist es das Ereignis bei 3M, in das sie am meisten Herzblut investieren.«

Google erlaubt seinen Beschäftigten, bis zu 20 Prozent ihrer Arbeitszeit auf selbst geschaffene Nebenprojekte zu verwenden.[45] Tatsächlich beruhen Gmail und Google Maps auf Ideen, die im Rahmen solcher Nebenprojekte entstanden. Der Materialhersteller W. L. Gore bezeichnet solche Nebenprojekte schlicht als Projekte: Seine Kultur erlaubt es den Beschäftigten, ihre eigenen Ideen auszuarbeiten, um sie dann, ähnlich wie bei 3M, Kolleginnen und Kollegen vorzustellen, um sie von einer Zusammenarbeit an dem Projekt zu begeistern.[46] An diesen Freiheitsgrad müssen sich einige erst mühevoll gewöhnen, weshalb das Topmanagement neuen Beschäftigten dazu rät, sich nicht zu übernehmen und andere um Unterstützung zu bitten. Gore schätzt großartige Ideen, aber auch die Fähigkeit, sie umzusetzen. Inspiriert eine Idee niemanden, sich daran zu beteiligen, so spricht das für sich, doch wer Fragen stellt und eine Idee gerne testen möchte, darf jederzeit zum Team dazustoßen. Das Unternehmen hält sehr viel davon, neue Wege zu beschreiten und zu schauen, wohin sie führen mögen – schließlich verdankt sich auch die Erfindung von GORE-TEX teilweise einem Zufall im Rahmen eines Experiments.

Investieren Sie in den Aufbau eines psychologischen Sicherheitsgefühls

Psychologische Sicherheit ist das Ergebnis eines ehrlichen, beständigen und nachhaltigen Engagements über einen längeren Zeitraum hinweg – jene unzähligen kurzen, verbindlichen Gespräche. Doch wie Jorrit van der Togt betont, reicht psychologische Sicherheit allein nicht aus. »Das Sicherheitsgefühl ist wichtig«, sagt er, »doch für wahren Fortschritt braucht es mehr. (…) Psychologische Sicherheit ist das Grundrauschen, nicht die Musik.«[47] Hier zeigt sich ein dynamisches Mindset. Achten Sie bei der Musikauswahl darauf, durch Ihr eigenes Vorbild zu führen, Ihr dynamisches Mindset auch angesichts von persönlichen oder organisatorischen Hürden unter Beweis zu stellen sowie wohlüberlegte Risiken einzugehen und bestmöglich zu nutzen.

Wie die Anwältin, Bürgerrechtlerin und PolicyLink-Gründerin Angela Glover Blackwell während ihrer Zusammenarbeit mit Jacqueline Novogratz in der Rockefeller Foundation sagte, können wir eine Organisation deutlich stärken, wenn wir eine Kultur entwickeln, die Input vonseiten der gesamten Organisation und ihres Umfelds nicht nur akzeptiert, sondern erbittet. Eine solche Kultur könne zu einer »Herrschaft der Minderheit« führen. Wie Blackwell erläutert: »Mitglieder der herrschenden Gruppe gehen davon aus, dass die Regeln funktionieren, denn ihnen selbst erschienen sie stets als fair. Menschen, die sich selbst als Außenseiter betrachten, mussten hingegen lernen, sich in der herrschenden Kultur zu bewegen, um erfolgreich zu sein. Unsere nächste Generation von Führungskräften muss unbedingt begreifen, wie andere Menschen ticken und Entscheidungen treffen.«[48] Diese nächste Generation von Führungskräften könnte sich bereits in Ihrem Unternehmen befinden. Wenn Sie ihnen psychologische Sicherheit bieten, sorgen Sie dafür, dass sie wertvolle Beiträge leisten und Ihrem Unternehmen dabei helfen, Risiken effektiver zu bewältigen und größere Resilienz zu entwickeln. Wir werden später sehen, wie stark ausgeprägte Geniekulturen nichtweiße Menschen besonders benachteiligen und das psychologische Sicherheitsgefühl untergraben können. Wenn Sie eine Wachstumskultur aufbauen möchten, müssen Sie ein sicheres Umfeld schaffen, das Ihren Beschäftigten erlaubt, sich in Richtung ihres dynamischen Mindsets zu bewegen. Das Ziel lautet, Hürden und Drohkulissen zu beseitigen, sodass alle zu Höchstleistungen gelangen können.

Schauen Sie sich um

Wenn wir über Innovation sprechen, denken wir dabei manchmal nur an neue Ideen. Doch Innovation kann auch bedeuten, bestehende Ideen – auch aus anderen Branchen – auf neue Art und Weise anzuwenden. Ein Team von Managementforschern hat untersucht, wie Menschen auf Wissen aus verwandten Bereichen zugreifen und dieses Wissen anwenden. In einer Studie wurden Hunderte von Tischlern, Dachdeckern und Inline-Skatern gefragt, wie man Menschen aus anderen Tätigkeitsfeldern dazu bewegen könnte, Sicherheitskleidung zu tragen. (Viele lehnten diese ab, weil sie zu unbequem sei.) Die Forscherinnen und Forscher wollten wissen, wie man die Atemmasken der Tischler, die Sicherheitsgurte der Dachdecker und die Knieschoner der Skater so umgestalten könnte, dass sie häufiger verwendet würden. Wie sich herausstellte, fiel es fast allen leichter, einer anderen Gruppe innovative Vorschläge zur Verbesserung der Ausrüstung zu machen als der eigenen.[49] Manchmal hilft es, einen Blick auf benachbarte und vergleichbare Gebiete zu werfen, um unsere geistigen Blockaden zu überwinden und den Hebel auf »Ja, vielleicht« umzulegen.

Das Finanz- und Anlageberatungsunternehmen Motley Fool, das für seine respektlose und innovative Kultur bekannt ist, schickt seine Beschäftigten auf eine Schnitzeljagd auf der Suche nach frischen Ideen.[50] Dabei bilden die Angestellten Teams, die jeweils für einige Stunden eine Organisation ihrer Wahl besuchen (das kann ein Unternehmen, aber auch eine gemeinnützige Organisation sein). Jedes Team muss mit mindestens einer interessanten Idee zurückkehren. Als die Fools, wie sie sich selbst nennen, den

Getränkehersteller Honest Tea besuchten, dessen Angestellte überwiegend im Home Office arbeiten, erfuhren sie, wie das Unternehmen seine interne Kommunikation optimiert, um seinen Beschäftigten genügend Zeit und Raum zum konzentrierten Arbeiten zu geben. Anstatt einzelne E-Mails oder nachlässig gestaltete Updates zu verschicken, führten sie alles in einem einzigen täglichen Newsletter namens »Afternoon Tea« zusammen – eine Idee, deren Übernahme die Fools erwägten.

Notieren Sie sich Ihre Überraschungen

Meine Kollegin Kimberly Quinn empfiehlt, ein »Überraschungs-Tagebuch« (wie sie es nennt) zu führen.[51] Wenn sie oder ihre Studierenden eine Hypothese darüber haben, wie etwas funktioniert, dann aber auf Erkenntnisse stoßen, die ihnen seltsam vorkommen oder die sie überraschen, notieren sie diese in einem Tagebuch. Im Laufe der Zeit zeigen sich dabei bisweilen Muster, die es ihnen ermöglichen, ihre Theorie zu korrigieren. Das Überraschungs-Tagebuch ist so effektiv, weil es unserer Neigung zum »Confirmation Bias« entgegenläuft – jener Erwartung, dass Ideen und menschliches Verhalten dem entsprechen, was wir, nun ja, erwarten. Erscheint uns eine Strategie als naheliegend, wohlerprobt und akzeptabel, so suchen wir automatisch nach Bestätigungen dafür, dass diese Strategie die optimale ist. So verankert uns der Confirmation Bias noch stärker in unserem statischen Mindset. War eine andere Strategie anscheinend erfolgreich, so überrascht uns das. Anstatt Ereignisse, die sich nicht mit unseren Erwartungen decken, abzutun oder unter den Teppich zu kehren, können wir sie in unserem Überraschungs-Tagebuch notieren. Diese Praxis ist eine der Strategien, mit denen Quinn eine Wachstumskultur in ihrem Labor fördert: Sie hilft den Studierenden dabei, den Überblick über neue, oft ungeordnete Ergebnisse zu behalten, damit sie die innovativen Richtungen erkennen, auf die jene Überraschungen hindeuten.

5

RISIKOBEREITSCHAFT UND RESILIENZ

»Wir möchten über Risikobereitschaft sprechen.«

Schon oft hatte ich diese Bitte in der einen oder anderen Form gehört. Diesmal kam sie von Twitter. Vijaya Gadde, damals Leiter der Rechtsabteilung bei Twitter, und andere Mitglieder des Leitungsteams hatten ein Problem erkannt, das ihre weltweit tätigen Anwälte betraf: Diese scheuten das Risiko. Das war verständlich, denn Juristen lernen, umsichtige Entscheidungen zu treffen; oft müssen sie ihren Klienten von einem bestimmten Schritt abraten, um rechtliche Risiken zu vermeiden. Doch in diesem Fall bedeutete auf Nummer sicher zu gehen, Twitters Möglichkeitsraum für Innovation zu beschränken. Gadde wollte herauszufinden, wie man die Anwälte dazu bringen könnte, weniger risikoscheu zu sein, und bat mich um meine Hilfe. Er hoffte nicht zuletzt, mögliche kulturelle Faktoren zu identifizieren, die die Anwälte unbeabsichtigterweise zu übertriebener Vorsicht bewegen könnten. Das Führungsteam wollte sie von der Frage: »Wie kann ich Twitter vor allen Risiken bewahren, die eine Klage zur Folge haben könnten?«, weglocken und zu der Frage: »Wie kann ich meinen Job verantwortungsvoll ausfüllen und gleichzeitig dem Unternehmen zu mehr Innovation verhelfen?«, hinführen.

Ich wusste nicht, dass zu der Zeit von Gaddes Anruf der damalige CEO Jack Dorsey und das Leitungsteam etliche Entscheidungen von großer Tragweite zu fällen hatten. Es ging um die Frage, ob unwahre Aussagen auf der Plattform als solche gekennzeichnet werden sollten und ob man eingreifen sollte, wenn Aussagen als Hetzrede und als potenziell gefährlich erkannt worden waren.[1] Die Anwälte sperrten sich nicht aus Prinzip dagegen, befürchteten aber Klagen. Das Leitungsteam wollte die Mindset-Mikrokultur der Juristen begreifen und vermutete, dass eine Einigung auf eine gemeinsame Sprache und gemeinsame Ziele zu maßvoller Risikobereitschaft und zu Innovation beitragen würde.

Twitter berief eine Klausur ein, an der alle weltweiten Mitglieder der Teams für Rechtsfragen, Strategie sowie Vertrauen & Sicherheit teilnahmen. Rund 200 Leute flogen nach San Francisco und kamen am Hauptsitz des Unternehmens zusammen, wo sie voller Elan darüber diskutieren wollten, wie Twitter ein dynamischeres Mindset entwickeln könnte. Es gab einen denkwürdigen Moment, als ich die Gruppe fragte: »Wovor fürchtet ihr euch wirklich, wenn es um Risiken geht? Warum schreckt ihr davor zurück, näher an den Felsvorsprung zu rücken – nicht um herunterzufallen, sondern um offener gegenüber kalkulierten Risiken zu sein?« Es konnte kaum überraschen, dass ihr sicherheitsbetontes Verhalten nicht auf eine angeborene Risikoaversion oder auf mangelnde Intelligenz oder kreative Fähigkeiten zurückzuführen war. Es handelte sich um kluge, engagierte Angestellte, die sich gegenüber dem Unternehmen richtig verhalten wollten. »Was wäre, wenn wir falsch lägen und Twitter einer Klage aussetzten?«, antworteten sie. »Und wenn wir für eine Fehlentscheidung entlassen würden?«

Diese Art von Furcht ist in Geniekulturen häufig anzutreffen. Sie ist typischerweise auf die Sorge davor zurückzuführen, wie die Vorgesetzten und die Leitungsebene auf Fehler reagieren werden. Werden sie als persönliches Versagen eingestuft, als Zeuge von schlechtem Urteilsvermögen? Oder gar als Zeichen begrenzter Fähigkeiten und niedriger Kompetenz? Wird man degradiert oder entlassen? Im Falle der Tweeps (wie sie sich selbst nennen, eine Wortverbindung aus *Twitter* und *people*) bestand bei den Anwälten die Sorge, dass ihr rechtlicher Rat zu weit ginge, wenn sie etwa Beiträge als falsch und irreführend kennzeichneten. Denn damit könnten sie das Unternehmen rechtlichen Risiken aussetzen und somit auch ihren eigenen Job aufs Spiel setzen und ihre Erfolgschancen bei späteren anderweitigen Bewerbungen mindern. Wenn Beschäftigte auf diese Weise in ihr starres Mindset getrieben werden, sind sie (verständlicherweise) weniger risikofreudig.

In Wachstumskulturen sind Risiken immer noch risikoreich – man weiß nie, wie sich alles entwickelt. Doch die Menschen verstehen hier, dass Risikobereitschaft ein notwendiger Bestandteil von Wachstum und Innovation ist und unerlässlich, um die eigenen Ziele zu erreichen. Risiken werden typischerweise mit Bedacht und nach sorgfältiger Planung eingegangen, und normalerweise gibt es einen Notfallplan (oder auch mehrere) für den Fall, dass die Sache schiefgeht. Wenn das in einer Organisation mit dynamischem Mindset passiert, wird weniger darüber nachgedacht, wen die Schuld trifft, und mehr darüber, wie man das Problem lösen und daraus lernen kann. Man fragt dann: »Warum ist das anders verlaufen als geplant, und wie können wir es besser machen?«, und nicht: »Welcher geniale Mensch hat das denn wieder vermasselt?« Wenn Fehler gemacht wurden, müssen die Beschäftigten es erfahren (und zwar so schnell wie möglich), doch in Wachstumskulturen dient die Manöverkritik dem Lernprozess, nicht dem Anprangern und Bestrafen der Übeltäter. Im Falle von Shell haben wir gesehen, wie das Unternehmen seine Reaktion auf Sicherheitsvorfälle veränderte: Nicht mehr die Suche nach dem Schuldigen stand nunmehr im Vordergrund, sondern die Frage, was man daraus lernen konnte.

Risikobereitschaft ist der Vetter von Innovation. *Eine Organisation, die wach und relevant bleiben will, kommt ohne Risikobereitschaft nicht aus.* Wachstumskulturen und Geniekulturen unterscheiden sich dahingehend, ob sie Risikobereitschaft unterstützen und ermutigen. Das beginnt damit, welche Einstellung zu Risiken sie haben.

Risiken neu bewerten

Organisationen bewerten Risiken unterschiedlich. Solche mit stärker ausgeprägter Geniekultur, in der der eigene Ruf und der eigene Job ständig zur Disposition stehen, sind Risiken gegenüber eher negativ eingestellt. Wer sich dennoch etwas traut, ist unruhig und ängstlich, denn die persönlichen und beruflichen Folgen eines Misserfolgs sind immens. In Wachstumskulturen gelten Risiken als Lernchance – als Strategie, die den Beschäftigten hilft, ihre Ziele zu erreichen. Und da Wachstumskulturen weniger in den Status quo verliebt sind als Geniekulturen, erkennen sie auch eher die Gefahren, die darin liegen, *nichts* zu ändern und keine neuen Wege zu beschreiten, wie etwa gegen Hetzreden auf einer sozialen Plattform vorzugehen.

Organisationen, die durchgehend auf Lernen und Zusammenarbeit setzen, wird gelegentlich unterstellt, dass man dort endlos redet, aber nie Entscheidungen trifft oder Risiken eingeht. Ich fragte daher meinen Freund und Co-Forscher Ben Tauber, ob es aus seiner Sicht Zeiten gebe, in denen es hilfreich sei, sich auf sein statisches Mindset zu stützen, etwa in den verschiedenen Phasen einer Start-up-Gründung.[2] Tauber – ein ehemaliger CEO des Esalen Institute, Mitgründer und früherer CEO der Velocity Group, einer Managementschule im Silicon Valley, und ehemaliger Manager bei Google und Adobe – erinnerte mich an unsere Forschungsarbeiten zu der Frage, ob es Gründerinnen und Gründern während der Fundraising-Phase nützt, sich in ihrem statischen Mindset zu bewegen. Wenn es darum ging, Investoren und Wagniskapitalgeber davon zu überzeugen, eine Unterstützung des eigenen Vorhabens zu riskieren, schien sich ein Ansatz auszuzahlen, der darauf abzielte, möglichst viel Eindruck zu schinden – etwa für Gründerinnen und Gründer wie Elizabeth Holmes von Theranos, Travis Kalanick von Uber oder Adam Neumann von WeWork, der einmal prahlte: »Niemand sagt ›Nein‹ zu mir.«[3] (Selbst nach den kolossalen Misserfolgen von WeWork schienen einige Investoren gerne bereit, weiteres Geld auf

Neumann zu setzen; seine Nachfolge-Unternehmung namens Flow erhielt jedenfalls umfangreiche Kapitalspritzen.)[4] Unsere Daten belegen jedoch das Gegenteil: Gründer, die sich während ihrer Präsentationen in ihrem dynamischen Mindset befanden, hatten größere Chancen, ihre Fundraising-Ziele zu erreichen.

»Wenn man zu einem so frühen Zeitpunkt den Wagniskapitalgebern gegenübertritt«, sagt Tauber, »dann beschäftigt diese im Grunde die Frage: ›Ist dieser Mensch in der Lage, es hinzubekommen?‹ Unsere Anfangshypothese lautete, dass Gründer, die sich in ihrem statischen Mindset bewegen, vielleicht überzeugender sein könnten. Doch heute würde ich zwischen Ansichten und Verhalten unterscheiden. Mindset ist ein Bündel von Einstellungen. Wer sich in seinem dynamischen Mindset befindet, will lernen. Doch beim Verhalten geht es um die Art der Kommunikation, und man kann gleichzeitig ein Lern-Mindset haben und dennoch selbstbewusst sprechen.«[5] Menschen, die sich in ihrem dynamischen Mindset bewegen, haben ihre Ideen oft gründlicher durchdacht und sich ein Maximum an Wissen über deren mögliche Umsetzung sowie über die möglichen Risiken erarbeitet. Ihre Vision ist dadurch breiter angelegt und genauer. Sie sind eher bereit, die Herausforderungen zu erkennen, und daher auch demütiger und offener für Stresstests und Verbesserungen. Wenn solche Gründerinnen und Gründer ihre Ideen präsentieren, unterstützt sie ihr Wissen und ihr Selbstvertrauen, die sie ihrem dynamischen Mindset verdanken.

Silicon Valley ist berühmt für sein Mantra des »schnellen Scheiterns«.[6] Hilfreicher dürfte allerdings ein Mantra des »schnellen Lernens« sein. Es würde dafür sorgen, dass sich die Investoren auf Gründer konzentrieren, die sich dem Aufbau von dynamischen Mindset-Kulturen verschrieben und daher bessere Erfolgsaussichten haben. Um beurteilen zu können, wie eine Gründerin die komplexen Entscheidungen bewältigen würde, die mit einer Unternehmensgründung verbunden sind, könnten Wagniskapitalgeber nach Anzeichen dafür suchen, dass die Gründerin überwiegend aus ihrem dynamischen Mindset heraus agiert – und Abläufe und Normen entwickeln wird, die in ihrem entstehenden Unternehmen eine Wachstumskultur etablieren. Investoren sollten sich hingegen vor Gründern hüten, die ihre eigene Genialität (oder jene ihrer Ideen) anstelle ihrer Lernfähigkeit in den Vordergrund stellen.

»Wenn wir uns im statischen Mindset befinden«, sagt Tauber, »kann es passieren, dass wir stecken bleiben oder das Team oder äußere Umstände verantwortlich machen, wenn unser Plan nicht aufgeht. Sind wir in unserem dynamischen Mindset, lassen wir eher Schleifen zu, etwa: ›Wenn der Unterschied zwischen A, B und C so gering ist, probieren wir doch einfach A aus, und wenn das nicht innerhalb von zwei Wochen funktioniert, versuchen wir es mit B.‹«[7] Solange unser Erfolgsmaßstab klar ist, können wir Strategien entwerfen, Ziele formulieren und flexibler denken und handeln.

Als Satya Nadella bei Microsoft einstieg, bestand seine Herausforderung darin, eine Kultur neu zu erfinden, die »Zusammenarbeit vernichtet« und »Innovation gelähmt« hatte. Microsoft war viel zu sehr auf Nummer sicher gegangen und hatte daher verschiedene technologische Neuerungen zu spät in sein Portfolio aufgenommen oder hatte sie sogar ganz verpasst, etwa Smartphones. Daraufhin »brach eine Welle externer Konkurrenz über die Firma herein, weshalb viele Talente von Bord gingen«, stellt eine Fallstudie der London Business School fest.[8] Während der frühere CEO Steve Ballmer für seine Risikoaversion bekannt war, hat Nadella gezeigt, dass er das exakte Gegenteil ist. Er war davon überzeugt, dass das Mindset von Microsoft zumindest teilweise für die nahezu irrelevante Position des Unternehmens in der Tech-Welt verantwortlich war. »Jeder Beschäftigte musste aller Welt beweisen, dass er oder sie klüger war als alle anderen. Persönliche Verantwortung – pünktlich liefern und quantitative Ziele erreichen – stand über allem. (…) Hierarchien und Hackordnungen hatten die Macht übernommen, worunter Spontaneität und Kreativität litten.« Nach längerem Zuhören und Lernen entschied Nadella, Microsoft auf dem Feld der Mobil- und Cloud-Technologien zu positionieren und die KI-Kompetenz des Unternehmens herauszustellen. Ihm fiel zudem auf, dass die Beschäftigten zu viel Zeit damit verbrachten, die Ideen anderer (und oft diese Kolleginnen und Kollegen selbst) zu kritisieren, anstatt ihnen mit Neugier zu begegnen. Er wusste, dass ein Kulturwandel fällig war.

Heute konzentrieren sich die Beiträge der Beschäftigten bei Microsoft überwiegend auf das, was an einer Idee funktioniert, und auf weitere Verbesserungsmöglichkeiten. Wachstumskulturen lehnen kritisches Denken und Offenheit jedoch nicht ab, ganz im Gegenteil. Wie Nadella in seinem Buch *Hit Refresh* schreibt, sind »Auseinandersetzungen und Argumente unverzichtbar. Entscheidend ist, die Ideen der anderen zu verbessern.«[9] Denken Sie daran, dass Organisationen mit dynamischem Mindset mehr psychologische Sicherheit bieten, einen Grundpfeiler von Offenheit. Im Vordergrund stehen Ideen, nicht angeborene Fähigkeiten. Die eingehende Analyse einer Idee und deren Abklopfen auf Verbesserungsmöglichkeiten ist etwas anderes als verächtliches Neinsagen, das viel mehr dazu dient, die eigene Position in der Unternehmenshierarchie zu bekräftigen, als einen Mehrwert zu liefern. In *Hit Refresh* bemerkt Nadella im Übrigen, dass die Beschäftigten von Microsoft verzweifelt nach einem Weg suchten, »ihr Gefühl der Lähmung loszuwerden«, also einer Sackgasse zu entkommen. Dabei half der Kulturwandel in Richtung auf ein dynamisches Mindset.

Nadella ermutigte seine Angestellten auch, mehr Zeit im direkten Kundengespräch zu verbringen, um herauszufinden, was funktionierte und wie man ihnen bessere Leistungen anbieten könnte. Dieser Ansatz beseitigt einen Teil des Risikos, weil die Chance steigt, etwas zu entwickeln, das Kundenprobleme löst. Kinney Zalesne, Microsofts früherer Abteilungsleiter für Unternehmensstrategie, glaubt, dass diese Art der Zusammenarbeit es nicht nur Microsoft, sondern der ganzen Welt ermöglicht, komplexe Probleme zu lösen. Wie mir Kinney sagte: »Ich glaube, dass künftig nichts wichtiger in unserer Gesellschaft ist als Meinungskonflikte und das Bilden von Schnittmengen. Was wir nicht mehr brauchen, sind Ideen, die sich auf ein kleines Unternehmen oder einen einzelnen Sektor beschränken. Unsere globalen Probleme sind so groß, dass wir Lösungen finden müssen, die am Schnittpunkt verschiedener Disziplinen und Ansätze entstehen. Und ich glaube, dass ein dynamisches Mindset die Grundvoraussetzung dafür ist, dass wir mit solchen Gesprächen überhaupt beginnen können.«[10]

Es geht nicht nur darum, glücklichere Angestellte zu haben und bessere Ergebnisse zu erzielen – obwohl das natürlich eine Rolle spielt. »Problemlösungen erfordern heute und auch künftig interdisziplinäres, mutiges und unorthodoxes Denken. Das sollte jeder vermittelt bekommen, und das sollten Unternehmen und staatliche Stellen wertschätzen«, fügte Kinney hinzu.

Kein einzelner Mensch kann vollständig »interdisziplinär« sein; es erfordert vielmehr, die besten Köpfe aus einer großen Bandbreite an Wissensgebieten und Erfahrungshintergründen zusammenzubringen. Wenn Organisationen und Einzelpersonen es als zu risikoreich empfinden, Ideen und Ressourcen über Gruppen und Sektoren hinweg zu teilen; wenn Beschäftigte zu sehr auf innerbetriebliche Konkurrenz fixiert sind, um ihr Wissen und ihre Ressourcen zusammenzuführen; und wenn Organisationen ihr Schicksal an wenige Stars binden, anstatt ein breites Fundament an kompetenten Mitarbeiterinnen und Mitarbeitern aufzubauen: dann wird es schwer, die passenden Lösungen für die großen Herausforderungen der Gegenwart zu finden.

Um zu entscheiden, welche Risiken einzugehen sich lohnt und wie man dabei am besten vorgeht, greifen Wachstumskulturen gern auf Daten zurück.

Risiken reduzieren durch Datenanalyse

Eine Frage, die ich mir hinsichtlich der beiden Mindsets oft stelle, lautet: »Welche ist riskanter«? Als Wissenschaftlerin und angesichts unserer Forschungsergebnisse bevorzuge ich eine datengestützte Entscheidungsfindung. Eine der effektivsten Methoden von

Wachstumskulturen, um organisationalen Wandel weniger riskant zu machen, ist das Teilen von Daten. Das habe ich 2020 im Zuge unserer Zusammenarbeit mit Microsoft und der Consulting-Firma Keystone festgestellt, als wir die Praxis der Gewinnung und des Einsatzes von Daten in zahlreichen Unternehmen untersuchten.

Es zeigte sich, dass Daten in Wachstumskulturen leicht zugänglich waren.[11] Jeder wusste, wie man auf Daten zugreifen und sie für die eigene Entscheidungsfindung einsetzen konnte, nicht nur die Analyse- und IT-Fachleute. Infolgedessen gab es eine gemeinsame Grundlage und ein gemeinsames Verständnis der aktuellen Lage – und der Prognosemodelle. Wir sahen auch, dass die Führungskräfte in Wachstumskulturen eher bereit waren, ihren Teams ihre Vision mitzuteilen und ihre Teammitglieder zur Mitarbeit an deren Umsetzung einzuladen. Teams, die sich in einem Umfeld bewegten, das sich auf eine klare Vision, wachstumsorientierte Prozesse und relevante Daten zur Überprüfung der aktuellen Marschrichtung gründete, gelangten oft zu kreativeren Lösungen.

In Geniekulturen hingegen wurden Daten oft von mächtigen Torwächtern abgeschirmt. In einigen der von uns interviewten Unternehmen dauerte es bisweilen Monate, bis die IT angeforderte Daten lieferte – und oft erlebten wir, dass Daten-Teams Informationen horteten und allenfalls widerwillig herausgaben und nur, wenn eine höhere Führungskraft es verlangte. Paradoxerweise vertrauten die Führungskräfte in Geniekulturen mehr auf ihr Bauchgefühl und ihre Intuition als auf Daten (obwohl wir doch wissen, dass optimale Entscheidungsfindung auf einer Verbindung von Daten und Intuition beruht).

Daten halfen Louis Wool – mit späterer Unterstützung anderer Beamter, Lehrkräfte und von Mitgliedern der Schulbehörde –, einen ganzen Schulbezirk von einer Geniekultur in eine Wachstumskultur umzuwandeln. Als Wool leitender Schulinspektor des Harrison Central School Districts (HCSD) in Westchester County wurde, etwa eine halbe Autostunde nördlich von New York, analysierte er die Daten – etwa hinsichtlich schulischer Leistungen und der Mittelverteilung –, und ihm wurde klar, dass man es besser machen könnte. Harrison Central gilt zwar insgesamt als »wenig bedürftig«, doch der Bezirk weist eine große sozioökonomische Bandbreite auf, die von sehr wohlhabenden bis hin zu Arbeitergegenden reicht, und hat eine entsprechend breit gefächerte Schülerschaft. »Unser Gemeinwesen wirkt zunächst ungeheuer wohlhabend«, erzählte mir Wool, »aber 25 Prozent der Schülerinnen und Schüler erhalten ein kostenloses oder vergünstigtes Mittagessen.«[12] David Singer, ein früheres Mitglied der Schulbehörde, beschrieb HCSD als geprägt von einem Klima mit starrem Mindset und der »sanften Engstirnigkeit niedriger Erwartungen«.[13] Überall – ob bei Lehrkräften, in der Verwaltung, bei Eltern oder der Schulbehörde – erwartete kaum jemand besondere Leistungen von Schülerinnen und Schülern aus ethnisch diversen und sozioökonomisch benachteiligten Elternhäusern. Man betrachtete dies als ausgemachte Sache.[14] Doch Wool erkannte etwas anderes: einen Gerechtigkeitsmangel, der manchen Schülerinnen und Schülern den Weg versperrte, aber anderen diesen Weg ebnete. So waren Grundschulen in wohlhabenderen Gegenden finanziell besser ausgestattet und mit den neuesten Lehrbüchern versorgt, während anderswo die Lehrbücher nicht nur veraltet, sondern sogar nicht in ausreichender Zahl vorhanden waren. Kamen die Schülerinnen und Schüler dann auf den höheren Schulen zusammen, zeigten sie unterschiedliche Leistungen, nicht aufgrund ihrer reinen Begabung, sondern infolge unterschiedlicher Chancen und Zugangsmöglichkeiten. Wool grübelte über den Daten des Bezirks, von Budgets bis zu Leistungsmaßstäben, und entwickelte einen geeigneten Plan, um sowohl Gelder als auch Chancen gleichmäßiger über alle Schulen zu verteilen und so für mehr Gerechtigkeit für alle zu sorgen.

»Einige Hinweise auf mangelnde Chancengleichheit lagen beschämend klar auf der Hand«, sagt Wool. »So hatte es beispielsweise in der gesamten Geschichte des Bezirks nicht einen einzigen Fall eines hispanischen Kinds gegeben, das es geschafft hatte, in einen AP-Kurs [Advanced Placement, ein Kurs auf College-Eingangsniveau; A. d. Ü.] aufgenommen zu werden. Ich konnte die vier Grundschulen des Bezirks blind nach Postleitzahlen aufgliedern und prognostizieren, welche Kinder am Ende das Regent's-Diplom erhielten, eine besondere Auszeichnung, und welche nicht. Schon im Alter von zehn Jahren konnte ich mit hundertprozentiger Sicherheit vorhersagen, ob ein Kind es in den AP-Kurs Mathematik schaffen würde. Und niemand hielt das für ein Problem. Niemand rief laut: ›Tut was dagegen.‹«

Wool nahm sich vor, nicht nur das Regelwerk und die Praktiken des Distrikts zu ändern, sondern auch die übergreifende Mindset-Kultur. Sein Grundziel war es, gleiche Bedingungen für alle Schülerinnen und Schüler herzustellen. Zu seinen Maßnahmen gehörten grundlegende Revisionen der Schulbudgets, der Beurteilungssysteme für Lehrkräfte und der Leistungsbewertung für Lernende. Dabei stieß er auf massiven Widerstand (bis hin zu körperlichen Bedrohungen) seitens vieler Lehrkräfte, Mitglieder der Schulbehörde und reicher Eltern. Die letztere Gruppe behauptete, dass einige Veränderungen, etwa die Abschaffung der Kurseinteilung nach Leistungsgruppen und die Öffnung der AP-Kurse an den Oberschulen für breitere Schülergruppen, den Lehrplan verwässern würden. Wenn Schulen sich um gerechtere und inklusivere Lehrpläne und Praktiken bemühen, befürchten Eltern und Lehrkräfte oft, dass solche Veränderungen das Niveau der Lehrpläne »herunterzieht« und die »intelligenteren, begabteren« Schülerinnen und Schüler ausbremst. Mit anderen Worten: Die privilegierten – und fast immer weißen – Stars werden ausgebremst. *Tatsächlich belegt die Forschung immer wieder, dass sorgfältig umgesetzte Änderungen, die auf größere Gerechtigkeit zielen, die Leistungen* aller *Schülerinnen und Schüler anheben.*[15] Im Falle von HCSD erwies sich der organisationale und Kulturwandel als so förderlich für die schulischen Leistungen, dass Wool 2009 zum Schulinspektor des Jahres des Bundesstaats New York ernannt wurde.[16] Der Leistungsgrad seiner Schülerinnen und Schüler ist auch heute unvermindert hoch.[17]

Der weitreichendste Schritt hin zu einem Kulturwandel im Bezirk, den Wool unternahm, war die Abschaffung aller Voraussetzungen, um an bestimmten Programmen teilzunehmen. »Ich glaube nicht an unveränderliche Eigenschaften und halte nichts davon, dass eine einzelne Beurteilung dein Leben bestimmen soll«, sagte er mir. Alle glaubten, dass diese Änderung ein Risiko darstellte. »Jeder verlor irgendetwas. Die Lehrkräfte sahen sich in ihrer Selbstwirksamkeit verletzt, manche Eltern in ihrem Anspruchsdenken. Die armen Kinder dachten, dass alles nur noch schlimmer wird. [Um in einer solchen Situation Dinge zu ändern,] muss man hartnäckig bleiben, auch wenn alle einem zurufen, dass man falschliegt.« Um es klar zu formulieren: All dies gründete nicht auf einem bloßen Gefühl, und Wool drohte auch nicht, Schritte zu unternehmen, die dem Bezirk oder der Allgemeinheit zum Nachteil gereichen würden – ganz im Gegenteil. Wool hatte die bezirkseigenen Daten genau geprüft und seine eigenen Erfahrungen bei der Verbesserung der Leistungen einer anderen unterfinanzierten Schule herangezogen. Auf dieser Grundlage unternahm Wool einen evidenzbasierten fundierten Vorstoß, um die Lage aller Schülerinnen und Schüler im Bezirk zu verbessern. Wie er bekundet, war der Wandel nur möglich durch Bescheidenheit und das ständige Überprüfen des Plans und der Fortschritte. Und, so Wool: »Dabei spielt ein dynamisches Mindset eine große Rolle.«

Die Erfolge sprechen für sich. Die Leistungskennzahlen zeigen deutlich verbesserte Ergebnisse für die Schülerschaft als Ganzes, unabhängig von der jeweiligen Herkunft und im gesamten Bezirk. Wie in vielen Schulen teilte HCSD früher die Schülerinnen und Schüler der Mittelstufe im Fach Mathematik in leistungsabhängige Kurse auf. Im letzten Jahr, in dem dieses System galt, erreichten nur rund 10 Prozent der Lernenden sehr gute Punktzahlen im Algebra-Test. Wool beendete die Aufteilung in Kurse, machte Algebra sämtlichen Schülerinnen und Schülern zugänglich und sorgte für Lernhilfen, damit alle erfolgreich sein konnten. Im Jahr 2023, beinahe zwei Jahrzehnte nach diesem Wandel, bestanden 90 Prozent aller Schülerinnen und Schüler den Algebra-Test und 52 Prozent erzielten sehr gute Bewertungen.[18] Wool erklärt: »Was mich meiner Meinung nach von vielen anderen Menschen unterscheidet, ist meine mangelnde Konfliktscheu. Ich verbringe heutzutage viel Zeit mit Coaching – für junge Inspektoren und Verwaltungskräfte – und stelle fest, dass sie immer auf Nummer sicher gehen wollen. Ihre Hauptsorge lautet: ›Wie behalte ich meinen Job?‹, und nicht: ›Wie mache ich meine Arbeit am besten?‹«[19] Entscheidend ist, dass Konflikte über Sachfragen ausgetragen werden, nicht über Persönliches. Es darf nicht sein, dass Beschäftigte miteinander konkurrieren oder der Chef mit eiserner Faust regiert. Vielmehr geht es darum, dass man gemeinsam die Arbeit organisiert, sich auf Messgrößen einigt und diese gemeinsam bewertet und sich außerdem wohlfühlt und sich traut, die eigene Meinung respektvoll zu äußern, auch wenn sie von einer anderen abweicht. Entscheidend ist zudem, dass die Leitung grünes Licht für das Eingehen von Risiken und Konflikten gibt, solange man sich auf fundierter Grundlage bewegt und auf Verbesserungen zielt.

Dies ist eine wichtige Erkenntnis für jene, die glauben, dass Wachstumskulturen heitere und unbekümmerte Orte mit wenig Konflikten seien. Richtig ist vielmehr, dass sie zu den strengsten und herausforderndsten Umfeldern überhaupt zählen (weshalb viele so zäh darum kämpfen, sich ihre Geniekultur zu bewahren). Der Gemütlichkeitsfaktor spielt keine Rolle bei der Unterscheidung zwischen beiden Kulturen. *Das Bestreben, mehr Vielfalt, Gleichstellung und Inklusion zu schaffen, zielt nicht darauf ab, das Wohlbefinden der Menschen zu steigern. Vielmehr geht es darum, Hemmnisse und Hürden abzubauen, die manche Menschen ausbremsen, sodass alle erfolgreich sein können.* Wachstumskulturen wollen *Bedrohungen* beseitigen, sodass alle Lernenden und Beschäftigten ihr Potenzial voll ausschöpfen können. Sind diese Hürden erst einmal abgebaut, können Schülerinnen und Schüler oder Studierende sich einen anstrengenderen Fächerkanon zumuten und Beschäftigte können einen größeren Teil ihrer Ressourcen auf Innovation verwenden und die damit verbundenen Risiken eingehen.

Risiken bereitwillig in Kauf zu nehmen bedeutet nicht, sie blind einzugehen. Auf Wachstum ausgerichtete Teams ziehen Daten sehr intensiv zurate, wenn sie organisatorischen Wandel betreiben, aber auch, um zu entscheiden, ob es sich lohnt, ein bestimmtes Risiko einzugehen. Sie nutzen Daten auch, um zu beurteilen, ob eine solche Entscheidung zum Erfolg geführt hat oder überdacht und neu justiert werden muss. Echte Wachstumskulturen entscheiden auf Grundlage von Daten, welche Risiken sie hinsichtlich ihres Zeit-, Energie- und Ressourceneinsatzes eingehen wollen, und bewerten dann laufend, ob sich diese Entscheidungen auszahlen.

Personalchef Dean Carter von Patagonia, dem wir in Kapitel 3 begegnet sind, nutzt zu seiner Entscheidungsfindung das datenbasierte Modell der nachhaltigen Landwirtschaft. Als das Unternehmen entschied, die herkömmliche Arbeitswoche so zu modifizieren, dass alle Beschäftigten an jedem zweiten Freitag frei hatten, machte es vor und nach diesem Schritt eine Bestandsaufnahme, »um zu messen, was wir investierten und was wir dafür bekamen«, sagt Carter. Die Untersuchung diente auch der Erkenntnis, ob der neue Arbeitsplan die erhofften Vorteile und Resultate erbrachte. Gemessen wurden das Produktivitätsniveau der Beschäftigten, ihre Arbeitszeit und ihr Engagement. Carter bezeichnet dies als »extraktive« Elemente: »Bekommen wir unseren Einsatz in die Beschäftigten wieder heraus?« Sie maßen auch, inwiefern das Unternehmen das Leben seiner Angestellten verbesserte. Carter nennt einige Beispiele: »Hat dies [der neue Zeitplan] die Beziehung zu deinem Ehepartner verbessert? Konntest du mehr Zeit mit deinen Kindern verbringen? Konntest du gesunde Mahlzeiten zubereiten? Hattest du genügend Zeit für Arztbesuche? Hat dies dein Verhältnis zu deiner Gemeinschaft verbessert? Fiel es dir nun leichter, selbst einen Beitrag zu leisten?« Auf all diesen Gebieten zeigte sich ein positiver Effekt. Gleichzeitig stieg das Engagement der Beschäftigten, während ihre Produktivität und ihre Arbeitszeit unverändert blieben.[20]

Die Prüfung, ob Veränderungen die gewünschten Ergebnisse zeitigen, spiegelt den konsequent wachstumsorientierten Ansatz wider, der einen Grundpfeiler von Patagonias zukunftsorientierter Entscheidungsfindung darstellt. »Wenn ich [meine Angestellten] mit der Vorstellung betreue, dass ich diese Menschen noch 100 Jahre lang beschäftigen werde, dann möchte ich nicht, dass sie sich gestresst fühlen«, sagt Carter. »Ich möchte, dass sie ihre Kinder gut versorgen, denn im Verlauf von 100 Jahren werde ich sehr wahrscheinlich nicht nur ihre Kinder, sondern auch ihre Enkel beschäftigen.«

Das Unternehmen kann im Übrigen mit Stolz auf eine natürliche Fluktuation von nur vier Prozent im Jahr 2021 verweisen, was weniger als ein Drittel des Branchendurchschnitts darstellt. Gleichzeitig verblieben über einen Fünf-Jahres-Zeitraum hinweg 100 Prozent aller berufstätigen Mütter im Unternehmen, ein unglaublicher Wert.[21] Angesichts der sogenannten Großen Resignation, als Unternehmen Mühe hatten, ihre Beschäftigten zu halten, und insbesondere viele Frauen ihren Arbeitsplatz verließen, zeugen diese Zahlen von einem erheblichen Wettbewerbsvorteil. Unternehmen, die sich allzu sehr auf Extraktion konzentrieren, also auf das, was sie kurzfristig aus ihren Beschäftigten herausziehen können, und dabei weitgehend vernachlässigen, was sie in ihre Belegschaft investieren oder ihr zurückgeben können, sind langfristig schlecht aufgestellt. Mithilfe von Daten können Wachstumskulturen sich ein klares Bild vom Leben ihrer Beschäftigten machen und erkennen, wie sie deren Work-Life-Balance verbessern können – zum großen Nutzen beider Seiten.

Welche Faktoren beeinflussen die Risikobereitschaft in Wachstumskulturen?

Worin gründen von einem statischen Mindset beeinflusste Ansichten zum Thema Risikobereitschaft in Organisationen? Während meiner Zusammenarbeit mit der Rechtsabteilung von Twitter ging ich auf Quellensuche. In einigen Organisationen entdeckte ich diese Quellen im Bewerbungs- und Einstellungsverfahren. Die Personaler fragten oft nach intellektuellen Erfolgen und schienen viel Wert auf die besuchten Lehranstalten (je ausgefallener, desto besser) und auf Arbeitserfahrungen (am besten im eigenen Unternehmen) zu legen. Dadurch liefen sie Gefahr, fantastische Kandidatinnen und Kandidaten aus weniger angesagten Lehranstalten oder mit diverserem ethnischem Hintergrund zu übersehen, die vielleicht nicht genau auf die ausgeschriebene Stelle passten, aber trotzdem wertvoll für das Unternehmen sein konnten. Auf Fragen zu hypothetischen Szenarien schien es eindeutig richtige oder falsche Antworten zu geben. Dies lässt allerdings kaum Rückschlüsse auf spätere Leistungen zu, denn in der Praxis wird erwartet, dass man sich über alle Eventualitäten schlau macht, anstatt aus dem Bauch heraus und ohne Informationen zu entscheiden. Nach der Einstellung beschränkten sich die Lern- und Entwicklungsmöglichkeiten – etwa die Mitarbeiterorientierung – meist auf einen einzigen Tag. Allzu oft wurden die Leute dabei mit Informationen überflutet und musstet danach weitgehend allein zurechtkommen. Angesichts dieser »Friss oder stirb«-Mentalität entstand bei vielen der Eindruck, sich in einer Geniekultur zu befinden.

Die Tweeps wollten diese Prozesse so verändern, dass unmittelbar ein Lern-Mindset entstünde. Sie glaubten, dass die Qualität der Erfahrungen von Bewerberinnen und Bewerbern bessere Rückschlüsse auf deren Entwicklungsbereitschaft zulassen würde als die reine Menge. So hieß es im Job-Interview: »Beschreibe eine Herausforderung aus deiner Vergangenheit und wie du sie bewältigt hast.« Sie hielten es auch für entscheidend, Bewerberinnen und Bewerber auf der Grundlage relevanter Kenntnisse statt hypothetischer Situationen auszuwählen. Wer sich für das Team Vertrauen & Sicherheit bewirbt, sollte ethische Grundsätze besitzen, insofern wäre es sinnvoller, zu erfahren, wie Bewerberinnen und Bewerber eine diesbezügliche Herausforderung bewältigt haben, als sie zu fragen, wie sie in einer hypothetischen Situation handeln würden.

Die Tweeps empfahlen auch, potenzielle Angestellte nach ihrem ersten Interview mit relevanten Bezugsgruppen wie Twitter Women, Twitter Asia und Blackbirds in Verbindung zu setzen. So konnten sie aus der Warte dieser Gruppen heraus mehr über das

Unternehmen erfahren und Strategien kennenlernen, um sich in der Gesamtstruktur der Organisation zurechtzufinden. Sie schlugen vor, entweder die Mitarbeiterorientierung zu verlängern oder – besser noch – Möglichkeiten für neue Beschäftigte zu schaffen, im Verlauf ihres ersten Beschäftigungsjahrs kontinuierlich gemeinsam zu lernen. Diese verlängerte Lernzeit würde nicht nur eine gemeinschaftliche Kultur und teamübergreifende Verbindungen schaffen, sondern auch zu besseren Arbeitsergebnissen führen, da Strategien und Erfahrungen über verschiedene Unternehmensfunktionen hinweg ausgetauscht würden. Das interne Dokumentationsmaterial wie Leitfäden, Hilfsprogramme und Kurzanleitungen sollte so ausgebaut werden, dass jeder Lernmöglichkeiten vorfand, statt sich alles selbst zusammensuchen zu müssen.

Diese Vorschläge verbesserten das Einstellungsverfahren, zeigten aber auch, wie die Beschäftigten die Kultur bei Twitter erlebten. Am meisten beeindruckte mich aber, wie bereitwillig die Menschen zusammenarbeiteten, um Wege zur Stärkung einer Wachstumskultur zu finden. Ihre Bereitschaft, mögliche Hindernisse anzusprechen und in Brainstormings nach Lösungen zu suchen, zeigte ein ausgeprägtes psychologisches Sicherheitsgefühl.

Bekanntermaßen durchlebt Twitter (das inzwischen X heißt) derzeit bahnbrechende Veränderungen – ein gutes Beispiel dafür, wie anfällig und von der Leitung beeinflussbar Unternehmenskulturen sein können. Innerhalb von zwei Wochen nach seiner Übernahme von Twitter hatte Elon Musk, der sich selbst als CEO eingesetzt hatte, alle internen Bezugsgruppen aufgelöst, die Hälfte der Belegschaft entlassen und den verbliebenen Beschäftigten ein aggressives Ultimatum gesetzt. Seine E-Mail an die Belegschaft liest sich wie ein Auszug aus einem Handbuch für Geniekulturen. So schrieb er: »Um ein bahnbrechendes Twitter 2.0 aufzubauen und in einer zunehmend wettbewerbsorientierten Welt erfolgreich zu sein, werden wir künftig aus allen Rohren feuern müssen. Das bedeutet lange und hoch intensive Arbeitstage. Nur außergewöhnliche Leistungen werden akzeptiert.« Die Beschäftigten mussten bis

17 Uhr des nächsten Tages angeben, ob sie »dabei« seien, indem sie auf einen entsprechenden Umfragelink in der E-Mail klickten.[22] Wie in einer Geniekultur mit ihrem geringen Vertrauen und Verpflichtungsgefühl gegenüber der Organisation nicht anders zu erwarten (und insbesondere angesichts der vorangegangenen Bemühungen, eine Wachstumskultur zu etablieren), warf mehr als die Hälfte der verbliebenen Belegschaft das Handtuch.

Organisationen und Führungspersonen, die eine nachhaltige Wachstumskultur aufbauen wollen, müssen andere dafür begeistern – so wie es Shell, Microsoft und Louis Wool vorgemacht haben. Sobald das gelungen ist, müssen sie den Wandlungsbereiten den Rücken stärken, wenn diese kalkulierte Risiken eingehen. Zudem müssen sie die Menschen zum Lernen ermutigen und das Gelernte in ihr künftiges Handeln einfließen lassen. Konzentrieren Sie Ihre Anstrengungen darauf, ein Umfeld zu schaffen, in dem Ihre Beschäftigten sich entspannt auf das unbequeme Territorium der Risiken vorwagen können.

So entwickelt Ihre Organisation (intelligente) Risikobereitschaft und wird resilienter

Hier sind einige Maßnahmen, die ihnen dabei helfen, ein Mindset aufzubauen und zu vermitteln, das für eine fundierte Risikobereitschaft in Ihrer Organisation sorgt – sowohl auf Gesamt- als auch auf individueller Ebene.

Machen Sie Risiken ausfindig

Es ist keine gute Idee, nachts durch dunkle Gassen zu laufen oder pure Chilischoten zu essen. Doch halten Sie ruhig Ausschau nach sinnvollen Risiken. Wenn wir uns in unserem dynamischen Mindset befinden, möchten wir wohlüberlegte Sprünge in unsere Wunschrichtung unternehmen. Wie Emma McIlroy, die Mitgründerin von Wildfang, feststellt, erkannte sie als ehrgeizige Mittelstreckenläuferin, dass sie sich nicht genügend anstrengte, wenn sie nur selten verlor – sie ging auf Nummer sicher, indem sie dort antrat, wo die Konkurrenz sie nicht herausforderte.[23] Wenn Sie in letzter Zeit keinen Fehlschlag erlitten haben, dann waren Sie vielleicht zu vorsichtig und haben zu kleine Schritte getan, um in Ihrem Leben wirklich voranzukommen – und dasselbe könnte auch für Ihre Organisation gelten. (Die Forschung sagt übrigens, dass eine Misserfolgsquote von 15 Prozent bei eigenen Anstrengungen ideal ist.)[24] Sollte das zutreffen, dann identifizieren Sie einige Bereiche, in denen sie üben können, Ihr dynamisches Mindset auf Risiken anzuwenden. Beginnen Sie mit ein bis drei Bereichen in ihrem privaten oder Arbeitsalltag, wo sie wohlüberlegte Risiken eingehen könnten. Bitten Sie gegebenenfalls um Weiterbildungsmöglichkeiten, um die nächste Herausforderung bewältigen zu können. Machen Sie Ihre Hausaufgaben, legen Sie den Fallschirm an und springen Sie!

Nutzen Sie Daten so intensiv wie möglich

Kein wohlüberlegtes Risiko ohne Daten: Unabhängig von Ihrer Rolle innerhalb Ihrer Organisation verhelfen Daten Ihnen zu mehr Selbstsicherheit auf Ihrem Weg ins Neuland. Sie ermöglichen es Ihnen auch, schon zu einem frühen Zeitpunkt sowie im weiteren Verlauf zu entscheiden, ob das Risiko, das Sie eingegangen sind, Sie Ihrem Ziel näher bringt oder davon entfernt. Daten verraten Ihnen nicht, ob Sie richtig oder falsch liegen (das glauben nur Menschen mit statischem Mindset), sondern wo Sie gerade stehen und wie Ihr Weg von der Vergangenheit über die Gegenwart in die Zukunft aussehen könnte. Legen Sie Überprüfungstermine fest. Wägen Sie neu ab, versuchen Sie es mit einer neuen Strategie oder machen Sie eine Kehrtwendung, wenn sich das Risiko nicht auszahlt.

Unternehmen Sie eine Zeitreise in der Wayback Machine

Bevor die Wayback Machine zum Namen eines Online-Archivs wurde, war es eine Zeitmaschine in der US-amerikanischen Zeichentrickserie *The Rocky and Bullwinkle Show*. Die beiden Charaktere Mr. Peabody und Sherman nutzten sie, um wichtige historische Ereignisse zu besuchen. Sie können eine Variante der Wayback Machine verwenden, um Ihre eigenen Erfahrungen mit Risikosituationen, die anders ausgingen als erhofft, Revue passieren zu lassen. Wir beschäftigen uns nicht gern mit unseren Misserfolgen, da diese uns in unser statisches Mindset führen können: Sie können uns dazu verleiten, selbstbeschränkende Überzeugungen hinsichtlich unserer eigenen Fähigkeiten auszubilden. Doch wenn wir uns diese Erfahrungen mit Notizblock und Stift in der Hand vergegenwärtigen, können wir daraus Erkenntnisse ableiten. Reflektieren Sie diese Situationen und schreiben Sie auf, wie Sie damit umgegangen sind und was Sie gelernt haben. Hat ein Misserfolg Sie in Ihr starres oder Ihr dynamisches Mindset geführt? Haben Sie das sinkende Schiff verlassen oder die Segel gestrafft und das Schiff weiter gen Horizont gesteuert? Was hat Sie dazu bewegt, das eine oder das andere zu tun? Wie hat diese Erfahrung Ihr späteres Verhalten beeinflusst? Wie würde Ihr heutiges dynamisches Mindset den Nutzen dieses Risikos bewerten, und wenn Sie heute vor derselben Entscheidung stünden, würden Sie das Risiko erneut eingehen oder nicht? Oder würden Sie es zwar eingehen, aber auf andere Art, und wenn ja, auf welche?

Achten Sie darauf, welche Botschaften Sie aussenden

Manchmal senden wir unbeabsichtigt Botschaften aus, die ein statisches Mindset widerspiegeln – das mussten die Tweeps und ich feststellen, als wir die kulturbezogenen Botschaften untersuchten, die ihre Rechtsabteilung während des Einstellungsverfahrens kommunizierte. Personalbeschaffung und Einstellung sind zwei Bereiche, in denen dies besonders oft passiert. Um hier ein dynamisches Mindset zu verankern, achten Sie bewusst darauf, in Leute zu investieren, die vielleicht nicht zu Ihrem Genie-Stereotyp passen (insbesondere aufgrund ihrer Identität oder ihrer Herkunft). Konzentrieren Sie sich auf Menschen, die bereit sind, ihre Fähigkeiten in die Organisation einzubringen und die bisherigen Ansätze zu hinterfragen. Das mag zunächst einmal riskant erscheinen, aber es ist ein wirkungsvolles Mittel, um eine Wachstumskultur aufzubauen.

Eine andere Möglichkeit, Risikobereitschaft zu fördern, besteht darin, ein Klima zu schaffen, in dem die Beschäftigten nicht nur zum Eingehen von Risiken ermutigt werden, sondern am Beispiel der anderen erkennen können, dass dies ungefährlich ist. Wenn die Leute bemerken, dass man seinen Job riskiert, wenn man sich exponiert, werden sie kaum versuchen, etwas radikal anders zu machen. Betonen Sie stattdessen bei Firmenanlässen, auf Ihrer Website oder im direkten Gespräch, wie sehr Sie das Eingehen von Risiken schätzen. Erwähnen Sie Erfolge, aber auch Misserfolge und die Einsichten, die daraus gewonnen wurden. Jeff Bezos wird oft kritisiert, doch zu den Dingen, die der Amazon-Gründer besonders gut macht, gehört sein offensives Eintreten für Risikobereitschaft, aber auch sein Verteidigen von Fehlschlägen, sofern sich Lehren daraus ziehen lassen. Bezos ist bekannt dafür, Misserfolge zu feiern, denn sie bedeuten, dass etwas Neues ausprobiert wurde, und für jedes Fire Phone gibt es hoffentlich weitere Kindles, Fire Sticks und Alexas.[25] Das ist zugegeben ein komplexes Beispiel, da bei Amazon auf anderen Gebieten nicht alles rundläuft, doch Unternehmenskulturen sind eben komplexe Gebilde. Es kann durchaus in einigen Bereichen Blasen geben, in denen ein dynamisches Mindset vorherrscht, auch wenn andere Teile der Kultur eher von Verhaltensweisen bestimmt sind, die einem statischen Mindset entspringen. Es ist nicht leicht, eine Wachstumskultur in einer ganzen Organisation zu verankern, aber es lohnt sich, dieses Risiko einzugehen.

6

REDLICHKEIT UND ETHISCHES VERHALTEN

Wer schummelt oder die Regeln bricht, ist eine skrupellose Person: Zu dieser Schlussfolgerung kommen die meisten Menschen. Demnach wird das Verhalten von der Persönlichkeit bestimmt, nicht von der jeweiligen Situation. Doch in Wirklichkeit verhält es sich genau umgekehrt: Unsere jeweilige Situation – und deren Kultur – beeinflussen unser Verhalten oft mehr als unser Charakter.

Dieser Umstand wurde mir bewusst, als eine meiner eigenen wissenschaftlichen Mitarbeiterinnen an der Stanford University den Standard für ethisches Verhalten verletzte, den ich vermittelt zu haben glaubte. Gegen Ende des Quartals, als es schien, als würden wir unser Ziel verfehlen, eine bestimmte Zahl an Teilnehmerinnen und Teilnehmern an einer Studie zu rekrutieren, begann sie, Studierenden zu raten, einfach hohe Werte auf dem Auswahlformular anzukreuzen, um ihre Teilnahmechancen zu erhöhen. Ich wunderte mich über die hohe Zahl an geeigneten Teilnehmerinnen und Teilnehmern, und als ich den Grund erfuhr, musste ich die gesamte Studie abbrechen. Wir konnten nicht weitermachen, ohne zu wissen, wer wirklich geeignet war und wer nur hineingelockt wurde.

Die Studentin war beschämt und am Boden zerstört – schließlich hatte sie nur helfen wollen. Ich war verpflichtet, die Angelegenheit dem Ethikrat der Universität zu melden, und die nachfolgende Untersuchung gefährdete die Chancen der Studentin, zum Medizinstudium angenommen zu werden. Letztlich konnten wir unsere

Beziehung wieder kitten und ich fand eine geeignete Aufgabe im Labor, um sie zu beschäftigten, während wir unser Vertrauen wieder aufbauten. Doch bei späterem Nachdenken wurde mir klar, dass es nicht allein ihr Fehler gewesen war.

An der Universität herrschte eine Geniekultur, in der die Studierenden ständig das Gefühl hatten, beweisen zu müssen, dass sie klug genug waren. Das brachte mich dazu, über die Kultur nachzudenken, die ich in meinem Team geschaffen hatte: Diese Studentin hatte geglaubt, dass Schummeln nicht nur toleriert, sondern sogar geschätzt werden würde. Was hatte ich als Laborleiterin gesagt oder getan, um diese Annahme auszulösen? Ich war so darauf fixiert, unsere Teilnehmerzahl zu erreichen, dass ich nur betont hatte, wie wichtig es sei, weitere Studierende für unsere Studie zu gewinnen – ohne auch nur meine damit beauftragten Mitarbeiterinnen nach ihren Eindrücken zu befragen. War unser Ziel realistisch? Oder brauchten wir einen Plan B? Gab es verschiedene Strategien, die wir einsetzen konnten, um weitere Teilnehmer zu gewinnen? Ich beharrte auf den Zahlen, ohne zu bedenken, wie sehr ich damit meine Mitarbeiterinnen unter Druck setzte, sich zu beweisen. Es mag daher vielleicht nicht überraschen, dass eine engagierte Studentin tat, was nötig war, um unser Ziel zu erreichen – sie wollte mich schließlich nicht enttäuschen. Hatte ich die Geniekultur der Universität bewusst und explizit gespiegelt? Natürlich nicht. Doch meine mangelnde proaktive Aufmerksamkeit hinsichtlich der Kultur, die ich selbst geschaffen hatte, führte dazu, dass die dominante Kultur der Universität uns alle beeinflusste – unsere Gedanken, unsere Motivation und unser Verhalten. Von da an achtete ich viel bewusster darauf, welche Kultur ich in meinem Labor erzeugte und aufrechterhielt. Ich nahm mir Zeit, um herauszufinden, wie sie von meinen Mitarbeiterinnen und Mitarbeitern erlebt wird und wie unsere Richtlinien, Praktiken und Normen die Kultur widerspiegeln, die wir anstreben. Darüber hinaus überlegte ich mir regelmäßig umsetzbare Maßnahmen, mit denen wir laufend am Aufbau und Erhalt einer inklusiven Wachstumskultur arbeiten konnten.

Wenn wir von einem ethisch fragwürdigen Verhalten oder mangelnder Redlichkeit sprechen, geht es nicht nur um Schummeln oder das Nehmen von Abkürzungen. Gemeint sind auch gewissenlose Verhaltensweisen wie das Horten von Informationen oder subtile Arten, Kolleginnen und Kollegen eins auszuwischen (*Oh, habe ich vergessen, dich auf die Einladungsliste für das Meeting zu setzen?*), das Vertuschen von Fehlern, aber auch echte Sabotage, Täuschung und Betrug. Diese Verhaltensweisen sind häufiger in Geniekulturen anzutreffen. *Moralisches Fehlverhalten kann durchaus auch in Wachstumskulturen auftreten, doch Organisationen mit dynamischem Mindset sind eher geneigt, dies zu reflektieren, Verantwortung zu übernehmen und Probleme entschieden zu bekämpfen.* Sie achten auch eher proaktiv auf mögliche Übertretungen, während Geniekulturen dazu neigen, diese zu ignorieren, oder versuchen, sie zu vertuschen.[1]

Wenn es um das mit Innovation verbundene Eingehen von Risiken geht, ermutigen wir zu Regelverletzungen im metaphorischen, nicht im wörtlichen Sinne – wir möchten, dass die Menschen über bisherige Strategien hinausdenken und kreativ an Problemlösungen arbeiten. In diesem Kapitel geht es um die roten Linien, die wir *nicht* überschreiten sollten. Moralisches Fehlverhalten untergräbt die Seriosität einer Institution und kann Menschen Schaden zufügen.

Schauen wir uns einige Beispiele von ethischem Verhalten und Redlichkeit in Wachstumskulturen und Geniekulturen an.

Ethisches Verhalten und Redlichkeit durch die Mindset-Brille betrachtet

Im Jahr 2017, zwei Monate nach ihrem Ausscheiden bei Uber, berichtete die Technikerin Susan Fowler in einem persönlichen Blog über ihre Erfahrungen.[2] An ihrem ersten Arbeitstag im neuen Team sei Folgendes geschehen: »Mein neuer Vorgesetzter schickte mir über den internen Chat-Dienst eine ganze Reihe von Nachrichten. Er sei in einer offenen Beziehung (und) auf der Suche nach Sexualpartnerinnen. Es war offensichtlich, dass er mich zum Sex überreden wollte, und es war so eindeutig unangemessen, dass ich sofort Screenshots dieser Chat-Nachrichten machte und den Vorfall der Personalabteilung meldete.« Ihre Beschwerden wurden dort abgewiesen; man bedeutete Fowler, sie solle ihn am besten warnen und ein ernstes Wort mit ihm reden. Die Antwort der Unternehmensleitung war noch spitzer: Da hieß es, der Angestellte »›ist ein High Performer‹, (…) und man würde ihn sehr ungern für etwas bestrafen, das vermutlich seinerseits nur ein harmloser Fehler gewesen sei«.

»Brillante Idioten« – ein Ausdruck, mit dem das frühere Uber-Verwaltungsratsmitglied Arianna Huffington viele der Angestellten von Uber beschrieb –[3] können in einer Geniekultur große Leistungen vollbringen (und oft sind sie die Einzigen, denen das gelingt), aber zu hohen Kosten. Uber, Theranos[4] und WeWork[5] sind alles Musterbeispiele für Organisationen, bei denen ein schweres moralisches Fehlverhalten auftrat, ebenso Goldman Sachs. Das Unternehmen gilt als einer der Hauptverantwortlichen für die Finanzkrise von 2008, wird aber noch heute schwerer und anhaltender ethischer Verstöße bezichtigt. Ein Artikel in der *New York Times* von 2018 beschreibt, wie der frühere Goldman-Partner James Katzman der Whistleblower-Hotline zahlreiche Regelverletzungen meldete, darunter »wiederholte Versuche, an vertrauliche Kundendaten zu gelangen und diese dann weiterzugeben«.[6] Angeblich drängte die Unternehmensleitung Katzman dazu, seine Anschuldigungen zurückzunehmen. Er weigerte sich und verließ die Bank ein Jahr später, nachdem er eine Verschwiegenheitserklärung unterzeichnet hatte, die ihm jede weitere öffentliche Äußerung über seine Behauptungen untersagte. In ihrem Buch *Bully Market* beschreibt die frühere Goldman-Geschäftsführerin Jamie Fiore Higgins eine Kultur, in der das Verhalten geprägt war durch Rassismus, Sexismus und mörderische Konkurrenz und in der die Regeln und Praktiken diese Verhaltensweisen beförderten, etwa durch Ranglisten. Higgins zufolge wird die Kultur lange vor Diensteintritt neuer Angestellter kommuniziert, indem die Personalverantwortlichen den Bewerberinnen und Bewerbern mitteilen, dass sie sich glücklich schätzen könnten, wenn sie für die Bank arbeiten dürften. Sobald sie an Bord sind, erfahren sie, dass ihr Status als Goldman-Angestellte sie zu Stars in der Bankenwelt macht. Gleichzeitig warnt man sie, dass sie mit Gehaltskürzungen oder Entlassung rechnen müssten, wenn sie sich nicht ständig bewiesen.[7]

Das soll nicht bedeuten, dass Wachstumskulturen keine Spitzenkräfte einstellen sollten. Jedes Unternehmen möchte intelligente, fähige Leute für sich gewinnen – und nicht alle sind brillante Idioten. Wie wir im Fall der Rechtsabteilung von Twitter gesehen haben, kann es einen großen Unterschied machen, welche intelligenten, fähigen Leute man auswählt und auf welche Weise. Die Frage lautet, von welcher Kultur die neu eingestellten Mitarbeiterinnen und Mitarbeiter umgeben sind – eine, die überwiegend ihr statisches Mindset anspricht, oder eine, die ihr dynamisches Mindset begünstigt. Bei Uber kamen vermutlich einige Beschäftigte schon als willige Regelübertreter an Bord (und wurden vielleicht sogar aus diesem Grunde eingestellt), aber die meisten anderen wurden wahrscheinlich erst durch die wirkmächtigen Botschaften ihres Umfelds zu ihrem ethisch fragwürdigen Verhalten ermutigt.

Kann eine Geniekultur irgendetwas tun, um betrügerisches Verhalten zu verhindern?

Stellen Sie sich vor, dass Sie sich Bewerberinnen und Bewerbern gegenüber damit brüsten, nur die »besten und intelligentesten« Leute Ihres Fachgebiets oder Ihrer Branche einzustellen. Sobald Ihre Organisation jemandem ein Jobangebot unterbreitet, muss diese Person schlussfolgern, dass sie ein Star ist. Insbesondere in einer Geniekultur haben Sie damit womöglich den Boden für späteres ethisches Fehlverhalten bereitet.

Das Good Food Institute (GFI) ist eine Organisation, die sich aktiv darum bemüht, keine »brillanten Idioten« anzustellen. GFI möchte die weltweite Lebensmittelindustrie umkrempeln und forscht mit einem wissenschaftlichen und technischen Team an den Grundlagen für die Herstellung von pflanzlichen und zellbasierten Produkten. Anstatt ein Unternehmen wie Impossible Foods oder Beyond Meat zu erschaffen, die Fleischersatzprodukte herstellen, entschied sich Gründer Bruce Friedrich für eine gemeinnützige Organisation, denn, wie er mir sagte: »Ich glaube, dass wir als gemeinnütziger Betrieb eine tausendfach höhere Wirkmacht haben können.«[8] Sie möchten ihre wissenschaftlichen Erkenntnisse nicht hinter den Mauern geistiger Eigentumsrechte verbarrikadieren und arbeiten daher auf Basis eines Open-Science-Modells, im Rahmen dessen sie Forschungsförderung betreiben und ihre Ergebnisse offen mit anderen Organisationen teilen.

Im Einstellungsverfahren wird die Bedeutung von Teamfähigkeit hervorgehoben; Bewerberinnen und Bewerber, die lieber Stars sein möchten, werden aussortiert. Friedrich räumt ein, dass ab und zu doch einmal eine falsche Personalwahl getroffen wird, aber in einem solchen an Wachstum orientierten Klima fällt das in der Regel schnell auf. Die betreffende Person erhält Gelegenheit zur Kurskorrektur; gelingt ihr das nicht, so trennt man sich.

Laura Braden ist Leiterin der Zulassungsabteilung bei GFI. In einem persönlichen Interview äußerte sie, dass GFI sich von allen ihren früheren Arbeitgebern unter anderem dadurch unterscheide, dass es seine zentralen Unternehmenswerte strikt befolge: Glaube stets an den Fortschritt; tue so viel Gutes wie möglich; teile großzügig dein Wissen, handle evidenzbasiert; lade jeden zum Mitmachen ein. Wie Braden sagt: »In unseren Abteilungen evaluieren wir laufend unsere Prioritäten auf der Grundlage dieser Werte, die unsere Arbeit bestimmen. Meiner Erfahrung nach werden sie bei allen Entscheidungen bewusst beachtet.«[9] Diese Werte seien besonders hilfreich, wenn ihre Abteilung über die Ressourcenverteilung entscheiden müsse, also darüber, wo GFI einzigartig positioniert sei und wo andere Organisationen die Arbeit besser bewältigen könnten.

Bradens Team hat die schwierige Aufgabe, auf nationaler und internationaler Ebene für faire und angemessene Regelungen bezüglich pflanzlicher und zellbasierter Produkte zu werben. Nicht nur sind alternative Proteine ein vergleichsweise neuer Markt, sondern die Regelungen unterscheiden sich je nach Land deutlich und die herkömmliche Landwirtschaftsbranche bemüht sich nach Kräften, neue Produkte und Technologien zu blockieren (etwa durch den Versuch, Herstellern alternativer Proteine die Verwendung von Wörtern wie »Milch« oder »Burger« in ihrer Werbung oder auf Lebensmitteletiketten zu verbieten). Bradens Team möchte alternativen Proteinen den Weg ebnen, sucht jedoch auch nach Gesetzeslücken, die es Unternehmen ermöglichen, Abkürzungen zu nehmen, die die Produktsicherheit gefährden könnten.

GFI beweist auch in seiner Herangehensweise an Partnerschaften ein dynamisches Mindset. Sein Auswahlkriterium lautet: Wer kann uns helfen, die Branche am tiefgreifendsten zu verändern? Das hat zu Partnerschaften geführt, die auf den ersten Blick ungewöhnlich erscheinen, etwa mit herkömmlichen Fleischherstellern wie JGS, Tyson, Smithfield und Cargill. Wie Friedrich erläutert: »Wenn man pflanzliches oder zellbasiertes Fleisch populär machen möchte, dann ist eine der besten Möglichkeiten, diese Art von Unternehmen dazu zu bewegen, ihre eigenen pflanzlichen und zellbasierten Produkte herzustellen.«[10] Dies trägt auch dazu bei, Konkurrenten in Partner zu verwandeln. Je stärker sie sich im Bereich von Fleischersatzprodukten engagieren, desto interessierter sind sie auch an einer fairen Regulierung von alternativen Proteinen, und so kommt es, dass diese Großhersteller immer öfter mit Braden am gleichen Strang ziehen. Es ist genau diese auf Zusammenarbeit beruhende Innovation, die Wachstumskulturen schaffen wollen – eine Win-win-Situation. Und genau dieses auf einem dynamischen Mindset fußende Denken, das das große Ganze im Blick behält, ist nötig, um die großen gesellschaftlichen Probleme zu lösen, wie schon Kinney Zalesne feststellte.

Wir haben nun einige Beispiele von ethischem beziehungsweise unethischem Verhalten in Genie- und Wachstumskulturen kennengelernt. Schauen wir uns nun an, welche Gründe dahinterstecken.

Wie Mindsets von Organisationen die Grundlage für ethisches oder unethisches Verhalten legen

In Wachstumskulturen, die Alleslerner den Alleswissern vorziehen, passt ethisches Fehlverhalten wie Betrug einfach nicht zu den Kernüberzeugungen und Zielen, denn solche Verhaltensweisen verhindern das Lernen. Wer betrügt oder die Messzahlen manipuliert, kann nicht herausfinden, was funktioniert und was nicht. In Geniekulturen ist kaum etwas wichtiger, als zur Riege der Spitzenkräfte zu gehören. Wenn man diesen Status nur mit unethischen Verhaltensweisen erreichen oder behalten kann, dann ist das eben so. Wie bereits gesagt, entspricht das oft nicht den Absichten der Leitung. Ich habe nur selten erlebt, dass eine Organisation ein solches Verhalten seiner Beschäftigten erwartete oder auch nur erkannte, dass sie diese auf ein solches Verhalten gepolt hatte. Deshalb ist es so wichtig, darauf zu achten, welche Botschaften die eigene Kultur aussendet.

Erfolgsorientierte Leistungsziele spielen sowohl in Genie- als auch in Wachstumskulturen eine Rolle, doch im Unterschied zu Kulturen mit eher statischem Mindset verfolgen Wachstumskulturen auch Lernziele: Ja, wir möchten erfolgreich sein, aber lernen und wachsen wir auf diesem Weg auch? Und lernen wir auch aus Fehlschlägen, und zwar so, dass wir es beim nächsten Mal besser machen oder aber erkennen können, dass die Zeit reif für einen Kurswechsel ist?

Zu den Hauptfaktoren, die unethisches Verhalten und unsauberes Arbeiten begünstigen können, zählen die Leistungsziele und Anreizsysteme einer Organisation.

Leistungsziele und Anreizsysteme

Wer die falschen Ziele und Messgrößen festlegt, kann die Möglichkeiten der Beschäftigten, gemäß den Kernzielen der Organisation zu handeln, drastisch einschränken. Wenn eine Organisation beispielsweise ihre Wertschätzung für Sicherheit bekundet, ihre Kennzahlen sich jedoch auf die Arbeitsgeschwindigkeit oder den Output ihrer Beschäftigten beschränken, dann stellt sie diese vor eine schwere Wahl: Entweder verfehlen sie ihre Ziele, oder sie müssen Abkürzungen nehmen, um diese zu erreichen.

Ein Beispiel für ein solches Versagen war der Abgasskandal bei Volkswagen.[11] Seine Ingenieure installierten in rund elf Millionen Dieselfahrzeugen eine Spezialsoftware, die als »Schummelvorrichtung« bekannt wurde. Diese Software lieferte den Abgasprüfgeräten falsche Daten, die den Eindruck erweckten, dass die VW-Dieselfahrzeuge niedrigere umweltschädliche Abgasemissionen erzeugten, als es den Tatsachen entsprach. Viele Insider führen diesen Vorgang auf die Unternehmenskultur von VW zurück. Obwohl man sich öffentlich zum Umweltschutz bekannte, waren intern die Verkaufszahlen wichtiger. Die Beschäftigten beschrieben ein Klima der Angst bei VW, das in Verbindung mit dem Ziel des früheren Vorstandsvorsitzenden Martin Winterkorn, VW zur größten Automarke der Welt zu machen, ein schweres ethisches Fehlverhalten geradezu heraufbeschwor.

Die Kognitionswissenschaftlerin Susan Mackie beschrieb mir, wie sie bei ihrer Zusammenarbeit mit einem Callcenter im Bankwesen eine Diskrepanz zwischen Werten und Anreizsystemen entdeckte. Nur in vier von 104 Anrufen, in denen Kunden um Schließung ihres Kontos baten, hatte der Kundenservice sich bemüht, den Kunden zu behalten. Das Problem bestand darin, dass die Angestellten des Callcenters aufgabenbezogene Anweisungen (wie schließt man ein Konto) statt zielbezogener Anweisungen (wie versuche ich, einen Kunden zu halten) bekommen hatten. Zudem wurde die Leistung der Beschäftigten mithilfe von Kennzahlen gemessen, die aufgabenbezogenes Verhalten begünstigten, etwa die Geschwindigkeit, mit der Anrufe beantwortet wurden. Wurde der Wunsch nach einer Kontenschließung geäußert, so wussten die Beschäftigten, dass sie dieses Ansinnen am schnellsten bearbeiten konnten, wenn sie ihm nachgaben. Anschließend reichten sie die Akte an das Kundenrückgewinnungsteam weiter, das sich darum bemühen würde, das Konto wieder zu eröffnen. Dieses Ergebnis entsprach keineswegs den Zielen der Bank, aber sowohl die Schulungen als auch die Leistungsmessgrößen förderten ein solches Verhalten der Beschäftigten.

Wie Mackie erläutert: »Um das Potenzial jeder Kunden-Interaktion auszuschöpfen, müssen Organisationen ihre Teammitglieder so entwickeln, dass sie zielbezogen statt aufgabenbezogen handeln. Die bisherige Herangehensweise an Kundendienst-Qualifikationen konzentriert sich auf den Aufbau von aufgabenbezogenen Kompetenzen wie dem Eröffnen und Schließen von Konten oder der Korrektur von Rechnungsfehlern. Diese Kompetenzen sind zwar erforderlich, um eine Regel umzusetzen; nicht vermittelt werden jedoch die notwendigen Fähigkeiten, um das Kundenziel zu erkennen und umzusetzen.«[12] Eine wachstumsorientierte Herangehensweise würde die Komplexität von Kundeninteraktionen berücksichtigen und den Beschäftigten ermöglichen, die nötigen Fähigkeiten einzuüben und Kompetenzen zu bilden, um Kundenziele zu erkennen und darauf zu reagieren. Organisationen müssen sich darauf konzentrieren, ihren Beschäftigten zu Kernkompetenzen zu verhelfen, die dynamisch eingesetzt werden können, um sowohl die Ziele der Kunden als auch jene der Organisation zu erreichen. Auch die Kennzahlen zur Leistungsmessung müssen die Ziele der Organisation widerspiegeln und ein Verhalten begünstigen, das diesen entspricht.

Infolge der Zusammenarbeit mit Mackie und ihrem Team stellte die Organisation ihre Kennzahlen um: Gemessen wurde nun die Zahl der geretteten Konten und nicht mehr die Geschwindigkeit, mit der ein Anruf abgearbeitet wurde, oder die Zahl der Anrufe pro Tag. Mit der Folge, dass sie die gewünschten kundendienstorientierten Ergebnisse erzielten.

Entscheidend ist auch, dass unsere Entlohnungsstruktur die Werte, die wir innerhalb der Organisation nähren möchten, widerspiegelt und unterstützt. Wie Verne Harnish – Gründer von Scaling Up, einer Organisation, die Unternehmer berät, und Autor des gleichnamigen Buches – mir sagte, gehe es nicht darum, zu verkünden, dass man ein zehnfaches, 20-faches oder sogar 50-faches

Wachstum anstrebt, sondern dieses Wachstum mit Bedeutung aufzuladen. Seiner Erfahrung nach kollabieren Unternehmen, die allein auf finanzielles Wachstum setzen, oft nach wenigen Jahren. Bessere Chancen hätten Organisationen, die durch Lernen wachsen; sie könnten sich größere Ziele setzen, weil ihre Zeitachse länger sei, und dies bedeute, dass sie auf lange Sicht eher das 50er-Ziel erreichten.[13]

Wissenschaftlerinnen und Wissenschaftler an Universitäten streben natürlich nach Erkenntnisgewinn, doch dieses Ziel wird von zwei strukturellen Anreizen untergraben: dem Druck zu veröffentlichen und dem Druck, Forschungsergebnisse möglichst makellos aussehen zu lassen. Beides verleitet viele Wissenschaftler, ob absichtsvoll oder unabsichtlich, zu fragwürdigen Forschungspraktiken, um ihre Arbeit im besten Licht erscheinen zu lassen. Dazu zählt, nicht jede gemessene Variable aufzuführen und Studien zu verschweigen, die nicht die »richtigen«, von den Forschern prognostizierten Ergebnisse erzielten – eine Praxis, die als »Schubladenproblem« bezeichnet wird. Eine andere solche Praxis besteht darin, die Datensammlung zu stoppen, sobald das Team das gewünschte Ergebnis erkennt, und somit die Möglichkeit auszuschließen, dass zusätzliche Daten das Bild verändern. Dies führt zu dem verbreiteten Replizierbarkeitsproblem, also der Schwierigkeit für nachfolgende Forscherinnen und Forscher, die Ergebnisse der Originalstudie zu reproduzieren. Wissenschaftlichen Fortschritt gibt es nur, wenn wir wissen, was funktioniert und was nicht. Wie Simine Vazire von der University of Melbourne es formulierte: »Wollen wir glaubwürdig oder unglaubwürdig sein?«[14]

Es war die Verlockung des Fantastischen, die den Genforscher He Jiankui dazu trieb, seine Vereinbarung mit der CRISPR-Pionierin Jennifer Doudna und anderen Kolleginnen und Kollegen zu brechen, wonach diese Technologie nur zeitlich verzögert (und womöglich nie) bei lebensfähigen menschlichen Embryos angewandt werden sollte. He sah seine Chance, einen Ruf als Genie zu begründen, und modifizierte in skrupelloser Weise mithilfe von

CRISPR die Gene von Embryos. Diese wurden anschließend in die Gebärmütter zweier Frauen eingepflanzt, die später die ersten gentechnisch veränderten Babys der Welt gebaren.[15] Der Wissenschaftler wurde in China vor Gericht gestellt, zu einer dreijährigen Gefängnisstrafe und einer Geldstrafe von 430 000 Dollar verurteilt und erhielt ein lebenslanges Berufsverbot als Reproduktionsbiologe. Das Gericht erklärte: »Auf der Suche nach Ruhm und Gewinn verletzte er absichtlich die relevanten nationalen Vorschriften und überschritt die Grenzen wissenschaftlicher und medizinischer Ethik.«[16]

Es gibt zahlreiche Möglichkeiten, Organisationen oder die wissenschaftliche Forschungslandschaft in eine Wachstumskultur zu verwandeln. Ein erster Schritt besteht beispielsweise darin, Wissenschaftlerinnen und Wissenschaftler zum Austausch von Informationen und zur Zusammenarbeit zu ermutigen. Diese Bewegung wird im Wesentlichen von der Public Library of Science (PLOS) angeführt, einem gemeinnützigen Open-Access-Verlag, der von Experten begutachtete Forschungsergebnisse breiter zugänglich machen will. In einem Gespräch mit PLOS-CEO Alison Mudditt sagte mir diese, dass die Vorstellung von wissenschaftlichen Genies »den wissenschaftlichen Kernwerten grundlegend widerspricht. Sie entspringt in vielerlei Hinsicht den Zwängen dieses dysfunktionalen Belohnungssystems. Jeder versucht, seine Daten zu horten, denn sie könnten einem ja eine weitere Finanzierung oder eine Beförderung eintragen, und falls man seine Erkenntnisse teilt, könnten andere einen dabei ausstechen.«[17] Sie bemerkte, dass »Wissenschaftler Verhaltensweisen, die belohnt werden, wiederholen – so wie jeder von uns. Welche Währung zählt in der Wissenschaft? Die Herausgeber von Zeitschriften bevorzugen meist Aufsätze, die eine hübsche, saubere Geschichte erzählen. (…) Doch echte Daten sind oft chaotisch, daher setzen sich transparente Forscherinnen und Forscher der Kritik aus.« Mudditt unterstrich, dass das übliche Finanzierungsverfahren einzelne Forscher ins Rampenlicht rücke, anstatt die zehn Doktorandinnen, Post-Doktoranden oder Forscherinnen zu würdigen, die vielleicht die meiste Arbeit geleistet hätten. All dies erzeuge und nähre ein falsches Narrativ darüber, wie Wissenschaft funktioniert.

»Wir bei PLOS glauben, dass dieses System zwei zentrale Schwächen aufweist. Eine davon ist dieses Anreizsystem, das vor allem Neuveröffentlichungen sowie das Publizieren in einer kleinen Zahl von hoch selektiven Zeitschriften belohnt«, sagt Mudditt. Ich kenne Kolleginnen, denen mitgeteilt wurde, dass ihre Aufgabe in den nächsten Jahren nicht darin bestehe, so gut und so wirkungsvoll wie möglich zu forschen, sondern sicherzustellen, dass sie in einer oder zwei der Top-Zeitschriften publizieren. Nur so könnten sie sich eine Beförderung und Festanstellung sichern. An fast jeder Universität werden die Lehrkräfte danach beurteilt, wo und wie oft sie publiziert haben, wobei eine kleine Zahl von Zeitschriften besonders geschätzt werden. In einem solchen System erstaunt es nicht, dass es zu ethischem Fehlverhalten kommt.

PLOS ist bestrebt, zutreffendere Geschichten zu erzählen, etwa auch »stringente, gut geleitete, aber letztlich nichtige Studien zu publizieren – also fehlgeschlagene Studien«. Wie es Stuart Firestein, der frühere Leiter des Fachbereichs Biologie an der Columbia University, in seinem Buch *Failure: Why Science Is So Successful* formuliert: »Wenn Misserfolge nicht ausreichend gewürdigt werden, entsteht ein verzerrtes Bild von Wissenschaft.«[18] Fehlschläge seien der Grundpfeiler jedes wissenschaftlichen Fortschritts, schreibt Firestein. In einem Video der Stanford University zur Feier ihres Nobelpreises für Chemie im Jahr 2022 sagt Carolyn Bertozzi: »Wissenschaft gilt wegen der hohen Misserfolgsquote bisweilen als schwierige und frustrierende Angelegenheit. Aber eigentlich gibt es gar keine Misserfolge. Vielmehr gibt es Experimente, deren Ergebnisse anders als erwartet ausfallen. Sie bieten die Chance, etwas Neues zu lernen.«[19] Wenn wir keinerlei Aufzeichnungen der Ergebnisse haben, woher sollen wir dann wissen, was wir als Nächstes ausprobieren sollten? In einem Klima, in dem Misserfolge möglichst verheimlicht werden und wir nur Erkenntnisse mit anderen teilen, die unsere früheren Annahmen bestätigen, schrumpft die Forschungsbandbreite und sinkt das Tempo unserer Entdeckungen. Und wenn wir weiterhin dem einsamen Genie huldigen, dann wird der Wunsch, diesen Status zu erlangen, weitere Wissenschaftler zu ethischem Fehlverhalten nach Art von He Jiankui ermutigen.

Eine weitere Möglichkeit, Wachstumskulturen und ethisches Verhalten zu fördern, besteht darin, Anreize für eine inklusivere und stärker auf Zusammenarbeit ausgerichtete Forschung zu setzen. Im Jahr 2020 leitete ich ein Team aus 28 Forscherinnen und Forschern aus diversen Fachgebieten und mit unterschiedlichem Erfahrungshintergrund, um zwei Ansätze zur Verbesserung fachübergreifender wissenschaftlicher Forschung zu untersuchen: die Bewegung für Reproduzierbarkeit und die Open-Science-Bewegung.[20] Beide Bewegungen sind – auf unterschiedliche Weise – Reaktionen auf die vorherrschende Geniekultur in den Wissenschaften (die wir nur halb im Spaß als »Königswissenschaft« bezeichneten). Diese Kultur erhält den auf einem statischen Mindset beruhenden Mythos des einsamen Genies aufrecht, wobei ein einzelner, gut ausgestatteter Forscher (normalerweise der Hauptforscher) die meisten oder sämtliche Lorbeeren für die Arbeit des Teams erntet und dessen Ressourcen, Daten und Material so lange hortet, bis die Gruppe ein Maximum an Nutzen in Form von Fördergeldern und Publikationen erzielt hat. Die Bewegung für Reproduzierbarkeit hat ein interpersonelles Wettbewerbselement und reproduziert womöglich unabsichtlich eine Geniekultur, indem sie sich auf die Frage konzentriert, welche Ergebnisse »richtig« sind. Sie wählt zur Reproduktion geeignete Studien aus und beobachtet, welche Wirkungen die Bewegungsmitglieder reproduzieren können, wenn sie versuchen, die Arbeit anderer nachzuverfolgen. Dabei agiert sie letztlich als Kritikerin, die entscheidet, wessen Forschung und Ideen fundiert sind, womit sie eine Dichotomie des »entweder wahr oder falsch« verkörpert, die einem statischen Mindset entspringt. Die Open-Science-Bewegung steht für einen interdependenteren und gemeinschaftlicheren Ansatz zur Teilung von Daten, Materialien und Code, um multidimensionale Probleme wie Sucht, Klimawandel oder Armut mithilfe großer, multidisziplinärer Teams zu lösen. Ihre Anhängerinnen und Anhänger wollen den Erkenntnisgewinn beschleunigen, indem der wissenschaftliche Werkzeugkasten leichter und breiter zugänglich gemacht wird.

Unser Team stellte fest, dass diese beiden Bewegungen relativ unabhängig voneinander im Wissenschaftsbetrieb bestehen – sie verkörpern ja auch zwei unterschiedliche kulturelle Ansätze. Zwar möchten beide die Art und Weise, wie Forschung betrieben wird, verbessern, doch mit sehr unterschiedlichen Methoden. Interessanterweise bleiben Wissenschaftlerinnen und Wissenschaftler, die einer der Bewegungen angehören, dieser meist treu und publizieren nur selten als Teil der anderen.

Diese Bewegungen unterscheiden sich nicht nur hinsichtlich ihrer Mindset-Kultur, sondern Open Science steht auch für mehr Gleichberechtigung und Inklusion und zieht eine größere Bandbreite an Wissenschaftlerinnen und Wissenschaftlern an, darunter mehr Frauen und mehr Menschen aus verschiedenen Kulturen. Wie schafft sie das? Indem sie die prosozialen und gemeinschaftsorientierten (im Gegensatz zu einzelkämpferischen und wettbewerbsorientierten) Ideale verkörpert, die diese Gruppen oft schätzen. Mithilfe eines validierten Wörterbuchs untersuchten wir Tausende von Abstracts und stellten fest, dass Mitglieder der Open-Science-Bewegung mehr interdependente und gemeinschaftsorientierte Sprache zur Beschreibung ihrer Forschungen verwendeten als die Mitglieder der Reproduzierbarkeits-Bewegung. Zudem ist die Frauenquote unter den Autorinnen mit hohem Prestige in der Open-Science-Bewegung gestiegen, in der Reproduzierbarkeits-Bewegung hingegen gesunken. Dies wirkt sich nicht nur auf die Vielfalt der Forschungsgemeinschaft aus, sondern beeinflusst auch, was und wie geforscht wird. Frühere Studien haben tatsächlich gezeigt, dass Frauen und nichtweiße Menschen oft zu eher sozial orientierten Fragestellungen forschen, mit dem Ziel, Gesundheit und Wohlbefinden auf gesamtgesellschaftlicher Ebene zu verbessern.

Probleme mit unethischem Verhalten, die auf Mindset-Kulturen gründen, sehen wir nicht nur in Bildungsinstitutionen oder der wissenschaftlichen Forschung. In meinen Untersuchungen sowohl bei Großunternehmen als auch bei Start-ups haben wir die Teilnehmerinnen und Teilnehmer danach gefragt, inwieweit sie bestimmten Aussagen hinsichtlich der ethischen Verhaltensnormen ihrer Organisation zustimmen,[21] beispielsweise:

- In diesem Unternehmen verstecken Menschen oft Informationen vor anderen.
- In diesem Unternehmen übernehmen Menschen die volle Verantwortung für Fehler.
- In diesem Unternehmen gibt es viel Betrug, Regelwidrigkeiten und Pfusch.
- In diesem Unternehmen werden die Menschen fair behandelt.
- In diesem Unternehmen kann man den Menschen vertrauen.
- In diesem Unternehmen spielt Moral eine große Rolle.

Wir fragten auch nach der Zustimmung zu einigen Aussagen hinsichtlich des Umgangs der Leitung mit ethischem Verhalten, etwa:

- Das Management dieser Organisation sanktioniert unethisches Verhalten, wenn dieses auftritt.
- Die Sanktionen für unethisches Verhalten werden in dieser Organisation strikt durchgesetzt.
- Die Topmanager dieser Organisation befolgen hohe ethische Standards.

Eine unserer durchgängigsten Erkenntnisse lautet, dass Geniekulturen mehr zu ethischem Fehlverhalten und mangelnder Redlichkeit neigen, wohingegen Beschäftigte in Wachstumskulturen ihren Kolleginnen und Kollegen, Vorgesetzten und der Organisation öfter höhere ethische Standards und mehr Rechtschaffenheit zusprechen.[22]

Wachstumskulturen legen Wert auf Transparenz und das Teilen von Informationen (anstatt diese zu horten, um andere auszustechen), und wenn Menschen in diesen Organisationen Fehler begehen, übernehmen sie dafür Verantwortung dafür (statt mit dem Finger auf andere zu zeigen). In Geniekulturen werden Verabredungen öfter im Hinterzimmer getroffen und sie sanktionieren seltener ethisches Fehlverhalten – eher wird ein Auge zugedrückt oder man nimmt es gelassen hin, insbesondere, wenn der Täter ein High Performer ist.

Wie interpersonelle Konkurrenz ethisches Verhalten beeinflusst

Künftige Medizinerinnen und Mediziner werden schon bei ihrer Bewerbung zum Studium auf Konkurrenz getrimmt. Doch derselbe Wettbewerbstrieb, der bei der Bewältigung der strengen medizinischen Ausbildung helfen kann, führt bei der Berufsausübung bisweilen zu ethischem Fehlverhalten.

Jennifer Danek, Fachärztin an der University of Washington und eine meiner Forschungsmitarbeiterinnen, hat dies unmittelbar erlebt. Sie hatte das Glück, an einer medizinischen Fakultät zu studieren, die weitgehend als Wachstumskultur funktionierte: Die Studierenden wurden unterstützt, damit sie bestanden, anstatt sich im Wettbewerb gegenseitig beweisen zu müssen, dass sie sich ihren Studienplatz verdient hatten. »Jeder flog irgendwann mal durch eine Prüfung, vielleicht in Gastroenterologie oder Endokrinologie. Man durfte seine Prüfungen wiederholen. Also hat man sie ein zweites Mal abgelegt und dann bestanden«, erklärt sie. »Das war keine große Sache. Eine meiner Freundinnen flog zweimal durch einen Anatomie-Test. Das lag aber zum Teil daran, dass Englisch nicht ihre Muttersprache war. Beim dritten Versuch half ihr der Professor bis nachts um drei und sagte ihr: ›Du bestehst die Prüfung. Wir bestehen sie gemeinsam.‹ Im Grunde hat man uns von Anfang an gesagt: ›Wir haben dich ausgewählt, jetzt gehörst du zu uns und du wirst dein Ziel erreichen.‹«[23]

Als Danek später an eine andere medizinische Fakultät wechselte, um nahe bei einem kranken Familienmitglied zu sein, erlebte sie das Klima, das viele andere Medizinstudierende kennen. »Ich erinnere mich an den ersten Tag. Wir wurden gebeten, uns hinzusetzen, man gab uns einen Regelkatalog und es hieß, wer die Regeln nicht befolge, sei raus. Ich dachte mir: ›Wir sind alle Ärztinnen und Ärzte und Erwachsene, und ihr behandelt uns hier wie Fünfjährige.‹ Ich weiß noch, wie ich beschloss, so schnell wie möglich hier rauszukommen, damit ich nicht verdumme. Mein Gefühl war, dass die Kultur verhindern würde, dass ich mein Bestes gebe.« Diese Kultur trug auch zu Heimlichtuerei und ethischem Fehlverhalten bei. Danek erinnert sich an einen Arzt in Facharztausbildung, der Runden mit dem Geld schmiss, das ihm ein Pharmahersteller gegeben hatte (dessen Namen er nicht verriet). Sie fand, dass nicht nur die Patienten krank waren, sondern auch die Kultur.

Der medizinische Bereich an sich funktioniert als Geniekultur, in der Ärzte – insbesondere Chirurgen – an der Spitze der Hackordnung stehen. Danek berichtet, dass sie oft mitten in der Nacht von Krankenschwestern um Hilfe in einem Fall gebeten worden sei, für den sie nicht die hauptzuständige Ärztin war. Als sie fragte, warum nicht der Operateur des Patienten gerufen worden sei, hieß es, man habe Angst, den (meist männlichen) Operateur aufzuwecken und von ihm angebrüllt zu werden. Dennoch glaubt sie, dass die Medizin sich in Richtung Wachstumskultur bewege, da sie auf Ergebnisse fokussiert sei. Wenn schlechtes Verhalten zu Krankheit oder sogar Tod führt, muss sich etwas ändern.

Zu diesen strukturellen (und Kultur-)Veränderungen gehören Gruppenkonferenzen, bei denen alle Beteiligten den Pflegeplan eines Patienten besprechen. Wenn nur ein Arzt Anweisungen erteilt, übersieht man leicht etwas. »Es ist so komplex, dass ein Mensch allein nicht alles perfekt machen kann«, sagt Danek. »Das hat zu einem Mehr an Zusammenarbeit geführt und dadurch zu mehr Gleichberechtigung.« Die Hierarchie bleibt unangetastet, und es gibt weiterhin eine verantwortliche Ärztin, doch in einer Gruppensituation erhält sie Informationen von einer Krankenschwester, die aufgrund ihres engen Kontakts zu den Patienten vielleicht Details entdeckt, die die Ärztin übersehen hat. Wenn zudem der Pharmakologe anwesend ist, kann er darauf hinweisen, dass das in Betracht gezogene Medikament sich nicht mit einem weiteren verträgt, das der Patient bereits einnimmt, und eine andere Medikation vorschlagen.

Danek sagt, dass dieser wachstumsorientierte Ansatz auch dazu führe, dass häufiger über Fehler berichtet werde und somit mehr Gelegenheiten entstünden, Fehler zu korrigieren und die Patientenfürsorge zu verbessern – wie es auch Amy Edmonson in ihrer Untersuchung zu Behandlungsfehlern erlebte.[24] »Ein solches System entlastet mich«, bemerkt Danek, »und ich glaube, dass es auch allen anderen so geht, denn das Ergebnis wird nunmehr von der ganzen Gruppe verantwortet.«[25] Diese Veränderungen sollen das Konkurrenzdenken entschärfen sowie den Lernprozess und die Kommunikation stärken und so zu besseren Ergebnissen beitragen.

Wachstumskulturen können auch einige der Vorteile von Wettbewerb unterstützen. Im Gefolge des Zweiten Weltkriegs befand sich die japanische Wirtschaft in großen Schwierigkeiten, und das Land konzentrierte sich darauf, einige wenige Schlüsselsektoren wie die Uhrenindustrie zu unterstützen, von denen man hoffte, dass sie dringend benötigte Gelder in die Staatskasse spülen würden. Seiko war jahrelang ein ordentlicher Uhrmacher gewesen, lieferte jedoch nicht immer verlässlich. Um gegen die Schweizer Marktführer bestehen zu können, würde man Neuerungen einführen müssen, und zwar schnell. Bis dahin hatte Seiko überwiegend versucht, schweizerische Designelemente zu reproduzieren, doch in einem kühnen Schachzug verwarf es diese Strategie und konzentrierte sich stattdessen darauf, seine eigene Technologie von Grund auf zu entwickeln.

Um seine Bemühungen anzukurbeln, fachte Seiko einen freundlichen, aber intensiven Wettbewerb zwischen zwei seiner Fabriken an – eine davon in der geschäftigen Stadt Tokio und die andere im ländlichen Nagano.[26] Wie ihre geografischen Standorte unterschieden sich auch ihre Kulturen, und die Führung von Seiko nahm an, dass sie unterschiedliche kreative Ansätze bevorzugen würden. Sie hatte recht. Immer wenn ein Werk ein Problem gelöst oder eine überlegene Technologie entwickelt hatte, forderte Seiko das andere Werk auf, es noch besser zu machen. Doch um den Wettbewerb in freundlichen Bahnen zu halten, gab die Leitung einige Richtlinien aus. Seiko sei eine Familie, hieß es da etwa, und ein Gewinn für eine Fabrik sei ein Gewinn für die ganze Familie. Um dieser Idee Nachdruck zu verleihen und Innovation weiter zu fördern, wurden die Werke aufgefordert, sich miteinander zu beraten, wenn sie auf eine größere Hürde stießen, und wenn ein Werk eine neue Technologie entwickelt hatte, teilte es diese mit der anderen, sodass beide davon profitieren konnten. In einer Geniekultur hätten beide miteinander um den größten Ruhm gewetteifert (oder darum, die Arbeitsplätze zu erhalten) und hätten sich womöglich einer Hinterlist bedient, um das zu erreichen. Mit Sicherheit hätten sie ihre Erkenntnisse nicht miteinander geteilt. Doch die von Seiko etablierte Kultur und die Kommunikationsstrukturen hielten die Fabriken davon ab, ihre Arbeit zu horten, und die Strategie zahlte sich aus.

Dieses gegenseitige produktive Anspornen sorgte dafür, dass Seikos Uhren einheitlicher, verlässlicher und optisch ansprechender wurden. Es gelang ihnen auch, die erste Luxusuhr des Unternehmens zu entwickeln. Im Jahr 1964 wurde Seiko das erste nichtschweizerische Unternehmen, das an einem namhaften Uhrmacherwettbewerb in der Schweiz teilnahm. Beide Werke meldeten sich mit einem jeweils eigenen Design an, auch wenn jede Uhr technologische oder maßgefertigte Komponenten aus beiden Werken enthielt. 1967 erreichte eine Uhr des Unternehmens den vierten Platz bei diesem Wettbewerb. Im Herbst 1969 brachte Seiko dann als erstes Unternehmen weltweit eine Quarzuhr zur Marktreife. Noch im gleichen Jahr entwickelte es seine eigene Technologie weiter und brachte eine zweite Quarzuhr heraus, die sich gegenüber den weiterhin überwiegend mechanischen Produkten der schweizerischen Hersteller als überlegen erwies.

Auf ethisches Fehlverhalten achten und darauf reagieren

Das Hegen und Pflegen einer Wachstumskultur ist eine laufende Aufgabe. Wie Emma McIlroy betont, sind Organisationen lebende Organismen.[27] Sie werden laufend von wechselnden internen und externen Dynamiken beeinflusst, etwa von Veränderungen hinsichtlich des Personals, der Marktlage, der Regulierungsstrukturen sowie der Kunden- und Mitarbeitererwartungen, die einem steten Wandel unterliegen. (Denken Sie an ein komplexes Mischpult in einem Aufnahmestudio, wo während der Aufnahme eine Vielzahl von Aufnahmepegeln ständig beobachtet und justiert werden müssen.) Dank ihrer Lernorientierung achten Wachstumskulturen meist auf ihre Organisationskultur und deren Verhaltensnormen und etablieren eher aktive Kontrollmechanismen, um Abweichungen von ihren Werten, Standards und Zielen zu erkennen, als dies in Geniekulturen der Fall ist, die sich stärker auf individuelle Leistungen und Ergebnisse konzentrieren.

Allerdings kann selbst in Organisationen, die überwiegend aus einem dynamischen Mindset heraus agieren, Fehlverhalten auftreten. Menschen sind fehlbar, und die von uns geschaffenen Systeme spiegeln diese Fehlbarkeit wider. Kaum jemand verlangt von einer Organisation absolute Perfektion, doch wir erwarten durchaus, dass Fehler bestmöglich und auf transparente Weise korrigiert werden, insbesondere, wenn Leben auf dem Spiel stehen. Zwei der gefährlichsten Fälle von Produktversagen waren vor Jahrzehnten das böswillige Versetzen von Tylenol-Kapseln mit Cyanid beim Arzneimittelhersteller Johnson & Johnson und das Auftreten von Benzolspuren in Wasserflaschen von Perrier.[28] Anhand dieser Beispiele können wir das Wirken von Genie- und Wachstumskulturen beobachten. Johnson & Johnson bemühte sich, zu beweisen, dass die Sicherheit der Verbraucher dort hohe Priorität genießt: Es nahm die betroffenen Produkte aus den Regalen und bat die Kundschaft eindringlich, die Kapseln nicht mehr einzunehmen, bis man herausgefunden hatte, wie es zu der Manipulation gekommen war. Perrier hingegen versuchte um jeden Preis, den Schein zu wahren; es rief nur eine kleinere Zahl von Flaschen zurück und weigerte sich, die volle Verantwortung zu übernehmen. Wir erinnern uns: Wenn ein Unternehmen sich lernwillig zeigt, wird die Kundschaft ihm eher vertrauen.

In diesem Kapitel haben Sie einige Methoden kennengelernt, mit denen es Wachstumskulturen gelingt, Vertrauen, Redlichkeit und ethische Verhaltensweisen zu stärken. Betrachten wir nun einige Schlussfolgerungen für Ihre Organisation.

Wie Sie ethisch einwandfreies Verhalten und hohe Integrität in Ihrer Organisation fördern

Hier sind einige Strategien, um Ihre Organisation zu ethischem und integrem Verhalten zu ermutigen.

Verwenden Sie Messsysteme, um Entwicklungs- und Verbesserungsmöglichkeiten zu identifizieren

Sorgen Sie für robuste und transparente Kennzahlen zur Messung der Arbeitsleistung von Mitarbeiterinnen und Mitarbeitern. Stellen Sie sicher, dass diese Kennzahlen in der Lage sind, den Ressourcen- und Unterstützungsbedarf sowie die Beschäftigten, die beides bereitstellen können, zu identifizieren. Prüfen Sie, welche Einzelpersonen und Teams sich positiv entwickelt haben und welche stagnieren oder zurückfallen (ein Zeichen dafür, dass sie eine neue Strategie oder mehr Unterstützung benötigen). Wachstumskulturen schätzen Transparenz: Diese hilft nicht nur den Beschäftigten, ihre Ziele und die Art der Leistungsbewertung zu verstehen, sondern erzeugt auch psychologische Sicherheit, Vertrauen und ein Verpflichtungsgefühl.

Erinnern wir uns an Susan Mackies Experiment, in dem es darum ging, Entwicklung und Leistungsmessung von Beschäftigten an die gewünschten Ziele und Ergebnisse anzupassen. Das Unternehmen, mit dem sie zusammenarbeitete, hatte seine Belegschaft ungewollt auf das Gegenteil der gewünschten Ziele hin geschult und optimiert.[29] Überprüfen Sie die Art und Weise, wie Sie Ihre Beschäftigten unterweisen und ihre Arbeitsleistung messen: Sind Ihre Schulungsmaßnahmen rein aufgabenbezogen oder unterstützen sie Ihre Beschäftigten bei der Erweiterung ihrer Kompetenzen? Machen sich Ihre Beschäftigten die Unternehmensziele zu eigen? Hat irgendeine Ihrer Kennzahlen unbeabsichtigte Folgen? Schauen Sie sich auch Ihre Ziele genau an und prüfen Sie, ob sie womöglich betrugsanfällig sind. Arbeiten Ihre Beschäftigten so gut wie möglich, oder täuschen sie das nur vor?

Achten Sie zudem darauf, dass Ihre Messgrößen nicht nur transparent, sondern auch aussagekräftig sind. Berücksichtigen Sie neben herkömmlichen (etwa finanziellen) Leistungszielen auch den Fortschritt Ihrer Beschäftigten, erfolgreich bewältigte Herausforderungen, eingegangene Risiken, Zusammenarbeit über Abteilungen hinweg sowie deren Erfolge und so weiter. Wie Susan es formuliert: »Nehmen Sie Aufgabenbeherrschungsziele in Ihren Zielkatalog auf, die Ihre Beschäftigten zwingen, sich Fragen zu stellen wie etwa: ›Was muss ich lernen, um dieses Ziel zu erreichen?‹« Auch verhaltens- und werteorientierte Ziele sollten dazugehören.

Gemeinsam werden diese Ziele Sie Ihren gewünschten Ergebnissen näher bringen und Ihren Mitarbeiterinnen und Mitarbeitern sowie Ihrer gesamten Organisation den Aufbau einer Wachstumskultur erleichtern.

Machen Sie Integrität zum Einstellungskriterium

Achten Sie im Vorstellungsgespräch auf Warnhinweise, die auf problematisches ethisches Verhalten hindeuten. Beteuern Bewerberinnen und Bewerber, sie seien bereit, »was immer nötig ist« zu tun, um Ziele zu erreichen oder die Wettbewerber zu schlagen? Finden Sie heraus, was sie damit meinen. Bitten Sie sie um Beispiele für ethisch heikle Situationen aus ihrer Vergangenheit und wie sie diese bewältigten.

Wichtig ist jedoch auch, dass die Führungskräfte praktizieren, was sie predigen. Wenn die Beschäftigten erleben, dass ihre Vorgesetzten sich ethisch fragwürdig verhalten, werden sie irritiert sein und vielleicht denken, dass es zulässig (oder gar erforderlich) sei, anderen in den Rücken zu fallen, Informationen zu horten oder zu betrügen, da das Management es ja auch so handhabt.

Verankern Sie ethische Grundsätze in allen Teilen Ihres Unternehmens

Für hoch integre Unternehmen sind ethische Standards nicht nur Lippenbekenntnisse. Als ein Dienstleister in öffentlichem Auftrag mit Sitz nahe Washington, D.C., aufgrund staatlicher Regelungen gezwungen wurde, ein Ethikprogramm aufzulegen, entwarf er einen Standardleitfaden zu ethischem Verhalten, der an alle Beschäftigten verteilt wurde (ohne Rücksicht auf kulturelle Unterschiede, obwohl die Organisation über 1500 Menschen an diversen Standorten weltweit beschäftigte). Das Unternehmen erwarb auch ein herkömmliches computerbasiertes Trainingsprogramm, wo es genügte, einige recht offensichtliche Fragen zu beantworten, um ein Abschlusszertifikat zu erhalten. Und schließlich schaltete es eine Ethik-Hotline, die von einer bekanntermaßen stets überlasteten Topmanagerin mit chronisch vollem Anrufbeantworter betreut wurde. Natürlich klingelte die Hotline nie, was als Erfolg des Programms verbucht wurde.

Ethik-Trainings dieser Art, die nicht dazu dienen, nützliche und umsetzbare Informationen zu generieren, sondern nur, ein Thema abzuhaken, findet man allzu oft. Marianne Jennings, Professorin für Wirtschaftsethik an der Arizona State University, schreibt in ihrem Buch *The Seven Signs of Ethical Collapse*: »Man muss den Beschäftigten konkrete Beispiele für richtiges und falsches Verhalten nennen, insbesondere solche aus ihrer eigenen Branche. Erklärt man ihnen, welche roten Linien sie bei ihrem Bestreben, ihre Ziele zu erreichen, nicht überschreiten sollten, und zeigt ihnen dann beispielhaft auf, welches Verhalten diese Linien überschreitet und welches nicht, dann gibt man ihnen eine klare Orientierung an die Hand. (…) Unsere Werte entscheiden darüber, was wir zu tun bereit sind (und was nicht), um unsere Zahlen zu erreichen.«[30]

Jacqueline Novogratz sagt, dass Acumen auf ein »Ethos der Ehrlichkeit« hinarbeitet, denn: »Ich war Teil von großen Organisationen, wo man dafür belohnt wurde, intelligent zu klingen. Bei Acumen musste man vom ersten Tag an in der Lage sein, sich verständlich auszudrücken«, anstatt sich hinter komplexer Sprache und inhaltslosen Phrasen zu verstecken.[31] (Denken Sie an Charlie Javice, die ihr Unternehmen als »Amazon der Hochschulbildung« bezeichnete.)[32] Acumen bekräftigt dieses Ethos wöchentlich. In jeder Acumen-Niederlassung weltweit wird montagmorgens ein Meeting abgehalten, in dem die Beschäftigten gebeten werden, Situationen aus der vergangenen Woche zu beschreiben, in denen sich die Unternehmenswerte aus ihrer Sicht offenbarten. »Es geht darum, Geschichten zu erzählen«, sagte mir Novogratz. »Darum, die Dinge, die uns wirklich etwas bedeuten, zu ritualisieren und zu verstärken. So könnte ich als CEO etwa den anderen Niederlassungen sagen: ›In einer unserer Regionen ist ein Betrugsfall aufgetreten, das Team ist wie folgt damit umgegangen, und ich bin sehr stolz auf sie.‹« Wie Novogratz anmerkt: »Eine Kultur der öffentlichen Reflexion ist keine Geniekultur.«[33]

Susan Mackie ermutigt die Organisationen, mit denen sie zusammenarbeitet, *Klarheitspausen* zu normalisieren. Beschäftigte hätten manchmal »klarheitsbezogene Ängste, etwa: ›Was passiert, wenn ich etwas finde, was Mehrarbeit bedeutet? Was passiert, wenn ich etwas finde und gezwungen werde, es öffentlich zu machen, und dann dumm aussehe? Oder was passiert, wenn ich merke, dass wir etwas tun, das nicht korrekt oder in Ordnung oder ethisch ist – wie spreche ich das an?‹«[34] Wie die medizinischen Gruppenkonferenzen, die Jen Danek beschreibt,[35] bieten Klarheitspausen den Beschäftigten eine Gelegenheit, sich untereinander oder mit einer Führungskraft auszutauschen. Es geht darum, »einen Schritt zurückzutreten und die gegenseitigen Annahmen zu prüfen. Herauszufinden, ob das geplante Vorgehen richtig ist.«[36] Marianne Jennings rät zu »Auszeit-Karten« – das können echte Checklisten oder auch symbolische Sätze sein. Sie schreibt: »Auszeiten sind eine weltweit einsetzbare diplomatische Gelegenheit für Beschäftigte, ihrem Bauchgefühl zu folgen und um eine Pause auf ihrem Weg zur Zielerreichung zu bitten.« Entscheidend sei, diesen Mechanismus in die Standardabläufe zu integrieren, sodass kein Stigma mehr damit verbunden sei, auf mögliche Anlässe zur Besorgnis hinzuweisen. [37]

Wachstumskulturen versuchen, ethische und Integritätsaspekte in all ihren Aktivitäten maximal zu berücksichtigen, und sie benennen ihre Erwartungen offen. Sie haben klare, frei zugängliche Berichtssysteme, die Beschäftigte ermutigen, Probleme in einem geschützten Raum anzusprechen, den alle kennen. Werden Probleme gemeldet, dann werden sie ernst genommen, anders, als Susan Fowler es bei Uber erlebte. Warten Sie jedoch nicht passiv darauf, dass Ihre Beschäftigten Probleme von selbst melden. Verfolgen Sie lieber einen proaktiven Ansatz, indem sie ethische und integritätsbezogene Dimensionen in Pulsbefragungen sowie in regelmäßige Beratungen mit Teams und in Einzelgesprächen mit Führungskräften einbeziehen.

Beharren Sie auf Zusammenarbeit, um skrupelloses Konkurrenzverhalten zu bekämpfen

Wenn Sie Richtlinien und Praktiken einführen, die anzeigen, dass Zusammenarbeit die Voraussetzung für den eigenen Aufstieg innerhalb Ihrer Organisation ist (anstatt den Kollegen Knüppel zwischen die Beine zu werfen), dann beweisen Sie damit, dass Ihnen ethisches Verhalten wirklich am Herzen liegt. Ihre Beschäftigten merken auf diese Weise, dass es nicht genügt, die Leiter hochzuziehen oder womöglich sogar eine oder zwei Kolleginnen oder Kollegen von der Reling zu stoßen, sondern dass Ihre Organisation eher den gemeinsamen Erfolg schätzt. Einzelne können sich in einem solchen Umfeld immer noch profilieren, doch nur, wenn sie an ihrer Entwicklung gearbeitet haben und bereit waren, sich mit anderen zugunsten des größeren Ziels zusammenzutun.

Potenzielle Partner für eine Zusammenarbeit finden sich nicht nur an den altbekannten Orten. Suchen Sie nach solchen Partnern auf jeder Hierarchieebene und in jedem Bereich Ihrer Organisation und sogar außerhalb derselben. Allzu leicht denkt man, alle Antworten zu besitzen, doch Wachstumskulturen sind nicht nur lernende, sondern auch *zuhörende* Organisationen. Wer Fragen stellt und den Antworten zuhört (und dann danach handelt), der weckt Vertrauen – ein zentraler Bestandteil von Integrität – und sorgt dafür, dass das Gelernte sich in der gesamten Organisation verbreitet. Wenn insbesondere die Leitung einer Organisation sich lieber auf Dekrete verlässt, entgehen ihr vermutlich bahnbrechende Gelegenheiten, zuzuhören und zu lernen.

7

VIELFALT, GLEICHSTELLUNG UND INKLUSION

Stellen Sie sich folgende Situation vor: Sie haben gerade Ihr Studium beendet und überlegen, wo Sie Ihre berufliche Laufbahn starten sollen. Zwei größere Unternehmen versuchen, Sie anzuwerben, aber Sie überfliegen deren Websites und die Unterlagen, die sie Ihnen zugesendet haben, und stellen fest, dass die meisten Personen auf den Fotos weiß sind. Und alle Vorstandsmitglieder mit Ausnahme der Personalchefin sind männlich. Als schwarze Frau zweifeln Sie, ob Sie in diesem Umfeld wirklich willkommen wären.

Oder Sie sind ein männlicher Manager in einer internationalen Bank. Ihr Vorgesetzter bittet Sie in sein Büro und teilt Ihnen mit, dass er am Freitagabend eine Zusammenkunft für Ihr Team bei ihm zu Hause ausrichten möchte, um den Teamzusammenhalt zu stärken. »Es ist ein soziales Event, die Ehefrauen sind also willkommen«, lächelt er. Sie schlucken. *Wäre mein Gatte denn wohl auch willkommen?*, fragen Sie sich.

Oder Sie erhalten die Einladung zur jährlichen Betriebsfeier, die diesmal an neuem Ort stattfindet. Sie schreiben eine Mail an Ihren Personalverantwortlichen: »Das sieht ja toll aus! Gibt es einen Rollstuhlzugang?« Kurz darauf kommt die Antwort: »Wir sind ganz begeistert von diesem Ort! Ich bin mir nicht sicher, ob er barrierefrei ist, aber ich überprüfe das und melde mich wieder bei Ihnen.«

DEI (*diversity, equity, and inclusion*) beinhaltet sehr viel mehr, als nur eine halbwegs repräsentative Belegschaft einzustellen. Das gehört zwar auch dazu, doch bei Vielfalt, Gleichstellung und Inklusion geht es um drei unterschiedliche organisationale Prozesse.

Vielfalt bedeutet, Menschen aus diversen, strukturell benachteiligten und historisch ausgegrenzten Gruppen einzustellen und im Unternehmen zu halten. Es geht dabei um zahlenmäßige Repräsentation und Unterrepräsentation.

Gleichstellung hingegen bezieht sich auf die Art und Weise, wie Menschen behandelt werden und wie Ressourcen und Macht in einem Unternehmen verteilt sind. Wird auf die unterschiedlichen Bedürfnisse der Beschäftigten eingegangen? Herrscht Wettbewerbsgleichheit? Oder zeigen die Daten an, dass Mitglieder bestimmter sozialer Gruppen systematisch begünstigt werden? Vielleicht werden sie wohlwollender bewertet, schneller befördert oder mit vielversprechenden Aufgaben betraut. Gleichstellung ist übrigens nicht mit Gleichheit zu verwechseln. Gleichheit bedeutet, dass alle gleich behandelt werden, wohingegen Gleichstellung erfordern kann, dass einige Personen oder Gruppen zusätzliche Unterstützung erhalten, um sicherzustellen, dass jedes Organisationsmitglied erfolgreich sein kann.

Inklusion behandelt die Frage, ob Menschen das Gefühl haben, dazuzugehören und innerhalb der Organisation wertgeschätzt und respektiert zu werden – oder aber nicht. Sie ist eine subjektive Erfahrung, und die Bewertung, ob eine Organisation wirklich inklusiv ist, obliegt jenen, die strukturell benachteiligten und historisch ausgegrenzten Gruppen angehören. Ihre Wahrnehmungen und Erfahrungen bezüglich der Wertschätzung und des Respekts, die ihre Gruppe erfahren, sind die Messgrößen, anhand deren wir die Inklusivität einer Organisation beurteilen. Viele Organisationen versuchen, ihre Belegschaft zu diversifizieren, doch das beschränkt sich auf den Einstellungsprozess. Sobald die Beschäftigten an Bord sind, kümmern sich viele Organisationen kaum oder gar nicht mehr um Gleichstellung und Inklusion.

Wie erkennen Menschen, ob sie in einem bestimmten Umfeld damit rechnen können, wertgeschätzt, respektiert und integriert zu werden oder nicht? Eine Untersuchung, die ich gemeinsam mit meiner damaligen Studienberaterin Claude Steele durchgeführt habe und die mittlerweile durch viele andere Studien erweitert wurde,[1] unterstützt die *Hinweishypothese*, wie wir sie genannt haben. Diese lautet, dass Menschen derartige Fragen im Wesentlichen beantworten, indem sie die situativen Hinweise in ihrem Umfeld analysieren. In jeder Umgebung achtet jeder von uns auf Hinweise, Botschaften und Signale, die uns vermitteln, wie unsere soziale Identität wahrgenommen und bewertet wird. So beobachten wir, wer typischerweise zu prominenten Meetings oder Teams eingeladen oder für Projekte mit hoher Sichtbarkeit oder für eine Beförderung in Betracht gezogen wird. Wenn keiner dieser Menschen unsere Eigenschaften aufweist – etwa gemessen an demografischen Eigenschaften oder am sozioökonomischen oder Bildungshintergrund –, dann glauben wir vermutlich weniger daran, dass solche Chancen auch uns offenstehen. Sitzt in der Vorstandsetage keine einzige Frau (oder nur in Positionen, die gemeinhin als weiblich gelten, etwa im Personalbereich), dann werden Frauen weniger geneigt sein, zu glauben, dass sie in ihrer Entwicklung ermutigt und gefördert werden. Das Gleiche gilt für Mitglieder anderer Gruppen. Wenn Fehler geschehen, fällt uns auf, wem man sie durchgehen lässt und wem nicht. Wer erhält Chancen, weil ein Höhergestellter sein oder ihr »Potenzial« erkennt, und wer scheint immer wieder übersehen zu werden? All dies liefert stille, aber starke Hinweise darauf, wer wertgeschätzt wird.

Meine Forschungsarbeiten in den letzten zehn Jahren haben gezeigt, dass die Mindset-Kultur einer Organisation sich erheblich auf Vielfalt, Gleichstellung und Inklusion auswirkt.[2] Geniekulturen haben starke und rigide Prototypen, mit deren Hilfe sie ganze Kategorien von Menschen in dem Sinne bewerten, dass diese wahrscheinlich das gewisse Etwas haben oder aber nicht. Wer diesem Prototyp nicht entspricht, wird entweder nicht eingestellt oder – falls doch – oft übergangen, wenn es um Chancen, Ressourcen oder Beförderungen geht. Wachstumskulturen legen Wert auf eine breit gefächerte Belegschaft, und zwar nicht nur aus optischen Gründen, sondern weil sie wissen, dass es sie besser macht. Es fördert ein breiteres Denken sowie Kreativität, was wiederum zu besseren Arbeitsergebnissen und zu neuen Lösungen für schwierige Aufgaben führt. Wachstumskulturen sind davon überzeugt, dass gute Ideen von überallher kommen, und sie schätzen Unterschiede kultureller, wirtschaftlicher und sozialer Art. Sie erkennen an, dass Vielfalt und Inklusion anstrengend sind, aber sie nehmen diesbezüglich eine Lernhaltung ein und versuchen, sie zu kultivieren und das Nötige zu tun, damit alle erfolgreich sein können.

DEI in Geniekulturen

Geniekulturen bieten üblicherweise einem viel kleineren Kreis an Menschen Entwicklungsmöglichkeiten als Wachstumskulturen. Wer in den Vereinigten Staaten an den Begriff »Genie« denkt, hat viel öfter einen weißen Mann als irgendeine andere Gruppe vor Augen (erinnern Sie sich an unsere Google-Suche?).[3] Untersuchungen haben gezeigt, dass wir diesen Archetypus schon im Alter von sechs Jahren übernehmen. Diese Bilder sind geprägt von unserer Gesellschaft, den Abbildungen in den Medien und den Geschichten, die wir von Geburt an hören. Es bedeutet aber auch, dass viele Menschen von diesem Genie-Prototyp ausgeschlossen sind, etwa Schwarze, Latinos und Latinas, Mitglieder indigener Völker, Menschen mit Beeinträchtigungen, neurodiverse Menschen, Frauen, die LGBTQ+-Gemeinschaft, sozioökonomisch benachteiligte Menschen, Absolventen weniger prestigeträchtiger Universitäten (oder Menschen ohne Hochschulabschluss) und so weiter. In vielen Umgebungen werden diese Gruppen mit einem negativen Stereotyp belegt, demzufolge ihre Mitglieder weniger intelligent oder kompetent seien, und wer zu einer oder mehreren dieser Gruppen gehört, weicht vom Erfolgsprototyp ab.[4]

Bestimmte Hinweise und Interaktionen suggerieren uns, dass wir aufgrund unserer Gruppenmitgliedschaft eine *Bedrohung durch*

Stereotype erleben. Wir haben dann Sorge, dass andere uns durch die Brille negativer Stereotype betrachten, mit denen unsere soziale Gruppe belegt wird, und entsprechend behandeln.[5]

Jeder erfährt im Verlauf seines Lebens eine Form von Bedrohung durch Stereotype. Das gilt auch für allgemein als privilegiert angesehene Gruppen. So befürchten weiße Menschen oft, rassistisch zu sein (oder von anderen so betrachtet zu werden); Männer haben Sorge, sexistisch zu sein (oder als Sexisten zu gelten). Je nach Herkunftsregion oder -land oder politischer oder sexueller Orientierung läuft man Gefahr, auf entsprechende Stereotype zu stoßen. Doch am schwersten haben es in Geniekulturen die sozialen Gruppen, die in puncto Intelligenz, Begabung und Kompetenz mit einem negativen Stereotyp belegt sind.

Die Bedrohung durch Stereotype verschärft sich, wenn eine Gruppe zahlenmäßig unterrepräsentiert ist.[6] So sind weltweit Frauen – insbesondere nichtweiße Frauen – typischerweise immer noch (und oft deutlich) in Managementpositionen unterrepräsentiert.[7]

Die Forschung zeigt, dass die Bedrohung durch Stereotype einen kognitiven, emotionalen und physiologischen Tribut fordert, der bei unterrepräsentierten Gruppen besonders ausgeprägt ist.[8] Es ist schließlich anstrengend und kräfteraubend, ständig darauf achten zu müssen, dass das eigene Verhalten keine negativen Stereotype bei anderen Menschen bestätigt. Diese Belastung kann wiederum zu einer Verstetigung von Unterrepräsentation führen – ein Teufelskreis. Geschäftsfrauen erleben dies oft, wenn sie nicht als zu »weich« und emotional wahrgenommen werden wollen oder als zu manipulativ und aggressiv oder als zu sehr durch elterliche Pflichten von der Arbeit abgelenkt und so weiter – und all das neben der eigentlichen Arbeit.

In einer Studienreihe stellten meine frühere Master-Studentin Kathy Emerson und ich fest, dass das Mindset einer Organisation Schlüsselreize aussendet, die eine Bedrohung durch Stereotype in einem geschäftlichen Umfeld auslösen.[9] Wir baten Männer und

Frauen, das Leitbild und die Website von Unternehmen zu lesen, die beide deren Mindset widerspiegelten. Sowohl Frauen als auch Männer vertrauten den Organisationen mit statischem Mindset weniger, doch bei Frauen war dieses Misstrauen deutlich stärker ausgeprägt. Warum? Die Frauen *rechneten damit*, dass sie dort von der Leitung als weniger kompetent und fähig betrachtet würden. Männer hingegen nahmen an, dass sie in beiden Kulturen als gleich kompetent oder fähig gelten würden. Sie äußerten ihr Misstrauen gegenüber der Geniekultur nicht aufgrund einer Bedrohung durch Stereotype, sondern weil sie eine von Konkurrenzdenken und gegenseitigem Ausstechen geprägte Atmosphäre und somit ein unangenehmes Arbeitsklima für alle befürchteten. Wir stellten fest, dass das organisationale Mindset diesbezüglich so wirkmächtig ist, dass die Geniekultur auch dann noch Misstrauen auslöste, wenn wir angaben, dass in unserem Beispielunternehmen ein ausgeglichenes Verhältnis zwischen männlichen und weiblichen Beschäftigten herrschte. Wenn Sie also glauben, dass es genügt, einfach ein paar mehr Frauen oder Mitglieder einer anderen Gruppe einzustellen, um die Einschätzung Ihrer Beschäftigten zu verändern, dann täuschen Sie sich.

In einer anderen Studie informierten wir die Teilnehmerinnen und Teilnehmer, dass sie nach Durchsicht der Materialien des Unternehmens mit einem seiner Vertreter zusammentreffen würden, angeblich, um ihre Kompetenz in Vorstellungsgesprächen praktisch anzuwenden.[10] In Vorbereitung auf dieses Interview sollten sie sich vorstellen, dass es ungünstig verlief, und überlegen, welche Strategien sie anwenden würden, um eine Wende herbeizuführen. Sowohl Männer als auch Frauen fühlten sich weniger wohl bei dem Gedanken an das Interview mit der Organisation mit starrem Mindset. Doch das Mindset führte auch dazu, dass viele Frauen sich innerlich distanzierten. Bei ihrer Vorbereitung auf das Interview mit der Geniekultur sagten Frauen (aber keine Männer) oft Dinge wie: »Das Interview interessiert mich eigentlich gar nicht.« Zum einen fürchteten die Frauen, vom Management in ein negatives Stereotyp gepresst zu werden. Sie vertrauten schlichtweg nicht darauf, fair behandelt zu werden. Zum anderen führte die Kombination aus Misstrauen und der Bedrohung durch Stereotype dazu, dass sie angesichts der Vorstellung, dass das Interview ungünstig verlief, lieber Abstand von der gesamten Vorbereitung nahmen. Dieses Muster zeigte sich nur in *Geniekulturen*, denn diese *signalisieren Frauen durch ihre Kernüberzeugungen und -annahmen, dass sie dort einer Bedrohung durch Stereotype ausgesetzt sind.*

In einem unternehmerischen Umfeld wirken sich Mindsets in ähnlicher Weise aus. Eine Studie, die wir gemeinsam mit der Kauffman Foundation durchführten, ergab, dass Hunderte von Unternehmerinnen und Unternehmern aus zahlreichen Branchen der Meinung waren, dass die unternehmerischen Grundüberzeugungen von Wagniskapitalgebern und Investoren eher von einem statischen als von einem dynamischen Mindset geprägt sind.[11] Doch diese Überzeugungen von Investoren wirkten sich nicht auf alle Menschen gleichermaßen aus. Unternehmerinnen erlebten in Präsentationen vor Investoren öfter eine Bedrohung durch Stereotype, denn sie glaubten, die Wagniskapitalgeber »wären überrascht, wenn jemand wie ich erfolgreich wäre« (eine Ansicht, die sich im Übrigen oft bewahrheitet). Männer beunruhigte ein starres Mindset von Investoren weniger, da sie dem Prototyp (Stereotyp) eines erfolgreichen Unternehmers eher entsprechen – viele nahmen daher an, von diesen Überzeugungen zu *profitieren*.

Weitere Forschungsergebnisse deuten darauf hin, dass diese Erkenntnisse in ähnlicher Weise auch für Mitglieder rassischer und ethnischer Minderheiten gelten. In einer Untersuchung des gesamten MINT-Lehrkörpers einer Universität stellten wir fest, dass die Mindset-relevanten Überzeugungen, die die Lehrkräfte bekundeten, eine Prognose über das Ausmaß der Leistungskluft zwischen den Mitgliedern verschiedener Rassen in ihren Kursen zuließen.[12] Bei Professorinnen und Professoren mit Überzeugungen, die einem eher statischen Mindset entsprangen, war die Leistungskluft zwischen weißen Studierenden und solchen aus rassisch-ethnischen

Minderheitsgruppen *doppelt* so groß. Die Kurse von Lehrkräften mit dynamischem Mindset wiesen nicht nur eine geringere Leistungskluft auf, sondern ihre Studierenden gaben auch an, dass sie motivierter und engagierter seien und das Gefühl hätten, von der Lehrkraft zu Höchstleistungen inspiriert zu werden.

Immer wieder haben wir festgestellt, dass das Misstrauen bestimmter Gruppen gegenüber Geniekulturen nicht unbegründet ist. Ich habe oben erwähnt, dass meinen Forschungen zufolge Frauen und nichtweiße Menschen Geniekulturen weniger vertrauten. In einer Studie, die wir an einer großen multinationalen Bank durchführten, empfanden Frauen und ethnische Minderheiten in Teams mit starrem Mindset eine größere Bedrohung durch Stereotype *und* erhielten in ihren Jahresgesprächen eine schlechtere Beurteilung.[13] Und selbst wer diese Erfahrung noch nicht selbst gemacht hat, gerät angesichts der Feststellung, dass eine Organisation eine Geniekultur aufweist, in Sorge.

Doch wie bedeutsam ist dies für die Leistung der Organisation? Ist DEI einfach nur der neueste Trend, der irgendwann vergessen ist, wenn weitere Trends in der Geschäftswelt auftauchen, oder ist es eine Erfolgsbedingung?

Warum DEI?

Die Prodekanin an der Columbia Business School, Katherine Phillips, schrieb: »Wer Teams oder Organisationen aufbauen will, die zu Innovation fähig sind, braucht Vielfalt. (…) Vielfalt kann die Gewinnmarge von Unternehmen erhöhen und zu bahnbrechenden Entdeckungen und Innovationen führen. (…) Wenn man Menschen in Gruppen zusammenführt, um Probleme zu lösen, dann bringen sie dort unterschiedliche Informationen, Meinungen und Perspektiven ein.« Wie Phillips anmerkt, ergab eine Analyse der Top-Unternehmen im Standard & Poor's Composite 1500, dass »die Anwesenheit von Frauen im Topmanagement den Firmenwert um [durchschnittlich] 42 Millionen Dollar erhöht«.[14] Und eine McKinsey-Studie zeigte, dass die beteiligten Unternehmen mit der größten rassischen und ethnischen Vielfalt mit einer um 35 Prozent höheren Wahrscheinlichkeit ihre Wettbewerber überflügelten; bei denen mit der höchsten Geschlechtervielfalt lag dieser Wert bei 15 Prozent.[15] Zugegebenermaßen zeigt die Forschung auch, dass Vielfalt anfangs zu Problemen führen kann. Unterschiedliche Vorstellungen, Verhaltensweisen, Normen und Interaktionsformen treffen aufeinander, und das kann anstrengend sein und Unbehagen auslösen. Doch wie wir bald sehen werden, besitzen Wachstumskulturen dank ihrer Wertschätzung gegenseitigen Lernens zahlreiche Mechanismen, um allen bei der Überwindung dieser Reibungspunkte zu helfen.[16]

Geniekulturen erwarten, dass Talente in einer kleinen Zahl von Identitäten anzutreffen sind – Identitäten, die Janice Bryant Howroyd als schwarze Frau nicht teilt. Howroyd ist Gründerin und CEO der ActOne Group, eines der größten Personalvermittler der Vereinigten Staaten.[17] 1978 zog sie von North Carolina nach Kalifornien und gründete dort das Unternehmen mit einem Startkapital von nur 1500 Dollar. Sie mietete ein kleines Büro in Beverly Hills, stattete es mit einem Faxgerät und einem Telefon aus und begann dann mit telefonischer Werbung. Im Jahr 2020 meldete ActOne einen Umsatz von 2,8 Milliarden Dollar und war die Nummer zwei auf der von *Black Enterprise* geführten Liste von Unternehmen unter schwarzer Leitung. Howroyd selbst ist die erste schwarze Frau, die ein milliardenschweres Unternehmen aufgebaut hat und besitzt.[18]

Als ActOne als »Minderheitenunternehmen« mit »diverser Belegschaft« seine Umsätze allmählich steigerte, wurde ihr oft unterstellt, nicht über die Fähigkeiten von Unternehmen zu verfügen, die von weißen Männern geleitet wurden. Doch während sie nur rund ein Zehntel der Kunden anderer großer Unternehmen hatte, musste sie dennoch mit deren Preisen gleichziehen oder diese unterbieten. Howroyd wusste, dass sie diesen Nachteil nur ausgleichen konnte, wenn sie kreativ war und die Macht der Technologie für sich nutzte. Sie stellte daher ein Team von Leuten ein, um eine Technologie zu entwickeln, die eine detaillierte Rechnungslegung für ihre Kunden ermöglichte – eine Leistung, die andere Unternehmen nicht anboten. Das Software-Paket erfreute sich solcher Beliebtheit, dass ActOne begann, Hightech-Dienstleistungen zusätzlich zu seinen Personaldienstleistungen zu verkaufen.

Howroyd berichtet, dass sie als schwarze Frau in einer von weißen Männern dominierten Branche oft auf Herausforderungen gestoßen sei. Um dem starren Mindset potenzieller Kunden hinsichtlich Rasse und Geschlecht zu begegnen, übernahm Howroyd in den Anfangsjahren zwar die Aufgabe, ihrem Unternehmen Präsentationstermine zu verschaffen, bat dann beim persönlichen Kundenkontakt aber ihre weißen männlichen Beschäftigten, das Wort zu führen. »Ich bin darauf nicht stolz«, bekundet Howroyd, »aber manchmal schenkte ich meine Einsichten anderen Teammitgliedern und bat sie, die Präsentation zu übernehmen, damit der Kunde nicht unmittelbar mit mir als Afroamerikanerin und als Frau interagieren musste.« Wenn sie selbst Präsentationen leitete, musste sie erleben, dass die Kunden das Vermögen von ActOne anzweifelten, die anstehenden Aufgaben zu bewältigen. Führten die Männer hingegen das Wort, dann unterstellten die Kunden ihnen eine gewisse Grundkompetenz und baten sie, ihre Herangehensweise zu beschreiben.

Zwar sind mittlerweile Jahrzehnte vergangen, seit Howroyd diese Erfahrung machte, doch wie die schwarze Unternehmerin Courtney Blagrove, die das Whipped – Urban Dessert Lab zusammen mit ihrer Schwester Zan B. R. gründete, berichtet, erlebt sie diese Art von Diskriminierung auch heute noch bei Präsentationen für Investoren.[19] Die beiden Schwestern werden regelmäßig gefragt, wann der Gründer eintreffen wird – man nimmt an, dass es sich um einen *Er* statt um zwei *Sie* handelt. Sie werden auch gefragt, ob sie die wissenschaftlichen Grundlagen ihrer technologieintensiven pflanzenbasierten Marke wirklich verstünden – obwohl Courtney über einen Doktortitel im Fachgebiet Ernährung und Stoffwechsel verfügt; und sie werden intensiv danach befragt, ob sie rechtlich abgesichert sind – obwohl Zan Anwältin ist. Sie passen einfach nicht zum Prototyp eines Genies, den viele Investoren im Kopf haben.

Nebenbei bemerkt sehen wir derzeit, dass mangelnde Vielfalt im Technologiesektor sogar zu echten Fehlentwicklungen von Produkten führen kann: der »intelligente« berührungslose Seifenspender, der auf schwarze Hände nicht reagiert;[20] Gesichts- und Bilderkennungssoftware, die schwarze Gesichter entweder nicht erkennt oder nicht richtig zuordnen kann;[21] Spracherkennungssoftware, die Menschen, die keine englischen Muttersprachler sind, nicht versteht. Wenn die Ingenieure und Systeme voreingenommen sind, dann strahlt das auf die Produkte aus. Wie Erica Baker, Ingenieurin, Tech-Veteranin und Technische Direktorin der Kampagnenorganisation der Demokratischen Partei im US-Kongress, erläutert: »Wenn ein Hersteller eine Funktionalität zur Gesichtserkennung in eine Kamera einbaut, passiert es fast jedes Mal, dass sie schwarze Menschen nicht erkennt. Das liegt darin, dass ihre Entwickler weiße Menschen sind und die Funktionalität an sich selbst testen. Sie verschwenden einfach keinen Gedanken daran.«[22]

DEI in Genie- und Wachstumskulturen: ein Vergleich

Geniekulturen müssen irgendwelche Vorteile haben, zumindest für die Genies – oder etwa nicht? Wie meine Forschung zeigt, lautet die Antwort: weniger, als man vielleicht denkt. Menschen, die einem *positiven* Stereotyp und der allgemeinen Vorstellung von einem Genie entsprechen, könnten eine gewisse Zeit lang von einer solchen Kultur profitieren – jedenfalls, solange ihr sprichwörtlicher Stern am Himmel aufsteigt. Doch natürlich werden immer neue Stars geboren. In Geniekulturen kann das Bestreben, die eigene hierarchische Position zu sichern und zu verbessern, Einzelpersonen und Gesamtorganisationen großen Schaden zufügen, und der Absturz kann steil sein. Mit ihrem beschränkten Erfolgsmodell zwängen statische

Mindset-Kulturen auch Menschen, die einem positiven Stereotyp entsprechen, in ein enges Korsett. Das gilt sowohl in mentaler und emotionaler als auch in leistungsbezogener Hinsicht.

Ich beobachte diese Zwänge häufig bei Führungskräften, die aus der Geniekultur ihrer Organisation ausbrechen wollen – sei es, weil sie wissen, dass ihr Unternehmen sich wandeln muss, um wettbewerbsfähig zu bleiben, sei es, weil sie für ihr Unternehmen eine Chance am Horizont erkennen, die sie nicht verpassen wollen. Doch in einer Geniekultur gibt es nur wenige Möglichkeiten, die eigene Kompetenz unter Beweis zu stellen, und ein einziger Fehlschlag kann anzeigen, dass man nicht mehr in Bestform ist oder – schlimmer noch – es vielleicht noch nie war. Insbesondere in Zeiten der Unsicherheit und des Wandels fühlen sich oft auch die umworbenen Top-Leute eingeengt.

George Aye ist ein früherer Angestellter von IDEO, einem der weltweit führenden Design-Unternehmen, das von verschiedenen Medien als genial bezeichnet worden ist. In einem Beitrag für die Zeitschrift *Medium* im Jahr 2021 beschreibt er, wie er als Mensch mit dunkler Hautfarbe in der Organisation »gemobbt und gedemütigt« worden sei. Er berichtet: »Perfektionismus, ein ständiger Handlungsdruck, Paternalismus, das Horten von Macht, die Angst vor offenen Konflikten, Individualismus: All das wurde offen und stolz zur Schau getragen.« Wie Aye schreibt, wurde ihm der herrschende Tonfall schon an seinem ersten Arbeitstag deutlich, als ein männlicher Kollege zu ihm sagte: »Hier heißt es schwimmen oder untergehen. Wenn du's hier nicht schaffst, dann warst du einfach nicht dafür geschaffen, hier zu sein.« Anfangs fühlte sich Aye davon nicht angesprochen – schließlich war er ja eingestellt worden. Doch bald absolvierte er 60- oder auch 80-Stunden-Wochen, voller Angst, den unausgesprochenen Leistungserwartungen nicht zu entsprechen.

Aye berichtet, dass dieses Gefühl, sich in einer »ständigen Bewerbungssituation« zu befinden, besonders nichtweißen Beschäftigten zusetze. Ein Angestellter erzählte Aye, er sei aufgefordert worden, Schriftstücke des Diversitäts- und Inklusionsteams zu begutachten, obwohl sein Job keinen Bezug zur Arbeit des Marketing- und Kommunikationsteams hatte. Er fühlte sich damit unwohl, sagte aber zu, weil er sich davon eine größere Aufmerksamkeit seitens der Führungsebene für seine Person erhoffte. Eine nichtweiße Frau berichtete, sie sei aufgrund ihrer Erfahrung und ihrer Referenzen »mit großem Tamtam« ins Studio eingeführt worden. Auf ihre Bitte um herausforderndere Aufgaben hin habe man ihr jedoch nur geantwortet: »Warten Sie's ab – haben Sie Geduld.« Sie musste zusehen, wie leistungsschwächere weiße Kolleginnen und Kollegen die Aufgaben erhielten, auf die sie gehofft hatte.[23]

Wachstumskulturen begreifen, dass man nur dann einen Platz unter den führenden Unternehmen auf seinem Gebiet einnehmen und behaupten kann, wenn man DEI-Aspekten eine große Bedeutung zumisst. Jayshree Seth, leitende Wissenschaftsanwältin bei 3M, bekundet, dass ihr Unternehmen nicht zuletzt deshalb eine so vielfältige und innovative Belegschaft habe aufbauen können, weil es jedem eine erfolgreiche MINT-Karriere zutraut – eine für Wachstumskulturen typische Einstellung.[24] Zu Seths Aufgaben bei der Förderung von Wissenschaft und wissenschaftlichen Berufswegen gehört, unseren Erfolgsprototyp für MINT-Karrieren zu verändern:[25] Unser gedankliches Bild erfolgreicher Wissenschaftler und Ingenieure muss sich wandeln. Einer eigenen Umfrage entnahm das Unternehmen, dass sich die meisten Menschen unter einem Wissenschaftler ein männliches Genie vorstellen, das einsam in einem Labor arbeitet. »Wer nur dieses Bild vor Augen hat, dem fällt es schwer, sich selbst in einem solchen Laborkittel beim Farbenmischen vorzustellen. Das führt zu allen möglichen Fehlwahrnehmungen, selbst bei sehr jungen Kindern«, erklärt Seth. »Die Kinder haben diese Vorstellung eines genialen oder bösen oder einzelgängerischen oder eigenwilligen Wissenschaftlers, und so wollen sie selbst nicht sein, also wenden sie sich von der Wissenschaft ab. Diese ganzen Stereotype, Vorurteile, Rollenbilder und so weiter vermischen sich da also[, und sie denken:] ›Das bin ich nicht‹ und ›So will ich nicht werden‹.«

Seth ergänzt: »Mit diesen Stereotypen erweisen wir der Wissenschaftsgemeinschaft einen Bärendienst, und wir möchten diese Zäune einreißen.« Zu ihren Aufgaben gehört, das Interesse an Wissenschaft nicht nur bei Kindern, sondern auch bei Erwachsenen zu fördern. 3M möchte nicht nur mehr Kinder für eine Wissenschaftskarriere begeistern, sondern auch die naturwissenschaftliche Bildung in der Gesamtgesellschaft verbessern. Dies ist ein gutes Beispiel dafür, wie Wachstumskulturen typischerweise Herausforderungen angehen: 3M sammelt Daten, findet heraus, dass die dominante MINT-Kultur eine Geniekultur ist, die manche Gruppen unverhältnismäßig stark benachteiligt und andere auf Abstand hält, entwickelt dann Initiativen, die dieses Kulturproblem auf breiter Front angehen, überwacht deren Fortschritte und sucht proaktiv nach Möglichkeiten, mehr zu tun.

Für Organisationen, die großartige Talente für sich gewinnen möchten, gilt: Menschen auf Arbeitssuche, die dem Prototyp eines Genies nicht entsprechen, bewerben sich nicht nur seltener bei Geniekulturen, sondern schneiden in herkömmlichen Ausleseverfahren auch schlechter ab, falls sie es doch tun. Zu Beginn dieses Kapitels habe ich die negativen Auswirkungen von Organisationen mit starrem Mindset, die Kathy Emerson und ich in einer gemeinsamen Untersuchung identifiziert haben, auf das Vertrauen und die Motivation von Frauen erwähnt.[25] In einer anderen Studie haben wir die Ergebnisse standardisierter IQ-Tests untersucht, die von vielen Unternehmen im Bewerbungsprozess eingesetzt werden. Wir fanden heraus, dass alle Teilnehmerinnen und Teilnehmer an solchen Tests durchschnittlich schlechter abschnitten, wenn sie sich bei Unternehmen mit eher starrem Mindset bewarben. Das galt besonders für Frauen sowie für rassische und ethnische Minderheiten, die in solchen Unternehmen meist als weniger intelligent stereotypisiert werden. Wenn diese Menschen sich jedoch bei Unternehmen mit Wachstumskulturen bewarben, schnitten sie ebenso gut ab wie weiße männliche Bewerber, was nahelegt, dass die Geniekultur das Problem war.

Der Pipeline-Mythos

Wenn es um die Anwerbung und Einstellung eines breit gefächerten Pools von Talenten gilt, beklagen manche Organisationen, dass es schlichtweg keine Bewerber-Pipeline gebe. (»Wir würden gerne mehr Ingenieurinnen einstellen, aber wir finden einfach keine!«) Judith Michelle Williams, Leiterin des Bereichs Personal und Nachhaltigkeit und Chief Diversity and Inclusion Officer bei SAP, räumt mit diesem Mythos auf.[27] Nach Angaben der US-amerikanischen Behörde für Arbeitsmarktstatistik besteht die Arbeitnehmerschaft im Technologiesektor zu etwa fünf bis sechs Prozent aus schwarzen Menschen. Wie Williams dem Online-Magazin *Diginomica* mitteilte, ist sie »ein Datenmensch. Ich schaue mir immer die Zahlen an. Wenn wir bei drei Prozent [schwarzen Beschäftigten] liegen, haben wir den Pool nicht ausgeschöpft. Liegen wir bei sechs Prozent, könnte es vielleicht schwierig werden, diesen Wert zu verdoppeln, aber so ist es nicht. Bei all diesen Bewerberpool-Diskussionen muss man also aufpassen, dass der Bewerberpool korrekt dargestellt wird.«[28]

Wie meine Forschung zeigt, ist die Mindset-Kultur sowohl Ursache als auch Wirkung, wenn es um Vielfalt in der Belegschaft geht. Geniekulturen formulieren oft sehr genaue Stellenanzeigen, die ihre bevorzugten Bewerbereigenschaften anpreisen. Diese Unternehmen betonen in ihren Veröffentlichungen für Interessentinnen und Interessenten stolz ihre Mindset-Werte. Zusammengenommen lösen diese Hinweise bei Frauen, nichtweißen Menschen und anderen unterrepräsentierten Menschen ein Misstrauen aus. Diese Menschen sind auf der Hut vor möglicher Abwertung und Respektlosigkeit in diesen Kulturen (eine Befürchtung, die unseren Daten zufolge leider berechtigt ist). In gewisser Weise haben Unternehmen mit starrem Mindset also recht, dass *ihre* Pipeline ausgetrocknet ist – sie wirken einfach nicht attraktiv auf Talente aus Minderheiten, die sich lieber in Richtung Wachstumskulturen orientieren.

Mangelnde Investitionen in die persönliche Entwicklung der Belegschaft und ein weniger gleichberechtigtes Umfeld führen dazu, dass Geniekulturen der Verlust von diversen Talenten droht, sobald sie mit einer Wachstumskultur konkurrieren. Solche Unternehmen können ihre interne Pipeline nie richtig aufbauen. Wachstumskulturen hingegen nehmen eher die notwendige anstrengende Datenanalyse auf sich, die ihnen aufzeigt, wo sie ihre Pipeline und ihr Arbeitsumfeld verbessern müssen, und investieren in Entwicklungsprogramme, die allen größtmögliche Erfolgschancen sichern. Betrachten wir einige praktische Beispiele.

Den Talentpool vergrößern

Ein verwandtes Problem, das Führungskräfte oft zur Sprache bringen, ist ihre vergebliche Suche nach »versteckten Talenten«. Anstatt nur um eine scheinbare Handvoll von Top-Performern mit diversem Hintergrund zu werben, die aufgrund erfolgreicher Abwerbeversuche vielfach von Ort zu Ort ziehen, möchten Unternehmen wissen, wie sie neue, noch unbekannte Talente identifizieren können. Mit meiner Organisation Equity Accelerator bemühe ich mich oft, gleichzeitig mit der Mindset-Kultur unserer Partnerunternehmen auch deren Strategien und Praktiken hinsichtlich der Talentsuche und -entwicklung zu verändern, sodass sie eine diversere Erwerbsbevölkerung wahrnehmen – und sie mit ihrer Wachstumskultur anlocken.[29]

Eine der Strategien, die Wachstumskulturen bei der Entdeckung versteckter Talente verfolgen, ist die Abschaffung unnötiger Einstellungshürden gegenüber Menschen, die ansonsten qualifiziert sind. So können sie die Anforderung, dass ein Hochschulabschluss vorliegen muss, fallen lassen oder Bewerbungen ehemaliger Häftlinge begrüßen. Greyston ist eine seit fast 40 Jahren bestehende Verbindung aus einer Bäckerei und einer Stiftung mit dem Ziel, Menschen eine Chance zu geben, die dem Arbeitsmarkt viel zu bieten haben, aber oft übersehen werden: ehemalige Häftlinge.[30] Das Unternehmen setzt auf ein innovatives, offenes Einstellungsverfahren, das »jene, die anderswo Ablehnung erfahren«, explizit aufspürt und zur Bewerbung auffordert. Es hat Leumundsprüfungen, Lebensläufe,

Kreditwürdigkeitsprüfungen und sogar Vorstellungsgespräche abgeschafft. Stattdessen tragen sich Interessentinnen und Interessenten auf der Jobliste des Unternehmens ein. Eingestellt wird nach dem Windhundprinzip: Wer zuerst kommt, mahlt zuerst. Ein solcher Ansatz widerspricht völlig dem starren Mindset – wie kann man die »besten Leute« finden, wenn man nicht nach Spezialqualifikationen filtert und jene aussortiert, die da nicht mithalten können? Sara Marcus, Leiterin des Greyston Center for Open Hiring, betont, die wichtigste Qualifikation sei eine wachstumsorientierte: Man muss bereit sein zu lernen. Jeder bekommt eine Chance, und wer an Bord ist, trägt Verantwortung für seine Leistung. Wer trotz aller Schulungen, Unterstützung und Verbesserungschancen die Erwartungen nicht erfüllt, wird wieder entlassen. Gleichwohl hat Greyston laut Marcus »hervorragende Talente unter den Menschen gefunden, die bei uns anklopfen. (…) Wir betreiben einen Herstellungsbetrieb der Weltklasse und versorgen Weltklassekunden«, darunter Unilever, Ben & Jerry's und Whole Foods.

Greystons einzigartiger Ansatz mag in vielen Organisationen nicht praktikabel sein, doch im Unterschied zu Geniekulturen sind Wachstumskulturen bereit, ihre Talentsuche auf eine breitere Grundlage zu stellen und einmal eingestellten Beschäftigten Wachstums- und Entwicklungschancen zu bieten.

Die Unternehmerin Karen Gross bemüht sich als Anwältin um die Wiederherstellung von Rechten nach einer Verurteilung. Sie ist Gründerin von Citizen Discourse, einer Ausbildungseinrichtung, die Lehrpläne und Erholungsräume für Menschen anbietet, die lernen möchten, höflich mit anderen Menschen umzugehen, mehr Empathie zu entwickeln und sich trotz möglicher Differenzen zu verstehen. In Bezug auf Einstellungen sagt sie: »Jeder verdient eine zweite Chance, und es gibt dieses starre Mindset hinsichtlich Menschen, die eine Haftstrafe absitzen oder eine kriminelle Vergangenheit haben. Wir schicken Menschen ins Gefängnis oder geben ihnen eine Bewährungsstrafe, und dann lassen wir sie Wiedereingliederungskurse absolvieren, damit sie in die Gesellschaft zurückfinden.

Doch wir behandeln sie nicht so, als seien sie wiedereingegliedert. Wir betrachten sie nicht als Menschen mit Potenzial. Wir machen es ihnen nicht leicht, wieder Fuß in der Gesellschaft zu fassen und erfolgreich zu sein. Wir machen es ihnen wirklich schwer.«[31]

Das dynamische Mindset sucht nach leistungsfähigen, engagierten Menschen, die bereit sind, sich anzustrengen und beständig zu lernen. Es konzentriert sich auf die Zukunft und das Potenzial von Menschen und die Wegstrecke, die sie im Verlauf ihrer Karriere zurückgelegt haben. Da Wachstumskulturen an die Entwicklungsmöglichkeiten von Menschen glauben, sorgen sie dafür, dass ihre Beschäftigten konkrete und niedrigschwellige Chancen erhalten, mit deren Hilfe sie ihr volles Potenzial realisieren können. Dadurch unterstützen sie nicht nur einzelne Menschen oder erzielen Gewinne, sondern investieren auch in die gesamtgesellschaftliche Zukunft.

Wir haben nun gesehen, wie DEI in Genie- und in Wachstumskulturen aussehen kann. Betrachten wir im Folgenden, was uns die Forschung über die Rolle von Mindsets bei der Unterstützung oder Unterdrückung von DEI-Bemühungen lehrt.

Was uns die Forschung über DEI und organisationale Mindsets verrät

Die Verbindung zwischen organisationalen Mindsets und DEI besteht auf einer sehr grundlegenden Ebene: Ob wir Vielfalt als erstrebenswert erachten, entscheidet sich anhand der Frage, ob wir uns in unserem statischen oder unserem dynamischen Mindset befinden. Das konnten meine Co-Forscher Josh Clarkson und Josh Beck und ich anhand einer Studienreihe belegen.[32] In unseren ersten lustigen, wenn auch hungrig machenden Experimenten zeigten wir den Teilnehmenden sechs verschiedene Schokoladenriegel und sagten ihnen, dass sie vier davon mit nach Hause nehmen durften. Sie konnten sich vier verschiedene Riegel, vier gleiche oder auch etwa drei von der einen Sorte und einen von der anderen nehmen …

Sie verstehen das Prinzip. Wenn wir das statische Mindset der Teilnehmenden ansprachen, entschieden sie sich für weniger Vielfalt (»Ich hätte gerne vier Riegel der Sorte, die ich schon kenne!«) als jene, die sich in ihrem dynamischen Mindset befanden (»Geben Sie mir eine Auswahl!«). Ähnliche Ergebnisse stellten sich ein, wenn wir ein Angebotspaket für Reisezahnpasta schnürten (»Wählen Sie fünf aus, die sechste gibt es kostenlos dazu«); ebenso, wenn die Teilnehmenden ein Sixpack aus sechs verschiedenen Markenlimonaden zusammenstellen oder sich vorstellen sollten, im Supermarkt aus drei Sorten Obst und drei Fruchtsäften auswählen zu müssen. In jedem dieser Fälle priorisierten jene, die sich in ihrem statischen Mindset befanden, Gleichförmigkeit, während jene, deren dynamisches Mindset wir angesprochen hatten, sich für Vielfalt entschieden.

Mindsets beeinflussen uns nicht nur auf organisationsweiter oder individueller Ebene, sondern wirken sich auch darauf aus, ob Interaktionen in kleinen Gruppen gleichberechtigt erfolgen. Laura Krey, eine führende Forscherin zu Fragen von Gleichberechtigung, Führung und Management an der University of California in Berkeley, und ihr Kollege Michael Haselhuhn leiteten eine Studienreihe, die erkundete, wie Mindset-Überzeugungen hinsichtlich des Verhandlungsgeschicks von Menschen (ob also Menschen als talentierte Verhandler geboren werden oder ob Verhandlungsgeschick eine erlernbare Fähigkeit ist) ihre eigenen Zielsetzungen und Strategien und ihre Leistungen während Verhandlungen beeinflussen. Sie fanden heraus, dass jene Teams, die vor Verhandlungen ein eher dynamisches Mindset annahmen, dabei besser abschnitten als jene mit eher statischem. Tatsächlich gingen die wachstumsorientierten Teams oft über die vorgegebenen Verhandlungspositionen hinaus, vergrößerten den Kuchen und ersannen Vereinbarungen, die den unterschwelligen Interessen der Verhandlungspartner entsprachen.[33]

Was hat das alles mit DIE zu tun? Nun, Kray und Kollegen identifizierten in verschiedenen Studien toxische, von einem statischen Mindset herrührende Stereotype über Frauen, die sie davon abhalten, in Verhandlungen ihr Potenzial auszuschöpfen und als Führungspersönlichkeiten in Organisationen anerkannt zu werden. Zu diesen Stereotypen gehörte insbesondere, dass Frauen kooperativer und um Zusammenarbeit bemühter seien als Männer und dass sie schlechte Anwältinnen in eigener Sache seien. Geniekulturen – die eher zu Heuristik und Stereotypisierung neigen – verstärken diese Einstellungen, während Wachstumskulturen sie eher angreifen. Tatsächlich zeigt unsere Fortune-500-Studie, dass Unternehmen mit stärker ausgeprägter Wachstumskultur mehr Frauen in ihren Verwaltungsräten haben. Und das liegt nicht daran, dass sie durchschnittlich größere Verwaltungsräte hätten (eine beliebte Taktik, um die Vielfalt zu vergrößern: Man fügt einfach ein paar Sitze für Frauen und nichtweiße Menschen hinzu) – Wachstumskulturen haben vielmehr ebenso große Verwaltungsräte wie Geniekulturen, sie sind einfach nur vielfältiger besetzt.[34]

Organisationaler Wandel in der Praxis: Der Aufbau von gleichberechtigten Wachstumskulturen

Meine kürzlich gegründete Organisation Equity Accelator hat sich darauf konzentriert, leitende Führungskräfte in Unternehmen dabei zu unterstützen, ihre Organisation von einer Genie- in eine Wachstumskultur umzuwandeln. Dahinter stand oft die Motivation, die Vorteile hinsichtlich DEI, die Wachstumskulturen genießen, für sich zu nutzen. An unserem »Student Experience Project« mit dem Ziel, Wachstumskulturen im Hörsaal zu etablieren, nahmen über 300 MINT-Lehrkräfte an sechs US-amerikanischen Universitäten teil.[35] Sie hielten Workshops ab und zogen eine ganze Sammlung von praktischen, evidenzbasierten Werkzeugen und Ressourcen zurate, die wir entwickelt hatten, um ihnen bei der Auswertung und Neuausrichtung ihrer Lehrmethoden und -strategien sowie ihrer Interaktionen mit den Studierenden zu helfen. So erfuhren die Lehrkräfte, wie man Zugangsvoraussetzungen beschreibt, wie man neue Bewertungsmethoden testet und wie man Gelegenheiten für praktische Übungen und Feedback in den Lehrplan einbaut.

Sie experimentierten auch mit »Klausurverpackungen«. Diese Botschaften vermitteln im Vorhinein, wofür Tests eigentlich gut sind (sie ermöglichen es, zu beurteilen, wo die Studierenden aktuell stehen, nicht jedoch, wie intelligent sie sind oder ob sie sich für das Studienfach eignen), und helfen den Studierenden, ihre Leistungen im Nachhinein zu interpretieren. Darüber hinaus zeigen sie Möglichkeiten auf, es bei der nächsten Prüfung besser zu machen.

Was geschah, als Hunderte von Lehrkräften ihre Hörsäle proaktiv in inklusivere Wachstumskulturen verwandelten? Ihre rund 30 000 Studierenden berichteten, dass sie sich besser aufgehoben und in ihrer Identität sicherer (das heißt, als Mitglied einer Gruppe geschätzt und respektiert) fühlten. Dieses Gefühl war noch ausgeprägter bei Studierenden aus strukturell benachteiligten Gruppen (hinsichtlich Geschlecht, Ethnizität oder sozioökonomischem Status) sowie bei Studienortwechslern und Studierenden, die als Erste aus ihren Familien an einer Hochschule lernten. Wohlbefinden ist das eine, aber diese positiven Erfahrungen wirkten sich auch auf die Gesamtnoten am Semesterende aus. In den Seminaren, in denen die Lehrkräfte eine inklusive Wachstumskultur errichteten, erreichten die Studierenden aus unterrepräsentierten Gruppen eher die Noten 1 und 2 (und entsprechend seltener die Noten 4 und 5) und brachen seltener ihre Kurse ab.

Die Umsetzung von systemischem und institutionellem Wandel ist leichter zu bewerkstelligen, wenn man absichtsvoll eine Wachstumskultur etabliert, als wenn man sich in einer vorgegebenen Geniekultur bewegt. Letztere herrscht im MINT-Bereich vor, weshalb sich die Forschungsarbeiten meines Teams auf diesen Sektor konzentrieren. Dort, wo MINT-Lehrkräfte eine Wachstumskultur errichteten, indem sie Lerngemeinschaften im Kollegium bildeten (also sich regelmäßig trafen, um ihre jeweiligen Strategien vorzustellen und zu diskutieren sowie um zu berichten, welche Veränderungen sie in ihren Seminaren beobachteten und wo sie nicht weiterkamen), profitierten die Studierenden am meisten. Angesichts zunehmender Erfahrungen und verbesserter Leistungen der Studierenden meldeten ganze Fachbereiche ihr Interesse an einer Partnerschaft mit uns an. Wachstumsorientierte Ansätze begannen in den strategischen Plänen von Universitäten und bei Tarifverhandlungen der Universitätsangestellten aufzutauchen. Die dynamische Mindset-Kultur war viral gegangen: Die inklusiveren Praktiken hatten den Hörsaal verlassen und begannen andere Determinanten studentischen Erfolgs zu beeinflussen. (Solche Dominoeffekte kennzeichnen wahren Kulturwandel.) Hochschulmitarbeiter und -verwaltung nutzen nun diese Werkzeuge, um ihre Mitteilungen an die Studierenden, ihre Frühwarnsysteme, ihre Bewährungsregeln und ihre physische und virtuelle Umgebung umzugestalten und so den Erfolg ihrer Studierenden zu fördern.

Akademische Lehrkräfte – insbesondere an forschungsintensiven Universitäten – gelten gemeinhin als in ihren Gewohnheiten festgefahren und wenig an Lehre und Lernen interessiert. Doch unsere Erfahrungen bestätigen das nicht. Ein Projekt, das ursprünglich darauf abzielte, Gleichberechtigung, Wachstum und ein Zusammengehörigkeitsgefühl zu fördern, entwickelte sich zu einer Intervention, die den Lehrkörper veränderte und stärkte – es veränderte grundlegend das Verhältnis der Lehrkräfte zu ihren Studierenden, ihrem Job und ihrer Institution.

Sanford »Sandy« Shugart (heute im Ruhestand befindlich) hatte jahrelang versucht, das Lernpuzzle zu lösen, als er zum Präsidenten des Valencia College im US-Bundesstaat Florida ernannt wurde, eines Community Colleges, in dem Studierende aus ethnischen Minderheiten 70 Prozent der Studentenschaft bilden und in dem 60 Prozent der Studierenden nur in Teilzeit studieren, weil sie nebenher noch arbeiten oder eine Familie versorgen müssen.[36] »Mich interessierte wirklich, warum vollkommen intelligente Menschen im selben Seminar nebeneinandersaßen und einige lernten, andere nicht.« Schon als er im Jahr 2000 sein Amt antrat, fragten sich viele der leitenden Angestellten und Lehrkräfte: »Können unsere Studierenden wirklich nicht mehr leisten? Sie haben ja sicherlich keine Defekte, was also ist hier eigentlich los?« Denn die

Bandbreite an unterschiedlichen Leistungen war riesig. Man war entschlossen, einen Weg zu finden, um das Leistungsniveau insgesamt zu steigern. Und so begann ein systematischer Wandel, der auf einem *anderen Menschenbild* beruht, wie es Shugart beschreibt – einem Menschenbild, das davon ausgeht, dass »jeder unter den richtigen Bedingungen alles lernen kann«. In Shugarts Worten fand ein Wandel von einer universitären *Produktivitätskultur* – wo ein möglichst hoher Durchsatz an Studierenden im Vordergrund steht – hin zu einer *Lernkultur* statt, wo Effektivität an studentischem Erfolg gemessen wird. Der neue Plan lautete, Studierende dort abzuholen, wo sie aktuell stehen. Er war vergleichbar mit dem Plan des Harrison Central School Districts im Bundesstaat New York:[37] alle identifizierbaren Hindernisse abzureißen, die die Studierenden vom Lernen abhielten, nicht nur auf systematischer, sondern auch auf einer Einzelfallbasis. Angesichts von Zehntausenden Studierenden pro Jahr war das nicht nur eine riesige Aufgabe für den Lehrkörper, sondern sie barg auch ein hohes Risiko, auf Widerstand zu stoßen.[38]

»Keine Kultur existiert im luftleeren Raum«, bemerkt Shugart. Sein Ziel war nicht, eine Wachstumskultur aus dem Nichts heraus zu etablieren. »Stattdessen kann man die bestehende Kultur einsetzen, um eine neue Kultur zu erschaffen. Wir haben uns mit unseren Mitarbeitern und Lehrkräften zusammengesetzt und gesagt: ›Okay, wenn wir glauben, dass jeder Studierende lernfähig ist, dann sollten wir jede Entscheidung, die wir treffen, auf zwei Fragen hin überprüfen: Wie verbessert sie das Lernen, und woher wissen wir, dass sie es tut?‹ Das war's. Und dann haben wir einfach Hunderte von kleinen Gesprächen geführt.«

Shugart und sein Team versuchten mehrere Wachstumskulturen übereinanderzuschichten – die erste auf Ebene des Lehrkörpers: Die Professorinnen und Professoren wurden ermutigt, sich selbst und ihre Fähigkeiten aus einem dynamischen Mindset heraus zu betrachten und dies auch auf die Lernumgebung, die sie für ihre Studierenden schufen, sowie auf die Studierenden selbst und deren Fähigkeiten anzuwenden. Auf studentischer Ebene schwebte Shugart vor, dass eine von Lehrkräften, Mitarbeitern und Verwaltungskräften geschaffene Wachstumskultur ihnen zeigen würde, dass sie wertgeschätzt und respektiert wurden – und dass die Institution an ihre Lern- und Entwicklungsmöglichkeiten glaubte. Er hoffte, dass es den Studierenden in einem solchen Umfeld leichter fallen würde, in ihr dynamisches Mindset zu gelangen.

Die Lehrkräfte wussten recht gut, was sie behinderte, und wie sich herausstellte, lagen die Hindernisse nicht auf studentischer Seite, sondern aufseiten der Strukturen und Richtlinien des Colleges. »Also sagten wir uns: Verändern wir die Organisation und widmen wir uns den schwierigsten Aspekten des Organisationsverhaltens, die das Lernen behindern.« Das habe bedeutet, so Shugart, ihnen nicht »Sie müssen anders lehren« zu sagen, sondern ihnen zu versichern: »Ich ermögliche es Ihnen, anders zu lehren.« Dazu gehörte eine Überholung des Verfahrens zur Entscheidung über Festanstellungen, um innovative, qualitativ hochwertige Lehre zu belohnen, eine Veränderung des Onboarding- und des beruflichen Fortbildungssystems, damit neue Lehrkräfte unmittelbar nach Dienstantritt mit dem Lernen beginnen können, und eine Neukonzeption der Lehre mithilfe der neuesten evidenzbasierten Methoden für eine wirksame Pädagogik.

Valencia wechselte zu einem lernzentrierten Entwicklungs- und Festanstellungsmodell für Lehrkräfte. Diese beurteilen, was sie für eine effektive Lehre lernen müssen, und gestalten auf dieser Grundlage einen größeren Teil ihres Curriculums selbst. Während ihrer Zeit am College und insbesondere, wenn über ihre Festanstellung entschieden werden soll, müssen die Lehrkräfte ihr eigenes Lernen und ihre Entwicklung als Lehrende unter Beweis stellen und zeigen, inwiefern ihr Lehren den Studierenden zugutegekommen ist.

Eine Innovation bestand darin, den traditionellen Zeitraum zu Semesterbeginn, in dem Kurse zu- oder abgewählt werden konnten, abzuschaffen. Heute wissen die Lehrkräfte vom ersten Tag an, welche Seminare sie geben werden, wohingegen früher Kurse, die zum Ende des Auswahlzeitraums nicht gut genug besucht waren, abgesagt wurden. Diese Sicherheit ermöglicht es den Lehrkräften, ihren Studierenden von Anfang an Lernhilfen anzubieten, ohne befürchten zu müssen, dass nach ein oder zwei Semesterwochen der Stecker gezogen wird – ein Gewinn für beide Seiten.

Die Kultur am Valencia College ist nun lehrkörperzentriert, wobei die Professorinnen und Professoren zusammenarbeiten, um ihre Fachkenntnisse dort einzusetzen, wo sie am meisten bewirken können. Dieser Wandel vollzog sich nicht von heute auf morgen, und auch Jahre später arbeitet man noch daran, auch mithilfe jener »kleinen Gespräche«. Doch das Mindset hat sich so weit verändert, dass laut Amy Bosley, der früheren Vice President für Organisationsentwicklung und Personal, bei neuen Vorschlägen mit großer Sicherheit eine Professorin oder ein Mitarbeiter fragen wird: »Wie wirkt sich das auf die Studierenden aus?«[39] Lehrende und Lernende erschaffen gemeinsam ein Lernumfeld.

Einer der großen Erfolge von Valencia ist seine Botschaft »Komm so, wie du bist«, die allen das Gefühl vermitteln soll, willkommen zu sein.[40] Man begreift dort: Wer sich darüber sorgt, wie die eigene Herkunft, das eigene Aussehen oder der eigene Dialekt wohl bei anderen ankommt, hat weniger Energiereserven fürs Lernen und Lehren. Geniekulturen hingegen mit ihrer sehr engen Definition derer, die hineinpassen oder nicht, können auf Menschen einen starken Druck zum *Code Switching* ausüben.[41] Darunter versteht man die Neigung, sich auf eine Weise zu präsentieren, die zur jeweiligen Situation passt, aber der eigenen Persönlichkeit nicht voll entspricht. Wie meine Forschung zeigt, untergraben wir das Vertrauen von Menschen in eine Organisation, wenn wir aufgrund eines statischen Mindsets gedankliche Hürden bei der Vorstellung, wer für eine Beschäftigung bei uns geeignet sein könnte, errichten.[42] Lanaya Irvin, eine lesbische Frau, deren Kleidungsstil üblicherweise als männlich gilt, war als Wall-Steet-Bankerin tätig, und es wurde allgemein erwartet, dass sie sich entsprechend kleidete.[43] »[Wall Street] ist eine Kultur, in die man sich einfügen soll, deshalb musste ich mich kolossal verschleiern. Ich trug Seidenblusen und Perlenketten. Ich trug die Wall-Street-Uniform. Ich gab mich betont weiblich, sodass man sich auf meine Inhalte und Worte konzentrierte und nicht auf ein männliches Erscheinungsbild.« Nach acht Jahren im Unternehmen war sie in der Hierarchie aufgestiegen und besaß mehr Flexibilität, und so entschied sie sich, keine weiteren Vortragstermine für die Bank mehr wahrzunehmen, »es sei denn, ich dürfte sie so halten, wie ich sie halten möchte«. Dann begann sie allmählich ihre Garderobe am Arbeitsplatz zu verändern. Wie Irvin sagt, änderte sich für die Kunden letztlich nichts, sie hingegen fühlte sich wohler, als sie Präsentationen und hausinterne Vorträge in »maßgeschneiderten Hemden und Einstecktüchern« halten konnte, sagt Irvin. »Es war auch eine Gelegenheit für mich, jungen Talenten zu signalisieren, dass es völlig okay ist, authentisch zu leben.«

Aus diesen unterschiedlichen Beispielen und Forschungsergebnissen haben Sie sicher schon mehrere Wege abgeleitet, um Ihrer Organisation zu einer inklusiveren Wachstumskultur zu verhelfen. Doch schauen wir uns einige spezifische Methoden an.

Wie Sie das Mindset Ihrer Organisation auf die Unterstützung von Vielfalt, Gleichstellung und Inklusion trimmen

»Gehen Sie absichtsvoll vor.«[44] Diesen Rat gibt Lanaya Irvin Unternehmen bezüglich DEI. Sie ist heute CEO von Coqual, das als Thinktank und Beratungsgruppe Unternehmen bei der Diversifizierung ihrer Arbeitsstätte unterstützt. Viele wohlmeinende Organisationen gehen bei ihren DEI-Bemühungen wahllos vor, anstatt einen gründlichen, langfristigen Plan zu erarbeiten, der in einer Wachstumskultur verankert ist. Hier sind einige Werkzeuge, mit denen Sie sicherstellen können, dass Ihre Organisation als inklusive Wachstumskultur funktioniert, der es gelingt, eine breite Spanne an Talenten anzulocken und an sich zu binden.

Feilen Sie an Ihrer Hinweissuche

Irvin weist auf die Bedeutung »organisationaler Selbstbeobachtung« hin. Es sei wichtig, die eigenen kulturellen Schwächen zu diagnostizieren, wenn man Systeme evaluiert, die Vorurteile befördern könnten.[45] In Kapitel 3 habe ich beschreiben, wie man ein Hinweis-Audit durchführt, das ich sehr empfehle. Nachdem wir situative Hinweise besprochen und gesehen haben, wie sie bestimmte Erfahrungen der Mitglieder zahlreicher Gruppen bei verschiedenen Unternehmen beeinflussen, können Sie nun Ihr Hinweis-Audit mit einem Blick auf DEI verfeinern. Erkunden Sie Ihr Unternehmen mit den Augen von aktuellen, früheren oder zukünftigen Angestellten mit verschiedenen Hintergründen oder Identitäten. Welche Botschaften mögen bei ihnen angesichts der personellen Zusammensetzung Ihrer Leitungsebene und Ihrer sonstigen Führungspositionen ankommen? Wie steht es um die Tonalität der Veröffentlichungen Ihres Unternehmens? Wer wird dort abgebildet (und wer nicht)? Wie steht es um die Barrierefreiheit? Hätte ein auf den Rollstuhl angewiesener oder ein kleinwüchsiger Mensch Schwierigkeiten, an irgendeinem Teil Ihres Arbeitsumfelds teilzunehmen? Welche Art von Humor gilt als akzeptabel? Darf man Ihre Mitarbeiterinnen und Mitarbeiter aufgrund ihrer Identität, ihrer Herkunft oder ihres Aussehens necken oder sich sogar über sie lustig machen? Wie steht es um Ihre Beurteilungs- und Beförderungsverfahren? Hat jeder Einzelne gleichen Zugang zu Mentorinnen und Sponsoren?

Achten Sie bei Ihrer Hinweissuche auf Richtlinien, die leicht übersehen werden, etwa Dresscodes und andere Regeln, die das äußere Erscheinen betreffen. Sind sie übertrieben geschlechtsspezifisch ausgerichtet? Könnten sie ungewollt kommunizieren, dass schlanke Körper erfolgreicher sind, und so verhindern, dass man am Arbeitsplatz authentisch ist? Vermitteln sie die Botschaft, dass bestimmte Teile menschlicher Identitäten in Ihrer Organisation nicht gern gesehen sind? Es geht hier nicht um Spaßbremsen; Teamgeist und Zusammenhalt sind in Hochleistungsteams unverzichtbar. Vielmehr geht es darum, ein Umfeld zu schaffen, in dem alle sich wertgeschätzt, respektiert und zu gemeinsamen Höchstleistungen inspiriert fühlen und wo jeder gleichen Zugang zu den Mitteln und Ressourcen hat, die dazu benötigt werden.

Erzählen Sie Geschichten

Lanaya Irvin sagt: »Als schwarze, weibliche LGBT-Führungskraft an der Wall Street weiß ich aus erster Hand, dass ich in einigen der Räume, in denen ich mich bewege, trotz meines Zugangs und meiner Privilegien nie für voll genommen werde.«[46] Irvin berichtet, dass sie sich »nie mehr wahrgenommen fühlte« als an dem Tag, an dem sie Gelegenheit hatte, einige dieser Erfahrungen mit Mitarbeiterinnen und Mitarbeitern zu teilen. Führungskräfte und andere Mitglieder der Organisation müssen diese Dynamiken begreifen, sodass alle auf Praktiken und Erfahrungen achten können, die auf einer Voreingenommenheit beruhen. Die Schaffung von Gelegenheiten zum Geschichtenerzählen in Ihrer Organisation ist ein Weg, um zu gegenseitiger Schulung einzuladen und eine tiefere Verbindung und Identitätssicherheit zu kultivieren.

Schaffen Sie geschützte, identitätssichere Räume für herausfordernde Gespräche

Ein Ansatz, der ohne individuelles Geschichtenerzählen auskommt, besteht darin, regelmäßige Gelegenheiten für Menschen aus unterrepräsentierten Gruppen zum Gespräch mit der Unternehmensleitung zu schaffen. Allzu oft werden solche Gespräche nur anberaumt, wenn sich ein identitätsrelevanter Vorfall oder Ernstfall ereignet hat. Macht man hieraus eine regelmäßige Aktivität – anstatt auf einen unternehmensweiten Skandal zu warten –, wachsen allmählich Vertrauen und Offenheit, sodass man bei auftretenden Problemen auf vorhandene Beziehungen und offene Kommunikationswege zurückgreifen kann.

Ellen Pao von Project Include sagt, dass Unternehmen sichere Strukturen schaffen müssen, in denen regelmäßig DEI-bezogene Gespräche abgehalten werden.[47] Irvin ergänzt: »Man muss nicht alle

Antworten parat haben, nur bereit sein, sich einer unangenehmen Situation auszusetzen, in dem Bewusstsein, dass man besser mit all seinen Fehlern aufkreuzt als gar nicht. Diese Gespräche sind sehr wichtig, um sicherzustellen, dass die Führungsebene menschlich verbunden bleibt und die Leute angehört werden.« Ähnlich wie veränderte Richtlinien bezüglich Dresscodes oder anderer Äußerlichkeiten helfen solche Gespräche nicht nur den Menschen aus unterrepräsentierten Gruppen, sondern sie steigern das Vertrauen und Zugehörigkeitsgefühl in der Gesamtorganisation.

Bei Citizen Discourse, der Organisation von Karen Gross, gründen alle Gespräche in einem »Mitgefühlsvertrag«.[48] Zu Beginn vereinbaren die Teilnehmenden, den Ideen und Erfahrungen der anderen mit einem Niveau an Mitgefühl zu begegnen, das einem dynamischen Mindset entspricht, und sich in einer respektvollen Weise auszudrücken. Man wird ermutigt, bei auftretenden Differenzen neugierig zu bleiben. Anstatt mit gespieltem Selbstvertrauen zu suggerieren, dass man diese Art von Gesprächen beherrscht, soll man eine Lernhaltung einnehmen. Die Forschung zeigt, dass Lernziele die Spannung lösen, die oft bei Gruppen-Interaktionen herrscht.

Unterziehen Sie alle HR-Prozesse einer Neubewertung durch die Brille eines dynamischen Mindsets

Ob es um Stellenausschreibungen geht, die Ausarbeitung von Einstellungsverfahren, das Führen von Vorstellungsgesprächen, das Onboarding neuer Beschäftigter oder um die Beurteilung und Beförderung der bestehenden: Das Mindset Ihrer Organisation beeinflusst, wen Sie anwerben möchten, ob es Ihnen gelingt, talentierte Beschäftigte aus diversen Gruppen an Ihre Organisation zu binden, und ob Ihre Beschäftigten motiviert und bereit sind, ihre Fähigkeiten und Talente voll einzubringen. Verdeutlichen Sie sich explizit, welche Kompetenzen von Anfang an benötigt werden und welche mit der Zeit entwickelt werden können. Oft empfinden es Arbeitgeber als hilfreich, Schulung und Entwicklung ihrer Beschäftigten selbst zu übernehmen. Denn so können ihre Herangehensweise und »organisationale DNA« sich im Gesamtunternehmen verbreiten. Training und Ressourcen müssen jedoch robust sein – wer Menschen einstellt und sie dann ohne Anleitung oder Unterstützung ins kalte Wasser wirft, handelt nicht gemäß einem dynamischen Mindset.

Überlegen Sie, ob sich Ihr Bewerberpool womöglich noch verbreitern lässt. Wie Sara Marcus von Greyston bemerkt, müssen Sie nicht unbedingt den großen Sprung wagen und alle Bewerberinnen und Bewerber unbesehen einstellen – es genügt, auf Leumunds- und Kreditwürdigkeitsprüfungen zu verzichten, ehemalige Häftlinge nicht automatisch zu disqualifizieren oder einfach nur zu überlegen, ob ein Hochschulabschluss oder selbst das Abitur wirklich erforderlich ist, um die zu besetzende Stelle gut auszufüllen.[49] (Denken Sie daran, dass immer mehr Universitäten ihre Lerninhalte online stellen, oft kostenlos. Fast alle Bachelor- und Masterkurse des MIT sind kostenlos online erhältlich,[50] mit anderen Worten, unsere Ausbildungs- und Selbstausbildungswege verändern sich.) Überarbeiten Sie Ihre Einstellungs-, Bewertungs- und Beförderungsverfahren und überprüfen Sie, ob Sie vielleicht willkürliche Kriterien anlegen oder unnötige Hürden aufbauen, die Sie davon abhalten, die besten, diversesten verfügbaren Talente anzuwerben und an Ihre Organisation zu binden.

Es ist nicht leicht, und es kostet Zeit, Mühen und Ressourcen, aber Sie sind nun bereit, die ersten Schritte zu tun, um Ihre Organisation und Ihr Team im Sinne einer inklusiven Wachstumskultur umzugestalten. Zweifellos ist diese Verwandlung viel eher eine Reise als ein Ziel. Dasselbe gilt für das Identifizieren unserer Mindset-Trigger und das kontinuierliche Anpassen unserer Mindset-Ausgangspunkte.

Wir haben nun gesehen, wie Mindset-Kulturen auf organisationaler Ebene etabliert und verstärkt werden können. Im Folgenden betrachten wir, wie sie auf einer interpersonellen Mikro-Ebene wirken. Auf unserer Entdeckungsreise erkunden wir die vier häufigsten Reize, die uns in unser statisches oder dynamisches Mindset hineintreiben, und erlernen Strategien, um bei unbeabsichtigter

Bewegung in die statische Richtung den Hebel umlegen und uns wieder auf Wachstum orientieren zu können. Und nicht nur das: Wir werden sehen, wie das Verständnis für die Macht dieser Mindset-Momente uns dabei helfen kann, in unseren Teams und in unseren interpersonellen Interaktionen Mikrokulturen des Wachstums aufzubauen, in denen jeder etwas bewirken und Einfluss nehmen kann.

Teil III

DIE EIGENEN MINDSET-TRIGGER ERKENNEN

8

MINDSET-MIKROKULTUREN

Mindsets wirken nicht nur in unseren Köpfen, sondern beeinflussen auch unser gesamtes Umfeld. Nachdem wir nun die Auswirkungen der übergreifenden Mindset-Kultur von Organisationen untersucht haben, wollen wir dem Einfluss von Mikrokulturen auf den Grund gehen, den wir in verschiedenen Situationen beobachten können, in denen Menschen miteinander umgehen. In einer Genie- oder einer Wachstumskultur begegnen wir Mindset-Mikrokulturen, die sich mit der Kultur der Gesamtorganisation decken oder aber von dieser abweichen können. Ich habe mit mehreren Fortune-100-Unternehmen zusammengearbeitet, in denen die Organisation eine Geniekultur zu verkörpern schien, wo sich jedoch zeigte, dass innerhalb der dominanten Mindset-Kultur kleinere Mikrokulturen existierten – ein oder zwei Bereiche, eine Abteilung oder ein paar Teams, die intern eine Wachstumskultur zu pflegen schienen. Sie hatten sich ihre eigene lokale Kultur geschaffen.

Diese abweichenden Mikrokulturen sind wichtig, denn wenn eine Organisation die mühsame Aufgabe eines Kulturwandels in Angriff nimmt, sind sie ein guter Ausgangspunkt. Diese Teams haben etwas, das es ihnen ermöglicht hat, eine andere Kultur als die größere, in die sie eingebettet sind, zu erschaffen. Um zu verstehen, wie ein Kulturwandel auf Organisationsebene stattfinden kann, ist es hilfreich, die Entstehung dieser Mikrokulturen zu untersuchen. Diese Mikrokulturen sind überdies Eigengewächse, sie besitzen die DNA der Organisation und können beispielhaft aufzeigen, was innerhalb dieser möglich ist (als Alternative zu externen Beispielen, die bisweilen nützlich sein können).

In den nächsten paar Kapiteln werden wir diese Mikrokulturen durch die Brille von Mindset-Triggern betrachten, darunter die vier häufigsten interpersonellen Situationen, die Forschungen zufolge Menschen in Richtung ihres statischen oder dynamischen Mindsets treiben.

Die vier Mindset-Trigger

Im Jahr 2016 kam eine große multinationale Bank auf mich und mein Team zu. Man bat uns, ein Verfahren zur Beurteilung von Mindsets zu entwerfen, mit dessen Hilfe man Wachstum und Entwicklung der Beschäftigten unterstützen wollte. Trotz bester Absichten ist eine einmalige Beurteilung des Mindsets von Beschäftigten einfach nicht der geeignete Weg, um zu prognostizieren, wie sich diese Menschen im »wahren Leben« verhalten werden, wie wir bereits gesehen haben. Doch wir erkannten in dieser Anfrage die Chance, eine von uns schon länger gehegte Vermutung zu testen.

Nach Sichtung einer großen Menge an Daten und der Literatur identifizierte mein Team vier Situationen, die am besten geeignet scheinen, Menschen entlang ihres Mindset-Kontinuums zu bewegen.[1] Nun war es an der Zeit, unsere Hypothese zu testen. Wir untersuchten, wie Tausende der Bankangestellten auf diese vier Situationen reagierten und wie diese sich auf ihre Arbeitsleistung auswirkten, wobei sich die ermittelten Daten auf diese vier Trigger als Prognosevariablen für die Motivation, das Verhalten und die Arbeitsleistung der Mitarbeiter konzentrierten. Die Beschäftigten empfanden es als hilfreich, ihre Mindset-Trigger zu kennen, und wollten wissen, wie sie mit diesen umgehen konnten. Die Führungskräfte wiederum empfanden es als hilfreich, zu wissen, welche Reize ihre direkten Untergebenen in Richtung eines statischen oder dynamischen Mindsets trieben, und konnten mithilfe dieser Information ihre Entwicklungsangebote und ihr Feedback so ausrichten, dass die Beschäftigten sich öfter in Richtung ihres dynamischen Mindsets orientierten.

Diese Befunde ermutigten uns, und so unternahmen wir eine gründlichere Studie, an der Führungskräfte aus verschiedenen Unternehmen teilnahmen. Uns interessierte, ob diese vier Reize auch für andere Organisationen aus diversen Branchen galten. Wir begannen mit Shell und fuhren dann mit einer Reihe von Fokusgruppen und Workshops in kleineren und größeren Unternehmen fort. Die Ergebnisse ähnelten sich.

Wann immer wir unsere Erkenntnisse öffentlich machten, begegnete uns eine überraschende Reaktion: Erleichterung. Es befreite die Menschen, endlich darüber sprechen zu können, was sie in ein statisches Mindset führte. Unsere Erläuterung des Mindset-Kontinuums – unter Betonung der Tatsache, dass wir alle beide Extreme in uns tragen – normalisierte das starre Mindset als etwas, das alle Menschen betrifft. Das Wissen darum, dass Mindset keine statische Eigenschaft ist, sondern vielmehr oft situationsabhängig, befreite die Menschen von der Moralisierung und den Wertungen, an die sie gewohnt waren. Sie fühlten sich befreit von der Entdeckung, dass ihre Reaktion auf diese vier herausfordernden Situationen nicht nur von ihnen selbst abhing – und dass sich diese Reaktion verändern konnte. Die Reaktion jedes Einzelnen ist eine Folge der komplexen Interaktion zwischen seinen persönlichen Überzeugungen und Erfahrungen und seiner Lebensgeschichte auf der einen und der Organisationskultur (die sich in ihren Richtlinien, Praktiken und Verhaltensweisen ausdrückt) auf der anderen Seite.

Behalten Sie also bei unseren weiteren Mindset-Erkundungen im Hinterkopf, dass das Wissen um diese vier Trigger und um die Möglichkeiten, sie zu steuern, nicht nur für die einzelnen Beschäftigten entscheidend ist, sondern auch für jene, die für ihre Arbeitsleistung und Entwicklung sorgen sollen, sowie für jeden, der die Organisationskultur beeinflusst. Warum? Nun, Kulturen entstehen durch Individuen, die miteinander interagieren, und Menschen beeinflussen diese Trigger und werden gleichzeitig von ihnen beeinflusst. Wer weiß, wie die eigene Gruppe darauf reagiert, erkennt konkrete Möglichkeiten, um diese Situationen sowie interpersonelle Interaktionen, die zusammengenommen Mindset-Kulturen ausmachen, zu gestalten.

Beurteilungssituationen

Ob man ein Angestellter ist, der eine wichtige Präsentation vorbereitet, eine Managerin, die auf das Ergebnis ihres Feedback-Gesprächs wartet, oder ein CEO, der eine Rede über eine neue Firmenpolitik halten will – wir alle denken ganz selbstverständlich daran, wie andere uns beurteilen werden. Diese Situationen können uns das Gefühl vermitteln, uns beweisen zu müssen, sodass wir uns ganz auf unsere Wirkung konzentrieren, oder sie können uns stattdessen in den Lernmodus führen, wo wir wachstumsorientierte Verhaltensweisen an den Tag legen.

Hochleistungssituationen

Wir erleben oft Situationen, die uns besonders viel Aufmerksamkeit und Energie abverlangen. Bei Unternehmen wie Google passiert das routinemäßig: Dort werden die Teams alle sechs bis acht Wochen umgekrempelt, sodass die Beschäftigten sich sehr schnell in einen neuen Workflow, ein neues Produkt oder eine neue Dienstleistung einarbeiten müssen. Wenn Menschen durch diese Hochleistungssituationen in ihr statisches Mindset gedrängt werden, haben sie bisweilen so viel Angst zu versagen, dass sie wichtige Versetzungen oder Beförderungen ablehnen, die sie beruflich weiterbringen würden. Bewegen sie sich hingegen aufgrund dieser Situationen in Richtung ihres dynamischen Mindsets, dann glauben sie, dass sie am besten vorankommen, wenn sie sich anstrengen und die Herausforderung annehmen.

Kritisches Feedback

In diesen Situationen *erwarten* wir keine Beurteilung, sondern erhalten negatives Feedback. Durch die Brille eines statischen Mindsets betrachtet kann kritisches Feedback besonders bedrohlich wirken, denn dann geht es augenscheinlich nicht nur darum, ob wir eine Aufgabe gut oder schlecht ausgeführt haben, sondern ob wir ein guter oder schlechter Mensch sind. Wenn wir uns in unserem statischen Mindset befinden, dann glauben wir, dass die Kritik an unserer Arbeit einen negativen Subtext bezüglich unserer Person enthält; die Defizite bestehen demnach nicht nur bei unseren Fähigkeiten, sondern auch bei uns selbst und unserer Leistungsfähigkeit. Beschäftigte, die sich in ihrem starren Mindset befinden, vermeiden es daher, nach kritischem Feedback zu fragen. Das wiederum hemmt ihr Wachstum, wodurch ein Teufelskreis entsteht. Menschen, denen es gelingt, kritisches Feedback aus ihrem dynamischen Mindset heraus zu betrachten, fallen Lernen und Entwicklung viel leichter. Tatsächlich erleben wir, dass viele Menschen, die in Richtung ihres dynamischen Mindsets bewegt worden sind, aktiv um kritisches Feedback bitten. Das bedeutet nicht, dass es ihnen Spaß macht, den Erwartungen nicht zu entsprechen, aber sie betrachten dies als Lerngelegenheit.

Erfolge anderer

Situationen, in denen eine Kollegin oder ein Kollege einen Erfolg wie etwa eine Beförderung oder eine Auszeichnung verbucht, können unser Verhalten als außenstehende Beobachter beeinflussen. Wenn der Erfolg anderer uns in Richtung unseres statischen Mindsets treibt, kann uns dies leicht demotivieren: »Ich werde nie so gut sein wie Yen, warum also sollte ich es versuchen?« In unserem dynamischen Mindset inspirieren uns Erfolge anderer Menschen eher; wir betrachten sie dann als Gelegenheit, neue Strategien auszuprobieren, die uns zu eigenen Erfolgen führen können: »Yen hat das wirklich toll gemacht. Vielleicht kann sie mir ein paar Tipps geben.«

Wie im letzten Kapitel erwähnt, zeigen uns situative Hinweise die Wahrscheinlichkeit an, dass wir gut oder schlecht behandelt werden: Wird man uns zuhören? Wird unsere Meinung zählen? Wird man uns integrieren und respektvoll behandeln? Situative Hinweise verraten uns, mit welchen Erfahrungen wir bezüglich unserer sozialen Identität rechnen können, doch wir beobachten auch die Menschen, Normen und Interaktionen in unserer Umgebung, um zu beurteilen, ob die Überzeugungen und Verhaltensweisen unseres *lokalen Umfelds* einem statischen oder dynamischen Mindset entspringen.[2]

Meine Forschungen zeigen, dass Menschen auf unterschiedliche Mindset-Trigger und in unterschiedlichem Ausmaß reagieren, sodass sich diese Situationen unterschiedlich auf ihr Mindset auswirken. So könnte eine Person sich durch Hochleistungssituationen bedroht fühlen, wenn sie eine neue Stelle antritt, aber kritisches Feedback eher als Verbesserungschance betrachten. Eine andere Person könnte stärker unter Beurteilungssituationen leiden, aber Erfolge anderer begeistert feiern und als Lernchance ansehen. Unsere Untersuchung dieser Mindset-Trigger in den nächsten Kapiteln wird Ihnen helfen, Ihre eigenen Trigger aufzuspüren, in dem Wissen, dass diese veränderbar sind. (Und falls es alle vier sind, keine Sorge – Sie befinden sich in guter Gesellschaft.) Sie werden auch Strategien kennenlernen, die Ihnen helfen, wachstumsorientiert zu reagieren, auch wenn Sie von einer Geniekultur umgeben sind.

Um all dies zu erreichen, ist es hilfreich, zu verstehen, wie es sich *anfühlt*, sich in einem dynamischen oder starren Mindset zu befinden. Beginnen wir also dort.

Wie sich Mindsets anfühlen

Denken Sie an einen Moment zurück, an dem Sie einer Idee folgten oder ein Hobby aufnahmen, einfach weil Sie Spaß daran hatten. Als Sie begierig waren, alles nur Denkbare darüber zu erfahren und es so oft und lange wie möglich zu betreiben. Sie schauten sich Videos darüber an, lasen Bücher und hörten Podcasts. Sie wollten hineintauchen und es einfach tun, wollten lernen und Fortschritte machen, und sie erlebten jenen wunderbaren Zustand des Flows. So kann es sich anfühlen, wenn man sich in seinem dynamischen Mindset befindet. Es bedeutet nicht, dass die Tätigkeit, der man sich gerade widmet, leicht ist – das ist tatsächlich nur selten der Fall. Untersuchungen haben gezeigt, dass Flow-Zustände häufig auftreten, wenn wir uns an unserer Leistungsgrenze befinden – mit anderen Worten: dort, wo wir gefordert sind, aber diese Herausforderung mit einiger Anstrengung bewältigen können. Wenn Sie auf Wachstum eingestimmt sind, entwickelt Ihre Aufgabe eine unwiderstehliche Anziehungskraft. Sie sind hoch engagiert, aber nicht, um einen Punkt auf einer To-do-Liste abzuhaken, sondern weil sie etwas beherrschen wollen oder einfach Spaß daran haben. Zugegeben, am Arbeitsplatz haken Sie vielleicht auch mal etwas ab, aber Sie nehmen die Aufgabe oder das Projekt von Ihrem dynamischen Mindset aus in Angriff, nicht, weil Sie es müssen, sondern weil Sie es wollen.

Als ich einmal während eines Sabbaticals an einem herrlichen Frühlingsmorgen durch San Francisco spazierte, traf ich auf ein prächtiges, zwei Meter hohes Wandgemälde mit dekorativer schnörkeliger Schrift. Da hieß es: »Werde derjenige, der du sein kannst.« Spontan kam mir in den Sinn: *Ob ich wohl solche Kunst machen könnte?* Nun, meine Schreibkunst hat schon immer zu wünschen übrig gelassen (fragen Sie nur meine Studierenden nach meinen gekritzelten Kommentaren auf ihren wissenschaftlichen Arbeiten), und ich bin nicht allzu künstlerisch oder kreativ veranlagt. (Psst! Starres Mindset!) Ich habe immer gesagt, dass meine brillante Schwester Maureen das kreative Gen in unserer Familie besitzt und ich nicht einmal ein Strichmännchen zeichnen könnte, um mein Leben zu retten. Doch kaum war ich zu Hause, ertappte ich mich dabei, wie ich Stifte bestellte, Handlettering-Tutorials auf YouTube anschaute (es gibt unzählige!), Arbeitshefte kaufte und energiegeladen und voller Begeisterung war, etwas Neues zu lernen – nur aus Spaß an der Freude. Natürlich sah das Ergebnis anfangs furchtbar aus (und ich arbeite noch immer daran), aber das störte mich nicht. Ich lernte etwas Neues, und das fühlte sich großartig an. Und dieses Lernbedürfnis trieb mich aus meinem statischen Mindset heraus, das um die Vorstellung kreiste, dass ich nicht das angeborene Talent besaß, kreativ zu sein. Ich wurde in mein dynamisches Mindset hineingetrieben.

Doch das war ein Hobby, ein Spaß. Wie aber sieht es aus, wenn es um unsere Arbeit geht oder um das Handwerk, mit dem wir unsere Brötchen verdienen? Werfen wir dazu einen Blick auf die Geschichte von Daniel »Rudy« Ruettiger, die als Vorlage für den Film *Rudy* diente.[3] Ruettiger brannte so sehr für das American-Football-Team der University of Notre Dame, dass er sowohl auf dem Platz als auch außerhalb desselben alles in seiner Macht Stehende tat, um ins Team aufgenommen zu werden. So studierte er zunächst an einem Community College, wo er hart arbeitete, um seine Kurse mit den erforderlichen Noten abzuschließen, die ihm einen Studienplatz in Notre Dame sichern würden. Dann musste er sich einen Platz als Auswechselspieler im Team erkämpfen – keine leichte Aufgabe für Ruettiger, der zwar ein guter Football-Spieler war, doch mit seinen 1,68 Meter und einem Gewicht von nur 75 Kilogramm nicht die richtigen Körpermaße hatte, um auf diesem Niveau mithalten zu können. Schließlich gelang es ihm, in das Scout Team aufgenommen zu werden, das der ersten Mannschaft als Sparringspartner dient. Beim Training gab Ruettiger alles, um seine Teamkameraden bei ihrer Leistungssteigerung zu unterstützen; er ermutigte sie und trieb sie an, härter an sich zu arbeiten. In vielerlei Hinsicht wurde Ruettiger zum eigentlichen Herz des Teams. Im letzten Heimspiel, in dem Ruettiger das Spielrecht besaß, forderte man ihn auf, sich umzuziehen, und nun erfüllte sich sein Traum: Er durfte für drei Spielzüge auf das Feld. Im letzten Spielzug brachte er den Quarterback-Spieler von Georgia Tech zu Fall – sein erster und einziger offizieller Punktgewinn bei Notre Dame – und wurde anschließend von seinen Teamkameraden vom Platz getragen. Er war der erste Notre-Dame-Spieler, dem diese Ehre zuteilwurde. Inmitten diverser struktureller und institutioneller Botschaften, wonach er für das Team nicht geeignet sei, schuf Ruettiger eine Wachstums-Mikrokultur für sich selbst. Die anfänglichen Zurückweisungen in Verbindung mit seinem unbeirrten Einsatz leiteten ihn in Richtung seines dynamischen Mindsets. Dieses Mindset kultivierte er wiederum im Team, und der Rest ist Geschichte. Vergleichbares leisten Programmierer, die Probleme lösen und diese Lösungen kostenlos verfügbar machen, einfach nur, um die Wissensbasis zu vergrößern. Oder Schülerinnen und Schüler, die freiwillig mehr über ein Thema lernen, als der Lehrplan erfordert.

So sieht ein dynamisches Mindset in der Praxis aus – hier wird Lernen als bereichernd empfunden. Es findet kein Wettstreit um externe Auszeichnungen oder Lobeshymnen statt, sondern die Motivation ist intrinsisch – es ist die Freude an der Entdeckung. Wenn wir uns in unserem dynamischen Mindset befinden, haken wir beim Lernen keinen Punkt auf einer To-do-Liste ab. Das bedeutet nicht, dass es sich leicht anfühlt oder dass wir eine Tätigkeit plötzlich und auf magische Weise beherrschen, nur weil wir es uns wünschen oder weil wir uns im »richtigen« Mindset befinden. Tatsächlich haben Gehirnforschungen gezeigt, dass wir während der Ausbildung neuer Fertigkeiten oft unruhig sind.[4] Ein dynamisches Mindset motiviert uns aber dazu, nicht aufzugeben. Mit der Zeit entwickeln wir neue Fähigkeiten und Kenntnisse und erkennen, dass unsere Kompetenz gestiegen ist.

Am anderen Ende des Kontinuums vertiefen wir uns immer weniger in unsere Tätigkeit und sind immer mehr darum besorgt, wie andere uns wahrnehmen. Gelten wir als schlau und kompetent? Wenn wir das Gegenteil befürchten, können wir angespannt und unruhig werden. Anstatt uns darauf zu konzentrieren, wie wir die Aufgabe so angehen können, dass wir maximalen Erkenntnisgewinn daraus ziehen, versteifen wir uns darauf, den anderen im besten Licht zu erscheinen. Solche Gedanken und Gefühle weisen darauf hin, dass wir uns in unserem statischen Mindset befinden oder uns in diese Richtung bewegen.

Eine meiner Freundinnen sagt, sie erkenne, dass sie sich in ihrem statischen Mindset befinde, wenn sie nicht genüsslich über ihre eigenen Fehler lachen könne. Ihr Körper fühle sich dann »wie ein Käfig für meine Anspannung« an. Das ist kein Grund zum Schämen – jeder von uns verkörpert manchmal sein starres Mindset. Die beste wachstumsorientierte Reaktion darauf besteht darin, zu lernen, diesen Zustand zu erkennen, und die Strategien anzuwenden, die uns wieder auf den Wachstumspfad zurückführen.

Die obigen Ausführungen preisen das dynamische Mindset, aber ich möchte Ihnen gern vermitteln, dass es sich bei der Formel »dynamisch ist gut, statisch ist schlecht« um eine verbreitete Fehlwahrnehmung handelt. Mindsets sind einfach da. In der Regel ist es vorteilhafter, aus einem dynamischen Mindset heraus zu handeln, aber das gilt nicht uneingeschränkt. Und denken Sie daran: Wir pendeln laufend zwischen beiden hin und her. Nehmen wir uns ein paar Minuten, um unser viel gescholtenes statisches Mindset etwas näher zu betrachten.

Wie unser statisches Mindset funktioniert

Ich werde oft gefragt, ob es jemals gut sei, ein statisches Mindset zu »haben« (oder korrekterweise: sich in seinem statischen Mindset zu befinden, denn wir haben es alle). Mir fallen durchaus einige Situationen ein, in denen meine Antwort sich einem »Ja« annähern würde. Wenn wir mit Menschen zu tun haben, die sich in ihrem statischen Mindset befinden, kann es hilfreich sein, ihre Perspektive einzunehmen – also vorübergehend unser eigenes starres Mindset zu verkörpern, um die Welt aus ihrer Sicht wahrzunehmen. Wenn wir ihre Mindset-Trigger oder ihre Sorgen, die aus den Überzeugungen eines statischen Mindsets herrühren, begreifen, dann erkennen wir vielleicht, wie wir ihnen helfen können, die Dinge anders zu betrachten. Die Kenntnis unseres starren Mindsets kann uns auch dabei helfen, uns in Geniekulturen strategisch zu bewegen, wie meine

Forschungen zeigen.[5] Wenn wir das statische Mindset einer Organisation erkennen, dann begreifen wir auch, was das Unternehmen von uns erwartet, und wir können uns dem gegebenenfalls anpassen, um den Fuß in die Tür zu bekommen und später den kontextspezifischen Lohn zu ernten. Geniekulturen sind öfter in Branchen anzutreffen, in denen Sicherheitsdenken und stark ausgeprägte Vorstellungen über das richtige Vorgehen auf den bisherigen Praktiken beruhen. Zu diesen Branchen gehören etwa das Rechtswesen, die Medizin, das Rechnungswesen oder Aufgaben wie Datenerfassung, Qualitätskontrolle oder Wirtschaftsprüfung. Doch selbst hier kann ein dynamisches Mindset nützlich sein, um Innovation und wirtschaftlichen Erfolg anzutreiben – denken Sie an Candy Duncans Wirken als Wirtschaftsprüferin bei KMPG[6] oder an Shells Sicherheitskampagne »Goal Zero«[7].

Ich bin davon überzeugt, dass die Frage, ob ein statisches Mindset jemals gut sein kann, falsch gestellt ist. Vielleicht sollte man besser fragen, ob es hilfreich sei, die meiste Zeit seinem statischen Mindset zuzuneigen. Die Antwort hierauf lautet »Nein«, denn man würde damit unnötigerweise sein Selbstbild und sein Verständnis dessen, was man zu leisten imstande ist, einschränken. Eine passendere Frage könnte lauten, ob es jemals zweckmäßig sei, sein starres Mindset zu verkörpern, was ich uneingeschränkt bejahen würde.

Vielleicht überrascht es Sie, zu erfahren, dass viele Menschen, die ich schätze und mit denen ich zusammenarbeite, von Haus aus Überzeugungen vertreten, die einem statischen Mindset entspringen. Wenn man ihnen etwas vorstellt, das eine Anstrengung von ihnen verlangt, betrachten sie es spontan oft als Hindernis statt als Chance. Ist diese unmittelbare innere Reaktion per se schlecht? Nein. Ist sie zweckmäßig? Vielleicht. Es kommt darauf, wie wir die Impulse unseres statischen Mindsets nutzen. So könnte unsere spontane Reaktion darin bestehen, die Probleme zu benennen, die unserer Meinung nach der Bewältigung der Herausforderung entgegenstehen, oder zu sagen, was *nicht* funktionieren wird. Solche Reaktionen können uns sogar dabei helfen, den Rahmen für mögliche Lösungen abzustecken. Die statische Reaktion ist dann hinderlich, wenn man an diesem Punkt verbleibt und sich *ausschließlich* auf das konzentriert, was nicht funktionieren wird. Tatsächlich haben meine sehr erfolgreichen Freunde und Kolleginnen zu erkennen gelernt, wann sie sich in ihrem statischen Mindset befinden. Sie betrachten die Situation durch diese Brille und schubsen sich dann selbst auf den Wachstumspfad zurück, indem sie etwa fragen: »Okay, wenn diese Ansätze nicht funktionieren, welche dann?«

Jedes dieser Konzepte wird leichter verständlich, wenn wir uns mit den vier häufigsten Mindset-Triggern beschäftigten, die unsere persönlichen Mindset-Überzeugungen in einer gegebenen Situation prägen. Der erste dieser Trigger sind Beurteilungssituationen.

9

BEURTEILUNGS-SITUATIONEN

Ich werde Sie über den Stoff dieses Buches prüfen, achten Sie also darauf, alles gründlich zu lesen und zu durchdringen. Wie gut Sie das Gelesene reproduzieren können und verstanden haben, wird mir außerdem viel darüber sagen, wie schlau und kompetent Sie sind – und wie erfolgreich Sie künftig sein werden.

Halten Sie nun inne und beobachten Sie Ihre Gedanken und Gefühle. Ist Ihnen angst und bange geworden, oder sind Sie begeistert und warten nur auf den Startschuss? Fühlen Sie sich körperlich angespannt und beengt, oder sind Sie bereit, zur Tat zu schreiten?

Natürlich werde ich Sie nicht wirklich testen. Doch Ihre Reaktion auf die Vorstellung, dass dies passieren könnte, liefert Hinweise darauf, wie Sie auf den ersten der vier Mindset-Trigger – Beurteilungssituationen – reagieren.

Beurteilungssituationen sind solche, wo wir *annehmen*, von anderen beurteilt zu werden. Das kann ein Routine-Meeting sein, von dem Sie bereits wissen, dass man Sie dort bitten wird, die Arbeit Ihres Teams zu schildern. Oder es steht ein wichtiger Vortrag an. Oder Sie bereiten sich gerade auf Ihr Jahresgespräch vor. Welche Situation auch immer vorliegt: Sie wissen, dass andere auf Ihre Arbeit reagieren werden und Sie vermutlich auf deren Grundlage beurteilen.

Schon beim Lesen dieser Beispiele hat Ihnen Ihr Körper womöglich weitere Hinweise gegeben. Wenn Sie nervös wurden, Herzflattern bekamen oder sich Ihre Muskeln anspannten, dann treiben Beurteilungssituationen Sie sehr wahrscheinlich in Richtung Ihres statischen Mindsets (jedenfalls in Ihrem jetzigen Umfeld). Wenn Sie hingegen eher freudig erregt als nervös waren, sprechen diese Situationen eher Ihr dynamisches Mindset an. Denken Sie einmal an ähnliche Situationen, die Sie selbst erlebt haben: Können Sie sich daran erinnern, wie Sie sich bei der Vorbereitung darauf fühlten? Waren Sie voller Sorge oder freudig erregt? Fühlte es sich eher wie ein Pflichttermin an, wo Sie sich beweisen mussten, oder wie eine Lernchance? Beurteilungssituationen neigen dazu, Reize auszusenden, die jeden von uns – unabhängig vom Umfeld – sanft (oder auch druckvoll) in unser statisches oder dynamisches Mindset treiben.

Genau diese unterschiedlichen Reaktionen habe ich auch in einem meiner Fortbildungsseminare für Führungskräfte an der Stanford Graduate School of Business festgestellt. An diesem einwöchigen Intensivkurs nahmen rund 15 niederländische CEOs teil. Ich sprach über Situationen, die uns eher in Richtung unseres statischen oder dynamischen Mindsets treiben, und wie man seine eigenen Reaktionen erkennt. Nachdem ich die Mindset-Trigger beschrieben hatte, bat ich die CEOs, sich für eine Übung in Paaren zusammenzufinden. »Okay«, sagte ich, »ich möchte, dass Sie diese vier Situationen nacheinander durchgehen und darüber sprechen, welche Sie selbst zu Beginn Ihrer Laufbahn erlebt haben oder derzeit noch erleben. Denken Sie daran, dass Ihre Reaktionen je nach Zeitpunkt in Ihrem Leben unterschiedlich ausfallen können.«

Eines der Dinge, die mir an der Gruppe gefielen, war ihr direkter, expliziter Kommunikationsstil. In ihren Gesprächen, die ich teilweise verfolgte, schreckten sie nicht vor schroffen und provokativen, aber gesunden Äußerungen zurück. Als ich aber die Gruppe wieder zusammenrief und um Freiwillige bat, die ihre Ergebnisse den anderen mitteilen wollten, regte sich keine Hand. Fairerweise muss man sagen, dass man sich beim Mitteilen verletzlich macht, insbesondere, wenn man der Erste ist – das kann einem als Schwäche ausgelegt werden. Schließlich hob sich zögerlich eine Hand.

»Toll«, sagte ich zur Ermutigung, »hören wir uns an, was Sie entdeckt haben.«

»Nun …«, räusperte er sich, »mit Beurteilungssituationen geht es mir so, dass ich das Gefühl habe, mir schon zu oft die Finger verbrannt zu haben, wenn ich etwas vorschlage, von dem ich weiß, dass es innerhalb der Firma umstritten sein wird. Ich stelle fest, dass ich immer mehr dazu neige, die Vorbereitung solcher Vorschläge zu delegieren, weil ich sonst innerlich zu unruhig werde. Deshalb bitte ich meine Mitarbeitenden – die nachgeordnete Führungsebene –, meine Folien oder meine Rede zu entwerfen. Ich redigiere sie vielleicht ein wenig, aber mir ist bewusst, dass ich das tue, weil es mich in gewisser Weise vor den möglichen Reaktionen der Leute schützt. Ich ahne also voraus, wie die Leute reagieren werden, und delegiere diese Aufgaben an andere, damit ich nicht abgelenkt werde.«

In dem kleinen Raum setzte ein allgemeines Kopfnicken und Murmeln ein. »Oh ja. Ja, das verstehe ich gut.« Dann meldete sich ein anderer Teilnehmer.

»Wissen Sie, ich habe viele dieser Mindset-Trigger«, sagte der CEO, »aber ich glaube tatsächlich, dass Beurteilungssituationen der Reiz sein könnten, der mir zu Wachstum verhilft.«

»Tatsächlich?«, fragten die anderen.

»Ja! Ich liebe es, dazusitzen und mir Strategien auszudenken, wie wir unseren Beschäftigten am besten Fragen stellen können. Wie wir Feedback-Schleifen so strukturieren können, dass sie die nötigen Informationen generieren, um das Unternehmen voranzubringen. Und wenn ich in diesem Mindset bin, habe ich das Gefühl, dass alles möglich ist. Ich rechne eigentlich nicht mit sehr viel positivem Feedback, aber ich liebe einfach das Gefühl, planen zu können, wie wir die hilfreichsten Informationen aus unseren Kunden herauslocken.« Tatsächlich verbringe er in seinen Meetings oft einen Großteil der Zeit in der Rolle des Zuhörers. »Das wirft man mir manchmal vor«, sagte er, »aber ich habe einfach das Gefühl, dass ich dann die besten Entscheidungen treffe, wenn ich mich so viel wie möglich Situationen aussetze, in denen ich etwas lerne.«

Sie erkennen die Unterschiede in diesen Antworten. Wenn Beurteilungssituationen uns in Richtung unseres statischen Mindsets treiben, dann betonen wir unsere persönliche Darbietung. Wir fragen uns: »Wie kann ich mich im besten Licht präsentieren?« Wenn wir einen Bericht, eine Präsentation oder eine Rede vorbereiten, konzentrieren wir uns darauf, unsere Intelligenz und Kompetenz unter Beweis zu stellen. Wir wählen unsere Quellen und Darstellungsformen so, dass sie (hoffentlich) unsere Brillanz zeigen. Und wenn es darum geht, unser Vorgehen zu reflektieren, vermeiden wir es oft, über die Herausforderungen und Rückschläge zu sprechen, denen wir begegnet sind, denn das könnte uns ja als schwach erscheinen lassen und unseren Ruf beschädigen.

Unser statisches Mindset verleitet uns zu einer engen, leistungsorientierten Zielsetzung – wir möchten unseren Wert beweisen.[1] Wir begreifen das Produkt unserer Anstrengungen als Test, den wir bestehen müssen, indem wir unseren Intellekt zur Schau stellen. Oberflächlich betrachtet mag das unproblematisch sein – schließlich mögen wir leistungsstarke und motivierte Angestellte, oder etwa nicht? Doch dieses Mindset beschränkt einen, denn das Ziel ist rein individuell (das Produkt muss die Brillanz des Beschäftigten widerspiegeln) statt team- oder organisationsbezogen (das Produkt sollte das Unternehmen weiterbringen). Es wirkt auch deshalb beschränkend, weil Beschäftigte, die auf ihr Auftreten fokussiert sind, sich typischerweise viel zu wenig mit Lernen beschäftigen. Dies wiederum hemmt ihr Vermögen, die Daten und die Evidenz zusammenzutragen, die ihr Wachstum und ihre Entwicklung antreiben – und damit auch Wachstum und Entwicklung des Produkts und der Organisation.

Umgekehrt ist die Sichtweise aus einem dynamischen Mindset heraus ausgedehnter: Wir setzen uns eher Lernziele, etwa: »Wie kann ich dies nutzen, um meine Ideen zu verbessern?« Bei unseren Vorbereitungen konzentrieren wir uns auf die Frage, wie wir Feedback von anderen einholen können (womit wir eine Wachstums-Mikrokultur in unserem Umfeld begründen), um unsere aktuelle

Statisch ◄	► Dynamisch
Ziele	
Um jeden Preis schlau wirken	Um jeden Preis lernen
Wie es klingt	
»Ich möchte bei meiner Arbeit vor allem zeigen, wie gut ich bin.«	»Für mich ist es viel wichtiger, bei meiner Arbeit Neues zu lernen, als die besten Beurteilungen zu erhalten.«
Wie es unsere Reaktionen prägt	
Defensiv: »Sie wissen alle nicht, wovon sie reden.«	Aufgeschlossen: »Das ist so hilfreich! Jetzt verstehe ich es besser.«

Abbildung 6: Beurteilungssituationen auf dem Mindset-Kontinuum

Idee weiterzuentwickeln. Bei der Präsentation unserer Ergebnisse stellen wir vielleicht unsere bisherigen Erfolge heraus, weisen aber auch auf einige der Herausforderungen und Mühen hin, denen wir begegnet sind, und auf die Strategien, mit deren Hilfe wir sie zu überwinden suchen. Dies ermöglicht es anderen, aus unseren Erfahrungen zu lernen (womit wir wiederum die Mikrokultur um uns herum fördern), und lädt sie dazu ein, uns ihre Einsichten mitzuteilen, die uns wiederum helfen, unsere aktuellen Dilemmata zu überwinden.

Theranos-Gründerin Elizabeth Holmes ist ein mahnendes Beispiel für Verhaltensweisen in Beurteilungssituationen, die von einem statischen Mindset herrühren. Wie der Journalist John Carreyrou vom *Wall Street Journal* berichtet, galt sie von frühester Jugend an als außergewöhnliches Kind.[2] In ihrem ersten Studienjahr in Stanford kam sie auf die Idee, ein Klebepflaster zu entwickeln, das das menschliche Blutbild überwachen konnte. Holmes ging mit ihrer Idee zu Phyllis Gardner, einer Medizinprofessorin. »Ich sagte ihr ständig: ›Das ist nicht machbar‹«, erzählte Gardner einem anderen

Reporter, aber Holmes wollte nicht auf sie hören.[3] Es gelang ihr stattdessen, sich die Unterstützung eines anderen Stanford-Professors zu sichern, der sie als Genie bezeichnete und mit Beethoven verglich. Im Jahr 2003, im Alter von 19 Jahren, brach sie ihr Studium ab und gründete Theranos, wo ihre Pflasteridee sich in Pläne zum Bau eines PC-großen Geräts verwandelte – dem Holmes den Namen »Edison« gab –, das mehr als 200 Tests anhand einer winzigen Blutprobe durchführen sollte, die per Fingerstich gewonnen wurde.

Rasch wurde Holmes zum Darling der Technologiewelt und fand sich in einer Beurteilungssituation wieder, bei der viel auf dem Spiel stand: Sie musste Hunderte Millionen Dollar an Wagniskapital wieder einspielen und die neun Milliarden Dollar schwere Bewertung ihres Unternehmens glaubhaft machen. Um ihr Unternehmen zum Wachstum zu verhelfen, musste Holmes ein Gerät präsentieren, das funktionierte. Das konnte sie aber nicht. Ihren Ingenieuren gelang es nicht, ein so kleines Gerät zu entwickeln, das eine solche Bandbreite an Tests durchführen konnte, und die unmöglich kleinen Blutproben mussten verdünnt werden, um auch nur die Hälfte der versprochenen Tests zu realisieren, wodurch deren Ergebnisse notorisch unzuverlässig wurden. Doch anstatt die Wahrheit zu bekennen oder ihren renommierten Verwaltungsrat oder ihre Mentoren um Unterstützung zu bitten, belog Holmes ihre Investoren und Beschäftigten, den Verwaltungsrat und die staatliche Regulierungsbehörde.[4] Ihre Mitarbeiter fälschten Testergebnisse oder schickten Blutproben zur Analyse an herkömmliche Labore und behaupteten dann, die Proben seien mit Theranos-Geräten analysiert worden.[5] Einmal forderte sie ihren Chefingenieur auf, sein Team rund um die Uhr arbeiten zu lassen, um die Probleme mit dem Edison zu lösen. Als er sich mit der Begründung weigerte, das Personal sei bereits überarbeitet, stellte sie ein Konkurrenzteam von Ingenieuren ein und ließ beide gegeneinander antreten; die Sieger würden ihre Stelle behalten.

Wie hätte Holmes' Reise aussehen können, wenn es ihr angesichts dieser hoch kritischen Beurteilungssituationen gelungen wäre, in ihr dynamisches Mindset zu gelangen? Zum einen hätte sie vielleicht auf ihre Beschäftigten gehört, die ihr erklärten, warum der Edison nicht funktionierte und vor welchen Herausforderungen sie standen. Sie hätte sich an ihr ausgedehntes Netzwerk wenden können, etwa an ihren Verwaltungsrat, dem einige der hellsten Köpfe der Technologiewelt und einige der am meisten gefeierten militärischen und politischen Führer der letzten Jahre angehörten, und um Hilfe bitten können. Hätte Holmes sich Lernziele gesetzt, so hätte Theranos sein Versprechen vielleicht irgendwann eingelöst – oder wäre auf eine umsetzbarere technologiebasierte Lösung umgeschwenkt. Das großzügige Erheben von Daten und das Lernen von anderen hilft Menschen, die sich in ihrem dynamischen Mindset befinden, neue Strategien zu entwickeln, wenn deutlich wird, dass es nur mit einem Richtungswechsel vorangehen wird. Stattdessen wurde das Unternehmen 2018 aufgelöst, und 2022 wurde Holmes in vier Anklagepunkten des Betrugs für schuldig befunden. Der frühere COO Ramesh »Sunny« Balwani wurde in zwölf Anklagepunkten schuldig gesprochen.[6]

Wenn Elizabeth Holmes als Extrembeispiel für ein Verhalten gelten kann, das ein statisches Mindset widerspiegelt, könnte Katrina Lake – Mitgründerin und frühere CEO von Stitch Fix (eine Position, die sie bei Abfassung dieses Buches vorübergehend wieder einnahm) – ihr Gegenbild sein. Wie Holmes besuchte auch Lake die Stanford University. Nach ihrem Abschluss war sie zwei Jahre lang für eine Beratungsfirma tätig, wo sie einen Plan zur Neugestaltung des Einzelhandels entwickelte, der vorsah, Personal Shopping mit Technologie zu verknüpfen. Ihrem Konzept zufolge würden Käuferinnen und Käufer eine kaufhausähnliche Anlage betreten, wo sie ihre Optionen durchgingen und einen Stab über alles schwenken könnten, was ihnen gefällt. Am Ende würde alle Kleidung in den gewünschten Größen und Farben in einem Ankleideraum bereitliegen, dazu ein paar weitere Artikel, die einer der firmeneigenen persönlichen Einkäufer ausgewählt hätte. Kolleginnen wiesen Lake auf einige erhebliche Schwächen ihres Konzepts hin, weshalb sie nach reiflicher Überlegung ihren Plan aufgab. Doch nach einer vorübergehenden Tätigkeit bei einem Wagniskapitalunternehmen verspürte sie das anhaltende Bedürfnis, ihre eigene Firma zu gründen.[7]

Lake beschloss, nicht sofort an Wagniskapitelgeber heranzutreten; sie wollte zuerst ein starkes datengestütztes Modell entwickeln, das für Investoren eine so sichere Bank wie nur möglich wäre. Sie schrieb sich an der Harvard Business School ein, da sie dort nicht nur mehr über Geschäftsführung und Risikokapital lernen würde, sondern auch Zeit gewänne, um ihre Idee zu testen. Während ihres Studiums entwickelte Lake die Idee eines Abonnementdienstes, dem sie den Namen Stitch Fix gab und der Personal-Shopping-Dienstleistungen für die breite Masse anbieten sollte. Lake (unterstützt von ihrer Mitstreiterin Erin Morrison Flynn, die das Unternehmen später verließ) testete die Idee gründlich, zeichnete Daten auf und analysierte sie. Schließlich zog sie mit ihren Kalkulationsbögen los, um sich Geld zu beschaffen … und wurde abgelehnt.

Anders als Holmes, die auf ihrer Strategie, den Schein zu wahren, beharrte, tüftelte Lake weiter an ihrer Idee und berücksichtigte die umsetzbaren Vorschläge der über 50 Wagniskapitalgeber, die ihr abgesagt hatten. Um Stitch Fix auf dem Wachstumspfad zu halten, stellte Lake Menschen ein, die nach ihrer Aussage »viel schlauer und talentierter« als sie selbst seien, darunter ein früherer Walmart-COO und ein ehemaliger Algorithmen-Beauftragter bei Netflix. Stitch Fix wuchs weiter und konnte einige Investoren überzeugen.

Als Lake und ihr Team sich auf ihre bisher umfassendste Beurteilungssituation – den Börsengang – vorbereiteten, war das Geld wieder einmal knapp. Zwei Tage vor dem Börsengang sagte ihr ein Berater, dass sie es auch erst anderthalb Jahre später versuchen könnte, aber diesmal lehnte Lake ab.[8] Auch wenn die Investoren noch kalte Füße haben sollten, war Lake aufgrund der Lernerfolge und kreativen Leistungen ihres Teams zuversichtlich, dass die endgültigen Beurteiler – die Kunden – positiv reagieren würden. »Wenn wir uns heute unter Wert verkaufen müssen«, sagte Lake, »dann beweisen wir uns. Wir sind schon einmal unterschätzt worden.« Im

Jahr 2017 wurde Lake die jüngste Frau, die jemals ein Unternehmen an die Börse geführt hatte. Heute gilt sie als eine der erfolgreichsten Gründerinnen/CEOs des Silicon Valley.[9]

Wir haben nun einige der potenziellen Fallstricke einer Grundeinstellung kennengelernt, die auf dem Drang beruht, sich zu beweisen. Im Folgenden untersuchen wir, wie der Sprung in Richtung unseres dynamischen Mindsets gelingen kann, wenn wir selbst (und jene, mit denen wir interagieren) vor einer Beurteilungssituation stehen.

Wie man ein dynamisches Mindset in Beurteilungssituationen fördert

Hier sind fünf Wege, um mit Beurteilungssituationen umzugehen. Sie gründen auf Untersuchungen und Fallstudien und sind daher eher geeignet, uns in Richtung adaptiver Verhaltensweisen zu führen, die ein dynamisches Mindset widerspiegeln.

Legen Sie den Kontext fest

Wenn eine Führungskraft eine Beurteilungssituation erkennt, kann sie den Kontext so festlegen, dass die Ausbildung eines kollaborativen und lernorientierten Mindsets ermutigt wird. In unserer Arbeit mit Führungskräften helfen wir ihnen, die jeweilige Situation oder Aufgabe in einer Sprache zu schildern, die geeignet ist, Konkurrenzdruck abzumildern sowie Zusammenarbeit und Kreativität zu fördern – in einer Weise, die zu ihrem Stil passt. Sie können die Anforderungen transparent machen, ihren Beschäftigten mitteilen, wie sie beurteilt werden, und diesen dabei helfen, die Situation als Lernchance zu begreifen statt als eine, in der sie ihre Kompetenz beweisen müssen.

In einem Gespräch mit dem Unternehmer und Autor Dave Asprey beschreibt der Autor und Motivationsredner Simon Sinek ein Team-Meeting, das er kurz nach Ausbruch der Corona-Pandemie abhielt.[10] Diese versetzte seinem überwiegend auf persönlichen Begegnungen bei Vorträgen und Workshops beruhenden Geschäftsmodell einen schweren Schlag. Sinek sagte seinem Team, dass jedes einzelne Mitglied 48 Stunden Zeit habe, um 15 Ideen für ein verändertes Geschäftsmodell zu entwickeln, das es dem Unternehmen erlauben wurde, im Geschäft und relevant zu bleiben. Er wusste, dass 15 eine hohe Messlatte war, aber er wollte, dass sie richtig kreativ wurden, was er ihnen auch sagte.

Bevor die Teammitglieder ihre Vorschläge präsentierten, legte Sinek den Kontext fest: weg von einer Mikrokultur des Sich-Beweisens und hin zu einer des Teilens und Sich-gegenseitig-Unterstützens. »Hier geht es nicht um Konkurrenz, sondern darum, einen Beitrag zu leisten«, sagte er. »Mir ist völlig klar, dass einige Leute in diesem Team sechs großartige Ideen haben werden und andere keine einzige. Damit habe ich kein Problem. (…) Denn ich weiß auch, dass die Leute mit den Ideen womöglich nicht die besten Leute für deren Umsetzung sind. (…) Wenn überhaupt, dann wird uns das alles hier zeigen, wo unsere Stärken liegen und wie wir zusammenarbeiten werden.« Sinek entschärfte einen möglichen beurteilungsbezogenen Mindset-Trigger, indem er die unterschiedlichen Beiträge seiner Teammitglieder ansprach und einräumte, dass eine »großartige« Idee nur eine der Erfolgsbedingungen einer Organisation sei. Er berichtet, dass das Team bei seinem Meeting die besten Ideen besprochen und gemeinsam weiter verfeinert habe. Am Ende gehörten die Ideen dem gesamten Team, nicht nur einer oder zwei Personen. Zwar erhielt nicht jeder eine »Trophäe« in der Art, dass seine Idee ausgewählt wurde, aber alle bewegten sich im Verlauf der Diskussion in Richtung ihres dynamischen Mindsets und konnten zum Gesamterfolg des Teams beitragen.

Das Framing ist also wichtig. Genauso entscheidend ist aber, dass Ihre Beschäftigten die Arbeit in der für sie effektivsten Weise ausführen können.

Übertreibung: In einigen Unternehmen herrscht eine Atmosphäre übertriebener Zielstrebigkeit. Die Beschäftigten sind dort laufend Beurteilungssituationen ausgesetzt, was ihre Autonomie und Expertise untergräbt. Wenn eine Organisation oder Führungskraft ständig Leistungsnachweise verlangt – etwa laufende Rückmeldungen oder überflüssige Lieferungen –, dann suggeriert das den Beschäftigten, dass die Organisation Zweifel an ihrer Fähigkeit hegt, die geforderte Arbeit zu leisten. Die Beschäftigten fühlen sich dann ständig genau beobachtet, was die Chance erhöht, dass sie in ihr statisches Mindset hineingetrieben werden. Wie die Kulturwissenschaftlerin Anne Helen Petersen in ihrem Buch *Can't Even: How Millennials Became the Burnout Generation* schreibt, führe eine solche Atmosphäre dazu, dass Beschäftigte – insbesondere solche in Telearbeit – ihre Arbeit als Live-Rollenspiel begriffen.[11] Manchmal verbrächten sie mehr Zeit damit, ihren Führungskräften und den Kollegen und Kolleginnen zu versichern, dass sie anwesend und tätig sind, als wirkliche Arbeit zu leisten. Und die zusätzlichen Anstrengungen, die dies erfordere, sowie der dadurch ausgelöste Missmut könnten erheblich zu beruflich bedingtem Burn-out beitragen, schreibt Petersen. Doch wie kommt es zu dieser übertriebenen Zielstrebigkeit?

Im Jahr 2020 nahm ich an einem kurzen Projekt mit Tom Kudrle, Ellora Sarkor und ihrem Team bei Keystone teil, bei dem wir in einem statischen oder einem dynamischen Mindset gründende Verhaltensweisen in betrieblichen Datenkulturen untersuchten.[12] Wir wollten erfahren, ob sich eine eher statische oder dynamische Herangehensweise an Daten und deren Nutzung beispielsweise auf die Innovations- und Anpassungsfähigkeit von Unternehmen auswirkt. Eine Erkenntnis war offensichtlich: Wo bezüglich Daten eine Geniekultur herrschte (wer kann sie erheben, wozu dienen sie, wer darf darauf zugreifen), war auch eine übertriebene Zielstrebigkeit anzutreffen. Nach unseren Erkenntnissen tritt diese oft bei Unternehmen auf, denen es an einer klaren Vision oder einem Ziel mangelt und die ihren Beschäftigten nicht genügend Freiraum bieten, um kreativ und innovativ zu sein. Wenn die Unternehmensvision schwammig ist, fällt es den Beschäftigten oft schwer, zu erklären, wohin das Unternehmen steuert und warum sie das tun, was ihre Rolle vorgibt. Aufgrund dieser mangelnden Klarheit führen die Manager ihre Teams und Angestellten oft an der kurzen Leine und schränken sie in ihrer beruflichen Bewegungsfreiheit ein. Die Beschäftigten werden übermäßig kontrolliert und haben daher das Gefühl, sich ständig beweisen zu müssen. Fairerweise muss man sagen, dass Führungskräfte in einem solchen Umfeld ihr Bestes geben, um das Chaos zu ordnen. Wo eine klare Vision fehlt, können die Beschäftigten verschiedene Wege einschlagen, weil ihre Anstrengungen keinem Ziel folgen. Daher werden sie in übertriebenem Maße beurteilt.

Das »Ich weiß!«-Kind … oder der Erwachsene: Die nächste Einsicht verdanke ich meiner Mitstreiterin Stephanie Fryberg, die eine Auszeit von ihrer Professur nahm, um den Schuldistrikt ihres Kindes, der sich in der Stammesgemeinschaft ihrer Familie befindet, in eine inklusive Wachstumskultur zu verwandeln.[13] Vielleicht ist Ihnen das Phänomen des »Ich weiß!«-Kinds vertraut, sei es, weil Sie selbst ein solches Kind haben, sei es, weil Sie dieses Verhalten in Ihrer Familie oder in Ihrem Freundeskreis beobachtet haben. Das »Ich weiß!«-Kind antwortet auf jeden guten Rat und jede Anweisung mit »Ich weiß!«, anstatt zuzuhören. Gut, einige »Ich weiß!«-Kinder reagieren vielleicht auf überfürsorgliche oder belehrende Eltern (eine mögliche Folge übertriebener Zielstrebigkeit), aber in den meisten Fällen zeigt dies an, dass das Kind in sein statisches Mindset hineingetrieben wird, weil es das Gefühl hat, in einer Beurteilungssituation zu sein. Wenn ein Kind »Ich weiß, ich weiß! Du musst mir nicht helfen!« erwidert, meint es oft eigentlich: »Ich will nicht, dass du mich für dumm hältst« oder: »Ich will nicht, dass du denkst, ich schaffe es nicht«. Es rechnet mit einer Beurteilungssituation und hat Angst, dass seine Anstrengungen oder deren Ergebnisse als mangelhaft bewertet werden.

Viele Menschen haben Sympathie für das »Ich weiß!«-Kind, insbesondere, wenn es ihr eigenes ist, aber wir haben meist weniger Erbarmen mit dem »Ich weiß!«-Erwachsenen. Der situationsbezogene Mindset-Reiz ist jedoch derselbe – die Befürchtung, als inkompetent, unfähig oder unintelligent angesehen zu werden. Der Refrain des »Ich weiß!«-Erwachsenen klingt ähnlich: »Sag mir nicht, wie ich es zu machen habe – ich weiß es selbst. Sag mir nicht, wann es fällig ist – ich hab's im Blick.«

Um Kinder wie Erwachsene in Richtung ihres dynamischen Mindsets zu bewegen, legen Sie den Kontext fest, indem Sie ihre zugrundeliegende Sorge hinsichtlich Ihrer Einschätzung ihrer Kompetenz ansprechen. Sagen Sie ihnen, dass Sie sie für kompetent und fähig halten. Anstatt zu sagen »Ich möchte, dass Sie das hier tun, und zwar so!«, könnten Sie sagen: »Ich möchte, dass Sie das hier tun. Ich weiß, dass Sie es noch nie probiert haben, und es könnte schwierig werden, deshalb möchte ich Ihnen ein paar Vorschläge machen, wie Sie an die Sache herangehen könnten.« Oder Sie könnten sagen: »Hey, Sie haben es mit Ihrer Methode beim letzten Mal toll gemacht«, womit Sie Geschick und Fähigkeiten Ihres Gegenübers anerkennen. »Jetzt möchte ich Ihnen gern helfen, Ihr Fachkönnen zu erweitern oder es schneller oder effizienter zu erledigen. Versuchen Sie es einmal so.« Ein anderer Ansatz besteht darin, das mit Anstrengungen verknüpfte Stigma zu entschärfen. »Viele Leute haben Mühe damit, aber es ist eine großartige Lerngelegenheit.« Hilfreich ist oft auch, zu betonen, dass man am Fortkommen des anderen interessiert ist. »Sie machen jetzt schon einen tollen Job, und ich möchte sicherstellen, dass sie an herausfordernden Projekten und Erfahrungen teilhaben, damit sie weiterhin wachsen können. Ich möchte Ihnen ein paar Vorschläge machen, von denen ich glaube, dass sie Ihnen dabei helfen könnten.« Dies kann die Angst oder Sorge, dass ihre Leistung beurteilt werden wird, entschärfen.

Konzentrieren Sie sich auf Wachstum

Eine andere Möglichkeit, um ein dynamisches Mindset in Beurteilungssituationen zu fördern, besteht darin, Wachstum und Lernchancen unmittelbar mit der Aktivität zu verweben. Manche Organisationen haben auf die Herausforderung, ihre Beschäftigten in Meetings in ihr dynamisches Mindset hineinzuleiten, mit der Einführung eines »Dornen und Rosen«-Elements reagiert. Zu Beginn der wöchentlichen Teamsitzung etwa werden die Teilnehmerinnen und Teilnehmer aufgefordert, eine Weile über etwas zu sprechen, das sie in der vergangenen Woche begeistert hat oder das sie als großen Erfolg erlebt haben. Das sind die Rosen. Sie werden auch gebeten, über einige der dornigen Fragen, mit denen sie zu tun haben, oder mögliche Hindernisse zu reflektieren (hier liegt das Lernpotenzial). Die Vortragenden können die Gruppe dann um Vorschläge oder passende Strategien bitten, um diese Hürden zu überwinden. Auch hier werden wiederum Anstrengungen und Hilfegesuche entstigmatisiert und zum normalen Bestandteil von Meetings gemacht.

John Mackey, Mitgründer und früherer CEO von Whole Foods Market, beschreibt, wie er mithilfe des Prinzips »Herausfordern und unterstützen« seine Teams zu Höchstleistungen motivierte. In seinem Buch *Conscious Leadership* schreibt er: »Beim *Herausfordern* geht es oft darum, die Teammitglieder mit genügend Druck dazu zu bewegen, (…) den zusätzlichen Aufwand zu leisten, der erforderlich ist, um das höhere Unternehmensziel zu erreichen, (…) während zur *Unterstützung* gehört, Geduld aufzubringen, Strategien aufzuzeigen und sich um die Teammitglieder und ihre Bedürfnisse zu kümmern.«[14] In einer solchen Atmosphäre werden die Angestellten ermutigt, Beurteilungssituationen als Entwicklungs- und Lernchancen zu betrachten, und sie erhalten die dafür benötigten Ressourcen und Anleitungen.

Holen Sie sich Unterstützung

Was ist, wenn Sie allein sind? Vielleicht sind Sie ein überwiegend auf Wachstum ausgerichteter Mensch, der in einer Organisation oder unter einer Führungskraft arbeitet, die überwiegend aus ihrem statischen Mindset heraus lebt? Auch hier können wir aus der Corona-Pandemie lernen. Viele Menschen, die sich aufgrund der Sicherheitsbestimmungen einsam und isoliert fühlten, bildeten Pandemieherden – Familien- oder Freundesgruppen, mit denen sie verkehrten –, einige gründeten innerhalb ihrer Herde sogar Heimschulen für ihre Kinder. Oder man macht es wie Bozoma Saint John und ihre Freundinnen Issa Rae, Luvvie Ajayi und Cynthia Erivo, die sich zusammenschlossen und eine Herde tatkräftiger Geschäftsfrauen bildeten.[15] Die Gruppe hat sich den Spitznamen »West African Voltron« gegeben (nach einer US-amerikanischen Netflix-Zeichentrickserie) und unterstützt sich privat und beruflich, samt gegenseitiger Motivation und, wie der Name andeutet, gemeinsamem Lachen. Jeder von uns kann solche Wachstums-Mikrokulturen innerhalb oder auch außerhalb größerer Geniekulturen gründen.

Vor Beurteilungssituationen, etwa wenn Sie eine Präsentation vorbereiten, können Sie Ihr eigenes kleines Team zusammenstellen, um sicherzustellen, dass Sie die nötigen Einsichten und das nötige Feedback erhalten, um Ihre wachstumsorientierten Lernziele (und natürlich ein besseres Arbeitsergebnis) zu erreichen. Wenn Sie in Ihrer Organisation noch keine Leute kennen, die ähnlich wachstumsorientiert ticken wie Sie, dann seien Sie in Meetings und bei anderen Gelegenheiten, wo Mindsets offenbar werden, besonders aufmerksam. Merken Sie sich, wer aufschlussreiche Fragen stellt und konstruktives und bedeutsames Feedback gibt.

Falls es innerhalb Ihrer Organisation kaum herdenwürdige Menschen gibt, dann sehen Sie sich außerhalb um. Viele CEOs tauschen sich lieber mit Gleichrangigen außerhalb ihrer Unternehmen aus, denn der Blick von oben kann sich von dem aus anderen Hierarchieebenen unterscheiden. Zwar benötigen erfolgreiche Führungskräfte Rückmeldungen aus allen Ecken des Unternehmens, doch in manchen Fragen zählt die Sicht von Menschen, die wissen, was es heißt, der Chef zu sein.

Führen und loslassen

Um sich gegen übertriebene Zielstrebigkeit zu wappnen, können Führungskräfte klar vermitteln, welche Mission das Unternehmen hat und wie sich die Arbeit der Beschäftigten darin einfügt. Das bedeutet natürlich, dass eine Organisation erst einmal eine klare Vision benötigt.

Die Beschäftigten müssen aber nicht nur die Vision und ihre eigene Rolle begreifen, sondern auch in die Lage versetzt und ermächtigt werden, diese Vision zu unterstützen. Das erfordert gewissenhafte Schulungen und eingehenden Dialog, sodass die Beschäftigten die Strategien verstehen, die ihnen die Ausführung ihrer Tätigkeit erleichtern können. Sie müssen auch die Ressourcen kennen, die zu ihrer Unterstützung zur Verfügung stehen, und darauf zugreifen können. Und danach? Lassen Sie sie einfach arbeiten. Wenn Sie jemanden mit einer Mitarbeiterbefragung beauftragt haben, dann werden Sie mit dieser Person über mögliche Herangehensweisen gesprochen und ihr erläutert haben, wer sie bei der Ausarbeitung der Befragung unterstützen kann und womit. Dann lassen Sie sie in Ruhe ihre Arbeit machen. Seien Sie nicht überfürsorglich oder bitten um ständige Updates. Damit vermitteln Sie nur, dass Sie ihr oder ihren Fähigkeiten nicht vertrauen.

Das heißt natürlich nicht, dass Sie sich vollständig heraushalten sollten. Doch wenn die Umgebung auf Wachstum ausgerichtet wurde und wenn die Beschäftigten gut geschult sind, können Führungskräfte darauf vertrauen, dass sie eigenständig arbeiten können und sich melden werden, wenn es Hindernisse oder Erfolge zu berichten gibt. (Und wenn das nicht geschieht, ist es Aufgabe der Führungskraft, zu erkennen, was benötigt wird, damit der oder die Beschäftigte erfolgreich arbeiten kann – vielleicht bedarf es beispielsweise weiterer Schulung, oder ein für das Verständnis und den Erfolg des Angestellten wichtiges Element muss noch besser erklärt werden.)

Ein weiterer Vorteil des Prinzips »Führen und loslassen« lautet, dass Angestellte in einer Organisation, die eine echte lernorientierte Wachstumskultur aufgebaut hat und ihren Beschäftigten zutraut, ihre Arbeit zu erledigen, von selbst Ausschau nach neuen, innovativen Strategien halten. Sie werden nicht nur ihre eigene Arbeitsweise verfeinern, sondern auch nach Änderungsmöglichkeiten suchen, die die Organisation ihren Zielen näherbringt.

Modellieren Sie ein dynamisches Mindset

Wenn Sie eine Führungskraft sind, dann haben Sie die Möglichkeit, ein dynamisches Mindset zum Umgang mit Beurteilungssituationen zu modellieren. Das gibt Ihnen nicht nur Gelegenheit, selbst zu lernen und zu wachsen – wie im Beispiel unseres holländischen CEO –, sondern Sie setzen damit auch ein sichtbares Beispiel für das Verhalten, das Sie bei anderen und in der Gesamtorganisation fördern wollen.

Diese Strategie spiegelt etwas wider, das Mark Zuckerberg und Sheryl Sandberg seit den ersten Tagen bei Facebook (heute Meta) mit ihren freitäglichen »All Hands«-Meetings praktiziert haben.[16] Dabei handelt es sich um große Frage-Antwort-Runden, an denen jeweils beide oder auch einer allein teilnimmt und die Beschäftigten über einige der neuesten Initiativen des Unternehmens informiert werden. Danach darf jeder im Raum Fragen stellen oder Vorschläge machen. Wo ein statisches Mindset vorherrscht, machen die Moderatoren meist das Gegenteil: Sie reden ununterbrochen und lassen nur wenig oder gar keinen Raum für einen offenen Austausch. Negatives Feedback oder kritische Themen können so nicht zur Sprache kommen.

Wenn wir lernen, diese Strategien auf allen Ebenen einer Organisation einzusetzen, können wir Beurteilungssituationen so ändern, dass eine furchtsame und defensive Atmosphäre des Sich-beweisen-Müssens einer Gelegenheit weicht, gemeinsam unsere Möglichkeiten und unsere Leistungsfähigkeit auszubauen.

Fragen zur Vertiefung

- Denken Sie an eine Begebenheit, als Sie sich selbst in einen dieser »Ich weiß!«-Erwachsenen verwandelten. Welche Befürchtungen hinsichtlich fremder Beurteilungen löste in Ihnen diese Reaktion aus? Was können Sie tun, um diesen »Ich weiß!«-Erwachsenen zu beruhigen und zu stärken, sodass Sie sich beim nächsten Mal aus Ihrem defensiven Mindset lösen und ein auf Lernen und Entwicklung ausgerichtetes Mindset annehmen können?
- Wenn Sie eine Führungskraft sind, wie können Sie Beurteilungssituationen so gestalten, dass ihre Mitarbeitenden in Richtung ihres dynamischen Mindsets gelenkt werden? Welche Ansprache und Praktiken können Sie verwenden, um diese Situationen in Entwicklungsmöglichkeiten zu verwandeln?
- Wie können Sie in der nächsten Beurteilungssituation, die Ihnen begegnet, die körperliche Anspannung und Abwehrhaltung bemerken, die typisch für ein starres Mindset sind, sich dazu bekennen und sich dann zu Ihrem dynamischen Mindset hinbewegen? Denken Sie daran, dass die Erkenntnis der erste Schritt hin zu einer Veränderung ist. Wie können Sie der nächsten beruflichen Beurteilungssituation mit einer Einstellung des »Wie kann ich hieraus am meisten lernen« begegnen? Wie würde sich das anfühlen? Wie würde es aussehen? Wie würde es klingen?

10

HOCHLEISTUNGS-SITUATIONEN

Die leere Seite. Es gibt kaum etwas, das inspirierender oder auch angsteinflößender ist als ein weißes Stück Papier oder ein Bildschirm, der auf eine Eingabe wartet. Die meisten Schriftsteller würden sagen: Ja, es bedarf harter Arbeit, nachhaltiger Konzentration und der Bereitschaft, immer wieder von vorn zu beginnen, um etwas Neues (etwa einen Roman) zu erschaffen. Ob der Gedanke an eine leere Malerleinwand – und an die schiere Arbeit, die das Projekt erfordern wird – bei Ihnen Angst oder freudige Erregung auslöst, kann Hinweise darauf geben, wie Sie auf den zweiten Mindset-Trigger reagieren: Hochleistungssituationen.

Eine Hochleistungssituation zeichnet sich dadurch aus, dass Sie mehr Zeit und Mühe oder geistige Ressourcen und Aufmerksamkeit auf etwas verwenden müssen als bisher, um erfolgreich zu sein.[1] Manchmal bedeutet es, sich in einem neuen Kontext zurechtzufinden, etwa in einem neuen Job oder Kurs oder auch in einem neuen Team, wo Sie neue Kompetenzen erlernen oder die vorhandenen auf neue Weise anwenden müssen. Hochleistungssituationen entstehen, wenn Sie sich nicht mehr auf Ihre bestehenden Kenntnisse verlassen können oder wenn bisher erfolgreiche Herangehensweisen nicht mehr funktionieren.

Während manche von uns Hochleistungssituationen – die immer die Gefahr des zumindest teilweisen Scheiterns bergen – gerne vermeiden, suchen andere regelrecht danach, etwa Ramona Hood.[2]

Hood ist Präsidentin und CEO von FedEx Custom Critical und die erste schwarze Frau, die ein FedEx-Unternehmen leitet. Sie begann ihre berufliche Laufbahn mit 19 Jahren als Empfangsdame. Als alleinerziehende Mutter suchte sie aber nach einer Stelle mit stabilen Arbeitszeiten, die es ihr erlauben würde, Arbeit, Mutterschaft und College-Studium unter einen Hut zu bringen. Rasch sicherte sie sich einen Job in der für Sicherheit und Lieferanten zuständigen Abteilung. Nach einigen Jahren bewarb sie sich auf eine offene Stelle in der Betriebsleitung, obwohl sie sich in ihrer Abteilung wohlfühlte und gute Arbeit leistete. Von dort aus wechselte sie in den Verkauf und ins Marketing; anschließend leitete sie einen Geschäftsbereich innerhalb einer Firma, die FedEx gerade erworben hatte, und ging schließlich zurück zu FedEx Custom Critical, wo sie erneut in der Betriebsleitung tätig war. Im Januar 2020 übernahm sie den Posten des CEO. Immer wieder im Verlauf ihrer Karriere nahm Hood nicht nur Herausforderungen an, sondern suchte selbst aktiv danach. Wie sie dem Newsletter *theSkimm* 2020 verriet: »Ich glaube, ich hätte leicht in der Betriebsleitung bleiben und dort in eine Führungsposition hineinwachsen können. Ich machte meine Sache gut. Ich hatte starke Kompetenzen, was die Ergebnisse auch zeigten. Aber es war mir wichtig, mich auch bei der unbequemen Aufgabe wohlzufühlen, etwas Neues lernen zu müssen – man geht ein gewisses Risiko ein und scheitert auch mal, um wachsen zu können.«

Hoods Einstellung belegt: Wenn Hochleistungssituationen uns in Richtung unseres dynamischen Mindsets treiben, liegt dem der Glaube zugrunde, dass wir nach Herausforderungen und nach passenden Strategien zur Erreichung unserer Ziele suchen müssen, wenn wir Fortschritte machen und erfolgreich sein wollen. Wir suchen nach Möglichkeiten, unsere Fähigkeiten zu entwickeln. Erhalten wir zu viele leichte, mühelos zu bewältigende Aufgaben, sind wir oft unzufrieden oder gelangweilt, weil wir wissen, dass wir ohne Herausforderung nicht lernen und wachsen können. Wenn Hochleistungssituationen uns hingegen in Richtung unseres statischen Mindsets treiben, steht dahinter oft der Glaube, dass eine negative Korrelation zwischen Anstrengungen und Fähigkeiten besteht – mit anderen Worten: Wenn wir uns bei einem Projekt, das wir als schwierig empfinden, sehr anstrengen müssen, dann muss das bedeuten, dass wir nicht die nötigen Fähigkeiten besitzen. Hochleistungssituationen machen uns verletzlich, denn wir betreten damit Neuland. Wenn wir Sorge haben, dass wir »erwischt« werden und man uns für nicht geeignet halten könnte, werden wir unsere Komfortzone lieber nicht verlassen wollen. Ein Gründer, mit dem ich einmal zusammengearbeitet habe, beschrieb mir, wie irritiert er gewesen war, als seine ersten zwei oder drei Versuche, ein Problem zu lösen, scheiterten. Er fürchtete negatives Feedback und hatte auch schon kräftig mit sich selbst gehadert, und so bewegte er sich in Richtung seines statischen Mindsets: Er wollte die Aufgabe an einen Dienstleister auslagern oder einfach aufgeben.

Es gibt nur wenige sichtbare Beispiele von Spitzensportlern oder Fachleuten, die durch Hochleistungssituationen in ihr statisches Mindset getrieben wurden, weil solche Menschen oft aufgeben, wenn sie erkennen, welche Anstrengungen erforderlich sein werden, um es an die Spitze ihres Bereichs zu schaffen. Vielleicht waren es aber auch Sportler, Künstler oder Manager, die bewusst mit einer eher mittelmäßigen Rolle vorliebnahmen, weil sie, sobald sie an die Grenzen ihres natürlichen Talents stießen, durch ihr statisches Mindset davon abgehalten wurden, sich weiter vorzuwagen. Die meisten von uns erinnern sich an einen Sportstar oder Klassenbesten an unserer Oberschule, der scheinbar so mühelos zum Erfolg kam, dass er dazu bestimmt schien, die Welt im Sturm zu erobern. Stattdessen erlosch sein Glanz, als er sich in der Gesellschaft anderer Stars wiederfand, die bereit waren, sich anzustrengen, Hilfe in Anspruch zu nehmen und neue Strategien zu entdecken, um sich weiterzuentwickeln.

Wenn wir nun an die leere Seite zurückdenken, stoßen wir auf die Geschichte eines Schriftstellers, den Sie vielleicht kennen. Er stand einst kurz davor, ein Hochleistungsprojekt aufzugeben, lernte aber, sich in sein dynamisches Mindset zu begeben – mit legendärem Ergebnis. Stephen King hatte bereits jahrelang Texte geschrieben und dabei kleinere Erfolge verbucht – mehrere Männermagazine druckten seine Kurzgeschichten –, doch er musste sich als Englischlehrer an einer High School verdingen, um seine Rechnungen bezahlen zu können.[3] Er begann, an *Carrie* zu schreiben, warf die ersten Seiten aber in die Mülltonne. Es würde zu schwierig werden – die Geschichte müsste ein Roman werden, um zu funktionieren, aber King war kein Romanautor. Außerdem sei er nie ein weiblicher Teenager gewesen, wie er seiner Frau Tabitha sagte, als sie die Seiten wieder aus der Mülltonne herausfischte. Wie könne er also wie einer schreiben? Und er sei ohnehin gedanklich überwiegend mit seinem Unterricht beschäftigt, da bleibe nicht mehr viel Gehirnschmalz übrig, um einen ganzen Roman zu schreiben. Tabitha antwortete, dass sie ihm bei der Teenager-Figur helfen könne und dass er weitermachen solle, denn was er begonnen habe, sei brauchbar. Also fing er wieder an, und *Carrie* wurde zu dem Roman, der Stephen King berühmt machte.

King hat aus der Sache mit *Carrie* gelernt, dass es »eine schlechte Idee ist, eine Arbeit zu beenden, nur weil sie emotional oder schöpferisch anstrengend ist«. Seitdem hat er mehr als 60 Bücher geschrieben[4] und eine legendäre Arbeitsmoral entwickelt: Er schreibt täglich 2 000 Wörter, auch im Urlaub.[5] King sagt, dass es ein Irrglaube sei, zu denken, es falle ihm leicht, weil er es regelmäßig tue. Er habe sich einfach so programmiert, dass er die Anstrengung mit offenen Armen annehme. In seinem Buch *Das Leben und das Schreiben* beteuert er: »Man kann den Akt des Schreibens mit Nervosität, freudiger Erregung, Hoffnung und sogar Verzweiflung angehen – dem Gefühl, dass man seine Gedanken und Empfindungen niemals vollständig zu Papier bringen kann. Man kann mit geballten Fäusten und zu Schlitzen geformten Augen an die Sache herangehen, fest entschlossen, allen zu zeigen, wo der Hammer hängt. (…) Alles ist erlaubt, nur nicht, es auf die leichte Schulter zu nehmen.«

Wie also kann es uns gelingen, mehr wie King oder Hood zu sein, also uns angesichts von Hochleistungssituationen in Richtung unseres dynamischen Mindsets zu bewegen? Es beginnt damit, dass wir uns mit der angeblichen negativen Korrelation zwischen Anstrengungen and Fähigkeiten beschäftigen. Wie die Forschung zeigt, glauben jene, die ihrem starren Mindset zuneigen, meist an eine solche negative Korrelation: Wenn ich mich bei etwas anstrengen muss, bin ich wohl nicht gut darin. Am Arbeitsplatz denken wir dann: *Diese Arbeit ist schrecklich herausfordernd – vielleicht ist das nicht der richtige Job für mich.* Womöglich sind wir auch gerade von einer Zuarbeiter- in eine Führungsrolle gewechselt und müssen nun neue Arbeitsbeziehungen zu Kolleginnen und Kollegen aufbauen, die vorher gleichrangig waren, sowie die Arbeitsergebnisse und Bedürfnisse anderer Menschen im Auge behalten. Dann könnten wir denken: *Vielleicht bin ich doch nicht zur Führungskraft geboren.* Im Schulunterricht könnte eine Schülerin oder ein Schüler denken: *Diese Matheaufgabe fällt mir schwer, also bin ich wohl nicht gut in Mathe.*

Wenn wir hingegen glauben, dass eine *positive Korrelation* zwischen Anstrengungen und Fähigkeiten besteht, neigen wir eher dazu, Probleme als lösbar anzusehen, sofern wir die richtigen Werkzeuge haben. Wir betrachten konsequente harte Arbeit als notwendigen Preis, den man zahlen muss, um wachsen zu können. Und wie die Forschung zeigt, trifft dies nicht nur auf psychologischer, sondern auch auf der Mikroebene zu.

Herausforderungen schulen das Gehirn

Wie ein Muskel wird unser Gehirn durch harte Arbeit gestärkt. Klingt eingängig, aber stimmt es auch? Schließlich ist unser Gehirn kein Muskel, sondern ein weitaus komplexeres Organ. Um dieser Frage auf den Grund zu gehen, schloss eine Gruppe von Forschenden die Teilnehmerinnen und Teilnehmer einer Studie an einen funktionellen Magnetresonanztomographen (fMRT) an, der ihre Hirnaktivität maß, während sie zwei Tönen lauschten.[6] Ihre Aufgabe bestand darin, einen Knopf zu drücken, um anzuzeigen, ob der zweite Ton länger oder kürzer zu hören war als der erste. Im »einfachen« Teil der Übung waren die beiden Töne recht leicht zu unterscheiden, im »schwierigen« glichen sich beide stärker an. Je schwieriger die Übung wurde, desto mehr Gehirnareale wurden aktiviert. Im Zuge der Herausforderung stieg aber nicht nur die Gehirnaktivität und -konnektivität, sondern es trat auch ein ganz bestimmtes Areal auf den Plan: der dorsolaterale präfrontale Kortex. Diesem Areal werden höhere Steuerungsfunktionen zugeordnet, etwa unser Arbeitsgedächtnis, unsere Fähigkeit, uns gedanklich zwischen verschiedenen Konzepten zu bewegen, und unser abstraktes Denken. Je stärker wir herausgefordert werden, desto mehr Gehirnareale können wir zu unserer Unterstützung aktivieren, und das steigert letztlich unsere Fähigkeit, unsere Ziele zu erreichen.

Wie die Forschung überdies zeigt, führt nicht jede Anstrengung zur Ausbildung neuer Nervenzellen und -bahnen, sondern vor allem solche, die im Zuge von Lernprozessen aufgewendet werden – wir sprechen dann von *wirksamen Anstrengungen.*[7] Wissenschaftler haben die Gehirne zweier Gruppen von Fitnessfanatikern untersucht, denen sie unterschiedliche Trainingspläne gaben. An der Studie nahm zudem eine Kontrollgruppe teil, die einen anspruchslosen Trainingsplan erhielt, sowie eine weitere, akrobatischere Gruppe, die einen gedanklich, aber nicht körperlich schweren Hindernislauf zu bewältigen lernte. Obwohl die Gehirne beider Gruppen von Fitnessfanatikern eine höhere Dichte von Blutgefäßen entwickelten als jene der beiden Kontrollgruppen, entwickelten sich bei den »Akrobaten« deutlich mehr Synapsen pro Nervenzelle als bei den anderen drei Gruppen.

Ungenutzte Nervenbahnen sterben im Laufe der Zeit ab. Nicht ständige Wiederholung des bereits Gelernten führt dazu, dass unser Gehirn sie am Leben erhält – und neue ausbildet –, sondern die laufende Beschäftigung mit schwierigen Problemen. Es ist wie beim Trainieren unserer Muskeln oder unseres Herz-Kreislauf-Systems: Wenn wir etwas erst einmal so gut beherrschen, dass wir es fast mühelos ausführen können, dann stärkt das vielleicht unser Ego, steigert aber nicht unsere Leistung. Wir müssen das Anforderungsniveau ständig erhöhen. Wenn Ihnen jemand den Rat gibt, Ihr Gehirn mit dem Lösen von Sudokus oder schwierigen Kreuzworträtseln zu trainieren, dann mag das durchaus hilfreich sein, aber nur so lange, wie sie diese Aufgaben als herausfordernd erleben. Würde ich einen Nachmittag mit dem Lösen des Zauberwürfels zubringen, so würde das mein Gehirn sicher stärken (und mich reichlich frustrieren). Dasselbe gilt aber nicht für die Mathematikerin und Datenwissenschaftlerin Cathy O'Neil, die das seit ihrem 14. Lebensjahr macht.[8] Der Neurowissenschaftler David Eagleman berichtet, dass er ständig herausfordernde Aktivitäten unternehme, um sein Gehirn frisch zu halten. So erlernt er etwa neue Software-Programme oder kämpft mit der chinesischen Sprache.[9]

Doch wenn Studie nach Studie uns verrät, dass wir nur wachsen und uns entwickeln können, wenn wir herausfordernde Aufgaben in Angriff nehmen, warum hält sich dann hartnäckig der Glaube, dass *mehr Anstrengungen gleichbedeutend mit geringeren Fähigkeiten* sei? Was treibt ihn an?

Wie falsche Überzeugungen über Anstrengungen und Fähigkeiten genährt werden

Fitbit mag eines der angesagtesten Unternehmen im Fitnessbetrieb sein (im Jahre 2023 nutzten mehr als 31 Millionen Menschen weltweit einen seiner Fitnesstracker)[10]. Doch obwohl es heute überall tragbare technische Geräte gibt, hatten die Gründer James Park und Eric Friedman 2007 große Mühe, einen funktionsfähigen Prototyp zu entwickeln. Ihr Ziel war es, ein kleines, zur Datenerfassung geeignetes Gerät auf den Markt zu bringen, das man problemlos über den ganzen Tag hinweg tragen könnte.[11] Im Jahr 2015 ging Fitbit schließlich an die Börse, doch bald darauf begann das Unternehmen, rote Zahlen zu schreiben. Zwei Jahre später erhielt Park von seinen Beschäftigten eine Art Misstrauensvotum. Einige forderten den Verwaltungsrat sogar schriftlich auf, ihn als CEO zu entlassen. Park war zwar am Boden zerstört, doch anstatt seinen Hut zu nehmen, versprach er, aus seinen Fehlern zu lernen und es künftig besser zu machen. Wie er dem Interviewer Guy Raz verriet: »Mein Hauptaugenmerk [nach der Mitarbeiterbefragung] lag auf der Frage: ›Wie bringe ich den Laden wieder auf Kurs?‹« Park ging seinen Managementfehlern auf den Grund, versuchte aber auch, zu ermitteln, wo das Unternehmen etwas versäumt hatte. Er erkannte, dass man zu spät diversifiziert hatte und deshalb von der Konkurrenz erdrückt wurde. Als Reaktion darauf erweiterte Park die Produktlinie, sorgte aber auch für eine Neupositionierung: Aus dem Hersteller eines Fitnessgeräts wurde so ein »Datenanalyse-Unternehmen der Gesundheitspflege«. Fitbit berichtete den Kundinnen und Kunden nun nicht mehr reine Statistiken, sondern half ihnen mit Coaching und auf andere Weise, ihre Werte zu verbessern. Als Park gefragt wurde, warum er angesichts der drohenden Pleite am Ball blieb und vorwärtsdrängte, verwies er auf seine Eltern.

In ihrer koreanischen Heimat hatten Parks Vater als Elektroingenieur und seine Mutter als Krankenschwester gearbeitet. Nachdem sie in die Vereinigten Staaten ausgewandert waren (James war damals vier Jahre alt), ging es ihnen wie vielen Einwanderern: Sie hatten Mühe, ebenso qualifizierte Stellen zu finden, und beschlossen daher, verschiedene Kleinbetriebe zu eröffnen. Park zufolge gehörten ihnen ein Perückengeschäft, ein Fischmarkt und ein Eisladen. »Sie konnten von einer Geschäftsart oder -gattung zur anderen wechseln, ohne mit der Wimper zu zucken«, sagt Park. Ihre wilde Entschlossenheit und Arbeitsmoral hätten zu seiner eigenen Widerstandskraft beigetragen – zu der Vorstellung, dass man nur mit harter Arbeit vorankommt. Anstrengungen und Herausforderungen seien ganz normal gewesen – es ist eine Geschichte, die viele erfolgreiche Kinder von Einwanderern nur allzu gut kennen.

Sicherlich entspringt diese Einstellung nicht nur einem angeborenen Bewusstsein, dass harte Arbeit sich lohnt, sondern auch der Erkenntnis, dass man sich beweisen muss, um negativen Stereotypen über Einwanderer zu begegnen. Doch der bleibende Effekt bei vielen, wie auch bei Park, scheint zu sein, dass Hochleistungssituationen sie in Richtung ihres dynamischen Mindsets treiben. Wie der Marquis de Lafayette und Alexander Hamilton in einem der stärksten Passagen des Musicals *Hamilton* singen: »Immigrants … we get the job done.«[12] Unabhängig von unserer Herkunft sind wir meist stark von den Überzeugungen und dem Verhalten unserer Eltern geprägt, was die Beziehung zwischen Anstrengungen und Fähigkeiten anbelangt.

Die Wissenschaftlerin Julia Leonard hat mit einigen Kolleginnen und Kollegin in einer Reihe von Studien untersucht, wie sich die Bereitschaft von Eltern, ihren Kindern Arbeit abzunehmen, auf deren Beharrlichkeit angesichts schwieriger Aufgaben auswirkte.[13] Die Ergebnisse zeigen, dass Eltern, die ihren Kindern oft Aufgaben abnahmen, wenn diese sich abmühten (anstatt sie zu ermutigen oder ihnen Tipps zu geben, was sie noch versuchen könnten), ihre Kinder meist als weniger hartnäckig beschrieben.

In einer späteren Studie mit vier- und fünfjährigen Kindern teilten die Forscherinnen und Forscher die Kinder in drei verschiedene Gruppen auf. In der ersten Gruppe unterbrachen die Forscher die Lösungsversuche des Kindes nach zehn Sekunden und sagten: »Hm … das ist aber schwer. Soll ich es mal für dich machen?« In der zweiten Gruppe nahmen sie eine Reihe von Lerninterventionen vor, um die Versuche des Kindes zu unterstützen, und in der dritten Gruppe griffen sie überhaupt nicht ein. Am Ende erhielten die Kinder eine Spielzeugkiste aus Holz, die sie öffnen sollten, was ihnen aber nicht gelingen konnte, da sie fest zugeklebt war. Die Kinder der ersten Gruppe, in der die Forscher das Lösen der ursprünglichen Aufgabe übernommen hatten, gaben schneller auf als die Kinder der anderen Gruppen. Die Forschungsgruppe schloss hieraus: »Wenn Erwachsene das Lösen schwerer Aufgaben für die Kinder übernehmen, sinkt deren Ausdauer.«

Und dann gibt es auch noch die kulturellen Einflüsse, denen wir außerhalb unserer eigenen vier Wände ausgesetzt sind. Vielleicht kennen Sie irgendeine Variante des weitgehend anerkannten »Stanford-Duck-Syndroms«[14] – eines Phänomens, das mir selbst im Promotionsstudium begegnet ist. Um in einer Eliteinstitution wie Stanford mit ihrem hohen Leistungsdruck zu bestehen, wurde von einem erwartet, grazil wie eine Ente durchs Wasser zu gleiten, obwohl man sich unterhalb der Oberfläche wie verrückt abstrampelte, um mithalten zu können. Es wurde aber erwartet, dass Mühen und Entbehrungen einfach von einem abperlten. Im Alltag konnte man insbesondere die Bachelor-Studierenden dabei beobachten, wie sie in den Begegnungsräumen oder einem Coffeeshop herumsaßen, Musik hörten oder sich unterhielten, so als hätten sie keine Sorge der Welt. Niemand erweckte den Eindruck, sich besonders anstrengen zu müssen. Abends begannen sie dann zu arbeiten, manchmal die ganze Nacht durch und allein in ihren Zimmern, um ihre Mühen zu verbergen. Für ihren Versuch, sich in die vorherrschende Geniekultur einzufügen, mussten sie einen hohen Preis bezahlen: Erschöpfung und psychische Störungen waren an der Tagesordnung.

Meine Forscherkolleginnen und -kollegen und ich erlebten Ähnliches an der Cornell University. Das Personal der dortigen Health Counseling and Psychological Services (CAPS) – der für gesundheitliche und psychologische Beratung zuständigen Einrichtung – berichtete uns, dass die Studierenden unter einem hohen Maß an Angstgefühlen und Depression litten. (Cornell wurde bereits als »Selbstmorduni« bezeichnet, da es dort angeblich eine besonders hohe Zahl an Selbsttötungen gebe. Die Statistiken zeigen allerdings, dass die Inzidenz an Depressionen und Selbstmordgedanken anderen US-amerikanischen Universitäten vergleichbar ist.)[15] Im Studienjahr 2016/17 nahmen 21 Prozent aller Studierenden an der Cornell University die Hilfe der CAPS in Anspruch, im Studienjahr 2005/06 waren es nur 13 Prozent gewesen.[16] Doch die Mitarbeiterinnen und Mitarbeiter der CAPS wollten auch möglichen kulturellen Einflüssen und Normen entgegenwirken, die Angstzustände und Depressionen fördern können.

In einer Reihe von Fokusgruppen mit Studierenden stießen die CAPS-Berater auf einen ungewöhnlichen und beunruhigenden Trend. Wie an vielen Colleges und Universitäten war es üblich, dass Händler auf dem Campus eine Auswahl an Postern zum Verkauf anboten, die sich die Studierenden in ihren Wohnheimen an die Wand hängten – alles von Hundewelpen bis zu beliebten Rockbands. Während der anstrengendsten Phasen jedes Semesters, also vor den Zwischen- und Abschlussklausuren, war das beliebteste Poster eines, das motivierend wirken sollte. Dort hieß es ungefähr: *Während du schläfst, zieht jemand anderes an dir vorbei.* Nun könnte man argumentieren, dieser Satz solle die Studierenden lediglich dazu ermutigen, sich auf die Hinterbeine zu stellen und hart zu arbeiten. Wenn eine solche »Motivation« sich aber in eine Kultur einfügt, in der harte Arbeit als Indiz für niedrige Fähigkeiten oder Talent gilt, kann sie zu psychischen Problemen führen.

Wie bereits erwähnt, entwickeln sich solche Überzeugungen meist schon in jungem Alter. Kindergartenerzieher und Grundschullehrerinnen, die an unseren Sommerseminaren teilnehmen, berichten oft, wie schwer man gegen die Überzeugung der Kinder ankomme, dass sie etwas nicht gut könnten, wenn sie sich dafür anstrengen müssten. Manchmal teilen die Lehrkräfte diese Ansicht auch. Das erkennen wir etwa, wenn sie auf unseren Basis-Evaluationsbögen Aussagen wie den folgenden zustimmen: *Ich schaue nicht gerne zu, wenn meine Schülerinnen und Schüler sich abmühen; ich fühle mich unwohl, wenn meine Schülerinnen und Schüler sich abmühen; ich helfe meist sofort, wenn ich sehe, dass meine Schülerinnen und Schüler sich abmühen.* Doch wie wir gesehen haben, sind Anstrengungen ein wesentlicher Teil des Lernprozesses.

Wie die Forscher Elizabeth und Robert Bjork entdeckt haben, kann unser langfristiges Lernvermögen abnehmen, wenn wir Bedingungen schaffen, unter denen wir rasche Erfolge erzielen (es also schnell »kapieren«).[17] Ist der Lernprozess anstrengender und langsamer, behalten wir das Gelernte in der Regel länger und können es breiter anwenden. Das bedeutet nicht, dass wir ständig mit dem

Kopf gegen die Tischkante schlagen müssen, doch wenn wir lernen und das Gelernte behalten wollen, müssen wir uns Herausforderungen stellen. Aber treibt man sich damit nicht selbst in den Burn-out? Wie es der Kognitionspsychologe Nate Kornell formuliert: »Man muss es leicht machen, es sich schwer zu machen.«[18] Anstrengungen sind leichter auszuhalten, wenn man reizvolle Wege findet, Herausforderungen in den Lernprozess einzubauen und damit herumzuspielen. In Klassenräumen und Hörsälen, zumindest in den Vereinigten Staaten, geschieht es aber viel häufiger, dass Lehrkräfte allzu früh dem Druck nachgeben und den Lernenden Tipps geben oder es ihnen erlauben, Lösungen einfach zu erraten, ohne zu überprüfen, ob ein echtes Verständnis vorliegt. In China und Japan hingegen werden die Lernenden öfter ermutigt, sich weiter anzustrengen; hier unterstützen die Lehrkräfte sie dabei, einen Lernpfad zu entwickeln, der viele falsche Abbiegungen und Sackgassen beinhalten kann.[19] Die beiden Wissenschaftler Harold Stevenson und James Stigler fanden heraus, dass chinesische und japanische Eltern Intelligenztests und ähnlichen statistischen Bewertungen viel weniger Bedeutung zumessen. Stattdessen betonen sie, wie wichtige wirksame Anstrengungen seien.[20] Lernende in diesen Ländern werden ermutigt, über ihre Fehler zu berichten, sodass die Gruppe sie analysieren und daraus lernen kann. Misserfolge sind somit ein allgemein erwartetes Ereignis auf dem Lernpfad.

Wie Kornell und seine Kolleginnen und Kollegen entdeckten, führt das Ideal des *fehlerlosen* Lernens – die Vorstellung, dass man besser lernt, wenn man in Prüfungen weniger Fehler macht – zu der Annahme, dass sich Fehler negativ auf das eigene Lernen auswirken.[21] Tatsächlich ist das Gegenteil richtig: Wenn wir eine Frage falsch beantworten, steigt die Wahrscheinlichkeit, dass wir sie künftig korrekt lösen, sofern wir uns die Zeit nehmen, uns erneut mit ihr zu beschäftigen. Anstrengungen unterstützen den Lernprozess und das Gedächtnis. Dies könnte besonders für Menschen gelten, die auf herausfordernde Aufgaben aus ihrem dynamischen Mindset heraus reagieren, denn sie schenken ihren Fehlern meist mehr Beachtung als Menschen, die sich in ihrem starren Mindset befinden.

Wir möchten hier jedoch nicht jede Art von Anstrengung blind ermutigen, sondern vielmehr Strategien empfehlen, die wirksame Anstrengungen ermöglichen. Entscheidend ist, dass unser Lob in die richtige Richtung zielt. Die Forschung zeigt weiter, dass die Wirksamkeit unseres Lobs für Bemühungen von unseren Ansichten hinsichtlich der Beziehung zwischen Anstrengungen und Fähigkeiten abhängt.[22] Wenn Lernende, die glauben, dass sie ihre Fähigkeiten durch Anstrengungen deutlich steigern können, für ihre Mühen gelobt werden, dann steigert dies ihr Selbstbewusstsein und ihre intrinsische Motivation. Je stärker der Glaube, desto stärker der Schub.

Wie wir gesehen haben, beginnt der Glaube an die negative Korrelation zwischen Fähigkeiten und Anstrengungen schon in jungen Jahren.[23] Wenn wir später unsere berufliche Laufbahn zu planen beginnen, ermutigen uns zahllose Beraterinnen und Berater sowie Coaches dazu, auf unsere natürlichen Talente zu vertrauen. Damit bekräftigen sie die Vorstellung, dass es Talente gibt, die uns angeboren sind, und solche, die uns schlichtweg versagt bleiben.

Warum es nicht hilfreich ist, allein auf Stärken zu setzen

Ein junger Mann schrieb sich in einem Priesterseminar ein. Zwar erhielt er oft beste Noten im Fach Theologie, doch er war kein besonders guter öffentlicher Redner und schnitt im Fach Rhetorik entsprechend schlecht ab. Jener Student war Martin Luther King Jr.[24] Obwohl wir ihn heute als einen der begabtesten öffentlichen Redner aller Zeiten betrachten, wurde er nicht mit einem besonderen Talent dafür geboren, sondern entwickelte es erst.

Wenn ich Ihnen angesichts der bisherigen Ausführungen nun sagen würde, dass Sie bestimmte angeborene Talente besitzen und sich ganz überwiegend darauf konzentrieren sollten, diese auszureizen, würde Sie das vermutlich nachdenklich machen. Doch die allermeisten Narrative über berufliche Entwicklung und Selbstverwirklichung kreisen um genau diesen Gedanken.

Wenn es darum geht, die eigenen Stärken zu maximieren, beginnt man in der Regel mit einer statischen Einschätzung. Das ist jedoch heikel, denn der Vorstellung, dass wir unsere Stärken ermitteln und dann einfach darauf setzen könnten, liegen einige implizite Annahmen zugrunde, die im Lichte psychologischer Forschungsergebnisse problematisch sind. Eine dieser Annahmen lautet, dass man zum Zeitpunkt des Tests einige Stärken und einige Schwächen hat. Das mag zwar in gewisser Weise zutreffen, doch der Kontext ist hierbei sehr wichtig, und dieser hängt von einer Vielzahl von Faktoren ab, etwa, mit welcher Gruppe man sich vergleicht. Irgendjemand hat immer überlegenere oder geringere Fähigkeiten, Erfahrungen oder Stärken. So gesehen ist die Behauptung, bei etwas »gut« zu sein, relativ und ihr Wahrheitsgehalt schwer messbar. Im Sport zum Beispiel herrscht selbst hinsichtlich der professionellen Sportlerinnen und Sportler, für die Daten ohne Ende vorliegen, Uneinigkeit darüber, welcher Einzelne oder welches Team nun der oder das »größte aller Zeiten« ist (natürlich lautet die korrekte Antwort »Serena Williams«).

Zweitens: Es stimmt zwar, dass wir oft von frühestem Alter an bestimmte »Talente« zeigen, doch wenn wir dem, was uns in den Schoß fällt, allzu viel Wert beimessen, geraten wir leicht in eine Falle. Sobald wir diesen Schnappschuss dessen, was wir schon können, besitzen, beginnen wir unser Leben oder unsere Arbeit zu zerlegen und alles von täglichen Handgriffen bis hin zu unserer gesamten Karriere darauf auszurichten, mehr von diesen Dingen tun zu können. Kurzfristig oder in Situationen, in denen man sich nicht besonders strecken, Innovationen entwickeln oder neue Dinge ausprobieren muss, mag das zum Erfolg führen. Aber es ist keine Erfolgsformel, um ein anhaltendes persönliches Wachstum oder Höchstleistungen in Organisationen zu erzielen, die auf langfristige

Entwicklung oder neue Herangehensweisen setzen. Gerade angesichts der heutigen Innovationsgeschwindigkeit sind die meisten Organisationen an Bewerberinnen und Bewerbern interessiert, die lernen und wachsen möchten und das in der Vergangenheit schon bewiesen haben – Leute wie Ramona Hood. Sie möchten nicht einfach nur mühelose High Performer in ihren Reihen haben, sondern zumeist High Performer mit einer Bandbreite an Fähigkeiten – und mit einem dynamischen Mindset hinsichtlich dieser Kompetenzen.

Wenn ich mit Führungskräften über die Probleme spreche, die das Modell »auf seine Stärken setzen« mit sich bringt, muss ich oft klarstellen, dass Fähigkeiten und Mindset unterschiedliche Eigenschaften sind – und dass sie voneinander unabhängig sind. In der Regel zücke ich einen Filzstift und zeichne auf dem Whiteboard ein zweidimensionales Schaubild, wobei das Mindset die horizontale Achse bildet und von »statisch« zu »dynamisch« verläuft, während die Fähigkeiten auf der vertikalen Achse stehen und von »niedrig« am unteren Ende bis zu »hoch« am oberen Ende reichen (siehe Abbildung 7). Als leitende Führungskraft in einem Unternehmen suchen Sie nach leistungsstarken Leuten – Menschen, die sich oberhalb der horizontalen Achse der Grafik befinden. Die Frage lautet: Sollen sie Ansichten hinsichtlich ihrer hohen Fähigkeiten haben, die einem statischen Mindset entspringen (links), oder solche, die einem dynamischen Mindset entspringen (rechts)? Das Stärken-Modell konzentriert sich auf den linken oberen Quadranten. Es besagt: Hier sind meine zwei oder drei Stärken und Fähigkeiten, und auf diese muss ich mich konzentrieren, denn sie sind fix. Am besten suche ich daher nach Situationen, in denen ich diese Stärken einfach ausspielen kann. Hat ein Unternehmen zu viele dieser Menschen, dann bewegt man sich sehr bald in einer Geniekultur, in der alle sich gegenseitig ausstechen wollen, gegeneinander konkurrieren oder einander gar verleumden. Erfolgreicher sind hingegen meist jene, die ihre Fähigkeiten aus einem dynamischen Mindset heraus betrachten, und diese Menschen sind auch eher imstande, Wachstumskulturen aufzubauen. Fähigkeiten und Mindset sind nicht nur unverwandt, sondern langfristig ist das Mindset auch wichtiger, weil es den Menschen hilft, die nötigen Schritte zu unternehmen, um ihre Fähigkeiten zu entwickeln.

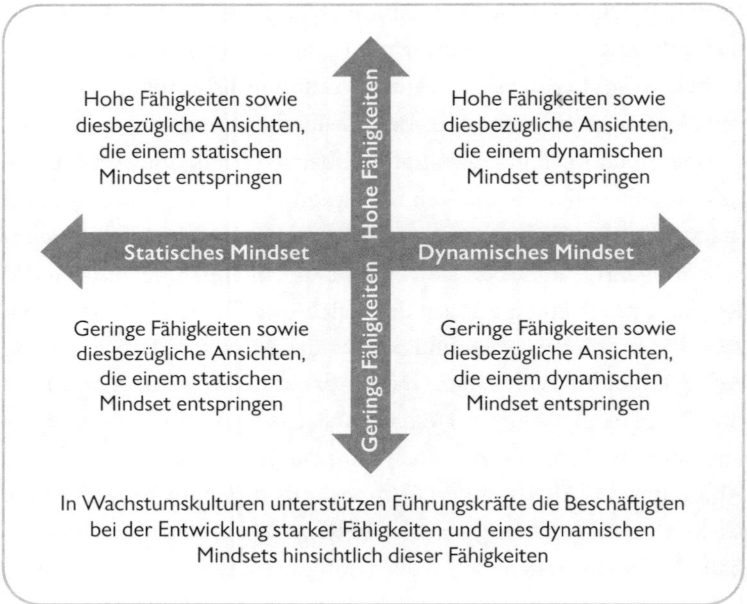

Abbildung 7: Fähigkeiten und Mindset sind voneinander unabhängig

Dieses Auf-seine-Stärken-Setzen ist eng mit einem anderen problematischen Narrativ verknüpft: dem über Leidenschaften. Da heißt es, jeder Mensch sei mit einer bestimmten Leidenschaft geboren, und wer erfolgreich sein wolle, müsse herausfinden, welche das ist. Wie Stärken und Talente wird so auch Leidenschaft als etwas Angeborenes und Starres anstatt als etwas Entwicklungsfähiges betrachtet. In einer fünf Studien umfassenden Untersuchungsreihe haben der Sozialpsychologe Paul O'Keefe von der Yale University, Carol Dweck und ihr Stanford-Kollege Greg Walton eruiert, wie Ansichten zum Thema Leidenschaften, die von einem starren beziehungsweise dynamischen Mindset geprägt sind, uns beeinflussen – insbesondere die Frage, ob wir glauben, dass unsere Interessen angeboren oder aber erworben sind[25] Es zeigte sich, dass Menschen mit starrem Mindset glaubten, sie müssten nur ihre Leidenschaft entdecken und würden sie dann hoch motiviert verfolgen und dabei kaum auf Schwierigkeiten stoßen. Dieser Glaube führte dazu, dass sie schneller aufgaben, wenn sich doch Schwierigkeiten einstellten. Mit anderen Worten: »Wenn man Menschen dazu drängt, ihre Leidenschaft zu entdecken, kann das dazu führen, dass sie alles auf ein Pferd setzen, das Pferd aber dann fallen lassen, falls es strauchelt.« Ein dynamisches Mindset in Bezug auf Leidenschaft wiederum »kann helfen, das Interesse auch angesichts von Schwierigkeiten oder Enttäuschungen wachzuhalten«.

Sapna Cheryan, Professorin an der University of Washington und eine meiner ehemaligen Kommilitoninnen in Stanford, untersucht geschlechtsspezifische Unterschiede in den MINT-Fächern sowie in den Computerwissenschaften. Sapna berichtet, dass junge Frauen typischerweise nicht dafür *sozialisiert* werden, für Computer oder Programmierung zu brennen, und daher nicht dazu neigen, diese Felder zu erkunden.[26] Als Beleg genügt es, die medialen Darstellungen zu betrachten: Vom fiktiven Datenpiraten Alec Hardison in der Fernsehserie *Leverage* über Jimmy Fallons irritierenden IT-Typen in der Sendung *Saturday Night Live* bis zu den Porträts echter Tech-Ikonen wie Steve Jobs, Bill Gates und Mark Zuckerberg – die sichtbaren Computercracks sind fast immer männlich. Wagen sich doch einmal Frauen ins Fach Informatik vor, dann meist zufällig: Sie werden Gamerinnen und entdecken, dass man mit Programmierung ein ihnen wichtiges Problem lösen kann, oder sie belegen einen Pflichtkurs in Informatik, der ihr Interesse weckt.

Das übergreifende Narrativ, wonach man Leidenschaften entdecken statt entwickeln müsse, könnte zu der Geschlechterkluft in der Informatik beitragen.[27] Wenn Mädchen und junge Frauen den Überzeugungen folgen, die einem starren Mindset entspringen, dann rechnen sie vermutlich damit, eine natürliche Leidenschaft für ein Gebiet zu empfinden, das zu ihnen passt – und wie wir gesehen haben, haben sie dann aus soziologischer Sicht schlechte Karten. Betrachten wir zusätzlich die Forschungen von O'Keefe, so erkennen wir, dass Frauen, die es schließlich mit Informatik probieren, noch aus der Bahn geworfen werden können – wenn sie sich nämlich für ihren Erfolg abmühen müssen und gleichzeitig an die negative Korrelation von Anstrengungen und Fähigkeiten glauben. Wenn sie aber davon überzeugt sind – und unsere Medien, Meinungsführer, Eltern und Lehrkräfte dies kommunizieren –, dass Leidenschaften entwickelt werden können, und zudem unsere Gesellschaft mehr Möglichkeiten für Mädchen und junge Frauen schafft, sich in den Computerwissenschaften auszuprobieren, dann können wir die Geschlechterkluft vielleicht überwinden. Von einem starren Mindset genährte Ansichten über Dinge wie Stärken, Talente und Leidenschaft können sich ungleich stärker auf jene auswirken, die von ihren Eltern, ihrem Freundeskreis und der Gesellschaft – sei es aufgrund vorgegebener sozialer Rollen oder kultureller Stereotype – nicht dazu ermutigt werden, diese Stärken und Leidenschaften schon in frühem Alter zu entwickeln.

Ein weiteres Feld, wo sich Stereotype oft mit wenig hilfreichen Ansichten über Talent und Anstrengungen vermischen, ist der Bereich des Unternehmertums.

Die falsche Mär von den Unternehmerinnen und Unternehmern

Es ist leicht, an einen Steve Jobs[28] oder an eine Emma McIlroy[29] zu denken und zu glauben, dass sie alles allein geschafft haben. Wir haben bereits den Mythos des einsamen genialen Wissenschaftlers kennengelernt, der plötzlich und im Alleingang eine bahnbrechende Entdeckung macht. In unserer Arbeit zu der Frage, wie Mindset-Trigger bei Unternehmern deren starres beziehungsweise dynamisches Mindset beeinflussen, stießen die Kauffman Foundation und ich auf ein ähnliches Narrativ. Demnach bahnt sich ein

Frontmann im Kapuzenshirt (fast immer männlich, jung und weiß) mit der Sense einen Weg durch das digitale Gestrüpp und kämpft so lange, bis er sein Start-up verkauft oder an die Börse bringt. Doch halt, ist da nicht ein dynamisches Mindset am Werk? Man zeigt Entschlossenheit und Stehvermögen angesichts einer langen, aufreibenden Hochleistungssituation? Das Problem ist, dass dieses unternehmerische Sich-Aufreiben nicht unbedingt eine wirksame Anstrengung darstellt.

Es geht nicht darum, einfach nur »Mut und Stehvermögen zu zeigen«, sondern darum, das auf eine sinnvolle Art und Weise zu tun, die uns unseren Zielen tatsächlich näherbringt. Ein dynamisches Mindset zeigt sich nicht nur in einem schieren Bemühen, es ist viel anspruchsvoller und auch viel umfassender. Wenn wir uns in unserem dynamischen Mindset befinden, suchen wir nach Möglichkeiten, Herausforderungen einzubauen und mit den damit verbundenen Anstrengungen zu spielen. Wir konzentrieren uns auf Möglichkeiten, testen neue Strategien und experimentieren. Und wir tun dies auf bewusste, durchdachte Art und Weise.

Im Übrigen macht es fast niemand allein. Es gibt immer Mitgründer, Mentorinnen oder andere Menschen, die erheblich zum Erfolg eines Start-ups beitragen. Wer die Vorstellung eines (männlichen) Solo-Unternehmers aufrechterhält, der es allein geschafft hat, entmutigt damit womöglich eine Menge Leute mit gemeinschaftsbetonten Werten, denen Partnerschaften und Teams etwas bedeuten. Wenn wir Unternehmerinnen und Unternehmer als Gemeinschaft darstellen, die an der Lösung einiger der größten weltweiten Probleme arbeiten, anstatt als Ansammlung tapferer Genies, dann spricht das mehr Frauen und nichtweiße Menschen an, die sich eher in einer Wachstumskultur zu Hause fühlen und sich als Teil einer Gemeinschaft von Innovatoren begreifen möchten – das ergaben jedenfalls die Forschungen meines Teams.

Eine andere Hürde, die einer unternehmerischen Tätigkeit von Frauen und nichtweißen Menschen entgegensteht, ist die Wahrnehmung von Vorurteilen – genauer gesagt die Vorstellung, dass die fast immer weißen, fast immer männlichen Wagniskapitalgeber Frauen oder nichtweiße Menschen (oder Transgender-Menschen oder praktisch jeden, der nicht zum Stereotyp eines »Erfolgsmenschen« passt) nicht als naturgegebene unternehmerische Talente betrachten.[30] Sie glauben, dass Mitglieder strukturell benachteiligter Gruppen sich viel mehr anstrengen müssten, um es zu schaffen. Ironischerweise stimmt das oft sogar – aber nur aufgrund der strukturellen Benachteiligung und der erwiesenen geschlechtsspezifischen und ethnisch bedingten Vorurteile, die bei der Suche nach Wagniskapital greifen, nicht, weil sie von Natur aus weniger kompetent wären. Und hier erweist sich der Glaube rund um Anstrengungen und Fähigkeiten als schädlich. Wenn Mitglieder dieser Gruppen sich mehr anstrengen müssen, um erfolgreich zu sein, dann scheint das die Vorstellung zu bestätigen, dass sie weniger »natürlich geeignet« für eine unternehmerische (oder auch jede andere) Rolle seien als ihre weißen, männlichen Mittel- bis Oberschicht-Kollegen. Wie das Online-Nachrichtenportal *TechCrunch* berichtet, gingen 2022 nur 1,9 Prozent aller Wagniskapitalinvestitionen an Gründerinnen,[31] obwohl, wie der Datenanbieter *PitchBook* berichtet, »Gründerinnen im Jahresvergleich eine niedrigere mittlere Kapitalverbrauchsrate aufwiesen und anfänglich raschere Wertzuwächse sowie später niedrigere Wertverluste verzeichneten als rein männlich geführte Unternehmen«.[32] Im gleichen Jahr erhielten schwarze Gründer nur 1 Prozent aller Wagniskapitalgelder.[33]

Meine eigenen Forschungen zeigen, dass ein erheblicher Teil der weiblichen und nichtweißen Gründer einer Bedrohung durch Stereotype ausgesetzt ist – der Sorge, dass sie in den Augen von Wagniskapitelgebern auf negative Stereotype hinsichtlich ihrer Fähigkeiten reduziert werden. All dies summiert sich zu einem Nettoverlust an Frauen und nichtweißen Menschen, die gerne unternehmerisch tätig werden möchten oder die um Unterstützung für tatsächliche Unternehmungen nachsuchen.[34] Und genau hier, inmitten einer ausgeprägten Hochleistungssituation, kann ein dynamisches Mindset nicht nur hilfreich, sondern ausschlaggebend sein. Katrina

Lake[35] und Calendly-Gründer Tope Awotona[36] hatten beide Mühe, sich Geld zu beschaffen, und Gleiches galt auch für Robin McBride und Andréa McBride John, die frischen Wind in die Weinbranche bringen wollten, in der nichtweiße Menschen oft nicht gern gesehen sind.

Die McBride-Schwestern begannen ihre Reise als Unternehmerinnen mit dem Import neuseeländischer Spitzenweine in die Vereinigten Staaten. Ihr Ziel lautete, große Weine jedermann zugänglich zu machen. Anfangs wollten sie ihre Produkte über große Lebensmittelhandelsketten vertreiben, doch dann stellte ein Einkäufer der Supermarktkette Kroger eine entscheidende Frage: »Warum verkaufen Sie nicht Ihre eigene Weinmarke?« Der Einkäufer erklärte sich bereit, eine größere Bestellung für den Monat März zu platzieren. Das Problem war nur: Es war bereits September, sodass sie gerade einmal vier Monate Zeit hatten, um 25 000 Kästen Wein zu produzieren und rechtzeitig vor Ende des Wintersortiments an die Auslieferungslager von Kroger zu liefern.[37] Als Moderator Guy Raz vom Podcast *How I Built This* in einem nachfolgenden Interview bemerkte, dass diese Aussicht absolut furchterregend klinge, korrigierte ihn Robin mit den Worten: »Nein, aufregend!« – »Spannend!«, ergänzte Andréa. Und es ist überwiegend diesem dynamischen Mindset angesichts wiederholter Hochleistungssituationen zu verdanken, dass es den Schwestern gelang, den von Kroger gesetzten Termin einzuhalten. Es führte auch dazu, dass die McBride Sisters Collection heute das größte von Schwarzen geführte Weinunternehmen der USA ist.[38]

Doch spulen wir ein Stück zurück und schauen, wie die Schwestern jenen Kroger-Einkäufer überhaupt kennenlernten: Sie wurden ihm von dem für Zulieferer verantwortlichen Diversity Manager einer anderen Lebensmittelkette vorgestellt.[39] Er war von der Motivation der beiden Schwestern beeindruckt, gab ihnen verschiedene Tipps, wie sie bei großen Ketten erfolgreich sein könnten, und stellte sie sogar Einkäufern von Konkurrenzunternehmen vor. Als Nächstes standen die Schwestern vor der Aufgabe, die Kroger-Bestellung zu erfüllen. Das bedeutete, vier Weinsorten aus dem Nichts heraus zu erschaffen, ohne Investoren und mit geringsten Barmitteln. Wie Robin Guy Raz gegenüber betonte: »Keine Gruppe von Unternehmern erhält so wenig Geld wie schwarze Frauen, deshalb galten wir [in unserem Umfeld] immer noch als potenzielles Risiko.«[40] Ihre Strategie bestand darin, sich ihr önologisches Wissen und ihre Beziehungen zunutze zu machen und Traubenerzeuger und Winzer in Neuseeland und Kalifornien um ihr Vertrauen zu bitten. Ihr Ansatz war inklusiv; sie bildeten eine Gemeinschaft rund um den Weinherstellungsprozess – etwas, das man oft bei Organisationen beobachten kann, die von Gründern aus ethnischen Minderheiten ins Leben gerufen werden.

Wie können wir nun diese Art von zupackendem, dynamischem Mindset fördern, das die McBride-Schwestern angesichts mehrfacher Hochleistungssituationen an den Tag legten? Dafür gibt es mehrere Strategien, darunter auch eine, die sich für Eltern und Lehrkräfte eignet.

Wie man Lernende (und Lehrkräfte) bei der Bewältigung von Hochleistungssituationen unterstützt

Der berühmte Bergsteiger Alex Megos hatte eine Reihe von Erstbesteigungen auf hoch anspruchsvollen Routen bewältigt, doch keine davon hatte ihn an seine persönlichen Grenzen gebracht, wie er gestand.[41] Er war dafür bekannt, schwierige Aufstiege schnell zu meistern. Einer Filmcrew verriet Megos: »Ich habe niemals wirklich etwas versucht, was länger als zehn Tage dauerte.« Zwar galt Megos als Bergsteigergenie, aber er schreckte (vielleicht aus genau diesem Grund) davor zurück, eine Route in Angriff zu nehmen, die noch anstrengender wäre. »Ich erkannte ganz allmählich, dass ich mehr Zeit brauchen würde, um beim Klettern an meine Grenzen zu stoßen«, sagte Megos. Im Jahr 2020 gelang Megos sein bis dahin größter Erfolg – ein Freeclimbing-Aufstieg auf einer Route, an der er über einen Zeitraum von drei Jahren hinweg rund 60 Tage lang gearbeitet hatte. Wie Megos bekundete, sei es eine völlig neue Erfahrung gewesen, eine Aufgabe in Angriff zu nehmen, von der er nicht wusste, ob er sie würde lösen können. Megos musste sich selbst dazu bringen, Hochleistungssituationen aus seinem dynamischen Mindset heraus anzugehen. Führungskräfte müssen dasselbe für andere tun.

In unseren Sommerseminaren versuchen wir Lehrkräften zu helfen, Ansichten und Verhaltensweisen bezüglich Hochleistungssituationen zu fördern, die von einem dynamischen Mindset geprägt sind. Einer unserer hilfreichsten Hinweise lautet, dass sie sich nicht nur auf das individuelle Verhalten der Kinder konzentrieren sollten, sondern auf die Mindset-Kultur achten sollten, die sie errichten. Am ersten Schultag oder zu einem frühen Zeitpunkt im Schuljahr schließen die Lehrkräfte dieser Altersgruppen (Vorschule bis sechste Klasse) oft *Klassenverträge* mit ihren Schülerinnen und Schülern. Dazu setzen sie sich mit den Kindern zusammen und überlegen sich eine Reihe von Regeln, die die Grundlage der Klassenkultur für das nächste Schuljahr bilden. In den Seminaren machen wir den Lehrkräften einige Formulierungsvorschläge, die auf den Aufbau einer Wachstumskultur abzielen, etwa: »Wir wollen uns acht Stunden pro Tag bemühen, klüger zu werden«, »Wir wollen uns anstrengen, um zu lernen«, »Wir werden Fehler machen und uns gegenseitig helfen, daraus schlau zu werden«, »Wir wollen beim Lernen niemanden zurücklassen«.

Im Alltag kann sich dies auf vielfältige Weise auswirken. So könnte sich eine Lehrkraft bei ihren Schülerinnen und Schülern entschuldigen, wenn sich eine Übung oder Aufgabe als zu leicht erweist. »Wow, ich habe gedacht, dass euch diese Aufgabe viel schwerer fallen würde – sie hat euch ja gar nicht klüger gemacht. Schauen wir mal, ob wir nicht etwas Schwierigeres finden können, damit ihr auch wirklich etwas lernt.« Damit übernimmt man nicht nur Verantwortung dafür, dass jedes Kind genügend Herausforderungen erhält, sondern verstetigt und normalisiert auch die Vorstellung, dass man nur durch Anstrengungen und das Lösen von Rätseln klüger wird.

Zugegebenermaßen kann es vor allem in großen Klassen und bei erheblichen Leistungsunterschieden schwierig sein, so individuell auf jedes Kind einzugehen, wie es dieser Ansatz erfordert. Eine mögliche Strategie ist in diesem Fall, sich mit *Gesäßtaschenaufgaben* zu wappnen. Wenn die Lehrkraft durchs Klassenzimmer wandert, während die Schülerinnen und Schüler an Matheaufgaben oder naturwissenschaftlichen Fragestellungen arbeiten, kann sie einige Zettel mit schwierigeren Aufgaben mit sich herumtragen, die sie Kindern geben kann, die schneller fertig sind. Unabhängig von der Position einer Schülerin oder eines Schülers im Lernkontinuum besteht somit die Möglichkeit, sich unablässig anzustrengen.

Manche Lehrkräfte beweisen ihr dynamisches Mindset, indem sie selbst Methoden zum Aufbau einer Wachstumskultur erfinden. Als wir uns bei einigen unserer früheren Seminarteilnehmerinnen und -teilnehmer meldeten, waren wir überrascht und erfreut über das, was wir erfuhren. Eine Lehrkraft hängte in ihrem Klassenzimmer ein Schaubild aus, auf dem der Lernstand der Klasse im Fach Mathematik in Woche eins sowie drei Monate später abzulesen war. Das half den Schülerinnen und Schülern, ihre Fortschritte zu erkennen, und verankerte Fortschritt als zentralen Wert der Klasse. Es sind solche Bemühungen, die die negativen Vorstellungen über das Verhältnis zwischen Anstrengungen und Fähigkeiten an der Wurzel packen und positiv wenden.

Lehrkräften fällt es oft schwer, ihren Schülerinnen und Schülern dabei zuzusehen, wie sie sich abmühen. Um dem zu begegnen, erzählen wir ihnen Geschichten darüber, wie Menschen aufgrund – und nicht trotz – dieser Mühen zu Lösungen fanden. Wir ermutigen sie auch, über ihre diesbezüglichen Erfahrungen nachzudenken und zu berichten. Dann können sie die gleiche Methode des Geschichtenerzählens in ihren Klassen anwenden. Die Geschichte von Alex Megos würde sich hervorragend eignen, denn sie zeigt, wie man erst zögert, eine Aufgabe anzugehen, von der man nicht weiß, ob man sie lösen kann, dann aber davon profitiert.

Wenn es Sie nun in den Fingern juckt, eine neue Hochleistungssituation in Angriff zu nehmen oder sich einer bisher noch ungelösten erneut zu widmen, so wussten Sie vielleicht bereits, dass diese Strategie des Geschichtenerzählens uns allen eine große Hilfe sein kann.

Wie man in Hochleistungssituationen ein dynamisches Mindset fördert

Hier sind fünf praktische Möglichkeiten, um sich vom Glauben an eine negative Korrelation zwischen Anstrengungen und Fähigkeiten zu lösen und auf Hochleistungssituationen auf eine Weise zu reagieren, die einem dynamischen Mindset entspringt.

Unterteilen Sie die Herausforderung in lösbare Teilaufgaben

In ihrem Bestseller *Bird by Bird* beschreit Anne Lamott eine Begebenheit, als ihr Bruder eine größere Hausarbeit bis zum Abgabetermin aufschob.[42] Er war von der riesigen Aufgabe, die ihm bevorstand – er sollte Vögel katalogisieren – überwältigt und war ratlos, wie er sie denn angehen sollte. Nun, sagte sein Vater, du wirst wohl einfach Vogel für Vogel vorgehen müssen. Und das ist etwas, das auch wir lernen können.

Felsenkletterer wie Erfinder sprechen davon, dass sie »Probleme lösen« wollen, und sie gehen das auf *ähnlich*e Weise an: indem sie die größere Herausforderung in kleinere Häppchen unterteilen, die sie einzeln in Angriff nehmen. Das mag vielleicht prosaisch oder offensichtlich klingen, doch wenn Hochleistungssituationen Sie in Ihr statisches Mindset treiben, dann verengt sich Ihre Sichtweise, während Ihre Unruhe wächst und Sie sich immer mehr mit sich selbst beschäftigen. Man vergisst dann oft, einen Schritt nach dem anderen zu machen. Geschichten wie jenen von Megos und den

McBride-Schwestern gelingt es nicht zuletzt deshalb, uns in Richtung Wachstum zu treiben, weil sie uns zeigen, wie andere erfolgreich eine größere Aufgabe in lösbare Teilaufgaben unterteilten. Für viele Menschen wäre es undenkbar gewesen, 25 000 Weinkisten in nur wenigen Monaten zu produzieren und auszuliefern, doch die Schwestern waren erfolgreich, weil sie nicht versuchten, 25 000 Kisten voll Wein herzustellen und zu verfrachten. Stattdessen konzentrierten sie sich auf das, was als Nächstes anstand – es mussten die Trauben und die Rebsorten ausgesucht werden, Anträge geschrieben und Etiketten gedruckt werden.[43] Jede dieser Aufgaben war machbar. Diese Fähigkeit, unsere nächsten ein bis zwei Schritte zu isolieren und dort zu beginnen, können wir alle kultivieren. Und wenn uns das schwerfällt, können wir vertraute Beraterinnen und Berater fragen, etwa Kolleginnen, Manager oder Mentorinnen.

Denselben Rat geben wir auch Führungskräften, die anstrengende Aufgaben vergeben: Werfen Sie Ihre Leute nicht ins kalte Wasser. Wenn Sie sie in Richtung ihres dynamischen Mindsets bewegen möchten, sollten Sie die Herausforderungen und Mühen allmählich steigern. Ein guter Tennistrainer reicht Ihnen nicht den Schläger und sagt: »Viel Glück!« Vielmehr zeigt er Ihnen, wie man den Schläger hält, und anschließend, wie man eine Vorhand schlägt. Wenn das einigermaßen klappt, zeigt er Ihnen die Rückhand, und so weiter. Wenn man einem Beschäftigten zu schnell zu viele Aufgaben gibt, steigt die Gefahr, dass er der Selbsteinschätzung verfällt, nicht über die zum Erfolg erforderlichen Strategien oder Ressourcen zu verfügen. Wenn Sie die Herausforderungen langsam steigern, helfen Sie Ihren Beschäftigten, die nötigen Fähigkeiten aufzubauen, um Vogel für Vogel voranzukommen.

Selbstbestätigung

Eine andere Methode, die sich individuell anwenden lässt, stammt von einer meiner Mentorinnen während meines Promotionsstudiums, Claude Steele, und einem anderen Doktoranden, Geoff Cohen, und heißt Selbstbestätigung.[44] Der Grundgedanke dahinter lautet, dass die meisten von uns sich gerne als jemand erleben möchten, der eine Sache gut kann – der also kompetent und effektiv darin ist und moralisch handelt. Stoßen wir auf eine Hochleistungssituation und glauben wir gleichzeitig daran, dass wir nicht gut in etwas sind, wenn wir uns dabei anstrengen müssen, dann fällt es uns schwer, uns in einem positiven Licht zu sehen. Am Arbeitsplatz fühlt sich eine solche Situation noch bedrohlicher an. Viele von uns ziehen einen Teil ihrer Identität aus ihrer Arbeit (dem Meinungsforschungsinstitut Gallup zufolge identifizieren sich 55 Prozent aller US-Amerikaner mit ihrer Arbeit, bei den Hochschulabgängern liegt dieser Wert bei 70 Prozent).[45] Wenn wir uns nicht in der Lage sehen, gute Arbeit zu leisten, beginnen wir, uns selbst infrage zu stellen.

Der Prozess der Selbstbestätigung erweitert unser Selbstverständnis, sodass wir weniger von den Ängsten und Zweifeln betroffen sind, die eine Hochleistungssituation hervorrufen kann.[46] Der erste Schritt besteht darin, alle Identitäten, Gruppenzugehörigkeiten und Rollen aufzulisten, die Sie als Einzelperson innehaben und die Ihnen etwas bedeuten. (Und Sie müssen sie tatsächlich aufschreiben, nicht einfach nur aufsagen oder gedanklich notieren!) Vielleicht steht da *Ich bin eine Schwester, eine Mutter, eine Texanerin, eine Freundin, eine Hundeliebhaberin* und so weiter. Ist Ihre Liste vollständig, dann ordnen Sie die Identitäten anhand ihrer Bedeutung. Streichen Sie dann diejenige aus, die aktuell bedroht ist, etwa *Angestellte*. Schreiben Sie nun 15 oder 20 Minuten lang über die drei am höchsten bewerteten Eigenschaften (oder die nächsthöchsten, falls die ausgestrichene sich unter den ersten drei befand). Konzentrieren Sie sich darauf, wie wichtig Ihnen und anderen diese Rollen sind und wie sie Ihr Leben und das anderer Menschen positiv beeinflusst haben.

Steele und weitere Forscherinnen und Forscher, die seine Arbeit ergänzt haben, betonen, dass man auf diese Weise sein Selbstverständnis erweitert. Wenn ein Aspekt der eigenen Identität in Gefahr ist, weil man sich mitten in einer Hochleistungssituation befindet, die man womöglich nicht bewältigen kann, wirkt das weniger bedrohlich, weil man nicht mehr nur diese eine Rolle wahrnimmt. Selbstbestätigung senkt aber nicht nur das Bedrohungsgefühl, sondern führt auch dazu, dass wir engagierter arbeiten und so unsere Erfolgschancen in diesen Hochleistungssituationen erhöhen.

Richten Sie Ihre Grundüberzeugungen neu aus

Eine der wirksamsten Methoden, um in unser dynamisches Mindset zu gelangen, ist es, unsere Überzeugungen hinsichtlich der Beziehung zwischen Anstrengungen und Fähigkeiten neu auszurichten. Auch hier wiederum erweist sich das Geschichtenerzählen als besonders effektiv. Neben den schon genannten Beispielen gibt es etwa auch die Geschichte des Rappers und Unternehmensleiters Shawn Carter (besser bekannt als Jay-Z), der von jedem größeren Musiklabel, das er kontaktierte, abgelehnt wurde. Infolge dieser Zurückweisung wurde er selbst zum Produzenten und gründete Roc-A-Fella Records.[47] Die Liste ließe sich beliebig fortführen. (Das wäre übrigens ein tolles Forschungsprojekt für Schülerinnen und Schüler, um auf diesem Weg eine Klassenkultur aufzubauen, die alle in Richtung Wachstum führt.) Und manchmal könnten auch Sie selbst ein solches Beispiel sein. Wenn Sie Ihren eigenen Kampf beschreiben, ist das nicht nur eine große Lernhilfe für andere, sondern hilft Ihnen auch, Ihre eigene Erfahrung als eine erzählenswerte Geschichte zu begreifen.

Erinnern Sie sich an das »Stanford-Duck-Syndrom«? Um ihm entgegenzuwirken, beschloss mein eigener Promotionsjahrgang, aus dem Teich zu springen. Einmal pro Woche veranstalteten wir eine Happy Hour, in der wir uns vergnügten, aber auch über unsere Herausforderungen und Mühen sprachen und darüber, wie viel Arbeit wir in unsere Promotion steckten. Wir verabredeten auch, uns gegenseitig zu helfen und zu unterstützen. Anstatt gegeneinander zu konkurrieren, würden wir als Team agieren und gemeinsam die notwendige Arbeit leisten. Die Aufgabe blieb schwer und anstrengend, machte nun aber zumeist deutlich mehr Spaß, und wir hatten das Gefühl, dass wir Herausforderungen annehmen *und* lernen *und* erfolgreich sein konnten. Und das Beste war, dass wir das alles zusammen erreichen konnten. Um Angstzustände und Depressionen unter den Studentinnen zu reduzieren, bemühten sich auch die Mitarbeiterinnen und Mitarbeiter der CAPS an der Cornell University um die Normalisierung von Anstrengungen.

Als Führungskraft können Sie auf ähnliche Weise Geschichten erzählen und andere dazu animieren. Berichten Sie über Ihre Erlebnisse in anstrengenden Situationen. Wenn Sie Ihren Beschäftigten zu verstehen helfen, dass man mit echten, nachhaltigen Anstrengungen weiterkommt, nehmen Sie ihnen ein wenig von dem Druckgefühl und der Angst, als schwach angesehen zu werden (oder mindern ihre Neigung zur Selbstabwertung). Teilen Sie ihnen auch mit, dass Sie *wollen*, dass sie sich ausreichend herausgefordert fühlen, damit sie auch künftig wachsen können und an ihrer Arbeit interessiert und engagiert bleiben, aber dass Sie es auch als Ihre Aufgabe ansehen, ihnen die nötigen Ressourcen und die nötige Unterstützung zu bieten, um erfolgreich sein zu können.

Wenden Sie sich an die Gemeinschaft

Hochleistungssituationen erscheinen auch deshalb oft so beängstigend, weil wir glauben, sie allein bewältigen zu müssen. Indem wir uns gegenseitig stützten, steigerten die Mitglieder meines Jahrgangs in Stanford unsere kollektive und individuelle Belastbarkeit. Wir wollten als Individuen lernen und wachsen, doch das bedeutete nicht, dass wir es ganz allein tun mussten. Eine simple, aber wirkmächtige Frage spielt hier eine große Rolle: »Was sind meine Ressourcen?« Wenn wir uns diese Frage stellen (oder unsere Beschäftigten so coachen, dass sie es tun), dann bringen wir uns damit bei, jene Menschen zu identifizieren, die uns helfen können.

Um als Individuum erfolgreich zu sein, kommt es entscheidend darauf an, die Stärken anderer aufzuspüren und zu nutzen sowie aus ihnen zu lernen. Das Gleiche lässt sich auch über Organisationen sagen – wenn wir über unseren eigenen Tellerrand blicken, mit unseren Herausforderungen offen und ehrlich umgehen und andere aktiv auffordern, uns zu unterstützen, dann sind Hochleistungssituationen beherrschbarer. Starke Teams sind solche, die sich ihre eigenen Wachstums-Mikrokulturen heranzüchten.

Stellen Sie Ihre Umgebung auf Wachstum ein

Genau wie im Beispiel unserer Lehrkräfte und ihrer Klassenverträge können auch Führungskräfte Vereinbarungen auf Team- oder Organisationsebene treffen, die die Umgebung auf Wachstum ausrichten. Wie bereits erwähnt, bilden einige Organisationen wie Google ihre Teams häufig um, sodass die Beschäftigten immer wieder in Hochleistungssituationen geraten.[48] In solchen Fällen ist es entscheidend, sie mit einer Wachstumskultur zu umgeben, in der Zusammenarbeit Vorrang vor Wettbewerb genießt und in der die Beschäftigten gefahrlos Fehler begehen und sich gegenseitig beim langfristigen Vorankommen unterstützen können. Durch die Zusammenarbeit mit verschiedenen Personen in unterschiedlichen Bereichen der Organisation erhalten die Mitarbeiterinnen und Mitarbeiter laufend Lerngelegenheiten und können ihr eigenes Wissen und ihre Ideen weitergeben – und zwar in weitaus größerem Umfang, als eine typische statische Struktur es erlauben würde. Dieses Ideal lässt sich jedoch nur dann umsetzen, wenn die Kultur dies unterstützt.

Überlegen Sie, welches Pendant der Gesäßtaschenaufgaben Sie für Ihre Beschäftigten oder für sich selbst bereithalten könnten, wenn es an Herausforderungen mangelt. Einer Gallup-Umfrage von 2022 zufolge hatten nur 21 Prozent aller US-amerikanischen Beschäftigten das Gefühl, ihre Arbeit mit vollem Engagement zu betreiben.[49] Wie Ihnen jeder Personaler versichern wird, ist fehlendes Engagement Gift für die Mitarbeiterbindung.[50] Wenn Sie Ihre Beschäftigten also auf dem Wachstumspfad halten, fördern Sie nicht nur deren Karriere, sondern sorgen auch für ein besseres Betriebsergebnis. Wenn Sie selbst Beschäftigter sind, dann bedeuten Gesäßtaschenaufgaben, dafür zu sorgen, dass Ihre Vorgesetzte Sie auf dem Radar hat, wenn es um knifflige Aufgaben geht, und auch, direkt um neue Herausforderungen zu bitten. Vielleicht hat Ihre Vorgesetze gerade eine Aufgabe, die sie gerne an Sie delegiert, weil sie ihr zu leicht geworden ist. Das eröffnet Ihnen eine Wachstumschance und gibt Ihrer Vorgesetzten mehr Freiraum, um selbst neue Gelegenheiten zu ergreifen.

Fragen zur Vertiefung

- Denken Sie an eine frühere Begebenheit, als Sie angesichts einer Hochleistungssituation in ihr statisches Mindset gerieten – das kann eine berufliche, eine familiäre Situation oder auch etwas anderes gewesen sein. Welches Gefühl hatten Sie, als Sie in Ihr starres Mindset hineingerieten? Was haben Sie zu sich selbst gesagt? Was haben Sie unternommen? Was würden Sie heute Ihrem früheren Selbst sagen, das seinerzeit nützlich gewesen wäre? Wie würden Sie sich in Richtung Ihres dynamischen Mindsets coachen?
- Was ist Ihre wachstumsorientierte Geschichte bezüglich Hochleistungssituationen? Wann haben Sie aus Ihrem dynamischen Mindset heraus reagiert? Was haben Sie zu sich selbst gesagt? Was haben Sie unternommen? Was war das Ergebnis? Können Sie Ihren Kolleginnen und Kollegen oder Ihren unmittelbaren Untergebenen diese Geschichte erzählen und sie dazu animieren, ihre eigene zu berichten?
- Wenn Sie über Stärken durch die Brille Ihres dynamischen Mindsets nachdenken, welche Stärken möchten Sie dann im Laufe Ihres Lebens *entwickeln* (auch wenn Sie das große Anstrengungen kosten könnte)? Welchen Schritt könnten Sie schon heute tun, um Sie diesem Ziel näher zu bringen?
- Welche aktuelle Situation in Ihrem Leben empfinden Sie als anstrengend? Was können Sie tun, um sich daran zu erinnern, dass Anstrengungen eine Voraussetzung sind, um Fähigkeiten zu entwickeln (statt eines Anzeichens dafür, dass Ihnen diese fehlen)? Als ich ein Peloton erwarb, setzte ich mir das Ziel, vier-

bis fünfmal pro Woche darauf zu trainieren – aber wie schwer war die Umsetzung! (Ich war nie Rad gefahren und der Sitz schmerzte … und wie!) Ich klebte eine Haftnotiz an meinen Bildschirm mit der Aufschrift »Nur 20 Minuten pro Tag« – denn mehr brauchte ich nicht, um das nötige Geschick zu entwickeln. Wie können Sie sich selbst an die positive Beziehung zwischen Anstrengungen und Fähigkeiten erinnern?

- Und schließlich: Wie können Sie überprüfen, dass es sich bei Ihren Bemühungen um *wirksame Anstrengungen* handelt? Was sind die kleinen, messbaren Anzeichen, dass Sie (auch noch so kleine) Fortschritte in Richtung auf Ihr Ziel machen? (Denken Sie daran: Kleine Schritte sind gut, nachhaltig und langfristig auch besser für die Menschen.)

11

KRITISCHES FEEDBACK

Sie haben gerade eine E-Mail von Ihrem Vorgesetzten erhalten: »Lassen Sie uns diese Woche einmal miteinander sprechen. Ich möchte Ihnen gerne ein Feedback geben.« Oder vielleicht hat Ihnen Ihr Ehepartner heute Morgen auf dem Weg zur Tür gesagt: »Lass uns dieses Wochenende mal etwas Zeit finden, um über uns zu reden.« Wie fühlen Sie sich, wenn Sie Feedback erwarten? Graut Ihnen davor und wappnen Sie sich innerlich? Oder sind Sie freudig erregt und freuen sich darauf; zu hören, was man Ihnen sagen wird? Manchmal schürt kritisches Feedback Ängste, in anderen Fällen eröffnet es neue Chancen. Gelegentlich auch eine Mischung aus beidem. Und deshalb ist kritisches Feedback unser dritter Mindset-Trigger.

Ein oft Aristoteles zugeschriebenes Zitat lautet: »Es gibt nur einen Weg, Kritik zu vermeiden: nichts tun, nichts sagen und nichts sein.«[1] Ob es sich nun um ein Jahresgespräch, eine Examensnote oder eine Bewertung auf Yelp oder Google handelt: Niemand kann kritischem Feedback entgehen. (Ohne Aristoteles beleidigen zu wollen, aber nichts zu sagen und zu tun kann auch Kritik hervorrufen.) Anders als in Beurteilungssituationen – wo Menschen auf die *Möglichkeit* einer positiven wie auch einer negativen Beurteilung eingestellt sind – wird hier tatsächlich eine Bewertung erteilt. Wenn kritisches Feedback uns in Richtung unseres starren Mindsets treibt, dann neigen wir zu einer defensiven Reaktion: Wir zweifeln oft die

Berechtigung der Kritik oder die Kenntnisse oder Kompetenz der kritisierenden Person an; manchmal erkennen oder verarbeiten wir die Kritik auch gar nicht.

Durch die Brille unseres starren Mindsets betrachten wir kritisches Feedback als Urteil darüber, ob wir unseren Job oder eine bestimmte Fertigkeit oder Aufgabe gut oder schlecht beherrschen – oder im Extremfall, ob wir ein guter oder schlechter Mensch sind.[2] Unsere Aufmerksamkeit verengt sich, wir blicken nur noch auf uns selbst und glauben, dass sich die Kritik auf uns als Menschen bezieht statt auf unsere Arbeit oder unser Verhalten. Wenn wir uns allzu sehr auf uns selbst konzentrieren, dann entgeht uns oft die Chance, die uns kritisches Feedback bieten kann: Wir nehmen keine Möglichkeiten wahr, sondern ein Urteil. Unser statisches Mindset sagt uns, dass Menschen entweder natürliche Fähigkeiten haben oder nicht. Das macht sogenanntes negatives Feedback so bedrohlich. Wir hören es und denken: »Ich kann das wohl einfach nicht«, und wir glauben dann, dass wir keine Möglichkeit hätten, uns zu verbessern.

Bei anderer Gelegenheit treibt uns kritisches Feedback vielleicht in Richtung unseres dynamischen Mindsets. Durch diese Brille betrachtet erleben wir es als Chance, Einsichten darüber zu gewinnen, inwiefern wir an unserer Arbeit oder unserer Herangehensweise etwas verbessern könnten – entscheidende Informationen für alle, die besser arbeiten oder sich entwickeln möchten. Umsetzbare Kritik kann uns aufzeigen, wo wir uns befinden, damit wir eine geeignete Strategie entwickeln können, um an unser Ziel zu gelangen. Aus unserem dynamischen Mindset heraus begreifen wir kritisches Feedback nicht nur als Lern- und Wachstumschance, sondern sind vielleicht sogar verärgert und frustriert, wenn wir es nicht erhalten oder es so vage ausfällt, dass wir damit nichts anfangen können.

Wenn wir zum ersten Mal kritisches Feedback erhalten, schreit unsere innere Stimme oft laut auf. Wir erinnern uns: Sadie Lincoln, die Mitgründerin und CEO von Barre3, erhielt in einer anonymen Mitarbeiterbefragung massive Kritik, was sie nicht unmittelbar in ihr dynamisches Mindset trieb.[3] Als die Ergebnisse zeigten, dass man sie für die Probleme des Unternehmens verantwortlich machte, war das in ihren Worten »niederschmetternd«. Ihre unmittelbare Reaktion war defensiv. Wie auch einige ihrer engsten Vertrauensleute lehnte sie die Kritik als unfair ab, kritisierte die Tadler und überlegte sogar, das Unternehmen zu verkaufen.

Als die erste Verletztheit abgeklungen war, wandte sich Lincoln an einen Kreis von Fachkolleginnen und -kollegen – sämtlich Unternehmensgründer – und bat um Rat. Nachdem sie Lincoln mit einer kleinen Süßigkeit besänftigt hatten, halfen ihr diese Menschen, in ihr dynamisches Mindset zu gelangen. Bevor wir uns diesen Prozess genauer ansehen, sei zunächst erwähnt, welchen einfachen, aber entscheidenden Schritt Lincoln tat, um ihren ersten Schmerz zu überwinden und sich dafür zu öffnen, wertvolles Feedback zu empfangen und anzunehmen. Sie hielt inne, und in diesem Moment des Innehaltens konnte sie ihren Emotionen die Spitze nehmen. Der klassischen Theorie zufolge sind Emotionen etwas, das sich nicht kontrollieren lässt: Etwas geschieht uns, wir empfinden etwas, und diese Emotion löst eine körperliche Reaktion aus. Wir springen jubelnd in die Luft oder rufen eine Freundin oder einen Freund an und hoffen auf Mitgefühl. Die Neurowissenschaftlerin Lisa Feldman Barrett kommt aufgrund ihrer Forschungen zu einem anderen Schluss: Demnach reagieren wir nicht auf Gefühle, sondern erzeugen sie.[4] Wenn unser Gehirn Sinnesinformationen erhält, führt es eine Reihe von Simulationen durch, um die Frage »Womit lässt sich dieser Sinnes-Input am ehesten vergleichen?« zu beantworten. Feldman Barretts *Theorie der konstruierten Emotion* zufolge nutzt unser Gehirn etwas, das sie als »Gefühlsbausteine« bezeichnet: Diese gründen auf unseren früheren Erfahrungen, unserer Erziehung und unserer Kultur, prägen unser Handeln und verleihen unseren Gefühlen eine Bedeutung. Im Grunde bedeutet dies, dass das Gehirn seine historische Datenbank durchforstet, und wenn unsere aktuelle Kombination von Empfindungen einem dort hinterlegten Gefühlsbaustein entspricht, dann konstruiert es dieses

Gefühl. All dies vollzieht sich so schnell, dass es automatisch abzulaufen scheint, doch in Wirklichkeit beherrscht unser Gehirn einfach diesen Abstimmungsprozess so gut. Wenn wir beispielsweise Herzrasen und feuchte Hände haben, könnte unser Gehirn rasch auf eine Angstreaktion schalten. Aber in Wirklichkeit sind wir gar nicht verängstigt, denn wir wollen gleich einen großen Vortrag für unseren Freundeskreis halten und sind freudig erregt. Zum Glück können wir diesen Fehler mit ein wenig Achtsamkeit korrigieren. Mit anderen Worten: Wir können unsere Gefühle viel stärker beeinflussen, als wir dachten. Und diese Lücke zwischen Reiz und Reaktion bietet uns die Möglichkeit, unser dynamisches Mindset einzuschalten.

Lincoln konnte auch deshalb den Hebel in Richtung ihres dynamischen Mindsets umlegen, weil sie ihre Abwehrhaltung reduzierte, was zur Folge hatte, dass sich ihr Verstand einschaltete.[5] (Wie die Forschung belegt, kann unser Gehirn schlechter mit negativem Feedback umgehen, wenn unser Selbstschutz-Reaktionssystem aktiviert ist.)[6] Ein Mitglied ihres Freundeskreises war eine erfahrene Wissenschaftlerin und riet ihr, das Feedback nicht zurückzuweisen, sondern es genauer zu analysieren. »Sie half mir, das Ganze aus nüchterner Sicht zu betrachten und die Emotionen beiseitezulegen«, sagt Lincoln.[7] Bei der Analyse des Feedbacks ignorierte die Gruppe »die unproduktiven Dinge« – im Wesentlichen persönliche Kommentare über Lincoln, aus denen sich keine umsetzbaren Handlungen ableiten ließen. Dann befasste sie sich mit den professionellen Einsichten, die Lincoln anfangs nur schwer akzeptieren konnte. Schließlich berichtete ein anderes Gruppenmitglied darüber, wie es selbst einmal beißende Kritik angenommen hatte, daraus gelernt hatte und daran gewachsen war. »Die Kombination dieser beiden Einflüsse hat mich verändert«, sagt Lincoln.

Kritisches Feedback kann anfangs schmerzen, insbesondere, wenn wir nicht damit rechnen. Dieses Unwohlsein kennt wohl fast jeder von uns, unabhängig von unseren Mindset-Ausgangspunkten. Doch wir verschlimmern diesen Schmerz, wenn wir uns in unserem statischen Mindset einigeln und zulassen, dass er unsere Identität als guter und kompetenter Mensch bedroht. Wie Lincoln bekundet, »identifizierte ich mich [vor der Mitarbeiterbefragung bei Barre3] so sehr damit, eine geliebte Chefin zu sein, [deren] Selbstwertgefühl vom eigenen Erfolg abhing«. Als das kritische Feedback ihr zeigte, dass diese Selbsteinschätzung sich nicht mit der Sichtweise ihrer Beschäftigten deckte, war sie verletzt und bestürzt.

Wenn wir uns in unserem starren Mindset befinden, ziehen wir unser Selbstwertgefühl aus dem Umstand, dass wir ganz oben stehen (statt dass wir uns entwickeln und lernen). Ein dieser Sichtweise zuwiderlaufendes Feedback kann irritierend sein, so als würden wir herabgewürdigt. Darauf reagieren wir nach Art von »Fragile Frankie« Merman in der Show *Seinfeld*, der bei kritischem Feedback in den Wald rennt und sich in einen Graben setzt,[8] oder wie der von Jack Nicholson gespielte Colonel Nathan Jessup im Film *Eine Frage der Ehre*, der sich laut entrüstet, wenn seine Taktiken infrage gestellt werden.[9] In der Arbeitswelt kann das so aussehen, dass kritisches Feedback (oder derjenige, der es erteilt) einfach abqualifiziert wird oder sogar allgemein davon abgeraten wird, überhaupt Feedback zu geben und anzunehmen. Eine andere Möglichkeit ist, dass wir uns gegen schwierige Aufgaben oder solche mit großer Außenwirkung entscheiden, die zwar ein gewisses Risiko bergen mögen, dafür aber Wachstumschancen beinhalten. In unserem statischen Mindset neigen wir dazu, uns zu verstecken oder auf Nummer sicher zu gehen, um das negative Feedback zu vermeiden, das uns droht, wenn wir eine Herausforderung ergreifen. Stattdessen können wir uns aber mehr an Sadie Lincoln orientieren und uns aus unserem anfänglichen Unbehagen lösen, um uns stattdessen auf Wachstum auszurichten.

Das Rucksack-Kind (und der Rucksack-Erwachsene)

Weiter oben habe ich das »Ich weiß!«-Kind beschrieben – jenes Kind, das sich gegen jede Art von gutem Rat oder Hinweisen sperrt, da es befürchtet, als inkompetent oder unfähig angesehen zu werden. Das »Ich weiß!«-Kind hat ein Pendant, wenn es um kritisches Feedback geht: das Rucksack-Kind.

In unseren Sommerseminaren für Lehrkräfte veranschaulichen wir die auf einem statischen Mindset gründende Reaktion auf kritisches Feedback anhand eines allzu häufigen Szenarios, das jede Lehrkraft kennt: Der Schüler oder die Schülerin erhält eine Klassenarbeit zurück, blickt auf die Note und schiebt sie dann tief in seinen oder ihren Rucksack hinein. Findet eine Nachbesprechung im Klassenverband statt, in der der Test samt Lösungen und möglichen *Lösungsstrategien erörtert wird, schaltet das Rucksack-Kind oft innerlich ab. (*Natürlich muss dieses Verhalten nicht nur eine Folge des Mindsets sein. So könnte ein Schüler, der eine schlechte Note bekommt, sich so verhalten, weil er weiß, dass er zu Hause eine Standpauke zu erwarten hat. Wenn es hier um individuelle Mindset-Reize geht, dann beschreibe ich Ansichten, die ein Individuum über seine eigene Leistung hat, und das sich daraus ergebende Verhalten.)

Eine ähnliche Reaktion erleben wir oft am Arbeitsplatz, wenn Angestellte Feedback von einem Vorgesetzten bekommen, etwa im Rahmen eines jährlichen 360-Grad-Feedbacks oder einer vierteljährlichen Überprüfung: Sie suchen nach ihrer Gesamtnote (und überprüfen vielleicht, ob sie eine Gehaltserhöhung bekommen) und schließen dann das Dokument oder stecken es in eine Schublade, anstatt das Feedback wirklich zu lesen und darüber nachzudenken. Und das geschieht oft unabhängig davon, ob es sich um eine gute oder eine schlechte Bewertung handelt. Wenn wir uns in unserem statischen Mindset befinden, lautet unsere einzige Frage: War ich der Sache gewachsen oder nicht? Legt das Feedback nahe, dass wir uns in einer oder in mehrerer Hinsicht noch verbessern könnten – womit wir rechnen müssen, wenn der Vorgesetzte sich in seinem dynamischen Mindset befindet –, dann schalten wir vielleicht auf Defensive. Vielleicht suchen wir die Nähe von Kolleginnen und Kollegen, von denen wir wissen, dass ihre Leistungen unterdurchschnittlich sind, qualifizieren den Vorgesetzten ab (*Der hat keine Ahnung, was ich überhaupt mache!*) oder denken uns andere Ausflüchte aus (*Ich bin in einem schwachen Team!*). In jedem Fall ist die Lernchance vergeben.

Bevor wir betrachten, wie wir angesichts von Beurteilungen durch andere in unser dynamisches Mindset gelangen können (oder unsere Beschäftigten dazu verleiten können), werfen wir zunächst einen Blick auf die Forschung hinsichtlich der Frage, wie unser Mindset unser Bedürfnis und unsere Fähigkeit beeinflusst, kritisches Feedback zu empfangen, zu interpretieren und uns zunutze zu machen.

Wie unser Mindset unsere Reaktion auf Feedback beeinflusst

Möchten Sie besser *sein*, oder möchten Sie sich besser *fühlen*? Das ist die Frage, der wir uns stellen müssen, wenn wir kritisches Feedback empfangen. Im Kern geht es um unser Selbstwertgefühl.

Wenn Feedback unserem Selbstbild widerspricht, was entscheidet dann darüber, ob wir die Sache frontal durch direktes Handeln angehen oder aber defensiv werden? Um diese Frage zu beantworten, haben mein ehemaliger Kommilitone David Nussbaum und Carol Dweck eine Reihe von Untersuchungen durchgeführt.[10] In jeder dieser Studien wurden Studierende in zwei Gruppen unterteilt und mithilfe eines kurzen Artikels in wissenschaftlichem Stil in Richtung ihres statischen beziehungsweise dynamischen Mindsets getrieben. Der eine Artikel behauptete, dass »aktuellen Forschungen zufolge die Intelligenz eines Menschen fast vollständig ererbt wird oder sich in sehr jungem Alter entwickelt« – eine Meinung, die einem statischen Mindset entspricht; während der andere Artikel angab, dass »aktuellen Forschungen zufolge die Intelligenz sich erheblich steigern lässt« – eine Ansicht, die ein dynamisches Mindset widerspiegelt. Um ihr Selbstwertgefühl zu testen, gaben die Forscher den Teilnehmenden anschließend nur vier Minuten, um einen dichten, länglichen und recht verwirrenden Auszug aus

Freuds Buch *Die Traumdeutung* zu lesen. Daraufhin mussten sie einen Verständnistest mit acht Fragen absolvieren.

Nachdem die Forschungsgruppe scheinbar die Tests bewertet hatte, sagte sie den Teilnehmenden, dass sie mit ihrer Leistung im 37. Perzentil aller Studierenden an der Universität gelandet seien – ein Ergebnis, das die Teilnehmenden ihrer Meinung nach schockieren und bestürzen würde. Nun wurde das entscheidende Maß angesetzt: Die Teilnehmenden würden eine Schnellleseaufgabe bekommen und erhielten vorab eine Liste von acht ehemaligen Studienteilnehmern, die im 14. bis zum 98. Perzentil gelandet waren. Sie seien herzlich eingeladen, auf diese ehemaligen Teilnehmenden zu klicken, um zu erfahren, welche Strategien diese zur Bewältigung derselben Aufgabe angewandt hatten. Die Teilnehmenden, die in Richtung ihres starren Mindsets geführt worden waren, reagierten meist defensiv – sie schauten sich Strategien ehemaliger Teilnehmer an, die *schlechter* abgeschnitten hatten als sie selbst. Dadurch fühlten sie sich kurzfristig besser (*Ha! Schau mal, was der Typ falsch gemacht hat!*), doch sie lernten nicht, wie sie sich in der nächsten Runde verbessern könnten. Diejenigen, die in Richtung ihres dynamischen Mindsets geleitet worden waren, entschieden sich hingegen überwiegend, die Strategien jener zu prüfen, die *besser* abgeschnitten hatten als sie selbst. Dadurch konnten sie vor dem nächsten Test neue oder unterschiedliche Strategien erlernen.

Die Studien von Nussbaum und Dweck untersuchten bewusstes Verhalten angesichts expliziten negativen Feedbacks. Neurowissenschaftliche Erkenntnisse legen jedoch nahe, dass wir negatives Feedback womöglich nicht einmal bemerken, wenn wir uns in unserem starren Mindset befinden.[11] Mithilfe von EEG-Scans werteten Forscherinnen und Forscher die Gehirnaktivitäten von Studierenden aus, während ihnen Fragen gestellt wurden. In einer Studie wurden College-Studenten gebeten, Allgemeinbildungsfragen zu beantworten (etwa »Wie lautet die Hauptstadt von Australien?«). Nach jeder Frage erfuhren sie zunächst, ob ihre Antwort richtig oder falsch war; in letzterem Fall wurde ihnen die korrekte Antwort gezeigt. Indem das Feedback in zwei Etappen erfolgte, konnten die Forscherinnen und Forscher beobachten, was sich in den Gehirnen der Teilnehmenden abspielte, wenn sie zuerst eine allgemeine Leistungsrückmeldung erhielten und danach eine Lern-/Korrekturgelegenheit.

Unabhängig von den jeweiligen Mindset-Ausgangspunkten zeigten die Scans bei allen Teilnehmenden eine ähnliche Aktivität, als sie das ursprüngliche Leistungs-Feedback erhielten: Fehler zu machen war allen unangenehm. Doch wenn sie das korrektive Feedback erhielten, zeigten Teilnehmende, die sich in ihrem dynamischen Mindset befanden, weitaus mehr Aktivität in einem Gehirnareal, das als verantwortlich für Fehlerkorrekturen gilt. Wichtig ist, dass es sich hierbei um eine *vorbewusste* neurale Aktivität handelte – sie mussten nicht darüber nachdenken, sondern ihre Gehirne waren auf Wachstum ausgerichtet. Bei einem späteren unangekündigten Wiederholungsteam schnitten Teilnehmende, die sich in ihrem dynamischen Mindset befanden, besser ab. Weitere Studien unterstützen die These, dass unser Gehirn sich *automatisch* unserer Fehler annimmt und sie zu korrigieren sucht, wenn wir uns in unserem dynamischen Mindset befinden, wodurch wir leichter zu besseren Reaktionen in der Zukunft gelangen. Dies legt nahe, dass unsere Überzeugungen hinsichtlich der Frage, ob Intelligenz fix oder veränderbar ist, unser Gehirn im Sinne einer selbsterfüllenden Prophezeiung beeinflussen. Die Forschung zeigt auch, dass unser Mindset sich erheblich auf die Treffsicherheit unserer Selbstbeurteilungen auswirkt, insbesondere angesichts eines Fehlschlags.

In einer Folge ihres Podcasts *Dare to Lead* aus dem Jahr 2020 interviewte die Wissenschaftlerin und Autorin Brené Brown die Harvard-Professorin und Autorin Sarah Lewis.[12] In diesem Interview beschreibt Lewis einen Ort, den sie als *Leere* bezeichnet: Eine solche Leere empfindet man, wenn »das erhaltene Feedback einen zwingt, seinen Möglichkeitsraum komplett leerzufegen und sich selbst neu zu denken«. Brown entgegnet: »Inmitten des Versagens ist ein Teil von mir freudig erregt und brennt für die Leere, für das Gefühl, ganz neu beginnen zu können.« Brown stellt dann die These auf, dass Scham der Feind von Leere sei. »Man kann die Chance, die einem die Leere bietet, nicht ergreifen, wenn man sich selbst aufgrund des Versagens schlechtmacht.«

Lewis stimmt ihr zu, so wie auch ich, und die Forschung unterstützt Browns These. Wenn wir aufgrund eines kritischen Feedbacks Scham empfinden, dann nehmen wir das Feedback oft persönlich – als Beurteilung unseres Selbst als Individuum, was anzeigt, dass wir uns in unserem statischen Mindset befinden.[13] Wie wir gerade gesehen haben, kann unser statisches Mindset auf neuronaler Ebene auch dazu führen, dass wir »die Chance der Leere« weniger nutzen können. Es ist schwieriger, sich neu zu denken oder seine Selbsteinschätzung neu zu justieren, wenn man auf seine mangelnden angeborenen Fähigkeiten oder seine Unterlegenheit konzentriert ist – oder darauf, das Feedback zu widerlegen oder abzuwerten.

Diese Art von Reaktionen zeigen wir auch in zwischenmenschlichem und gesellschaftlichem Kontakt. Wer zum Beispiel mit der Anschuldigung konfrontiert wird, etwas Rassistisches gesagt oder getan zu haben, gerät allzu schnell in sein statisches Mindset. Unsere unmittelbare Reaktion ist oft defensiv, etwa in Form einer Entschuldigung – *Das war nicht meine Absicht* oder *So habe ich es nicht gemeint!* Solche Anschuldigungen sind auch eine Art kritisches Feedback. Wenn jemand uns auf ein fragwürdiges oder inakzeptables Verhalten hinweist und wir uns in unserem statischen Mindset befinden, dann fühlen wir uns als schlechter Mensch, und die Forschung zeigt, dass wir dann meist zurückschlagen – wir bezeichnen die Person, die unser Verhalten aufgezeigt hat, als zu sensibel oder als Nörgler, obwohl sie uns vielleicht helfen wollte. In unserem statischen Mindset neigen wir leider dazu, das Feedback abzuwerten, anstatt zu versuchen, daraus zu lernen. Einige Untersuchungen, die ich mit meinen Mitarbeiterinnen Aneeta Rattan, Katie Kroeper, Rachel Arnett und Xanni Brown angestellt habe, zeigen, dass wir auch auf diese Art kritischen Feedbacks weniger defensiv reagieren, wenn wir uns in unserem dynamischen Mindset befinden – und, ebenso wichtig, dass wir auch bereitwilliger glauben, anderen damit helfen zu können, wenn wir Rassismus (und Sexismus und so weiter) die Stirn bieten.[14]

Wenn kritisches Feedback uns in unser dynamisches Mindset führt, wie es bei Brown der Fall war, dann achten wir eher auf Informationen darüber, wo wir uns noch verbessern könnten.[15] Die Forschung zeigt, dass diese erhöhte Aufmerksamkeit uns tatsächlich ermöglicht, die Qualität des erhaltenen Feedbacks besser daraufhin zu filtern, was uns weiterhilft und unser Wachstum unterstützt und was wir ignorieren können. Dies spiegelt den Prozess wider, den Sadie Lincoln durchlief, als sie gemeinsam mit ihrer Freundesgruppe das Feedback ihrer Angestellten analysierte.

Wenn wir uns in unserem auf Wachstum ausgerichteten Mindset befinden, dann sind uns Lernen und persönliche Entwicklung besonders wichtig. Deshalb achten wir stets darauf, wo wir uns gerade befinden, und justieren unsere Sichtweisen und Erwartungen laufend neu und somit auch unsere Eigenwahrnehmung auf diesen Feldern.[16] Unser Urteilsvermögen angesichts kritischen Feedbacks ist subtiler, als wenn wir uns in unserem statischen Mindset befinden. Wenn wir doch einmal Feedback erhalten, das im Widerspruch zu unserer aktuellen Selbsteinschätzung steht, sind wir besser gerüstet, seinen Nutzen zu beurteilen.

Der Dunning-Kruger-Effekt ist eine kognitive Verzerrung, die dazu führt, dass wir unser Wissen oder unsere Kompetenz auf bestimmten Gebieten überschätzen.[17] Das Konzept entsprang den Forschungsarbeiten der Sozialpsychologen David Dunning und Justin Kruger, in denen die beiden ihre Studienteilnehmerinnen und -teilnehmer einer Reihe von Tests unterzogen, unter anderem hinsichtlich ihrer logischen Fähigkeiten und ihres Sinns für Humor. Wie sich herausstellte, hielten sich viele von denen, die besonders schlecht abschnitten, für überdurchschnittlich kompetent. Die beiden Forscher schlossen daraus, dass eine derartig verzerrte Selbstwahrnehmung die Folge eines *doppelten Fluchs* sei: Unsere Inkompetenz hält uns von der Erkenntnis ab, dass wir inkompetent sind. Es ist schwer, zu wissen, was wir nicht wissen.

In einer nachfolgenden Studie untersuchten Joyce Ehrlinger, Ainsley Mitchum und Carol Dweck, wie Mindsets unsere Neigung beeinflussen, dem Dunning-Kruger-Effekt der Selbstüberschätzung zu unterliegen.[18] Ihre Forschungsergebnisse zeigen, dass jene Menschen, die sich zumeist in ihrem dynamischen Mindset befinden, in der Regel über eine präzisere, besser justierte Selbstwahrnehmung verfügen – was sich wiederum aus ihrem Wunsch nach Vervollkommnung erklärt. Um sich verbessern zu können, muss man zunächst einmal wissen, wo man steht. Menschen, die aus ihrem dynamischen Mindset heraus agieren, bewerten sich selbst daher meist intensiver (nicht weniger), um zu erkennen, wo sie sich auf ihrem eigenen Weg befinden und was sie noch tun müssen, um voranzukommen. In unserem statischen Mindset hingegen erkennen wir unsere Fehler und Fehltritte nicht vollständig genug, sodass unsere Selbstwahrnehmung weniger präzise und kalibriert ist. Wir stürzen uns auf die leichten Aufgaben, bewältigen sie sehr gut und überschätzen am Ende unsere Fähigkeiten. Sobald die Aufgaben anspruchsvoller werden, stolpern wir oft über den Hochleistungssituationen- oder den Kritisches-Feedback-Trigger oder über beide.

Manche Menschen sind so dauerhaft auf Wachstum ausgerichtet, dass sie sehr schnell in den Lernmodus umschalten. Hierauf zielte Brené Brown ab, als sie sagte, dass ein Teil von ihr bei der Vorstellung einer dank eines Fehlschlags komplett leergefegten Leinwand freudig erregt sei.[19] Doch viele Menschen (vielleicht die meisten) empfinden zumindest anfangs einen Verlust, wenn wir eine weniger als herausragende Beurteilung erhalten. Und diese Reaktion kann natürlich noch durch die Formulierung des Feedbacks oder die Art der Ansprache verstärkt werden. Ich werde später beschreiben, wie man hilfreiches Feedback in einer Weise erteilt, dass seine Empfängerinnen und Empfänger in ihr dynamisches Mindset geleitet werden. Doch zunächst wollen wir betrachten, wie wir uns selbst als Feedback-Adressaten in unser dynamisches Mindset führen können und wie wir das Feedback so filtern können, dass wir ein Höchstmaß an Erkenntnis und Entwicklung daraus ziehen.

Feedback empfangen: Wie man von einem statischen in ein dynamisches Mindset gelangt

Als erste schwarze Ballerina in der 75-jährigen Geschichte des American Ballet Theatre, die zur Primaballerina befördert wurde, ist Misty Copeland an eine Flut von Kritik gewöhnt – einiges davon produktiv und hilfreich, anderes definitiv nicht.[20] Wenn eine Tänzerin eine Choreografie einübt, erhält sie laufend detailliertes kritisches Feedback. Doch obwohl dieses Feedback unerlässlich ist, um sich verbessern zu können, hat jede Tänzerin einen anderen Körperbau und andere Empfindlichkeiten, und bis zu einem gewissen Grad muss sie selbst entscheiden, was ihr hilft, als Tänzerin zu wachsen, und was zu einer Verletzung führen könnte, die der Karriere ein Ende setzt – eine oft schwierige Abwägung. In einem Interview mit *theSkimm* sagte Copeland, dass ihr Erfolg ganz wesentlich von ihrem erlernten Vermögen abhänge, kritisches Feedback zu filtern. »Mein Körper reagierte noch vor meinem Verstand auf das, von dem ich wusste, dass es das Richtige für mich ist«, so Copeland. »[Ich musste lernen, auf meinen Körper zu hören], um respektvoll alles prüfen zu können, was mir angetragen wurde.« Dies lässt auf einen hohen Grad von sowohl körperlicher als auch geistiger Selbstwahrnehmung schließen.

Copeland erhält auch eine andere Art von Feedback: solches, das sich auf ihren Körperbau und ihre Hautfarbe bezieht. Wie sie sagt, seien häufige Kommentare der Art, dass sie »nicht den richtigen Körper« für eine Tänzerin oder »zu ausgeprägte Muskeln« habe, nichts anderes als Codeworte, die schwarze Tänzerinnen schon von Jugendjahren an zu hören bekommen hätten. Es sei eine gesellschaftlich akzeptierte Art und Weise, zu sagen: »Du hast nicht die richtige Hautfarbe fürs Ballett.«[21] Eine Zeit lang lähmte sie solches Feedback beinahe; sie entwickelte ungesunde Essgewohnheiten und fragte sich, ob sie wirklich das Zeug zur Primaballerina habe. (Wie die Kulturhistorikerin und Autorin Brenda Dixon-Gottschild feststellt, wird in Ballettkreisen viel Wert auf Anpassung und

Uniformität gelegt, was schwarze Tänzerinnen benachteiligt.[22] Wie ich weiter unten detaillierter beschreibe, kann identitätsbasierte Kritik – oder deren Wahrnehmung – als wirkmächtiger Mindset-Trigger fungieren.)

Copeland erzählt, sie habe gelernt, dass es zwar wichtig sei, anderen zuzuhören, man sich aber keinesfalls »in den Worten anderer Menschen verlieren« dürfe.[23] Gelegentlich begegnet Copeland rassisch motivierter Kritik, indem sie in Interviews darüber spricht und einige der kritischen Äußerungen auf ihre eigene Social-Media-Plattform hochlädt. In einem Beitrag weist sie auf die rassisch motivierten Elemente eines Posts hin, der ihren Auftritt im *Schwanensee*-Ballett verspottet, würdigt aber auch möglicherweise berechtigte (wenn auch subjektive) Kritikpunkte bezüglich ihrer Tanzdarbietung: »Ich freue mich über diesen Beitrag, denn ich werde immer ein unfertiger Mensch bleiben und nie aufhören zu lernen.«[24]

Die preisgekrönte Designerin und Autorin Jessica Hische erinnert sich an die Kritik, die sie an der Designschule erhielt, mit den Worten: »An der Uni sind 20 Leute bereit, deine Arbeit den ganzen Tag lang in den Dreck zu ziehen, und das ist sogar hilfreich, denn heute bekomme ich solche Kritik nicht mehr.«[25] Auf die Frage hin, warum die Kritik sie nicht verletzt, erklärt Hische, dass es ihr fast immer gelungen sei, »Kritik als Gesamtpaket zu begreifen. Ich habe also nicht nur die Kritik wahrgenommen, sondern auch die Person, die sie vorgebracht hat.« Wenn eine Fachkollegin oder ein Kollege bei ihrer oder seiner Arbeit nicht die gleichen Ansätze verfolgte oder dieselben Techniken anwandte, für die Hische kritisiert wurde, beachtete sie diese Kritik weniger. Stattdessen legte sie viel Wert auf das Feedback von Lehrkräften mit hohen Ansprüchen, die im Verlauf ihrer eigenen Karriere eine hohe Fachkompetenz bewiesen hatten. Mit anderen Worten: Berücksichtige neben dem Gesagten auch die Quelle.

Beginnen wir damit, wie wir kritische Beurteilungen und Lob aufnehmen. Wenn wir uns in unserem dynamischen Mindset befinden, dann beschreiben wir Feedback nicht mit Begriffspaaren wie gut/schlecht oder positiv/negativ, sondern bewerten es anhand seines Nutzens für unsere Vervollkommnung oder Entwicklung. Befinden wir uns in unserem starren Mindset, dann wird der Kommentar »Dieser Bericht ist miserabel« als negativ eingestuft, »Dieser Bericht ist großartig« hingegen als positiv. Doch aus unserem dynamischen Mindset heraus betrachtet sind diese vereinfachten Bewertungen ungenügend. Wenn wir vor allem auf Lernen und Entwicklung aus sind, leitet sich der Wert von Feedback eher von seiner Nützlichkeit ab – und oft ist kritisches Feedback nützlicher als ein anerkennendes Schulterklopfen.

Kritische und lobende Äußerungen, die zu Wachstum und Entwicklung beitragen, sind sowohl *konkret* als auch *umsetzbar*. Andernfalls sind sie nutzlos. Im obigen Beispiel enthält das Feedback zwar Informationen – dass der Bericht entweder ins Schwarze traf oder am Ziel vorbeischoss –, aber in beiden Fällen sind diese Informationen nicht umsetzbar. Der Kommentar »Dieser Bericht ist miserabel« enthält nicht die nötigen Details, um eine weniger gelungene Arbeit korrigieren zu können, und wer »Dieser Bericht ist großartig« sagt, verrät nicht, wie wir unseren Erfolg duplizieren oder beim nächsten Mal vielleicht noch vergrößern können.

Wenn kritisches Feedback uns in unser statisches Mindset treibt, kreisen wir allzu stark um uns selbst und betrachten die Bewertung als Urteil über unsere Person. Sind wir auf Wachstum orientiert, konzentrieren wir uns stattdessen auf unsere übergeordneten Ziele und den Weg, diese zu erreichen. Statt zu denken: »Ich hab's vergeigt – ich bin ein Versager«, lautet unsere Reaktion: »Ich hab's vergeigt – was muss ich beim nächsten Mal anders machen, um eine Punktlandung hinzulegen?«[26]

John Mackey, der frühere CEO von Whole Foods Market, schreibt in seinem Buch *Conscious Leadership*, dass Whole Foods viel Wert auf »ständige Weiterentwicklung [seines] Teams« lege. Dies habe entscheidend zur Erfolgssteigerung innerhalb des Unternehmens beigetragen.[27] Teil dieser Bemühungen um Weiterentwicklung ist das »Recycle«-Programm des Unternehmens: Führungskräfte, die zu früh befördert wurden, werden nicht entlassen, sondern wieder auf den Posten zurückgesetzt, auf dem sie erfolgreich gewirkt haben, und erhalten dann detailliertes Coaching und Unterstützung, damit sie es beim nächsten Mal besser machen können. Mark Dixon ist einer derjenigen, die einst »recycelt« wurden: Im Jahr 1988 wurde er zum Teamleiter einer Filiale in Dallas befördert. Wie Mackey berichtet, war der Standort ein gewisses Wagnis für das Unternehmen, weil in dieser Gegend kaum Bewusstsein für Naturkost- und Biolebensmittel herrschte, und Dixon tat sich von Anfang an schwer. Nach zwei Jahren war der Umsatz niedrig und die Arbeitsmoral der Teammitglieder auf einem Tiefpunkt angelangt. Mackey und seine Kollegen beschlossen, einen neuen Filialteamleiter zu berufen, doch anstatt ihn zu entlassen, stuften sie ihn auf seine frühere Position zurück. Gleichzeitig boten sie ihm Unterstützung an, darunter auch zusätzliches Führungstraining, damit er in Bereichen wachsen konnte, in denen er bislang nicht erfolgreich gewesen war. Später leitete Dixon erfolgreich drei andere Filialen, wurde zum regionalen Vice President befördert und leitete schließlich mehr als ein Jahrzehnt lang die gesamte Südwestregion. Als er im Jahre 2020 in den Ruhestand ging, hatte er sich seinen Platz in der Ruhmeshalle von Whole Foods verdient.

Zweifellos kann uns kritisches Feedback verletzbar machen. Dixon wird die Nachricht von seiner Zurückstufung wohl kaum mit einem Jubelschrei aufgenommen haben, doch als die Unternehmensleitung gemeinsam mit ihm das weitere Vorgehen besprach, konnte er in sein dynamisches Mindset schlüpfen und sich der Aufgabe zuwenden. Wir werden gleich einige spezifische Strategien kennenlernen, mit deren Hilfe wir uns für die Chancen öffnen können, die uns kritisches Feedback bietet. Doch schauen wir uns zuvor einige der potenziellen Fallen beim Erteilen von Feedback an, samt den Möglichkeiten, diese zu vermeiden.

Wertvolles Feedback geben: Wie wir vermeiden können, andere in Richtung ihres starren Mindsets zu treiben

Die Art und Weise, wie wir Feedback erteilen, kann beeinflussen, ob jemand in sein statisches oder in sein dynamisches Mindset getrieben wird. Wenn wir jemanden auf Wachstum ausrichten wollen, müssen wir, *bevor* wir den Beurteilungsprozess starten, zunächst selbst in unser dynamisches Mindset hineinwechseln. Wenn Feedback uns zumeist in unser statisches Mindset hineintreibt, dann fällt es uns vermutlich schwer, anderen auf Wachstum ausgerichtetes Feedback zu geben. Der Wandel beginnt damit, neu über das Ziel von Feedback nachzudenken. Sehen wir Feedback als Anklage oder als Chance? Betrachten wir die Aufgabe, Feedback zu geben und die Leistung anderer Menschen zu beurteilen, als Nachteil einer Führungsposition oder als wesentliches Element, um ihre Entwicklung zu beflügeln? Sobald wir uns um unser eigenes Mindset hinsichtlich kritischen Feedbacks gekümmert haben, steigt die Chance, dass wir anderen wachstumsorientiertes Feedback geben können.

Ein vages Feedback ist wenig hilfreich, und dasselbe gilt auch, wenn es sich auf angebliche angeborene Talente bezieht (»Du bist ein Genie!«). Den meisten Menschen gefällt ein anerkennendes Schulterklopfen, doch *manchmal kann unspezifisches Lob, das nicht an unsere tatsächliche Arbeit und an unser Verhalten gebunden ist, uns in Richtung unseres starren Mindsets treiben, was uns dazu verleitet, künftig zurückhaltender und risikoscheuer zu agieren.*

Stellen Sie sich beispielsweise vor, dass Sie wochenlang eine Präsentation vorbereitet haben. Nachdem Sie sie endlich gehalten haben, sagt Ihre Vorgesetzte: »Gut gemacht!«, und verabschiedet sich in ihr nächstes Meeting. Anfangs fühlt sich das großartig an, doch wenn das Kompliment erst einmal verklungen ist, fragen Sie sich: »Was hat ihr denn eigentlich gefallen? Und wie kann ich das wiederholen?« Sie wissen, dass *irgendetwas* gut ankam, aber ohne klare Informationen dazu werden Sie vermutlich bei der nächsten

Präsentation versuchen, die Formel für ihren letzten Erfolg blind zu wiederholen, um nicht Ihren Status als »große/r Vortragsredner/in« zu verlieren – ohne genau zu wissen, worin diese Formel eigentlich bestand. Sie werden vermutlich auch kaum auf den Erfolgselementen aufbauen können (von denen Sie ja nicht erfahren haben, welche das sind) oder innovative Elemente einfließen lassen.

Lassen wir nun erneut Ihre Vorgesetzte sprechen: »Das war eine großartige Präsentation! Sie war prägnant, die Inhalte waren beeindruckend, und die Daten, die Sie angeführt haben, haben klar und eindrucksvoll Ihre Erkenntnisse belegt. Beim nächsten Mal würde ich mich freuen, wenn Sie auch eine oder zwei mögliche Lösungen vorstellen würden, selbst wenn sie Ihnen noch so kühn erscheinen. Wenn sie etwas mehr Zeit für die Frage-Antwort-Runde einplanen, können wir sie dort diskutieren.« Jetzt wissen Sie nicht nur, was Ihnen gelungen ist, und freuen sich über das Lob, sondern haben auch eine Vorstellung davon, wie Sie Ihre nächste Präsentation noch besser machen können. Ihre Vorgesetzte hat Ihnen zudem vermittelt, dass sie an Ihrer Entwicklung interessiert ist; sie begrüßt Ihre Vorschläge und impliziert unterschwellig, dass Sie eine Zukunft im Unternehmen haben. All dies trägt zu Ihrem psychologischen Sicherheitsgefühl bei.

Idealerweise ist kritisches Feedback ein laufender Prozess, anstatt sich auf ein von der Personalabteilung vorgeschriebenes Jahresgespräch zu beschränken. Wenn Vorgesetzte Feedback als Routinevorgang und erwarteten Bestandteil ihrer Interaktionen normalisieren, dann senkt das die Wahrscheinlichkeit, dass die Beschäftigten jedes Mal mit dem Schlimmsten rechnen, wenn ihr Vorgesetzter sie beiseitenimmt. Stattdessen gewöhnen sie sich daran, regelmäßig Einblicke zu erhalten, die ihr Wachstum anleiten sollen. Im obigen Beispiel sprach die Vorgesetzte ermutigende Worte und riet dazu, ruhig kühne Lösungsvorschläge zu unterbreiten. Dies trägt wiederum zu einem psychologischen Sicherheitsgefühl bei, denn es kommuniziert, dass man beim Eingehen von Risiken unterstützt wird.

Wenn wir wachstumsorientiertes Feedback erteilen, das auf Fehlerbeseitigung abzielt (sogenanntes »negatives« Feedback), dann müssen wir genau das ausdrücken, was zur Leistungsverbesserung benötigt wird. Wir müssen also umsetzbare Informationen nennen und Strategien aufzeigen, die es den Feedback-Empfängern ermöglichen, Schwierigkeiten vorauszusehen und zu überwinden und so ihre Ziele zu erreichen. Dabei müssen wir uns auf Verhaltensweisen, Entscheidungen und Prozesse konzentrieren, die sie beeinflussen können. Feedback, das auf einem statischen Mindset beruht, richtet den Blick meist ganz auf angeborene Talente oder Fähigkeiten (*Schon gut, das ist vielleicht einfach nicht eine Ihrer Stärken)* oder auf externe Situationen außerhalb ihrer Kontrolle (wenn beispielsweise in einer Präsentation verwendete Daten kritisiert werden, die eine andere Abteilung erstellt hat). Das kann ein Gefühl von Machtlosigkeit erzeugen.

Möchten Sie Lob (oder »positives« Feedback) erteilen und gleichzeitig die Adressaten in Richtung ihres dynamischen Mindsets treiben, dann stellen Sie deren wirksame Anstrengungen heraus sowie ihre Vorgehensweise und ihre Beharrlichkeit, anstatt zu betonen, wie schlau oder talentiert sie seien oder wie leicht ihnen anscheinend alles falle – alles Bemerkungen, die die Empfängerinnen und Empfänger in Richtung ihres statischen Mindsets treiben. Wachstumsorientiertes Lob formuliert sehr konkret, was die Empfangenden gut gemacht haben, sodass bei ihnen nicht das Gefühl zurückbleibt, ihren Erfolg durch einen magischen, mythischen Prozess erreicht zu haben, der sich womöglich nicht wiederholen lässt.

All diese Elemente eines auf Wachstum ausgerichteten Feedbacks sind relativ eindeutig und mithilfe einiger Beispiele und ein wenig Praxis leicht zu verstehen. Doch Feedback enthält eine weitere Ebene, die weitaus herausfordernder sein kann: unterschwellige Vorurteile. Diese können beispielsweise geschlechtsbezogen sein oder eine Bedrohung durch Stereotype hervorrufen, und da sie zumeist im Unterbewusstsein angesiedelt sind, kann es bisweilen sehr schwer sein, sie zu erkennen, wenn man nicht gezielt danach sucht.

Statisch ←	→ Dynamisch
Vage	Konkret und gezielt
Auf angeborene Talente oder Fähigkeiten konzentriert oder auf externe Situationen, die der oder die Angesprochene nicht beeinflussen kann	Auf Verhaltensweisen, Entscheidungen und Prozesse konzentriert, die der oder die Angesprochene beeinflussen kann
Gelobt werden Intelligenz und Perfektion	Gelobt werden wirksame Anstrengungen, Prozesse und Beharrlichkeit

Abbildung 8: Kritisches Feedback auf dem Mindset-Kontinuum

Ein Beispiel für Feedback voller unbewusster Vorurteile begegnete mir während meines Meetings mit Angestellten von Facebook, dem heutigen Meta. (Nur zur Klarstellung: Es geht mir hier nicht darum, Meta zu kritisieren – wie Sie gleich sehen werden, sind Vorurteile ein weit verbreitetes Phänomen, und die dortigen Beschäftigten hatten erkannt, dass diese Art von Feedback zwar häufig auftritt, aber auch problematisch ist, weshalb sie daran arbeiten wollten.) Bitte prüfen Sie nun anhand meiner Vorbemerkungen, ob Sie die unbewussten Vorurteile in dem folgenden Feedback erkennen können: »Mir ist aufgefallen, dass Sie sich in Meetings sehr zurückhalten. Ich würde mich freuen, wenn Sie Ihre Stimme entdecken würden.«

Klingt doch gar nicht so schlecht, oder? Unser Vorgesetzter möchte, dass wir uns zu Wort melden, also scheint er unsere Meinung zu schätzen. Und dennoch: Was würden Sie auf die Frage antworten, an Angestellte welchen Geschlechts sich dieses Feedback zumeist richtet? Würden Sie die Formulierung »Entdecken Sie Ihre Stimme« eher mit einem bestimmten Geschlecht in Verbindung bringen? Natürlich kann es viele Gründe dafür geben, dass sich jemand während eines Meetings nicht zu Wort meldet. Vielleicht hört die betreffende Person intensiv zu und sammelt Informationen, weshalb sie sich erst später mit eigenen Beiträgen beteiligen möchte. Womöglich fehlt ihr der nötige Raum für ihre Wortmeldung und sie ist wenig geneigt, anderen ins Wort zu fallen, um selbst etwas loszuwerden. Und schließlich gibt es die bekannte Zwickmühle, der viele am Arbeitsplatz ausgesetzt sind: Ist man zu still oder zu nett, bedeutet das, dass man nicht durchsetzungsfähig genug ist – für eine Führungsrolle also nicht geeignet –, doch wer durchsetzungsfähig ist, gilt oft als wenig umgänglich. Die Annahme, dass man sich während eines Meetings nicht meldet, weil man nicht über das nötige Selbstvertrauen verfügt, wird typischerweise auf Frauen projiziert, wie im obigen Beispiel. Wenn wir eine Frau ermutigen, »ihre Stimme zu entdecken«, dann beschwört das Stereotype über weibliche Handlungs- und Durchsetzungsfähigkeit herauf. (Natürlich können Personen jeden Geschlechts über ein zu geringes Selbstvertrauen verfügen, um sich zu Wort zu melden, aber wie ich später erläutern werde, könnten ihre Gründe im Rahmen einer *Feedback-Unterhaltung* ans Licht kommen, die auch strukturelle Faktoren und Normen in den Blick nimmt.)

Zur Erinnerung: Wenn wir uns als Vorgesetzte bei Beurteilungen in unserem starren Mindset befinden, beeinflusst das höchstwahrscheinlich nicht nur die Art unseres Feedbacks, sondern entscheidet auch darüber, ob wir es überhaupt geben. Wir könnten beschließen, nur den Top-Performern ein Feedback zu geben und alle anderen weitgehend zu ignorieren. Vielleicht sind wir auch unsicher, wie man produktives Feedback erteilt, und statt um entsprechende Anleitung zu bitten, vermeiden wir es lieber vollständig. Wie schon erwähnt, kann das insbesondere für Beschäftigte, die sich in ihrem dynamischen Mindset befinden, sehr frustrierend sein, denn sie begreifen Feedback als Grundvoraussetzung für das eigene Lernen und die eigene Entwicklung. Gibt man ihnen kein Feedback, so kann das nach hinten losgehen, denn sie fühlen sich dann bedroht und übersehen und vermuten, dass man ihnen keine Fortschritte zutraut. Im besten Fall werden wachstumsorientierte Beschäftigte darauf drängen, dass man ihnen Feedback gibt, andere

Führungskräfte oder Kolleginnen und Kollegen darum bitten oder gar versuchen, das Team zu wechseln. Im schlechtesten Fall verfallen sie in Passivität oder kündigen.

Vorurteile – genauer gesagt die Sorge, von anderen als voreingenommen betrachtet zu werden – sind ein weiterer Grund, weshalb manche Vorgesetzte auf das Geben von Feedback verzichten. Claude Steele nennt ein illustratives Beispiel für diese Art von Situation.[28] Eine Grundschullehrerin hält turnusgemäße Elternsprechstunden ab. Ein Elternpaar betritt den Raum, lächelt und ist gespannt, zu hören, wie ihr Sohn vorankommt. Die Lehrerin lobt ihn und zählt detailliert auf, in welcher Hinsicht er gut abschneidet: Er nimmt am Unterricht teil, scheint sich mit seinen Klassenkameraden gut zu verstehen und ist beliebt. Doch sie zögert, seine mangelhaften schulischen Leistungen anzusprechen. In diesem Szenario ist der fragliche Schüler schwarz und die Lehrerin weiß. Sie ist sich der negativen kulturellen Stereotype über schwarze Menschen und Intelligenz, die in der US-amerikanischen Gesellschaft vorherrschen, sehr wohl bewusst und hat Sorge, dass man ihr die Bestärkung solcher Vorurteile vorwerfen könnte, wenn sie ihre Bedenken hinsichtlich der Leistungen des Jungen vorbringt. Mit anderen Worten befürchtet sie, dass die Eltern sie für rassistisch halten werden. Doch wenn sie das Feedback den Eltern des Jungen und – vielleicht noch entscheidender – dem Jungen selbst vorenthält, dann entgeht ihm die Chance, sich zu steigern.

Am Arbeitsplatz sind Frauen, nichtweiße Menschen und insbesondere nichtweiße Frauen in höherem Maße gefährdet, eine verzerrte Art von Feedback zu erhalten, da ihre Vorgesetzten Angst haben könnten, als rassistisch, sexistisch oder beides zu gelten. Weibliche Vorgesetzte könnten sich mit korrigierendem Feedback zurückhalten, aus Sorge, als »stutenbissig« oder niederträchtig zu gelten und damit negative Stereotype über weibliche Führungskräfte zu bestätigen.

Doch Feedback ist ein unverzichtbares Element der Selbstwahrnehmung und der Erfolgskontrolle auf dem Weg zu den eigenen Zielen. Ich habe oben Joyce Ehrlingers Studien über präzise Selbstwahrnehmung erwähnt.[29] Ihre Forschungen zeigen auch, dass eine Fehleinschätzung der eigenen Fähigkeiten abhängig von der jeweiligen Gruppenzugehörigkeit verschieden ausgeprägt sein kann, denn Führungskräfte erteilen je nach Gruppe ein unterschiedlich kritisches Feedback. Wenn man nie mehr als oberflächliche Kommentare wie »Gute Arbeit!« erhält, weil der Vorgesetze Sorge hat, als Rassist oder Sexist zu gelten, könnte man zu dem Schluss gelangen, dass es nichts zu verbessern gibt. Mitglieder unterrepräsentierter Gruppen können daher stärkeren Fehleinschätzungen unterliegen, wenn ihr Vorgesetzter befürchtet, durch die Brille dieser kulturellen Stereotype gesehen zu werden.

Steele und seine Kollegen Geoff Cohen und Lee Ross verwenden den Begriff *Mentoren-Dilemma* zur Beschreibung von Situationen, in denen höherrangige Mitglieder einer Mehrheitsgruppe – typischerweise Weiße und Männer –, die als Mentorinnen und Mentoren oder Vorgesetzte fungieren, mit der Frage konfrontiert sind: *Gebe ich kritisches Feedback, das jemandem bei seinem Wachstum und seiner Entwicklung hilft, wobei ich jedoch riskiere, als rassistisch oder sexistisch betrachtet zu werden, weil ich diese Beurteilung gegeben habe, oder gebe ich das Feedback nicht und verringere damit die Erfolgschancen dieser Person?* Glücklicherweise zeigt ihre Forschung einige überraschend einfache wie auch effektive Möglichkeiten auf, um das Mentoren-Dilemma aufzulösen.[30]

Kluges Feedback lautet der Oberbegriff für eine Reihe von Strategien, die berücksichtigen, wie Menschen sich selbst sehen und ihre Umwelt interpretieren.[31] Kluge Interventionen sprechen insbesondere drei Bedürfnisse an: den Wunsch, unsere Mitwelt zu verstehen, sodass wir angemessene Entscheidungen bezüglich unseres Verhaltens treffen können; unser Bedürfnis, uns selbst als integer zu erleben (eine Kombination von »gut«, kompetent und anpassungsfähig); und unser Bedürfnis nach Zugehörigkeit. Kritisches Feedback kann jedes dieser drei Bedürfnisse in Bezug auf unsere Selbstwahrnehmung bedrohen, daher versuchen kluge Interventionen, potenzielle Bedrohungen dieser drei Bereiche zu entschärfen. Eine dieser Interventionen ist erstaunlich effektiv, wenn man bedenkt, wie einfach sie ist.

Frühere Forschungsarbeiten haben gezeigt, dass einer der Gründe für die oft unterdurchschnittlichen Noten schwarzer Schülerinnen und Schüler ihr Misstrauen gegenüber dem Schulsystem und/oder den stereotypen Beurteilungen ihrer Lehrkräfte ist. David Yeager und sein Team wollten wissen, mit welchen Interventionen man diese Einstellungen überwinden und den Erfolg schwarzer Schülerinnen und Schüler steigern könnte. Sie baten schwarze und weiße Siebtklässler, die für ihre Leistungen meist die Note 2 oder 3 erhielten, einen Aufsatz über einen ihrer persönlichen Helden zu schreiben. Anschließend wurden sie nach dem Zufallsprinzip in zwei Gruppen aufgeteilt, die unterschiedliches Feedback erhielten. Schülerinnen und Schüler der Gruppe »Normalbedingungen« erhielten ihren Aufsatz mit der Anmerkung zurück: »Du erhältst diese Hinweise, damit du ein Feedback zu deinem Aufsatz hast« – ein im Grunde nichtssagender Kommentar. Schülerinnen und Schüler der Gruppe »Kluge Kritik« lasen: »Du erhältst diese Hinweise, weil ich sehr hohe Erwartungen habe und weiß, dass du sie erfüllen kannst.«

In der Gruppe, die ein Standard-Feedback erhielt, entschieden sich 27 Prozent aller schwarzen Schülerinnen und Schüler, ihren Aufsatz zu überarbeiten; in der Gruppe »Kluge Kritik« waren es mehr als doppelt so viele. Hingegen zeigte sich bei den weißen Schülerinnen und Schülern kaum ein Unterschied zwischen beiden Gruppen. Warum war das so? Den Autoren zufolge reagieren schwarze Schülerinnen und Schüler angesichts gesellschaftlicher Stereotype, die ihre Fähigkeiten anzweifeln, skeptisch auf negatives Feedback bezüglich ihrer intellektuellen Fähigkeiten, insbesondere, wenn es von einer weißen Lehrkraft kommt. Das klingt sehr einleuchtend. Fraglich ist zumindest, *warum* die Lehrkraft das kritische Feedback erteilt. Vielleicht muss die Schülerin oder der Schüler tatsächlich an ihren oder seinen Schreibfertigkeiten arbeiten, aber womöglich denkt die Lehrkraft auch nur, dass schwarze Schülerinnen und Schüler geringere Fähigkeiten haben. Deshalb ist kluge Kritik so wirksam. Das Feedback selbst versichert schwarzen Schülerinnen und Schülern, dass die Lehrkraft an ihr Vermögen glaubt, ihre hohen Ansprüche zu erfüllen. Weiße Schülerinnen und Schüler hingegen haben diese Sorgen im Allgemeinen nicht: Es existiert kein rassisch begründetes Stereotyp, das ihre intellektuellen Fähigkeiten infrage stellt. Sie müssen sich daher nicht mit denselben Zweifeln abmühen, sondern können kritisches Feedback einfach als Zeichen interpretieren, dass sie an ihren Fähigkeiten arbeiten müssen.[32]

Im Falle von Leistungsbeurteilungen durch Vorgesetzte gilt Ähnliches: Wie wir sie aufnehmen und in welches Mindset wir dadurch geraten, wird von unseren Vermutungen darüber beeinflusst, wie der oder die Vorgesetzte unsere Fähigkeiten einschätzt – mit anderen Worten: von unserer Auffassung hinsichtlich der Meinung, die der oder die Vorgesetzte von uns (oder, im Falle von Stereotypen, von Menschen in unserer sozialen Gruppe) hat. Die Journalistin Kara Swisher berichtet, dass sie sich bei der Arbeit jahrelang selbst zensierte – sie achtete bei ihren Moderationen sorgfältig darauf, nicht als Lesbe wahrgenommen zu werden, da sie Sorge hatte, dann von ihren Vorgesetzten sowie ihren Kolleginnen und Kollegen mit einem negativen Stereotyp belegt zu werden.[33] (Heute betrachtet Swisher übrigens explizitere Vorurteile als Zeichen, dass sie im Begriff ist, ein Streitgespräch zu gewinnen, denn ihr Gesprächspartner verlässt dann die sachliche Diskussionsebene. »Wenn jemand mich zum Schweigen bringen will, indem er mich als rechthaberisch oder forsch bezeichnet, dann drehe ich erst richtig auf.«) Es macht einen Unterschied, ob wir annehmen, dass unsere Führungskraft unsere Fähigkeiten aus einem statischen oder einem dynamischen Mindset heraus betrachtet, sprich, ob sie glaubt, dass wir zu Höchstleistungen fähig sind. Wenn wir der Meinung sind, dass unsere Führungskraft uns nichts zutraut – sei es aufgrund eines Vorurteils oder aus anderen Gründen –, dann ist es unwahrscheinlicher, dass wir ihr Feedback aus einem dynamischen Mindset heraus aufnehmen. Viel eher blenden wir ihr Feedback aus oder werten es ab. Doch wenn unsere Führungskraft sich in uns hineinversetzt und kritisches

Feedback mit der Versicherung einleitet, dass sie es uns nur deshalb erteile, weil sie hohe Ansprüche habe und glaube, dass wir sie erfüllen könnten, dann sind wir viel eher bereit, die Herausforderung anzunehmen.

Wenn wir echte Beziehungen zu den Menschen aufbauen, denen wir Feedback geben, dann werden unsere Äußerungen relevanter, insbesondere, wenn die Empfängerinnen und Empfänger einem anderen Geschlecht, einer anderen Rasse oder einer anderen Kultur angehören. Wer die Arbeit von Beschäftigten kritisiert, die er nicht wirklich kennt, erreicht weniger als jemand, der zuvor eine vertrauensvolle Beziehung entwickelt und ein psychologisches Sicherheitsgefühl vermittelt hat. Im letzteren Fall ist die Wahrscheinlichkeit weitaus höher, dass sich die Menschen das Feedback zu Herzen nehmen und danach handeln.

Wir haben nun bereits einige der potenziellen Fallstricke bei der Erteilung von Feedback kennengelernt und auch gesehen, wie man auf Wachstum ausgerichtetes Feedback geben kann. Hier sind ein paar weitere konkrete Strategien, die Ihnen helfen können, Feedback wirksamer zu geben und zu empfangen.

Wie man ein dynamisches Mindset auch bei kritischem Feedback kultiviert

Dieses Kapitel enthielt einige verborgene Schätze – Tipps, wie Sie im Rahmen von kritischem Feedback ein dynamisches Mindset fördern können. Im Folgenden heben wir diese Schätze und fügen noch einige hinzu.

Normalisieren Sie Feedback

Eine der wirksamsten Möglichkeiten, um zu verhindern, dass kritisches Feedback Menschen in ihr statisches Mindset hineintreibt, besteht darin, es zu normalisieren. Wie in Teil II erläutert, bieten Organisationen mit ausgeprägter Wachstumskultur zahlreiche

Wege und Möglichkeiten, Feedback zu geben. Bei Pixar beispielsweise sind die Trickfilmzeichner an tägliche Feedbacksitzungen gewöhnt, in denen jeder Teilnehmende seine laufende Arbeit vorstellt und die Kolleginnen und Kollegen detaillierte Kritik anbringen.[34] Das Feedback ist wohlüberlegt, konstruktiv und regelmäßig. So wissen die Künstlerinnen und Künstler und alle anderen an der Produktion beteiligten Angestellten, dass man Feedback nicht persönlich nehmen muss (»Das läuft bei Pixar nun einmal so«).

Wenn Feedback zum gewohnheitsmäßigen Bestandteil der Unternehmens- oder Teamkultur wird, dann fällt es uns leichter, es anzunehmen. Zwar muss es präzise und umsetzbar sein, aber nicht immer formal, und ganz sicher muss es nicht auf das Jahresgespräch verschoben werden. Wer Feedback frühzeitig erteilt – etwa den Mitarbeiter oder die Mitarbeiterin bittet, nach einem Meeting noch einige Minuten dazubleiben –, hilft ihnen, die Kurskorrektur schneller vorzunehmen oder positive Handlungen früher und verlässlicher zu wiederholen. Lern- und Wachstumschancen sollten offenkundig sein und laufend angeboten werden, nicht nur jährlich. Psychologisch sichere Arbeitsplätze, Klassenzimmer und Seminarräume regen außerdem dazu an, Feedback in alle Richtungen zu erteilen. In Teams und Organisationen mit dynamischem Mindset ist Feedback nicht nur von überall her willkommen, sondern wird als unentbehrliches Werkzeug begriffen, um auf allen Ebenen zu ermitteln, was funktioniert und was nicht.

Das Geschichtenerzählen ist ein weiteres hilfreiches Werkzeug, um Feedback zu normalisieren. Wenn wir erfahren, dass andere sich von harter Kritik erholt haben, und wir ihre dabei angewandten Strategien kennenlernen, dann hilft uns das, uns auch künftig auf unseren Lernprozess zu konzentrieren. Als beispielsweise Sadie Lincoln ihre Freundesgruppe um Rat bat, erzählte ihr eine der Anwesenden, wie sie selbst einmal mit unangenehmem Feedback umgegangen war.[35] Solche Erzählungen können wir anbieten. Wir können auch andere darum bitten, uns ihre Erlebnisse zu berichten, um so zu erkennen, dass unangenehmes Feedback nicht das

Ende der Welt bedeutet, sondern uns womöglich den Weg zu einem neuen, wirksameren Vorgehen anzeigt.

Führungskräfte können auch als Vorbild für den Umgang mit Feedback dienen. Als Fitbit-CEO James Park in einer Mitarbeiterbefragung eine miserable Bewertung erhielt, entschied er sich weder, sie zu ignorieren, noch antwortete er mit einer scharfen Retourkutsche. Stattdessen wog er sie sorgfältig ab, arbeitete einen Handlungsplan aus, der die Feedback-Aspekte aufgriff, die er aufgrund der Datenlage für berechtigt hielt, und teilte diesen Plan seinem Team mit.[36] Misty Copeland wiederum bietet vorurteilsbeladenem Feedback die Stirn, indem sie es öffentlich macht.[37]

Verwandeln Sie Ihr Feedback-Gespräch in eine echte Unterhaltung

Wie ich zu Beginn dieses Kapitels erläutert habe, muss gutes Feedback nicht positiv sein, es muss aber klar, präzise und umsetzbar sein, sonst bietet es den Adressaten keine Handlungsanleitung. Feedback sollte außerdem ehrlich sein, nicht mechanisch. Wer kluges Feedback geben will, sollte beispielsweise nicht jedes Mal mit demselben Satz beginnen, sonst wird die eigene Aufrichtigkeit bald infrage gestellt. Hüten Sie sich außerdem vor dem *Feedback-Sandwich*. Sie wissen schon: die Strategie, Kritik mit positiven Bemerkungen zu umrahmen. Die meisten Menschen durchschauen diese Taktik, mit der Folge, dass viele die anfänglichen positiven Bemerkungen nur als Einleitung begreifen, die sie entwaffnen soll, bevor das *echte* Feedback kommt – das negative.

Ein wirksamer Ansatz, um Feedback-Gespräche ehrlicher zu machen, ist es, sie nicht in Form eines Monologs zu halten, sondern sie in Unterhaltungen zu verwandeln. So könnte eine Vorgesetzte ihren Beschäftigten zu seinen Zielen und seiner Wahrnehmung bezüglich seiner Fortschritte befragen. Dabei könnte sie insbesondere eruieren, was zu seinen Erfolgen beigetragen hat und welche Hindernisse aufgetaucht sind, etwa Firmenstrukturen oder -richtlinien, die womöglich einige Beschäftigte gegenüber anderen benachteiligen. Dies könnte die Vorgesetzte zu neuen Erkenntnissen führen und ihr zu erkennen helfen, inwiefern die Ziele des Beschäftigten zu seiner Rolle und zu den organisationalen Zielen passen. Die Vorgesetzte könnte sich bemühen, strukturelle Hindernisse abzubauen, und dem Beschäftigten konkrete Vorschläge für das weitere Vorgehen unterbreiten, ihn aber gleichzeitig um entsprechende Anregungen bitten, die auf seiner Wahrnehmung beruhen. Dies aktiviert nicht nur Beschäftigte, die sich bereits überwiegend in ihrem dynamischen Mindset befinden, sondern auch jene, die sonst eher zu den Rucksack-Erwachsenen zählen würden. Wenn kritisches Feedback normalisiert und zum Bestandteil einer Unterhaltung wird, statt als Machtwort daherzukommen, wird es seltener als periodisches Urteil begriffen und öfter als Werkzeug, um die laufende persönliche Entwicklung zu fördern.

Hilfreiches Feedback …

- spricht konkrete und gezielte Punkte an;
- konzentriert sich auf Verhaltensweisen, Entscheidungen und Prozesse, die der Adressat oder die Adressatin beeinflussen kann, nicht auf angeborene Talente oder andere unbeeinflussbare Dinge;
- würdigt die Anstrengungen des oder der Beschäftigten;
- konzentriert sich auf Fortschritt und Entwicklung und hilft den Beschäftigten, ihre Fortschritte zu erfassen;
- benennt verschiedene Strategien und Ansätze, um zusätzliche Fortschritte zu erzielen.

Abbildung 9: Kriterien für hilfreiches Feedback

Bemühen Sie sich um auf Wachstum ausgerichtetes Feedback

In einer Studie meines Teams aus dem Jahr 2020 nahmen wir die Seminarveranstaltungen von 60 MINT-Professorinnen und -Professoren während eines Semesters auf Video auf.[38] Mithilfe einer von uns entwickelten App befragten wir die Studierenden regelmäßig während ihres Kurses dazu, wie ihre Dozentinnen und Dozenten vorgingen und welches Mindset sie dabei ihrer Meinung nach leitete. (Wir verglichen diese Aussagen dann mit den tatsächlichen Mindset-Überzeugungen der Lehrkräfte, die wir durch Selbsteinschätzungen erhoben hatten.) Eine wichtige Erkenntnis aus dieser Studie lautet, dass Unterrichtende ihren Studierenden ihr dynamisches Mindset dadurch beweisen können, dass sie sie *um kritisches Feedback bezüglich ihrer Person bitten*. Aus Sicht der Studierenden ließ die Art und Weise, wie die Lehrkräfte Feedback-Gelegenheiten wie Kursbewertungen nutzten, klare Rückschlüsse auf ihr Mindset zu. Lehrkräfte, die überwiegend ihr statisches Mindset verkörperten, betrachteten Feedback-Formulare als vorgeschriebenen, aber weitgehend irrelevanten bürokratischen Aufwand. Diejenigen, bei denen ein dynamisches Mindset vorherrschte, nahmen sie ernster und ermutigten ihre Studierenden, sie auszufüllen – oft innerhalb der normalen Kurszeit. Zusätzlich zu den vorgeschriebenen Noten fügten sie einige offene Fragen ein, etwa: »Was fiel Ihnen während des Seminars schwer, und wie hätte ich Ihren Lernprozess vielleicht wirksamer unterstützen können?«, »Wie könnte ich Ihrer Meinung nach meine Lehre verbessern?« oder »Welche Hilfsmittel sollte ich Ihrer Meinung nach im Folgekurs anbieten?«.

Wir möchten den Nutzen kritischen Feedbacks maximieren – warum also bis zum Semesterende warten, um es einzuholen? Als ich Mitglied des »Faculty Success Program« war – einer staatlichen Einrichtung für nichtweiße Universitätsdozentinnen und -dozenten –, wurde uns geraten, zur Mitte des Semesters eine Bewertungsmöglichkeit anzubieten, mit einfachen Fragen wie »Was fällt Ihnen in diesem Kurs schwer, und gäbe es etwas Hilfreiches, das ich ändern könnte?«.[39] In dieser Semesterphase waren die Studierenden oft überwältigt von ihrem Arbeitspensum. Dies gab der Lehrkraft die Möglichkeit, eine Aufgabe zu streichen oder auf andere Weise den Druck auf die Studierenden abzumildern. Das musste keine große Sache sein, aber die Geste führte dazu, dass die Studierenden sich verstanden und unterstützt fühlten. Zudem vermittelte diese Praxis, dass wir am Feedback der Studierenden interessiert waren. Das Gleiche lässt sich auch am Arbeitsplatz umsetzen: Wir können unsere Beschäftigten um Feedback bitten oder uns mit ihnen zu Gesprächen treffen, in denen wir ihr Feedback einholen und bewerten, welche Fortschritte wir jeweils in Richtung auf unsere Ziele gemacht haben und wie wir uns vielleicht gegenseitig unterstützen könnten (oder, falls Ihre Beschäftigten ihrem ursprünglichen Zeitplan voraus sind, ihnen konkretes Lob für gute Leistungen aussprechen und ihnen eine Gesäßtaschenaufgabe als kleine Herausforderung mitgeben).

Wenn wir als Beschäftigte Vorgesetzte haben, die durch kritisches Feedback in ihr statisches Mindset getrieben werden, werden sie dieses Feedback vielleicht nur widerstrebend geben. Erhalten wir wenig oder gar kein Feedback oder wirkt dieses vage oder unehrlich, dann steigern wir unsere Chance, die notwendigen Informationen zu erhalten, wenn wir direkt darum bitten. Dabei können wir den gleichen Richtlinien folgen, die oben für das Erteilen hilfreichen Feedbacks skizziert wurden. Wir können um konkretes Feedback hinsichtlich unserer Arbeit und unserer Fortschritte ersuchen und um Strategien und Vorschläge bitten, wie wir uns weiter verbessern können, und so weiter. Ich habe diese Strategie noch nicht erforscht, aber Sie könnten sogar an Ihrem oder Ihrer Vorgesetzten etwas testen, was sich mit klugem Feedback vergleichen lässt: »Ich habe mir eine hohe Messlatte für meine eigene Leistung gesetzt. Es ist mir wichtig, mich laufend weiterzuentwickeln und Fortschritte zu machen, und ich weiß, dass Sie mir die nötigen Erkenntnisse und Orientierungshilfen vermitteln können, um das zu erreichen.« (Und lassen Sie mich wissen, wie das geklappt hat!)

Als Nächstes wenden wir uns unserem letzten Mindset-Trigger zu: dem Erfolg anderer. Doch zuvor ein wenig Reflexion.

Fragen zur Vertiefung

- Denken Sie an das letzte Mal, als Sie kritisches Feedback erhalten haben, das Sie in Richtung Ihres dynamischen Mindsets geleitet und Ihnen geholfen hat, sich aktiv um Fortschritte zu bemühen. Was hat die Person, die Ihnen das Feedback angeboten hat, gesagt, und wie hat sie es gesagt?
- Wenn Sie das nächste Mal jemand anderem kritisches Feedback geben, erwägen Sie, explizit zu erwähnen, dass Sie an die Fähigkeit dieser Person glauben, sich zu verbessern. Wie könnten Sie klarer formulieren, dass Sie dieses Feedback geben, weil Sie an diesen Menschen und an seine Fähigkeit, sich zu ändern oder zu verbessern, glauben?
- Wenn kritisches Feedback uns in Richtung unseres starren Mindsets treibt, dann blicken wir oft nach innen, und diese Nabelschau löst ein Gefühl der Einsamkeit und Isolation aus. Unternehmen Sie mit Ihrer vertrauten Wachstumskultur (Ihrer Partnerin, Ihrem Partner oder Ihrer Gruppe) ein Rollenspiel, in dem Sie kritisches Feedback geben und erhalten. Mithilfe welcher Strategien – als Geber wie als Adressat – gelingt es Ihnen am besten, in Ihr dynamisches Mindset zu schlüpfen?
- Ist Ihnen aufgefallen, dass Sie kaum kritisches Feedback von anderen erhalten? Fragen Sie sich, woran das liegen mag. Haben Sie womöglich in der Vergangenheit auf kritisches Feedback in einer Weise reagiert, dass man zögert, Ihnen erneut kritisches Feedback zu geben? Machen Sie sich ein paar Notizen, wie Sie nächste Woche darum ersuchen könnten. Denken Sie daran, Ihren Wunsch konkret zu formulieren. Anstatt weit gefächerte Fragen wie »Wie hat Ihnen meine Präsentation gefallen?« zu stellen, erwägen Sie Fragen, die zu konkreten Handlungen führen können. »Hat meine Präsentation Ihr Interesse geweckt? Hat sie Sie neugierig gemacht? Möchten Sie mehr erfahren? Wie könnte ich den Kunden beim nächsten Mal noch mehr für unsere Arbeit einnehmen?«

12

ERFOLGE ANDERER

Sie öffnen den Newsletter Ihrer Schule oder Universität und erfahren, dass ein ehemaliger Klassenkamerad oder eine frühere Kommilitonin gerade befördert worden ist. Ihr Unternehmen bearbeitet seit Monaten ein schwieriges Problem, und obwohl Sie sich sicher sind, kurz vor einer Lösung zu stehen, knackt ein Kollege den Code als Erster. Inspiriert oder entmutigt Sie das? Beglückwünschen Sie ihn, oder werfen Sie Dart-Pfeile auf sein Foto? Ihre Antwort lässt erkennen, wie Sie auf den vierten verbreiteten Mindset-Trigger reagieren: Erfolge anderer.

Sich andere Menschen als Maßstab zu nehmen ist per se weder gut noch schlecht. Wenn die Erfolge anderer Menschen uns dazu animieren, eigene Leistungsdefizite festzustellen oder zu erkennen, was wir tun müssen, damit uns Ähnliches gelingt, dann führt uns der Erfolg anderer in Richtung unseres dynamischen Mindsets. Doch wenn diese Person zum Freundfeind oder Angstgegner wird und ihr Erfolg uns zum Aufgeben bewegt oder in uns den Wunsch weckt, sie wegzubeißen, weil wir das Gefühl haben, dass wir uns gegenseitig nur im Weg stehen, dann sind wir in unser statisches Mindset hineingerutscht.

Wenn wir die Erfolge anderer aus unserem statischen Mindset heraus betrachten, dann begreifen wir das Ganze als Nullsummenspiel.[1] Erfolg ist dann ein knappes Gut, von dem jetzt weniger für uns übrig bleibt. Es handelt sich dabei um eine weitere Spielart der

Selbstbezogenheit. Wenn wir mitbekommen, dass jemand erfolgreich ist, hegen wir Gedanken wie beispielsweise: »Sie ist so gut – dieses Niveau kann ich nie erreichen. Warum sollte ich es dann überhaupt versuchen?«, oder: »Die haben eine besondere Begabung, die mir fehlt.« Einer der Nachteile, die wir gewärtigen, wenn wir angesichts der Erfolge anderer in unser statisches Mindset schlüpfen, besteht darin, dass wir uns so der Möglichkeit berauben, potenzielle Strategien und Herangehensweisen zu erkennen (die entsprechend auch nicht im Kollegenkreis erkannt und gewürdigt werden können). Die Erfolge anderer bedrohen uns so sehr, dass wir uns nicht die Zeit nehmen, genauer hinzusehen und herauszufinden, auf welchem Vorgehen der Erfolg der jeweiligen Person eigentlich beruht. Und wenn wir unterstellen, dass sich ihr Erfolg auf irgendeine angeborene Begabung zurückführen lässt, die uns fehlt, dann verstärkt das unser statisches Mindset noch: Der Erfolg liegt dann außerhalb unseres Einflussbereichs, weshalb wir uns nicht die Mühe machen, herauszufinden, wie wir selbst erfolgreich sein könnten.

Doch dieselbe Situation kann uns auch in Richtung unseres dynamischen Mindsets treiben, wo wir neugierig darauf sind, was wir aus den Erfolgen anderer lernen könnten. Vermutlich wird unser Erfolgspfad nicht identisch sein, und vielleicht haben wir tatsächlich weniger Privilegien und können auf weniger Ressourcen zurückgreifen als andere, doch wenn wir die wesentlichen Elemente des Erfolgs anderer Menschen erkennen, dann kann uns das nützlich sein. So könnte jemand einen Vorsprung gehabt haben, weil er oder sie von den Kontakten profitierte, die ein Elternteil in der Branche besaß. Womöglich fehlt uns dieses Hintertürchen, aber wir können das zur Kenntnis nehmen und daraus schließen, dass wir unser Netzwerk ausbauen müssen, um ähnlich gute Chancen zu haben. Dabei können wir kreativ und authentisch sein, schauen, wie andere vor uns es gemeistert haben, und unsere Bezugspersonen um Rat und Unterstützung bitten. In ihrem Buch *Every Other Thursday: Stories and Strategies from Successful Women Scientists* beschreibt Ellen Daniell, wie viele Mitglieder ihres Netzwerks von MINT-

Professorinnen es anfangs als falsch, peinlich und geschmacklos empfanden, wenn Kollegen sich mit ihren Erfolgen brüsteten.[2] Nachdem Sie den Hebel in Richtung ihres dynamischen Mindsets umgelegt hatten, erkannten sie, dass sie als Frauen gesellschaftlich darauf programmiert worden waren, ihre Erfolge herunterzuspielen. Fortan übten sie gemeinsam, Komplimente sowohl mit Stolz als auch mit Bescheidenheit anzunehmen und sich ihre beruflichen Erfolge zu eigen zu machen.

Zu den größten Herausforderungen hinsichtlich dieses Mindset-Triggers gehört, ihn sich einzugestehen. Wenn ich die Teilnehmenden an meinen Seminaren frage, wer die Erfolge anderer für einen seiner Trigger hält, die ihn oder sie in Richtung eines statischen Mindsets treiben, dann begegnet mir oft Schweigen. Doch später möchte fast jeder privat mit mir über genau diesen Trigger reden. Das ist verständlich. Jedes Eingeständnis, dass eine bestimmte Situation uns in unser statisches Mindset führt, macht uns verletzlich, doch ganz besonders gilt das wohl für den Erfolg anderer. Wenn wir offen sagen, mit wem wir uns vergleichen – oder dass wir uns überhaupt mit jemandem vergleichen –, dann geben wir dieser Person in gewisser Weise Macht über uns. Aus diesem Grund möchten wir ungern darüber sprechen. Wenn Buchhalter Anthony zugibt, dass er es auf den Posten abgesehen hatte, den seine Kollegin Jacquie erhalten hat, dann erfährt Jacquie dadurch, dass Anthony seinen Erfolg zumindest zu einem gewissen Grad an ihrem eigenen misst. Wir möchten auch nicht als egoistisch oder missgünstig gelten, auch wenn das unseren eigenen Gefühlen entspricht.

Doch was spricht eigentlich gegen ein wenig »freundschaftlichen Wettbewerb« zur Motivationssteigerung? Wie wir gesehen haben, ist interpersoneller Wettbewerb eine Gratwanderung, die (je nach aktuell vorherrschendem Mindset) unsere besten Seiten, aber auch unsere schlechtesten zum Vorschein bringen kann – es lohnt sich daher vielleicht nicht, dieses Risiko einzugehen. Zwar bemühen viele Führungskräfte besonders gerne Analogien aus dem Spitzensport, aber es gibt auch andere Möglichkeiten, andere zu

Höchstleistungen zu motivieren, als sie zu einem Wettbewerb um knappe Ressourcen zu ermutigen. Doch selbst in der Sportwelt, in der Konkurrenzdenken als Grundpfeiler jedes Vorankommens gilt, gibt es zahllose Beispiele für Athletinnen und Athleten, die durch den Erfolg anderer in ihr dynamisches Mindset geleitet wurden.

Aus Konkurrenzkämpfen erwachsen einige der denkwürdigsten Sportereignisse. Frazier gegen Ali. Palmer gegen Nicklaus. Johnson gegen Bird. Doch einen der unvergesslichsten und am längsten andauernden Konkurrenzkämpfe trugen zweifellos die beiden Tennislegenden Chris Evert und Martina Navratilova aus.[3] Beide dominierten ihren Sport so sehr, dass mehr als ein Jahrzehnt lang immer eine der beiden in der Rangliste ganz oben stand. Zum Vergleich: Joe Frazier und Muhammad Ali trugen drei Kämpfe gegeneinander aus,[4] während Evert und Navratilova in mehr als 80 Matches gegeneinander antraten.[5] Evert gewann 125 Sandturniere in Folge, während Navratilova insgesamt 354 Titel im Einzel-, Doppel- und gemischten Doppel-Wettkampf errang, eine atemberaubende Zahl.

Im Zuge des Konkurrenzkampfes zwischen Evert und Navratilova entstand keine Bitterkeit zwischen den beiden Frauen, sondern tiefer Respekt und sogar Freundschaft. Noch entscheidender für ihre Karrieren war, dass die Anwesenheit der jeweils anderen half, über sich hinauszuwachsen, wie beide bekundeten. Navratilova sagt, sie habe beim Spiel gegen Evert das Gefühl gehabt, gegen »eine undurchdringliche Mauer« anzukämpfen, und Everts mentale Stärke habe sie dazu motiviert, noch hartnäckiger zu werden. Evert hatte sich dank ihres immer stoischen Gleichmuts den Spitznamen »Eisprinzessin« verdient;[6] dennoch gesteht sie, dass sie Navratilova für deren Fähigkeit, ihre Gefühle herauszulassen, bewunderte. Gegen Everts emotionale Stärke stand Navratilovas physische Kraft, die Evert in den Kraftraum zwang. »Ich versuchte, [Martinas] Beispiel zu folgen«, erinnert sie sich.[7] Und das zeigt deutlich, dass die Qualitäten, denen beide Spielerinnen ihren Erfolg verdanken, sowohl Evert als auch Navratilova in Richtung ihres dynamischen Mindsets trieben. Während sie abwechselnd als Siegerinnen aus ihren Partien hervorgingen, suchten sie bei der jeweils anderen nach Hinweisen darauf, wie sie ihr Spiel weiter verbessern könnten. Evert berichtet, eine Niederlage gegen Navratilova »trieb mich dazu an, härter an mir zu arbeiten und zielstrebiger zu werden (…)«. So konnten sie zu Freundinnen werden: Sie suchten bei der jeweils anderen nach Inspiration und Hinweisen, ließen aber ihre Matches nie in eine persönliche Gegnerschaft abgleiten.

Die beiden Spielerinnen trainierten sogar gelegentlich miteinander und wärmten sich gemeinsam auf, bevor sie gegeneinander antraten. Dies illustriert eine Erkenntnis aus den Untersuchungen, die ich gemeinsam mit meinen Kolleginnen und Kollegen angestellt habe: Wenn wir unsere Erfolgserlebnisse auf eigenen Fortschritten gründen, anstatt darauf, andere zu übertreffen, erhöht das die Wahrscheinlichkeit, dass wir anderen Hilfe anbieten und unsere eigenen Fähigkeiten vervollkommnen, indem wir andere unterweisen.[8] Hätte eine der beiden die andere als Bedrohung für den eigenen Erfolg angesehen, wären sie vermutlich niemals Freundinnen geworden und vielleicht auch niemals Legenden ihres Sports.

Ähnliche Beispiele von wettbewerbsorientierter Zusammenarbeit gibt es auch in der Laufwelt. Als Des Linden 2018 beim Boston Marathon antrat, herrschte miserables Wetter.[9] Sie hatte sich ohnehin nicht gut gefühlt, und nach einigen Kilometern im kalten Regen und bei stürmischem Wind sagte sich Linden, dass heute wohl einfach nicht ihr Tag war. Gedanklich schied sie aus dem Rennen aus und beschloss, es bei anderer Gelegenheit wieder zu versuchen. Doch anstatt die Rennstrecke zu verlassen, machte sie ihrer Mitläuferin, der Marathonlegende Shalane Flanagan, ein unerhörtes Angebot. »Hey«, sagte Linden zu Flanagan, »wenn du unterwegs irgendeine Hilfe brauchst, laufe ich gern für dich durch den Wind und gebe dir Windschatten oder was immer du gerade benötigst.« Flanagan war die Konkurrentin, doch statt durch deren potenziellen Sieg in ihr statisches Mindset zu geraten, begab sich Linden in den Teammodus und beschloss, sich für ihre Landsfrau ein Bein auszureißen. Flanagan hat sich selbst einen Ruf als großzügige Läuferin erarbeitet, die junge Läufer so umfänglich unterstützt und berät, wie es in diesem wettbewerbsintensiven Sport äußerst selten anzutreffen ist. Es zeigte sich jedoch, dass dieser Tag in Boston auch nicht der ihre war. Als sie zurückgefallen war, leistete Linden Schrittmacherdienste für eine weitere Läuferin, Molly Huddle, in der Hoffnung, ihr über die Ziellinie zu helfen.[10] Doch als auch Huddle hinter die Führungsgruppe zurückfiel, merkte Linden, dass sie noch Kraft in den Beinen hatte. »Nur noch eine weitere Meile«, sagte sie sich immer und immer wieder, bis sie schließlich als Siegerin ins Ziel lief.[11]

Im Sport unterliegt man leicht der Annahme, ein auf Wachstum ausgerichtetes Mindset sei gleichbedeutend mit immer größeren Anstrengungen und verstärktem Wettbewerbsgeist. Doch wie verschiedene Untersuchungen zeigen, schränkt interpersoneller Wettbewerb tatsächlich unsere Optionen ein und hemmt unsere Kreativität, indem er uns möglicher Strategien beraubt. Befreit von dem Druck, sich beweisen zu müssen, konnte Des Linden flexibel bleiben und ihre Optionen prüfen. Sie konnte laufend neu abwägen, worauf sie ihre Anstrengungen am besten richtete – erst auf ihren eigenen Lauf, dann auf ihre Teamkameradinnen, dann wieder auf sich. Hätte sie sich an der Vorstellung, dass eine ihrer US-amerikanischen Rivalinnen gewinnt, gestört, dann hätte sie einfach ihr Rennen beendet und die anderen ihrem Kampf überlassen. Stattdessen versuchte Linden, einer Mannschaftskameradin einen Gefallen zu tun, und errang am Ende ihren ersten Bostoner Siegertitel. Linden war sich durchaus bewusst, dass es ihr selbst helfen könnte, jemand anderem zu helfen. In der Laufwelt wird das als Shalane-Effekt bezeichnet: Man unterstützt sein Umfeld, nutzt dieses Momentum aber gleichzeitig, um sich selbst einen Schub zu geben.[12] Es ist die Art von Win-win-Situation, die in direktem Gegensatz zur Nullsummen-Mentalität des statischen Mindsets steht.

Thomas Edison, einer der berühmtesten und produktivsten Erfinder aller Zeiten, hätte vermutlich über den Shalane-Effekt gespottet. Seine erste Patentanmeldung reichte er im Alter von 21 Jahren ein, und am Ende seiner beruflichen Laufbahn hatte er für seine

Erfindungen stolze 1093 Patente erhalten.[13] Genauer gesagt: für die Erfindungen seines *Teams*. Denn obwohl Edison durchaus ein intellektueller Riese war, galt sein Selbstbewusstsein als ebenso groß, und er kehrte die bedeutenden Beiträge seines hoch engagierten Ingenieursteams im kalifornischen Menlo Park regelmäßig unter den Teppich.[14] Zwar wird Edison bis heute allgemein als Visionär verehrt, den man bewundern sollte, doch viel seltener spricht man über sein entschieden starres Mindset hinsichtlich der Erfolge anderer (die er im Übrigen bisweilen auch als eigene Erfolge ausgab).

Edison wird zwar dafür gerühmt, »über genügend Genialität verfügt zu haben, um das Genie in anderen zu erkennen«.[15] Doch als es darum ging, die Genialität eines seiner Angestellten wahrzunehmen – eines jungen Serben namens Nikola Tesla –, schlüpfte er direkt in sein statisches Mindset, mit verheerenden Folgen.[16] Edison hatte damals gerade verkündet, dass sein Unternehmen bald Häuser und Fabriken im ganzen Land mit Gleichstrom versorgen würde. Doch obwohl es ihm und seinem Team gelungen war, Lichtmaschinen und Elektrizitätswerke zu bauen, bemühte er sich vergeblich, den Gleichstrom über eine Strecke von mehr als etwa anderthalb Kilometer zu leiten. Von dieser Herausforderung inspiriert, entwickelte Tesla eine Lichtmaschine, die mit Wechselstrom arbeitete. Edison tat dieses Design als unpraktisch und gefährlich ab; er hatte bereits laut verkündet, dass Gleichstrom der richtige Weg sei. Frustriert reichte Tesla seine Kündigung ein. Später stellte er seine Idee einem von Edisons wichtigsten Gegenspielern in der Energiebranche vor, George Westinghouse.

»Edisons größte Schwäche [war] seine Unfähigkeit, sein Mindset dem Branchenwandel anzupassen«, sagt Paul Israel, Direktor und leitender Herausgeber der *Thomas A. Edison Papers*. »Er war sowohl finanziell als auch [mit] seinem persönlichen Ruf investiert.«[17] In einer besonders schwarzen Periode seiner Laufbahn tat sich Edison mit einem skrupellosen Schüler zusammen und autorisierte qualvolle Experimente an herrenlosen Hunden, Pferden und anderen Tieren, um die Tödlichkeit von Wechselstrom zu beweisen.

Er betrieb auch eine Schmierenkampagne, in deren Rahmen er die Behörden aufforderte, den ersten elektrischen Stuhl mit Wechselstrom zu betreiben, damit dieser als »Todesstrom« bekannt würde.

Westinghouse bot Edison einmal an, das Kriegsbeil zu begraben und partnerschaftlich an der Einführung von Wechselstrom zu arbeiten, doch Edison lehnte ab.[18] Am Ende entzog ihm sein eigener Verwaltungsrat das Vertrauen, konsolidierte das Unternehmen und speiste ihn mit nur 10 Prozent des Aktienvermögens ab.

Es ist ganz natürlich, dass wir uns an anderen messen. Wenn andere Menschen in unserem Arbeitsbereich öffentliche Aufmerksamkeit erfahren, dann ändert das für alle die Spielregeln. Und wenn andere Erfolge erzielen, treibt uns das oft in Richtung unseres starren Mindsets. Doch wir können lernen, eine Lernhaltung einzunehmen. Nach Meinung von Historikern hätte Edisons großer Betrieb Westinghouse abhängen können, wenn er bereit gewesen wäre, mit Wechselstrom zu arbeiten; doch aus seiner Sicht stand sein Ruf auf dem Spiel. Für Edison war das Ganze eine persönliche Angelegenheit, doch manchmal beruht unser starres Mindset auf unserem strukturellen und institutionellen Umfeld. Wenn Menschen durch ein System, das mit Anerkennung und Ressourcen geizt, gegeneinander in Stellung gebracht werden, dann leiden Zusammenarbeit, Innovation, Kreativität und alles andere. Leider entscheiden sich viele Organisationen, einen solchen Konkurrenzkampf zu institutionalisieren.

Von oben verordneter Mangel

Wenn die Nullsummen-Mentalität fest in den Regeln und Abläufen einer Organisation verankert ist, kann dies alle ihre Mitglieder in Richtung ihres statischen Mindsets treiben. In solchen Fällen handelt es sich um eine von oben verordnete Geniekultur.

Kaum eine Praxis spiegelt wohl das Nullsummendenken so deutlich wider und wirkt so stark als Erfolge-anderer-Mindset-Trigger wie das Ranglistensystem, das ich eingangs beschrieben habe – ein System, in dem Beschäftigte regelmäßig beurteilt und in Schubladen gesteckt werden, wobei die Angestellten mit der höchsten Arbeitsleistung belohnt und jene mit der schlechtesten entlassen werden.[19] Diese Praxis, die im umgangssprachlichen Englisch als *rank and yank* bezeichnet wird (zu Deutsch etwa: einstufen und ausmisten), wurde in den frühen 1980er-Jahren durch den damaligen CEO von General Electric, Jack Welch, verbreitet. Er teilte seine Belegschaft in drei Gruppen ein: die besten 20 Prozent, die mittleren 70 Prozent sowie die schlechtesten 10 Prozent, die mit ihrer Entlassung rechnen konnten. In einem 2018 veröffentlichten Artikel verteidigte Welch (der 2020 verstarb) das System noch immer. Es gehe dabei nicht um Säuberungen, sondern um Beständigkeit, Transparenz und Aufrichtigkeit; außerdem solle »gewährleistet sein, dass jeder Beschäftigte weiß, wo er steht«.[20] Er behauptete auch, dass Angestellte, die im untersten Rang stünden, intensive Beratung und Betreuung erführen, sodass sie sich entweder verbessern oder die Entscheidung treffen könnten, das Unternehmen zu verlassen. Welch schrieb: »Ja, anscheinend empfinden einige Menschen das Glockenkurven-Element einer solchen Unterscheidung als ›unmenschlich‹. Das befremdet mich immer. Unsere Kinder werden in der Schule benotet, oft schon im Alter von neun oder zehn Jahren, und niemand bezeichnet das als unmenschlich. Aber Erwachsene sollen das nicht ertragen können? Das erkläre mir bitte jemand.« Tatsächlich funktionieren Ranglisten auch im Klassenzimmer nicht sehr gut, wie ich gleich erläutert werde. (Zudem gibt es Grund genug, Rankings jeder Art anzuzweifeln. Wie die Journalistin Arwa Mahdawi aufgezeigt hat, mussten sich nicht wenige derjenigen Menschen, die auf der Forbes-Liste »30 Under 30« oder ähnlichen Ranglisten landeten, später vor Gericht verantworten.[21] Wer als Star bezeichnet wird, steht nachfolgend unter erheblichem Druck, sich um jeden Preis zu beweisen.)

Kritikerinnen und Kritiker des Ranglistensystems unterstreichen, dass Teamarbeit kaum möglich sei, wenn Beschäftigte gegeneinander in Stellung gebracht würden.[22] Welch entgegnet dem, dass Organisationen, die Wert auf Teamarbeit legten, das nur vermitteln und »Menschen entsprechend bewerten und belohnen« müssten. Doch solche widersprüchlichen Botschaften verwirren die Beschäftigten bei ihrer Prioritätensetzung: Sollen wir nun als Team agieren oder miteinander wetteifern? (In den USA hat sich übrigens als Pendant zur Schadenfreude – wo wir uns über das Unglück freuen, das andere Menschen befällt – der Begriff *Freudenfreude* etabliert, der für die Mitfreude an den Leistungen und Erfolgen anderer Menschen steht.)[23] Wenn Unternehmen versuchen, Teamarbeit in ein von *rank and yank* geprägtes Umfeld hineinzupressen, dann erleben die Beschäftigten eine starke Diskrepanz zwischen den Unternehmenswerten und deren Umsetzung. Das Unternehmen mag seine Wertschätzung von Teamarbeit noch so sehr beteuern, am Ende zählt, dass alle gegeneinander konkurrieren. Das führt zu Zynismus und Misstrauen – nicht nur der Beschäftigten untereinander, sondern auch gegenüber dem Unternehmen.

Nun könnte man sagen: »Aber die 90 Prozent, die nicht im untersten Rang landen, haben nichts zu befürchten.« Doch das stimmt einfach nicht. Die strukturellen Elemente eines Systems, das aufgrund einer Rangfolge belohnt und bestraft, treibt alle in Richtung ihres starren Mindsets, genauer gesagt in die Angst vor einem Statusverlust – der einträte, wenn sie etwas unternähmen, das sie in der Rangliste ganz nach unten abrutschen ließe. Wer dort umgekehrt ganz oben steht, muss seine Position laufend verteidigen und wird daher weniger bereit sind, Ressourcen mit seinen Kolleginnen und Kollegen zu teilen oder ihnen zu helfen – denn niemand möchte gerne von anderen überholt werden. Er wird dann auch mehr Energie darauf verwenden, mögliche Konkurrenten zu beobachten, anstatt sich auf das eigene Wachstum zu konzentrieren.

Doch ist Konkurrenz nicht ein probates Mittel, um Beschäftigte zu ermutigen, entweder ihr Bestes zu geben oder sich anderswo umzusehen? Nun, das Problem besteht darin, dass Wettbewerb, wie weiter oben schon erwähnt, eine Gratwanderung darstellt.

Wettbewerb ist für sich allein genommen weder gut noch schlecht (die US-amerikanische Fußballlegende Abby Wambach sagt, dass sie Wettbewerbssituationen aufgrund ihres unklaren Ausgangs schätze).[24] Doch da unser Gehirn auf alles achtet, was sein Überleben gefährden könnte, erleben wir Konkurrenz als Bedrohung, solange wir uns in unserem starren Mindset befinden. Ranglistensysteme sorgen dafür, dass aus der empfundenen Bedrohung eine echte wird, denn sie beinhalten schwerwiegende Folgeschritte, die sich negativ auf die eigene Arbeitsleistung auswirken können – und im schlimmsten Fall zu unethischem Verhalten führen.

Die US-Bank Wells Fargo erlebte 2016 einen heute berühmten Skandal: Einige ihrer Topmanager fühlten sich zur Eröffnung von Scheinkonten genötigt, um ihre Quoten zu erfüllen und ihre Jobs zu behalten.[25] Ein scharfer Wettbewerb um knappe Jobs war nach Angaben der betroffenen Mitarbeiterinnen und Mitarbeiter der Hauptgrund dafür, dass sie bei der mittlerweile eingestellten Zeitung *News of the World* sowie bei verschiedenen anderen Murdoch-Blättern illegalen Praktiken nachgingen, vom Abhören von Telefonen über das Bestechen von Polizisten bis hin zum vollständigen Erfinden von Meldungen.[26] Und wie die frühere geschäftsführende Direktorin bei Goldman Sachs, Jamie Fiore, berichtet, führten der gnadenlose Wettbewerb und häufige Entlassungen in ihrem Unternehmen dazu, dass Beschäftigte oft versuchten, andere in ein schlechtes Licht zu rücken, um ihren eigenen Status zu sichern.[27] Die einstige Geniekultur Microsoft erfuhr am eigenen Leib, wie interpersoneller Wettbewerb den wirtschaftlichen Erfolg beeinträchtigen kann.

Ein »Jahrzehnt voller Fehler, verpasster Chancen und der Entartung eines der Brancheninnovatoren (…)« – so beschreibt Kurt Eichenwald die Entwicklung von Microsoft im Zeitraum von 2002 bis 2012 in einem Artikel für die Zeitschrift *Vanity Fair*.[28] Er schreibt weiter: »Ausnahmslos jeder heutige und ehemalige Microsoft-Angestellte, den ich befragt habe, beschrieb das Ranglistensystem als den destruktivsten Prozess innerhalb von Microsoft – als etwas, das unzählige Mitarbeiterinnen und Mitarbeiter aus dem Unternehmen vertrieben habe.« Ein Software-Entwickler berichtete dem Reporter: »Wenn Sie Teil eines zehnköpfigen Teams waren, dann wussten sie vom ersten Tag an, dass zwei Leute eine tolle Beurteilung bekommen würden, sieben eine durchschnittliche und einer eine furchtbare – ganz gleich, wie gut das Team war. Das führt dazu, dass die Leute gegeneinander statt mit anderen Unternehmen konkurrieren.« Um die Situation zu beschreiben, die er bei seinem Amtsantritt als CEO von Microsoft vorfand, verwies Satya Nadella auf einen bekannten Cartoon, der ein Pseudo-Organigramm zeigt, in dem Gewehre in alle Richtungen weisen.[29]

Eichenwald fährt fort: »Angenommen, es wäre Microsoft gelungen, die Top-Leute der Tech-Branche – Steve Jobs von Apple, Mark Zuckerberg von Facebook, Larry Page von Google, Larry Ellison von Oracle und Jeff Bezos von Amazon – anzuwerben und in einem einzigen Unternehmensbereich zu vereinen, bevor sie sich anderswo einen Namen gemacht hätten: Unabhängig von ihrer Leistung hätten zwei von ihnen in einem Ranglistensystem irgendwann eine unterdurchschnittliche Beurteilung erhalten, einer sogar eine verheerende.«[30] Tatsächlich war eines der Opfer des Welch'schen Prinzips »Einstufen und ausmisten« David Cote, der spätere CEO von Honeywell. (Pikanterweise bestand Cotes erste Aufgabe in dieser Funktion darin, das Unternehmen vor der Pleite zu bewahren, die ihm aufgrund einer stümperhaft umgesetzten Fusion mit General Electric drohte.)[31]

In einer so ausgeprägten Geniekultur, wie sie bei Microsoft herrschte, konnte man sich seiner Position noch nicht einmal sicher sein, wenn man seine Ziele erreichte, denn es war ja immer möglich, dass ein anderer Kollege sie besser erreichte. Folglich konzentrierten die Beschäftigten sich mehr darauf, ihre Kolleginnen und Kollegen kleinzuhalten, als auf Innovation. Ein Ingenieur berichtete Eichenwald: »Zu den wertvollsten Dingen, die ich gelernt habe, gehörte, höflich und zuvorkommend zu wirken, dabei aber den anderen immer gerade so viele Informationen vorzuenthalten, dass sie im Ranking nicht an mir vorbeizogen.« Wenn die jährliche Einstufung der Beschäftigten anstand, versammelten sich bis zu 30 Führungskräfte in einem geschlossenen Raum und feilschten um die Platzierungen, wobei jeder natürlich peinlich genau auf seine eigenen Interessen achtete.

Wie Margaret Heffernan in einem TED-Talk betont, halten die meisten Organisationen seit mindestens 50 Jahren an einer Hackordnung fest, in der »die Erfolgsformel lautet, die Superstars – die klügsten Männer oder gelegentlich Frauen – zu rekrutieren und ihnen dann alle Ressourcen und alle Macht zu geben. Die Folge sind (…) Aggressionen, Dysfunktion und Verschwendung. Wenn die produktivsten Menschen nur erfolgreich sein können, wenn sie die Produktivität aller anderen unterdrücken, dann müssen wir dringend eine bessere Arbeitsweise und eine gesündere Lebensweise entwickeln.«[32]

Wie Diversität und Innovation unterdrückt werden

Die extreme Wettbewerbsatmosphäre der Geniekulturen mit ihren brillanten Idioten erzeugt mehr Verlierer als Gewinner. Zu den größten Verlierern zählt das Unternehmen, wenn nämlich Beschäftigte, die entweder nicht im Rampenlicht stehen oder eine Atmosphäre des erbitterten Individualismus nicht schätzen, dieses verlassen. Die Forschung zeigt, dass hierzu eher Frauen und nichtweiße Menschen neigen, die zumindest im Durchschnitt eher durch gemeinschaftliche Ziele als durch mörderische interpersonelle Konkurrenz motiviert werden. Vor vielen Jahren musste Microsoft seine ausgeprägte Wettbewerbskultur beinahe mit dem Verlust eines seiner aufstrebenden Stars bezahlen. Doch anstatt zu kündigen, beschloss Melinda French, dem Unternehmen eine letzte Chance zu geben, allerdings zu ihren eigenen Bedingungen.[33] Bis dahin hatte sie ihr Möglichstes getan, ihren männlichen Kollegen nachzueifern und den ungeschriebenen Regeln der Kumpel-Kultur in ihrem Umfeld zu folgen. Anstatt aufzugeben, beschloss sie, ein hohes Risiko einzugehen und einfach sie selbst zu sein. Sie würde ihr Team nach ihren eigenen Vorstellungen leiten und sich auf Teamarbeit und Inklusivität konzentrieren. (In ihrem TED-Talk bezeichnet Frances Frei, Professorin an der Harvard Business School, Glaubwürdigkeit als notwendige Voraussetzung für eine Vertrauensbildung.)[34] Wie die ehemalige Microsoft-Managerin, die heute Melinda French Gates heißt, berichtet, dauerte es nicht lange, bis sich andere Teamleiter darüber wunderten, dass so viele der besten Angestellten des Unternehmens sich bei ihrem Team bewarben.[35] Viele dieser Beschäftigten wollten zwar weiterhin Teil einer Hochleistungskultur sein, waren aber vor allem daran interessiert, ihre Ziele als Team zu erreichen. So gelang es French Gates, sich in einer berüchtigten Geniekultur zu bewegen, indem sie ihre eigene Wachstumskultur errichtete – die einige der Top-Talente des Unternehmens anzog.

Viele Menschen (zumeist Führungskräfte) glauben, dass das Prestige, das Geniekulturen dank ihrer auf interpersonellem Wettbewerb beruhenden Normen ausstrahlen, bewirkt, dass die Beschäftigten dauerhaft fokussiert, innovativ und in Bestform bleiben. Doch das ist ein Trugschluss. *Dutzende von Studien belegen, dass Menschen, die zwischen einer Geniekultur und einer Wachstumskultur wählen können, sich für die Wachstumskultur entscheiden. Das gilt besonders für Top-Performer.*[36] In einer Geniekultur muss man auf seine eigene Position und seinen Status achten. Das aber lenkt von der Arbeit ab und ist emotional und kognitiv belastend.

In den Organisationen, mit denen ich zusammengearbeitet habe und in denen Innovation eine zentrale Rolle spielt, waren Forschungs- und Entwicklungsteams, die eine Wachstumskultur verkörperten, kreativer und dauerhaft leistungsfähiger als die Teams, die eine Geniekultur lebten (obwohl die Teams an sehr ähnlichen Projekten arbeiteten). Als ich die Mitglieder der auf Wachstum ausgerichteten Teams nach den möglichen Gründen für diese Leistungsunterschiede befragte, antworteten sie, dass ihre Teamkultur es ihnen ermögliche, Risiken einzugehen und sich gemeinsam zu entwickeln. Weder Gehaltserhöhungen noch andere finanzielle Anreize konnten diese Leute dazu bewegen, ihre Wachstums-Mikrokulturen zugunsten der eher von einem statischen Mindset gesteuerten Kulturen aufzugeben.

Zusammenarbeit erhöht die Problemlösungskompetenz. Eine Gruppe von Forscherinnen und Forschern des MIT wollte erkunden, ob es irgendwelche Indizien gäbe, die erklärten, warum manche Teams schwierige Herausforderungen eher bewältigten als andere.[37] Dazu untersuchten sie 699 Menschen, die in kleinen Teams von zwei bis fünf Mitgliedern arbeiteten. Die Forschungsgruppe identifizierte drei Faktoren, die verlässlich auf einen Gruppenerfolg schließen ließen sowie auf das, was sie *kollektive Intelligenz* nannten: (1) Die Gruppenmitglieder verfügten über ausgeprägte soziale Kompetenzen; (2) die Gruppengespräche wurden nicht von ein paar Personen dominiert, sondern alle Mitglieder konnten ihre Ideen und Vorschläge einbringen; und (3) es gab weibliche Teammitglieder. Interessant war auch, was die Forschungsgruppe *nicht* vorfand: Die kollektive Intelligenz der Gruppe korrelierte nicht mit der durchschnittlichen Intelligenz ihrer Mitglieder oder mit der Intelligenz ihres intelligentesten Mitglieds. Gruppen, in denen der Input jedes einzelnen Mitglieds erwünscht ist und geschätzt wird, fördern das für Innovationen nötige psychologische Sicherheitsgefühl. In Wachstumskulturen wie beispielsweise bei Pixar entstehen Auseinandersetzungen nicht aus einem Konkurrenzdenken heraus, sondern werden als produktive und respektvoll ausgetragene Reibereien betrachtet, um Ideen zu verbessern.[38] Ranglistensysteme hingegen fördern ein Selbstschutzverhalten und Misstrauen, und wie die Forschung belegt, erklimmen Frauen – die den wichtigsten Erfolgsfaktor in vielen der produktivsten Teams darstellen – in solchen Systemen seltener Führungspositionen.

Linda Carli und Alice Eagly, die geschlechtsspezifisches Führungsverhalten erforschen, stellen fest, dass Männer am Arbeitsplatz in der Regel mehr *negatives Durchsetzungsvermögen* an den Tag legen, »das mit Bedrohung, Aggression, Feindseligkeit oder Kontrolle anderer einhergeht«, während Frauen eher *positives Durchsetzungsvermögen* beweisen, »das ein Gleichgewicht zwischen Selbstdarstellung und dem Respekt für die Rechte anderer beinhaltet«.[39] Da Ranglistensysteme den Wettbewerb stärker fördern als gegenseitige Unterstützung und gegenseitigen Respekt, bevorzugen Unternehmen, die dieses Verfahren anwenden, naturgemäß männliche Mitarbeiter. Darüber hinaus berichten Carli und Eagly, dass Frauen, die sich der Mittel des negativen Durchsetzungsvermögens bedienen, um ihre Karriere voranzutreiben, ihre Aufstiegschancen dadurch schmälern und sich damit selbst in eine Zwickmühle begeben.

Laut der Verhaltens- und Datenwissenschaftlerin Paola Cecchi-Dimeglio werden Frauen bei den Leistungsbeurteilungen, die zur Erstellung solcher Ranglisten herangezogen werden, in der Regel benachteiligt.[40] Eine Analyse individueller Leistungsbeurteilungen ergab, dass »Frauen mit 1,4-mal höherer Wahrscheinlichkeit kritisches subjektives Feedback erhielten (im Gegensatz zu positivem oder kritischem objektivem Feedback)«. Cecchi-Dimeglio schreibt, dass die Subjektivität von Beurteilungen sowohl geschlechtsspezifischen Vorurteilen als auch dem Confirmation Bias »Tür und Tor öffnet«, was »zu einer Doppelmoral führen kann, da eine Situation je nach Geschlecht positiv oder negativ ausgelegt werden kann«. Sie nennt ein Beispiel für eine solche Doppelmoral, die sich in der Bewertung einer Führungskraft zeigte: »[Der Manager stellt fest:] ›Heidi scheint sich kleinzumachen, wenn sie in der Nähe anderer Menschen ist, und besonders in der Nähe von Kunden muss sie mehr Selbstvertrauen entwickeln.‹ Doch ein ähnliches Problem – Selbstvertrauen bei der Arbeit mit Kunden – wurde positiv dargestellt, als ein Mann damit zu kämpfen hatte: ›Jim muss seine natürliche Fähigkeit, mit Menschen zu arbeiten, weiterentwickeln.‹ In einem anderen Fall beschrieb der Gutachter das analytische Unvermögen einer Frau, während das gleiche Verhalten bei einem männlichen Kollegen als Bedachtsamkeit gewertet wurde.«

Wenn in derartigen Systemen weniger Frauen und nichtweiße Menschen den Aufstieg bis ganz nach oben schaffen, dann bedeutet dies, dass auf der Führungsebene weniger Diversität herrscht, was wiederum Frauen und nichtweiße Menschen davon abschrecken könnte, sich bei solchen Organisationen zu bewerben. Als die Kulturprobleme bei Uber ans Tageslicht kamen, gehörte zum Kreis der eingeflogenen Retterinnen und Retter auch Bozoma Saint John, eine hoch angesehene Managerin und ehemalige Markenbetreuerin bei PepsiCo, die zuletzt als Leiterin des Bereichs Verbrauchermarketing bei Apple verantwortlich zeichnete. Schon nach einem Jahr kündigte Saint John ihre Stelle als Ubers leitende Markenverantwortliche und erklärte: »Als ich zu Uber kam, war es mir ein ehrliches Anliegen, ein Umfeld zu verändern, das ich als herausfordernd empfand, insbesondere für Frauen und nichtweiße Menschen. Doch irgendwann fühlte ich mich davon erdrückt.«[42] Wie wir in Kapitel 7 gesehen haben, wirkt sich institutionalisierter Wettbewerb überproportional stark auf Randgruppen aus, was nicht nur DEI-Bemühungen sehr erschwert, sondern sie in den Augen der Beschäftigten als geradezu heuchlerisch erscheinen lassen kann.

Ranglisten sind nicht das einzige strukturelle Element, das das Vorankommen von Frauen und nichtweißen Menschen in Geniekulturen erschwert. In einem System, das nur wenige prestigeträchtige Rollen für eine Handvoll von Superstars vorsieht, zeigen die von einem statischen Mindset geprägten Reaktionen der Menschen auf die Erfolge anderer, dass es ihnen in gewisser Weise tatsächlich an Chancen mangelt. Das Wissen, dass es im Großen und Ganzen weniger Positionen für Frauen und nichtweiße Menschen gibt, kann diesen Mindset-Trigger in Geniekulturen verstärken. Institutionalisierte Knappheit kann verinnerlicht werden, was zu unglücklichen Vorfällen führen kann – Frauen sabotieren dann andere Frauen, etwa wenn eine Vorgesetzte die Karriere weiblicher Untergebener, die sie als Bedrohung ihrer eigenen Position wahrnimmt, behindert. Die Leitungsebene kann ein solches Verhalten unterstützen, wenn sie Beschäftigte gegeneinander in Stellung bringt, ob durch individuelle Äußerungen oder ihr Verhalten oder durch formale Unternehmensregeln. Im schlimmsten Fall können solche durch ein statisches Mindset geprägten Ansätze massives ethisches Fehlverhalten zur Folge haben.

Wie Carol Dweck und ich in unseren Forschungen gezeigt haben, orientieren sich Neuankömmlinge auf einem Gebiet an den Mindset-Überzeugungen prominenter Persönlichkeiten, um herauszufinden, welche Eigenschaften dort geschätzt werden.[42] Die Analysen meines Teams belegten weiterhin, dass Studierende, deren MINT-Lehrkräfte nach ihrer Einschätzung eher Ansichten vertraten, die von einem statischen Mindset geprägt waren, weniger Interesse an einer beruflichen Laufbahn in den MINT-Fächern zeigten.[43] Nahmen sie wahr, dass die Lehrkräfte von einem dynamischen Mindset geprägte Ansichten vertraten, dann glaubten sie eher, dass eine Karriere in den MINT-Fächern es ihnen ermöglichen würde, individuelle wie auch gesellschaftlich nützliche Ziele zu erreichen. Wachstumskulturen haben Richtlinien, Verfahren und Normen, die vermitteln, dass Beschäftigte eine viel breitere Palette an Zielen erreichen können, von gemeinschaftlichen Zielen (Hilfsbereitschaft, prosoziales Verhalten und soziale Eingebundenheit) bis zu Zielen, bei denen Eigenständigkeit, Selbstbehauptung und Selbstentfaltung im Vordergrund stehen.[44] Verbundenheit und Zugehörigkeit sind Ziele, die alle verfolgen. Geniekulturen, die typischerweise von Führungskräften geleitet werden, die aus ihrem statischen Mindset heraus agieren, sind aller Wahrscheinlichkeit nach nicht nur für Frauen und nichtweiße Menschen weniger attraktiv, sondern für alle Bewerberinnen und Bewerber mit gemeinschaftlichen Zielen.

Wettbewerb ist nicht die einzige Möglichkeit, um Motivation, Wachstum und Leistung zu fördern. Wenn es um die Erfolge anderer geht, dann können wir uns selbst und unser Umfeld in Richtung unseres dynamischen Mindsets treiben, wenn wir den Erfolg einer einzelnen Person zum Erfolg der gesamten Gruppe machen und umgekehrt. Als Pierre Johnson, Max Madhere und Joseph Semien vor rund zwei Jahrzehnten an der Xavier University in New Orleans ankamen, waren sie Fremde mit zwei Gemeinsamkeiten: Sie wollten Ärzte werden, und sie waren schwarz.[45] Sie wussten auch, dass Letzteres ein gewisses Hindernis auf dem Weg zu Ersterem sein würde. Wie wir bereits gesehen haben, ist die akademische Medizin eine notorische Geniekultur, und diese Männer wussten, dass ihre Professoren in ihnen vermutlich nicht den Prototyp des erfolgreichen angehenden Mediziners erkennen würden. Das ist auch der Regelfall. Nach Auskunft der Association of American Medical Colleges (AAMC) waren 2018 nur 5 Prozent aller praktizierenden Ärzte schwarzer Hautfarbe.[46] So mussten die drei Männer nicht nur gegen die kulturell bedingte Voreingenommenheit der akademischen Medizin ankämpfen, sondern sich auch mit ihren eigenen traumatischen früheren Erfahrungen auseinandersetzen. In Johnsons Worten: »Als wir uns kennenlernten, waren wir alle klinisch depressiv.«[47] Er beschreibt, wie die drei sich zunächst über Basketball unterhielten, aber rasch etwas aneinander entdeckten. »Wir schauten uns an und sahen diese Entschlossenheit, (…) und obwohl wir damals schlechte Noten hatten, wussten wir, dass wir das Zeug dazu hatten. (…) Wir waren junge Männer mit einem Traum und der Vision, über uns hinauszuwachsen.« Daraufhin schlossen sie einen Pakt. »Wir sagten uns: ›Wir wissen nicht, was der morgige Tag bringen wird, aber wir wissen, dass wir gemeinsam vorankommen können.‹« Sie ermutigten und berieten sich gegenseitig, im Bachelor- und anschließenden Medizinstudium an verschiedenen Universitäten und bis zur ärztlichen Approbation.

Wie diese eindringliche Geschichte weiter zeigt, geschieht Folgendes, wenn wir Menschen finden, die uns in Richtung unseres dynamischen Mindsets führen: Es macht uns dann nicht nur nichts aus, wenn andere Erfolge feiern, sondern wir *wollen* sogar, dass sie es tun. Dabei handelt es sich um eine Spielart des Shalane-Effekts. Die drei erfolgreichen Ärzte investieren heute in die Karrieren zukünftiger Mediziner, indem sie einen Teil ihrer Gehälter darauf verwenden, Stipendien zu finanzieren. Semien erinnert sich an den Tag, an dem er in seinem Sprechzimmer saß, auf all seine Diplome an der Wand starrte und sich wunderte, warum er sich weniger glücklich fühlte, als er angesichts all seiner Erfolge zu diesem Zeitpunkt hätte sein müssen. »Ich musste etwas mit jemand anderem teilen; jemandem dabei helfen, meine Ziele nicht nur zu erreichen, sondern sie noch zu übertreffen« – ein wunderbares Beispiel dafür, wie gemeinschaftliche und individuelle Ziele zusammenwirken und wie die Gründung einer Bezugsgruppe mit einer Wachstumskultur dazu beitragen kann, die von einem statischen Mindset geprägten Botschaften eines vorurteilsbeladenen Systems zu überwinden. (Natürlich muss auch das System Verantwortung übernehmen und sich wandeln!) Es ist auch ein Beispiel dafür, wie eine Freundesgruppe eine Wachstums-Mikrokultur mit einem stark ausgeprägten psychologischen Sicherheitsgefühl errichten kann. Konkurrenzdruck untergräbt dieses Sicherheitsgefühl, insbesondere dort, wo es am meisten gebraucht wird, etwa in Schulen.[48]

Konkurrenzkampf im Klassenzimmer

Will eine Lehrkraft signalisieren, dass im Klassenzimmer eine Geniekultur herrscht, so gibt es kaum eine wirksamere Methode, als die Schülerinnen und Schüler anhand ihres IQ-Werts zu platzieren. Doch genau das widerfuhr Carol Dweck in ihrer Grundschule. Schon am ersten Tag wurden die Grundschulkinder durch eine Art Rangliste in ihr statisches Mindset getrieben, da niemand durch eine Versetzung in die hinterste Reihe bloßgestellt werden wollte.

Obwohl diese Praxis extrem wirken mag, setzen wir Schülerinnen und Schüler regelmäßig einer Reihe von sehr expliziten Rangsystemen aus, von offenen Rankings über Notendurchschnitte bis zu nach Leistungsniveau gestaffelten Kursen. Schon im Kindergarten beginnt oft der Andrang auf Angebote für besonders begabte Kinder, und so gibt es in den USA mittlerweile Nachhilfeanbieter, die Kinder speziell darauf schulen, bei Spielen wie »Ochs am Berg« die Konkurrenz auszustechen (manche Grundschulen setzen dieses Spiel als Teil ihres Auswahlwettbewerbs ein).[49] Besorgte Eltern, die privilegiert genug sind, um über die nötigen Ressourcen zu verfügen, investieren jede Menge Zeit und Geld in das Bemühen, ihre Kinder so früh wie möglich auf die Aufnahme in eines der Top-Colleges vorzubereiten.

Wenn die Nullsummen-Mentalität schon in der Grundschule gelehrt wird, dann ist es kein Wunder, dass so viele Studierende der Cornell University sich Poster übers Bett hängten, in denen sie sich selbst dafür rügten, zu schlafen, während »jemand anders an dir vorbeizieht«. Das Bedürfnis nach sozialem Vergleich war zu diesem Zeitpunkt schon so tief in ihnen verankert, dass es ihnen schwerfiel, die Welt mit anderen Augen zu sehen. Solche Poster und eine von Wettbewerb geprägte Atmosphäre mögen von einigen als gesunde Motivationsform betrachtet werden. Doch wenn dem eine Weltanschauung zugrunde liegt, die Erfolge als Nullsummenspiel betrachtet, kann das unglückliche oder auch tragische Folgen haben, die vom Horten von Wissen bis hin zu Selbstmord reichen.[50]

Mithilfe einer massiven Kampagne versuchte Cornell, die Mindsets ihrer Studierenden unter anderem hinsichtlich ihrer Betrachtung von Wettbewerb und Erfolg neu auszurichten.[51] In diese Kampagne waren CAPS und ihre hoch angesehene Abteilung für Gesundheitsvorsorge nebst einigen Lehrkräften und Studierenden eingebunden. Sie zielte auch darauf ab, die Studierenden auf die Notwendigkeit und den Nutzen ausreichenden Schlafs hinzuweisen und sie aufzufordern, auch auf ihre psychische Verfassung zu achten. Darüber hinaus sollte das Bitten um Hilfe entstigmatisiert werden. Cornell hat erfolgreich virale Momente rund um gemeinschaftsorientierte universitätsweite Kampagnen geschaffen, die soziale Verbundenheit statt sozialen Vergleichs fördern. Diese Kampagnen treiben die Studierenden in Richtung ihres dynamischen Mindsets und weg von statischen Überzeugungen darüber, was es bedeutet, ein erfolgreicher Student oder eine erfolgreiche Studentin zu sein.

Psychische Probleme sind selbstverständlich nicht nur an der Cornell University anzutreffen. Statistiken der National Alliance on Mental Illness zufolge fühlen sich 80 Prozent aller Studierenden von ihren universitären Pflichten überfordert; 50 Prozent beschreiben ihre psychische Verfassung als schlecht oder als unterdurchschnittlich; und 40 Prozent nehmen keine Hilfsangebote an.[52] Wie Reuters außerdem berichtet, stieg die Quote der Studierenden an US-Colleges, die unter einer schweren Depression litten, zwischen 2013 und 2018 von 9,4 Prozent auf 21,1 Prozent.[53] Obwohl viele verschiedene Faktoren für diese Zahlen verantwortlich sind, spielt die alles durchsetzende Geniekultur mit ihrer engen Wahrnehmung möglicher Erfolgsrezepte und der Nabelschau, die sie auslöst, zweifellos eine wichtige Rolle. Wenn es um sozialen Vergleich insbesondere unter jungen Menschen geht, dürfen wir zudem nicht die Rolle von Einflussfaktoren übersehen, die nicht nur an Universitäten wirken.

Wohl nichts befeuert soziale Vergleiche stärker als die sozialen Medien, die auf jedem Campus und vermutlich auch in jedem Klassenzimmer und Schlafsaal weltweit anzutreffen sind. Fast die Hälfte der Weltbevölkerung nutzt soziale Medien, und zwar durchschnittlich zwei Stunden und 22 Minuten pro Tag (Stand 2023).[54] Wie der Dokumentarfilm *Das Dilemma mit den sozialen Medien* in erschreckender Weise zeigt, kann das Bedürfnis, sich ständig zu vergleichen, in eine Sucht ausarten, wo man kein klares Selbstbild mehr hat, sondern sich nur noch im Vergleich mit anderen definiert.[55] Ironischerweise messen wir uns dabei nicht an der Realität, sondern an hoch kuratierten Präsentationen – wir messen also unseren eigenen Erfolg und unseren Selbstwert an dem, was andere uns über sich glauben machen möchten. Eine Situation, die dem Stanford-Duck-Syndrom ähnelt: performativ, verwirrend und erschöpfend. Viele Wissenschaftler glauben, dass sozialer Vergleich das Selbstwertgefühl theoretisch steigern kann (man muss nur das Gefühl haben, dabei gut abzuschneiden). Die Forschung belegt jedoch, dass häufige Vergleiche eher Neid, Schuldgefühle, Reue und ein defensives Verhalten fördern, ebenso häufiges Lügen und Beschuldigen anderer Menschen.[56]

Wie die Forschungsarbeiten meines Teams bezüglich des Mindsets von Professorinnen und Professoren zeigen, können Lehrkräfte einen überdimensionalen Einfluss auf die Mindsets und die Leistungen der Studierenden haben, denn schließlich entscheiden sie darüber, welche Kultur in ihren Lehrveranstaltungen herrscht.[57] Campus-weite Kampagnen sind äußerst sinnvoll, da sie die Mindset-Kultur einer Institution vermitteln, doch direktere und oft auch wirksamere Interventionen sind auf interpersoneller Ebene möglich, also im Hörsaal (wie auch zwischen Führungskraft und Mitarbeitenden in einem Unternehmen). Erinnern wir uns an den Kulturzyklus: Jede Art von Veränderung – auf gesellschaftlicher, institutioneller, interpersoneller und individueller Ebene – wirkt sich auf andere Menschen aus und erschafft eine erfolgreichere Mindset-Kultur.

Klassische Musik ist ein notorisch konkurrenzbetontes Gebiet, und dennoch bemüht sich einer der größten Geiger aller Zeiten, sich der vorherrschenden Mindset-Kultur bei seinen Schülerinnen und Schülern zu widersetzen. In der Filmbiografie *Itzhak Perlman – Ein Leben für die Musik* sagt Perlman, er und seine Frau Toby, mit der er zusammen das Perlman Music Program betreibt, erhielten oft Anfragen von Medien, die ihn beim Unterrichten eines seiner »besten Schüler« beobachten wollten. »Wir stimmen dem nie zu, denn wir glauben, dass es so etwas wie den besten Schüler nicht gibt«, sagt Perlman. Seine Frau ergänzt »Jedes Kind entwickelt sich in seinem eigenen Tempo. Sie kommen aus diesen Wettbewerbssituationen zu uns, und wir sind das genaue Gegenteil.«[58] Toby gründete das von Itzhak geleitete Perlman Music Program mit dem Ziel, eine Alternative »zu der Konkurrenzsituation und der Vereinsamung [zu schaffen], mit denen außergewöhnliche junge Künstlerinnen und Künstler bei der Ausübung ihrer Kunst oft kämpfen müssen«. Das Programm möchte sie in einer Umgebung fördern, in der »Verbundenheit vor Konkurrenzdenken steht«.[59]

Itzhak beschreibt die frühen Jahre seiner eigenen musikalischen Ausbildung als »Höllendreieck« – sein Lehrer übte Druck auf seine Eltern aus, diese wiederum auf ihn, und auch sein Lehrer bedrängte ihn unmittelbar. Seine Eltern verglichen ihn oft mit anderen jungen Musikern und sagten ihm, dass er nicht ehrgeizig genug sei.[60] Von seinem Lehrer hörte er: »Tu, was ich dir sage, dann wirst du sehr gut spielen.« Als er sein Studium an der Juilliard School aufnahm, war Itzhak schockiert, als seine Lehrerin Dorothy DeLay ihn fragte, was er über seine eigene Darbietung denke, womit sie ihn zu einem offeneren und selbstreflektierenden Lernprozess ermutigte. Anfangs löste das bei ihm ein Unbehagen aus; er wollte, dass man ihm Anweisungen gab. Heute unterrichtet er selbst im Stil von DeLay. So spielt er in seinen Meisterklassen selten etwas vor, weil er weiß, dass viele Schülerinnen und Schüler so gute Ohren haben, dass sie einfach nur versuchen würden, ihn zu imitieren. »Ich möchte, dass sie beim Spielen immer sie selbst sind, denn dann können sie von sich behaupten, dass sie es herausgefunden haben«, sagt er. Ein Konzert zu spielen mag sich nach etwas anhören, das man richtig oder falsch machen kann, aber zwei Violinisten können dasselbe Stück sehr unterschiedlich interpretieren und verschiedene Fingersätze und Bogenstriche verwenden. Dabei kann man sehr kreativ sein, und genau dies möchten die Perlmans fördern: von anderen zu lernen und dabei auf ganz individuelle Weise voranzuschreiten und sich zu entwickeln.

Wenn wir uns nicht mehr auf unsere eigenen Ziele konzentrieren und uns stattdessen vom Erfolg anderer in unser statisches Mindset hineintreiben lassen, dann versteifen wir uns auf die Vorstellung, dass die Erfolge anderer Menschen unsere eigenen Erfolgsaussichten mindern. Die Einsätze werden höher und scheinen unserem Einfluss oft entzogen. Und das spielt sich nicht nur in unseren Köpfen ab; vielmehr kann unser Körper diesen Zustand sowohl widerspiegeln als auch verstärken, wie die Forschung zeigt.

Herausforderungen versus Bedrohungen

Die Sozialpsychophysiologen Jim Blascovich und Wendy Berry Mendes haben untersucht, wie wir Stressoren in unserer Umgebung bewerten. Wie sie erläutern, handelt es sich bei Herausforderungs-

und Bedrohungszuständen um ein komplexes Zusammenspiel, an dem nicht nur kognitive und emotionale, sondern auch physiologische Prozesse beteiligt sind: Bedrohungen und Herausforderungen sind demnach nicht nur mentale oder emotionale, sondern auch körperliche Zustände.

Bedrohungs- und Herausforderungszustände spielen eine Rolle, wenn wir uns in einer Situation befinden, in der wir damit rechnen, etwas leisten zu müssen und dafür bewertet zu werten (was Selbstbeurteilungen einschließt), und in der unsere Leistung für unsere Ziele relevant ist. Mit anderen Worten: in einer Situation, in der wir glauben, dass man uns aufgrund dieser Leistung beurteilen wird. In solchen Situationen nehmen wir uns selbst und die Situation in einer Weise wahr, die uns bisweilen selbst nicht bewusst ist. Dabei schätzen wir ab, was die Situation erfordert und welche Ressourcen uns zur Verfügung stehen, um diesen Erfordernissen gerecht zu werden – welche Gefahren, Unsicherheiten oder Leistungsanforderungen die Situation bereithält und welche Ressourcen, Kenntnisse und Fähigkeiten wir haben, um dem zu begegnen. Im Grunde handelt es sich um eine zweistufige Einschätzung: Was wird hier gefordert, und habe ich die nötigen Ressourcen, um dieser Anforderung wirksam zu begegnen? Vermuten wir, dass unsere Ressourcen ausreichen, um gute Leistungen zu erbringen, auch wenn wir uns dafür ein wenig anstrengen müssen, dann begeben wir uns in einen *Herausforderungszustand.* Übersteigt die Anforderung gemäß unserer Einschätzung unser Vermögen, ihr zu begegnen, dann treten wir in einen *Bedrohungszustand* ein. Wenn wir uns in unserem statischen Mindset befinden, dann steigt die Wahrscheinlichkeit für Letzteres deutlich.[61]

Auf die Erfolge anderer können wir mit einem Herausforderungs- oder einem Bedrohungszustand reagieren. Glauben wir, dass wir Ähnliches erreichen können und aus dem Erfolg der anderen Person sogar etwas lernen können, so landen wir in einem Herausforderungszustand. Vielleicht kostet es uns ein wenig Anstrengung, aber es ist eine Anforderung, die wir glauben, erfüllen zu können.

Befinden wir uns in unserem statischen Mindset und glauben, dass der Erfolg einer anderen Person es uns erschwert oder unmöglich macht, Ähnliches zu schaffen, oder dass diese Person über angeborene Talente und Fähigkeiten verfügt, die wir nicht haben und auch nicht entwickeln können, dann landen wir in einem Bedrohungszustand. Glücklicherweise gibt es einige Instrumente, mit denen wir dieser Herausforderung begegnen können.

Erfolge anderer als Inspiration statt als Ärgernis betrachten: eine Anleitung

Wenn unser Freundfeind die Auszeichnung erhält, reagieren wir vielleicht mit einem »Gut gemacht!«, während wir die Fäuste in der Hosentasche ballen. Die gute Nachricht lautet, dass wir nicht in diesem Zustand bleiben müssen, und mit ein wenig Praxis gelingt es uns, verlässlicher in unser dynamisches Mindset zu gelangen, wo wir bedächtig unsere nächsten Schritte formulieren können.

Denken Sie daran, wie groß Sie eigentlich sind

Sie sind größer als Ihre kleinstmögliche Reaktion auf den Erfolg anderer Menschen, und wenn Sie sich ermahnen, daran zu denken, dann hilft Ihnen das, sich in Richtung Ihres dynamischen Mindsets zu bewegen. Weiter oben habe ich den Prozess der Selbstbestätigung beschrieben. Er ist hilfreich, um von einem Bedrohungs- auf einen Herausforderungszustand umzuschwenken – wir erinnern uns selbst daran, wie groß und facettenreich wir eigentlich sind und wie viele interpersonelle Ressourcen wir besitzen. Ich bin nicht nur eine Wissenschaftlerin oder eine Ehefrau oder eine Hundeliebhaberin oder eine lustige Tante oder ein Fan von Tex-Mex-Gerichten, sondern alles gleichzeitig, und auch Sie sind unglaublich facettenreich. Wenn wir den Blick darauf richten, wie vielseitig wir sind – wie viele wertvolle Identitäten wir haben –, dann hilft das, den Anteil unseres Selbst zu reduzieren, der sich von den Erfolgen anderer bedroht fühlt. Wenn ich mich nahezu ausschließlich als Wissenschaftlerin begreife und mein nächster Forschungsantrag abgelehnt wird, dann kann sich das so anfühlen, als seien 90 Prozent von mir bedroht. Weite ich aber den Ausblick und berücksichtige ich alle meine verschiedenen Rollen, dann schrumpft dieser Prozentsatz erheblich und verschafft mir den nötigen Freiraum, um die Situation neu bewerten zu können. Und wenn ich schon gerade dabei bin, kann ich mich außerdem daran gemahnen, dass Herausforderungen und das Verlassen der eigenen Komfortzone einen klüger machen.

Einen zusätzlichen Schub können wir erhalten, wenn wir an Ressourcen denken, die uns in der Vergangenheit geholfen haben, Bedrohungen aufgrund eines statischen Mindsets abzuwenden. Auch unsere Bezugsgruppe könnte uns helfen. Als der Forscherin Ellen Daniell eine Festanstellung verweigert wurde – eine Entscheidung, die ihren Arbeitsvertrag an ihrer Universität faktisch beendete –, war sie am Boden zerstört.[62] Zum Glück bestand ihre Gruppe aus sechs weiteren Forscherinnen, die einen Selbstbestätigungsprozess mit ihr unternahmen. Dieser half ihr, ihre anderen Rollen zu erkennen und die Techniken und Erkenntnisse zu nutzen, die ihr ihre Kolleginnen anbieten konnten, um ihre aktuelle Situation zu bewältigen. Daniell ging es nach diesem Treffen nicht wie von Zauberhand plötzlich gut, aber sie fühlte sich nun mit Ressourcen ausgestattet und konnte dadurch von einem Bedrohungs- in einen Herausforderungszustand umschalten.[63]

Selbstbestätigung kann auch die Form annehmen, sich gegen etwas zur Wehr zu setzen. Bozoma Saint John sorgte bei Pepsi für reichlich Furore, als sie das Unternehmen überredete, eine Senkrechtstarterin namens Beyoncé Knowles (vielleicht sagt Ihnen der Name etwas) als Markenbotschafterin anzuwerben.[64] Anschließend arbeitete sie mit der Sängerin an ihrer »kulturdefinierenden« Halbzeitshow beim Super Bowl von 2013, dem Meisterschaftsendspiel der National Football League. Doch später im gleichen Jahr bekam sie von ihrem Vorgesetzten im Jahresgespräch zu hören, sie »lande nicht genug Treffer«. (Ich weiß nicht, was Sie darüber denken, aber wenn diese zwei Leistungen keine Treffer darstellen, dann wüsste ich gern, was man tun muss, um von diesem Chef eine positive Beurteilung zu erhalten.) Angesichts einer Situation, bei der viele von uns in Tränen ausgebrochen wären, betrat Saint John ein Sportgeschäft und kaufte sich einen Baseballschläger – nicht, um die Scheiben des Autos ihres Vorgesetzten einzuschlagen, sondern als Mittel der Selbstbestätigung. »Ich habe mir einen Louisville Slugger gekauft. Ich wollte ihn mir ins Büro stellen, um mich daran zu erinnern, dass ich durchaus Treffer lande. [Und wenn das passiert,] werde ich mich selbst bejubeln.« Wenn unsere Leistungen auf ungerechte Weise mit denjenigen anderer verglichen werden, können wir uns für uns selbst einsetzen, mit Worten oder auf symbolische Weise.

Beachten Sie den Akteur-Beobachter-Effekt

Wenn wir erleben, dass jemand anders einen Erfolg feiert, ist das so, als säßen wir im Theaterpublikum, während die andere Person auf der Bühne steht. Befinden wir uns in unserem statischen Mindset, dann reden wir uns ein, dass sie mit einem besonderen Talent geboren sein muss und dass ein Hauch von Magie ihren Erfolg umweht. In der Sozialpsychologie wird das als Attributionsfehler bezeichnet; konkret handelt es sich hier um die sogenannte *Akteur-Beobachter-Asymmetrie.*[65] Wenn wir der Akteur sind – also die erfolgreiche Person –, dann haben wir eine gute Vorstellung davon, auf welchem Weg wir dorthin gelangt sind. Wir wissen, wie viele Menschen und welche Umstände uns beeinflusst haben, wer uns geholfen hat, welche Entscheidungen wir getroffen, welche Hindernisse wir überwunden haben und wie viel Aufwand es uns gekostet hat. Der Erfolg des Akteurs erscheint uns hingegen magisch oder in anderer Weise unerreichbar, wenn wir uns in der Beobachterrolle befinden.

Eine Möglichkeit, diese Betrachtungsweise zu wenden, besteht darin, uns nicht auf das Ergebnis, sondern auf die Wegstrecke zu konzentrieren, die der Akteur genommen hat – insbesondere auf die Herausforderungen, denn diese versprechen den größten Erkenntnisgewinn. Es ist hilfreich, die Entstehungsgeschichte des Mythos zu betrachten. Es ist eine Sache, zu glauben: »Sie hat mythische Kräfte, die sie von ihren Ahnen geerbt hat – sie wurde als besonderer Mensch geboren«, aber eine andere, ihren Weg zu erkennen. »Oha, sie hat tatsächlich ihr ganzes Leben lang für diese Rolle geübt und musste dann ihren Lernerfolg in verschiedenen Kontexten beweisen und sogar um ihre Position kämpfen, und dann verlor sie diese und musste sie sich zurückerobern! Woher nahm sie die Kraft, das zu schaffen? Mit welchen Hilfsmitteln?« Jeder erfolgreiche Mensch hat seine eigene Entwicklungsgeschichte, und oft kann man daraus viele Schlüsse darüber ziehen, wie man selbst erfolgreich sein könnte, insbesondere, wenn Herausforderungen und Anstrengungen Teil dieser Geschichte waren.

Es ist zwar begrüßenswert, wenn Einzelne die Initiative ergreifen, solche Erfolgsgeschichten auf mögliche Erkenntnisse abzuklopfen, aber die Bürde sollte nicht allein auf den Schultern der Beschäftigten lasten. Vielmehr sollte diese Herangehensweise in die Arbeitsplatzkultur integriert werden. So könnten wir eine mittägliche Vortragsreihe organisieren, wo Menschen ihren eigenen Weg beschreiben und vielleicht auch Fragen beantworten. In einem Podcast namens *Teamistry* nutzt Atlassian die Technik des Geschichtenerzählens, um beispielhaft die Erfolgsgeschichte großartiger Teams aufzuzeigen.[66] Dabei wird auch erwähnt, welche Herausforderungen sie meistern mussten und welche Fehler unterwegs gemacht wurden. Itzhak Perlman fragt seine Schülerinnen und Schüler regelmäßig, womit sie gerade kämpfen – wohlgemerkt nicht, *ob* sie mit etwas kämpfen, sondern *womit* –, und normalisiert damit Anstrengungen.[67] Dann erzählt er von seinen eigenen Herausforderungen und wie er sie bestand (wobei er auch erwähnt, womit er noch immer kämpft) und fordert seine Schülerinnen und Schüler auf, ihre eigenen Lösungsstrategien zu entwickeln. All dies unterstreicht eine wichtige Erkenntnis: Die Erfolge anderer nutzen auch uns.

Eine andere Möglichkeit für Unternehmen, das Teilen von Erfahrungen zu normalisieren, ist die Einführung eines Mentorenprogramms oder eine andere Form der durchdachten Zusammenstellung von Gruppen mit dem Ziel, Wissen auszutauschen. In meiner Arbeit mit Shell entdeckten wir durch unsere Datenanalyse ein Team, das eine beeindruckende Wachstumskultur errichtet hatte. Überraschenderweise handelte es sich um ein Team, das ausschließlich aus Projektleiterinnen und -leitern bestand, die jeweils unterschiedlichen Teams angehörten. Da die Gruppenmitglieder abgesehen von ihren Rollen keinerlei Überschneidungen hatten, bestand keine Konkurrenz, sodass sie besonders unbefangen ihre Herausforderungen und die Lösungsstrategien, die ihnen in der Vergangenheit geholfen hatten, miteinander teilten.

Erkennen Sie den Wert der Erfolge anderer

In den Worten von Simon Sinek ist ein würdiger Gegner jemand, der einen nicht nur dazu inspiriert, sich weiter zu verbessern (anstatt dass man ihn vernichten möchte), sondern der einem auch *dabei hilft*, weil er besser auf einem Gebiet ist, auf dem man selbst noch Schwächen hat.[68] Wie im Falle von Evert und Navratilova hilft einem ein würdiger Gegner, zu erkennen, wo man sich noch verbessern kann, und zeigt einem auch den Weg dorthin auf. Beachten Sie wiederum, dass das Konzept des würdigen Gegners zwar auf eine Konkurrenzsituation hindeutet, es aber im Kern nicht darum geht, den anderen zu übertreffen, sondern selbst besser zu werden.

Ich habe im Zuge meiner Arbeit selbst etliche würdige Gegner gehabt. Viele davon sind zu guten Freunden geworden – wie wir gesehen haben, muss beides einander nicht ausschließen. Im Promotionsstudium tat ich mich damit allerdings etwas schwer, und so geht es vielen (vielleicht den meisten) in der akademischen Welt. Wenn man kurz vor dem Abschluss steht und auf dem Sprung ins Berufsleben ist, dann ist man sich der begrenzten Anzahl von Arbeitsplätzen in dieser Welt sehr bewusst, und das kann einen

Schatten auf persönliche Beziehungen werfen. Heute betreue ich immer zwei oder drei Postdoktoranden gleichzeitig, sodass sie eine kleine Bezugsgruppe haben, und unweigerlich entstehen daraus enge Freundschaften. Doch wenn ihre Bewerbungsphase ansteht, meldet sich bisweilen ihr statisches Mindset und Spannungen entstehen, da sie alle Empfehlungsschreiben benötigen, manchmal auch für dieselbe Position.

Zum Glück verstehe ich das, und da ich meinen Job nun schon seit geraumer Zeit ausübe, kann ich ihnen ein paar Einsichten vermitteln, die ihnen dabei helfen, in ihr dynamisches Mindset zurückzufinden. So ermutige ich sie, miteinander über diese unangenehme Situation zu sprechen, um ihre Gefühle zu normalisieren und ihre Perspektive zu erweitern. Wir sprechen über die langfristigen Vorteile, die damit verbunden sind, dass man Freunde sowie enge Kolleginnen und Kollegen im eigenen Berufsfeld hat. Es ist schwer, in der akademischen Welt erfolgreich zu sein, wenn man der einzige Mensch ist, der etwas untersucht. Wer sich in einer so kleinen Nische bewegt, dass es keine Bezugspunkte zur Arbeit anderer gibt, hat ein Problem. Es ist wichtig, dass die eigenen Ideen von anderen aufgegriffen werden – zum einen, um ihre Reichweite zu erhöhen, und zum anderen, damit sie weiterentwickelt und in Richtungen erweitert werden, an die man selbst nie gedacht hätte. Wenn wir im Übrigen zulassen, dass eine Bedrohungswahrnehmung unsere Beziehungen schon früh vergiftet, werden wir später keine produktiven und kollegialen Beziehungen mehr haben. Das erschwert es uns nicht nur, erfolgreich zu sein, sondern beeinträchtigt auch unsere Lebensqualität. Wenn Sie selbst andere Menschen ermutigen wollen, könnten Sie sogar die Geschichte von Des Linden und dem Shalane-Effekt erzählen, um zu illustrieren, dass jeder erfolgreich sein kann und dass die Chance dafür steigt, wenn wir aus unserem dynamischen Mindset heraus handeln.

Erkennen Sie, wenn Ihr Erfolg andere in Richtung ihres statischen Mindsets treibt

Vielleicht kommt Ihnen diese Situation bekannt vor: Ein Freund oder eine Kollegin verhält sich seltsam distanziert, nachdem Sie befördert wurden. Manchmal wirkt unser eigener Erfolg auf andere als Mindset-Trigger. Um die besten und erfolgreichsten Teams aufzubauen, sollten wir uns daran erinnern, dass Teams durch Zusammenarbeit funktionieren und Zusammenarbeit auf Beziehungen gründet. Was also tun, wenn es unser Erfolg ist, der andere in ihr starres Mindset treibt? Es wäre ein Fehler, die eigenen Leistungen herunterzuspielen. Insbesondere Frauen stehen oft unter sozialem Druck, dies zu tun, und das wirkt sich negativ auf ihr Fortkommen aus.[69]

Wenn wir selbst die Quelle von Neid sind, hilft es, sich an den Akteur-Beobachter-Effekt zu erinnern: Andere kennen unseren Weg nicht und haben daher vermutlich eine falsche Vorstellung von dem Aufwand, den wir betrieben haben, um unseren Erfolg zu erzielen. Wir können aber Abhilfe schaffen, indem wir über unsere Erfahrungen sprechen, sei es in einem formalen Rahmen oder informell. Wir können uns einem Kollegen oder einer Kollegin als Mentor oder Mentorin anbieten. Wir können vorschlagen, einen Vortrag zu halten. Wenn wir eine große Sichtbarkeit haben, können wir in Interviews über unseren Weg sprechen. In informelleren Situationen können wir andere an unsere Fehltritte erinnern: »Weißt du noch, wie mir seinerzeit eine unbefristete Anstellung verweigert wurde? Ich war damals so froh, dass andere mir dabei geholfen haben, meine Möglichkeiten zu erkennen, mich neu aufzustellen und strategisch vorzugehen. Wenn ich das nicht getan hätte, wäre ich wohl nicht in die Privatwirtschaft gewechselt und wäre niemals Vice President geworden.« Damit entschärft man nicht nur den Trigger, sondern bringt auch andere voran, ähnlich wie die drei weiter oben erwähnten Ärzte, die sich für das Gemeinwohl einsetzen, indem sie anderen aufstrebenden Medizinern einen Erfolgsweg aufzeigen.

Fragen zur Vertiefung

- Wenn sich Ihr Körper wieder einmal verkrampft, weil Ihr würdiger Gegner gelobt wird, und Sie merken, dass Sie in dieses Nullsummen- und Knappheits-Mindset hineinrutschen, dann notieren Sie sich, welche kleine oder große Hilfe diese und ähnliche Personen Ihnen angeboten haben, um zu dem Menschen zu werden, der Sie heute sind. Spüren Sie, wie sich die Spannung abbaut und die Dankbarkeit wächst. Jetzt, wo das Verbundenheitsgefühl mit dieser Person zurückgekehrt ist, können Sie ihr sagen, womit sie Sie inspiriert hat? Können Sie etwas Zeit investieren, um sie als ganzen Menschen kennenzulernen? Wenn Sie das tun, lösen Sie das Trennende, das das statische Mindset bewirkt, wieder auf.
- Führen Sie ein Hinweis-Audit durch, das sich auf Ihre eigenen Belobigungsrituale und die Ihres Teams konzentriert. Könnten diese Rituale unabsichtlich Menschen in Richtung ihres statischen Mindsets treiben? Was könnte man tun, um den Schalter in Richtung Wachstum umzulegen? Wie können die erfolgsentscheidenden Lernprozesse und Strategien so herausgestellt werden, dass alle gestärkt werden?
- Eine weitere Aktivität, die Sie gemeinsam mit Ihrer auf Wachstum ausgerichteten Bezugsgruppe unternehmen können, besteht darin, Erfolgsgeschichten anderer Menschen auszutauschen, die Sie inspiriert haben. Betrachten Sie gemeinsam ein ausgewähltes Beispiel (am besten bei einer Runde leckerer Snacks) und sprechen Sie eine Weile darüber, wie diese Erfolge zustande kamen. Lassen sich daraus vielleicht Strategien ableiten, die Sie selbst verfolgen können, um Ihre Ziele zu erreichen?

AUSKLANG

Wir haben es geschafft! Unsere Reise ist zu Ende, jedenfalls, was dieses Buch anbelangt. Doch die Aufbauarbeit beginnt erst. Wie ich versucht habe zu zeigen, muss glücklicherweise niemand diese Aufgabe allein bewältigen, das wäre auch gar nicht möglich. Das wahre Potenzial von Mindsets zu erschließen und so die Art und Weise zu verändern, wie wir zusammen leben und arbeiten, ist nur in einer gemeinsamen Anstrengung möglich. Es kann mit Ihnen beginnen und von dort aus auf die Teams und Organisationen ausstrahlen, deren Mitglied Sie sind – sei es am Arbeitsplatz, in Schulen und Universitäten, in Sportmannschaften, Glaubensgemeinschaften, in Familien oder anderswo.

»Mal ehrlich«, werden Sie jetzt vielleicht sagen, »wie wahrscheinlich ist es, dass das wirklich passiert?«

Nun, betrachten wir ein Beispiel. In den 1950er-Jahren wollte eine Gruppe von Wissenschaftlerinnen und Wissenschaftlern untersuchen, wie sich bei Affen ein erlerntes Verhalten verbreitet und innerhalb einer kulturellen Gruppe zur Norm wird.[1] Sie fanden eine zu Japan gehörende entlegene subtropische Insel, wo die heimischen Affen seit Generationen kaum Kontakt zu Menschen gehabt hatten. Die Forschungsgruppe verstreute dort am Strand Kartoffeln (ein noch unbekannter Leckerbissen!). Doch die Affen hielten sich nicht oft am Strand auf; sie bevorzugten den angrenzenden Dschungel. Als sie schließlich doch einmal an den Strand kamen und die Kartoffeln entdeckten, hielten sie sie für ungenießbar, da sie mit Sand bedeckt waren. Doch eines Tages fand ein Affenweibchen, das die Forschungsgruppe später Imo nannte (das japanische Wort für »Kartoffel«), eine Lösung: Es hob eine Kartoffel auf und tauchte sie ins Meer. Danach rieb es sie langsam ab, und als die Kartoffel schließlich frei von Sand war, biss es fröhlich hinein. Die Jungaffen beobachteten Imo neugierig (und waren vermutlich mehr als nur ein wenig neidisch angesichts des Leckerbissens, den sie verspeiste). Nachdem sie sie eine Weile beobachtet hatten, begannen sie, ihr Verhalten nachzuahmen; sie säuberten und verspeisten ihre eigenen Kartoffeln. Schließlich zogen auch die älteren, zögerlicheren Affen nach. Innerhalb weniger Monate hatte diese Gruppe von Affen nicht nur gelernt, wie man Kartoffeln reinigt, sondern das Verhalten war auch von den benachbarten Affenkolonien übernommen wurden. Es war das Affen-Pendant eines viral gegangenen TikTok-Tanzes.

So verbreiten sich Innovationen in Wachstumskulturen. Natürlich halten Affen nicht unbedingt viel von dynamischen Mindsets – jedenfalls weniger als Menschen. Aber sie belasten sich auch nicht mit den selbstbegrenzenden Überzeugungen eines statischen Mindsets. Wachstumskulturen bieten von Natur aus Lernchancen und ermöglichen funktionelle Anpassung, und diese Offenheit für Veränderungen ebnet Strategien den Weg durch die Kultur, um so das große Ganze zu verbessern. Ich möchte damit nicht behaupten, dass es Menschen in Wachstumskulturen leichtfällt, Veränderungen durchzusetzen – ganz im Gegenteil –, aber diese Veränderungen sind greifbarer. Es ist leichter, über Alternativen nachzudenken, wenn man die Grundüberzeugung hegt, dass Lernen und Wachstum möglich sind. Dass die Fähigkeit, uns zu entwickeln und unser Können zu erweitern, in uns allen angelegt ist.

Ein Nachtrag zu Imo: Während ihres gesamten Lebens leistete sie weitere Pionierarbeit für ihre Bande. So entdeckte sie, dass Weizen, den man ins Wasser taucht, an die Oberfläche treibt und dann ebenso frei von Sand ist. Dieses Prinzip wurde auch von anderen Affenkolonien auf der Insel übernommen. Und so setzte sich der Innovationszyklus fort, ganz unbehindert von einem starren Mindset.

Organisationale Mindsets sind so wirkmächtig, weil sie die Art und Weise prägen, wie wir unsere Umwelt interpretieren und begreifen. Sie können unsere Ziele, Ansichten und Verhaltensweisen in Einklang bringen. Deshalb haben sie so enorme und bleibende Auswirkungen auf so viele unterschiedliche Verhaltensweisen und Ergebnisse in so unterschiedlichen »Organisationen«. Um es noch einmal zu wiederholen: Sobald zwei oder mehr Menschen eine Gruppe bilden, sind Mindset-Kulturen im Spiel. Will man eine solche Kultur verändern, muss man sie daher von der Wurzel her durchleuchten. Man muss die Richtlinien und Praktiken untersuchen, ebenso die Botschaften, die die Leitungsebene vermittelt, und anderes mehr, und all dies unter der Fragestellung betrachten, welche Mindset-Kultur sie errichten. Wenn wir möchten, dass unsere Organisationen geschlossener, erfolgreicher, innovativer und diverser werden und eine breite und nachhaltige Wirkung erzielen, muss ein Kulturwandel ganz oben auf der Tagesordnung stehen.

Wie gesagt, das ist keine leichte Aufgabe. Das Konzept des dynamischen Mindsets ist relativ leicht zu verstehen, aber seine praktische Umsetzung und Vermittlung in allen Teilen einer Organisation ist eine herausfordernde Aufgabe, die womöglich nur gelingt, wenn man mit Expertinnen und Experten für einen Kulturwandel zusammenarbeitet. Wenn Sie sich derzeit eher in einer Geniekultur befinden, dann geben Sie nicht auf. Das Schöne an Kulturen ist, dass sie in einem ständigen Wandel begriffen sind: Es ist also möglich, eine Mindset-Kultur zu verändern. Beginnen Sie mit einigen der Strategien, die ich Ihnen hier vorgestellt habe. Und wenn Sie sich bereits in einer ausgeprägten Wachstumskultur befinden (herzlichen Glückwünsch!), dann denken Sie daran, dass diese nicht das Endstadium darstellt, sondern dass sie kontinuierlich gepflegt werden muss. Die Beispiele in diesem Buch sind demnach auch Schnappschüsse dieser Kulturen, so wie sie sich zum Zeitpunkt der Abfassung dieses Textes darstellten; sie bedeuten nicht, dass diese Musterbeispiele von Wachstums- oder Geniekulturen unveränderlich sind. Starke Wachstumskulturen aufzubauen und aufrechtzuerhalten erfordert Aufmerksamkeit, Ressourcen und jahrelange konsequente Bemühungen – sowie eine Bereitschaft, den laufenden Kulturwandel zu begleiten.

Doch es lohnt sich in jeder Hinsicht. Insbesondere, wenn man die Maximierung nicht nur des menschlichen Produktionspotenzials, sondern vor allem auch des menschlichen Potenzials, dem Leben einen Sinn und Zweck zu geben, anstrebt.

Jeder Mensch ist ein *Kulturerschaffer*. Sie haben die Macht, Ihr eigenes Mindset zu formen und anderen bei der gleichen Aufgabe zu helfen. Sie können herausfinden, was Sie und die Menschen, mit denen Sie verkehren, in ihr statisches oder dynamisches Mindset treibt, und Strategien nutzen, die Ihnen dabei helfen, sich öfter in Ihrem dynamischen Mindset aufzuhalten. Wenn Sie dies tun, dann werden Sie zu einer modernen, menschlichen Ausgabe von Imo; Sie zeigen dann anderen, wie es geht. Und ermöglichen es auf diese Weise uns allen, uns im besten Licht zu präsentieren. Denken Sie außerdem daran, dass Sie auch die entgegengesetzte Wirkung haben könnten. (Das richtet sich insbesondere an Sie, verehrte Führungskraft.) Wenn Sie bei Ihren Interaktionen mit anderen überwiegend Ihr statisches Mindset verkörpern, dann ermutigen Sie andere, ebenso zu denken und sich ebenso zu verhalten. Jeder von uns hat die Macht, einen bestimmten Ton anzuschlagen, und es liegt an uns, darauf zu achten, welcher das ist.

Wenn wir Menschen mitnehmen und Gelegenheiten schaffen, Wachstum zu verkörpern, dann verstärken wir diesen Ton. Suchen Sie sich also eine passende Bezugsgruppe, arbeiten Sie als Team, und errichten Sie Ihre eigenen Wachstums-Mikrokulturen. Gehen Sie dann mit gutem Beispiel voran und schauen Sie zu, wie diese Kulturen sich ausbreiten. Denken Sie daran: Ein kleiner Schritt, eine einzige Innovation kann genügen, um ein starkes Momentum in Richtung einer Wachstumskultur auszulösen.

Ich hoffe, dass dieses Buch Sie dazu inspiriert hat, diesen Weg anzutreten, und dass die Geschichten, Instrumente und Ressourcen auf diesen Seiten Sie dabei unterstützen werden. Bitte betrachten Sie mich als Mitglied Ihrer Bezugsgruppe und lassen Sie mich wissen, wie Sie vorankommen! Ganz nach Art eines dynamischen Mindsets freue ich mich auf Ihr Feedback und die Chancen, die es bieten wird, diese Ideen und die Arbeit meines Teams weiterzuentwickeln.

Begleiten Sie mich weiter auf dieser lohnenden Reise zum Aufbau integrativer Wachstumskulturen, damit wir gemeinsam die Voraussetzungen dafür schaffen können, dass Gerechtigkeit, Zugehörigkeit, Entwicklung und Erfolg jedem Menschen zugänglich werden.

DANKSAGUNG

Dieses Buch zu schreiben war mein Pandemieprojekt. Ich hatte noch nie ein Buch geschrieben. Würde es mir gelingen? Wo sollte ich anfangen? Der perfekte potenzielle Trigger also, um mich in mein statisches Mindset zu treiben! Doch ich hielt mich an meinen eigenen Rat und bildete eine auf Wachstum ausgerichtete Bezugsgruppe, die zum Glück bereit war, sich zusammen mit mir auf die Reise zu begeben. Wissenschaft spielt sich nicht im luftleeren Raum ab – und dasselbe gilt für ein Buch, das sich auf wissenschaftliche Erkenntnisse stützt. Man braucht dazu ein ganzes Dorf, und ich bin sehr dankbar, ein solches zu haben.

An erster Stelle sei erwähnt, dass es dieses Buch ohne meine Partnerin, die überaus talentierte und hoch engagierte Kelly Madrone, niemals gegeben hätte. Mein Literaturagent Jim Levine brachte uns zusammen, als ich den Autorenvertrag unterzeichnete (danke, Jim!), und der Rest ist Geschichte. Kellys kluge Ratschläge, ihre fundierten Kenntnisse und ihr unermüdliches Engagement gaben mir das nötige Selbstvertrauen, um durchzuhalten. Sie war im Grunde meine literarische Hebamme. Während der Entwürfe und Interviews unterstützte sie mich und sorgte dafür, dass mir nicht die Luft ausging und ich weiter am Ball blieb. Wenn Ihnen die Geschichten und Fallbeispiele in diesem Buch gefallen haben, dann sollten Sie Ihren Dank wohl eher an Kelly richten. Sie verstand nicht nur, worum es ging, sondern war ebenso fasziniert von den Forschungsergebnissen wie von den realen Beispielen. Vielen Dank, Kelly, dass du an dieses Projekt geglaubt hast. Danke für die unzähligen Stunden, die du mit Recherche und Textredaktion verbracht hast. Und vor allem: danke, dass du mir geholfen hast, meine Stimme zu finden. Ich bin dir zutiefst verbunden.

Dieses Buch gäbe es auch nicht ohne das Zutun von Jim Levine. Ich habe etliche Literaturagentinnen und -agenten getroffen, die mir Freunde empfohlen hatten, und Jim war besonders. Er verstand sofort, wovon das Buch handelte, und schickte mir jede Menge ergiebige Fallbeispiele, noch bevor ich unterschrieben hatte. Er erkannte, welchen Beitrag das Buch leisten würde und wie seine Vorschläge Menschen weltweit helfen könnten. Er unterstützte mich bei der Abfassung eines überzeugenden Exposés, brachte mich mit Kelly zusammen und setzte sich immer wieder intensiv für mich ein. Jim glaubt an das, was er tut, und sein Selbstvertrauen färbte auf mich ab. Auf jede Frage wusste er eine gute Antwort. Ich hatte riesiges Glück, ihn an meiner Seite zu haben. Jim, ich bin dir überaus dankbar.

Als Nächstes sei Stephanie Frerich genannt. Als ich mich mit ihr und Jon Karp beim Verlag Simon and Schuster unterhielt, spürte ich gleich eine Verbundenheit. Auch sie verstand mein Anliegen sofort und stellte großartige Fragen. Wenn ihr das gelang, ohne dass sie viel über meine Arbeit wusste, wie viel würde sie dann tun können, wenn wir uns erst einmal ans Werk machten! Stephanies gute und kluge Ratschläge waren entscheidende Zutaten zu dem Buch, das Sie heute in den Händen halten. Sie wusste genau, wo gekürzt oder etwas hinzugefügt werden musste und wo ich nicht zum x-ten Mal »Verfahren, Richtlinien, Normen und Interaktionen« schreiben sollte! Stephanie, eine Lektorin hat keinen einfachen Job – man braucht dazu Nachsicht und Ausgewogenheit, und du hast beides in rauen Mengen. Danke, dass du für mich Team Wachstum warst!

Natürlich gäbe es ohne meine Mentorinnen und Mentoren, Kolleginnen und Kollegen sowie Studierenden keine Forschungsergebnisse, die ich mit Ihnen teilen könnte. Ich habe noch nie einen Forschungsartikel allein veröffentlicht, denn so funktioniert unsere Wissenschaft nicht. Wir arbeiten in Teams. Claude Steele hat mich von meinem ersten Studientag am Graduiertenkolleg an inspiriert und mich im Laufe der Jahre gelehrt, mich der großen Frage zu widmen, wie der Weg hin zu einer gerechteren Welt aussehen könnte. Sein Rat und seine Empfehlungen haben mich nie in die Irre geführt. In meinem letzten Jahr am Graduiertenkolleg kam es zu jenem folgenreichen Gespräch mit Carol Dweck, die gerade in Stanford angekommen war. Es war ein Glücksfall, dass wir zusammentrafen. Ich ahnte damals nicht, dass dieses Gespräch der Startschuss für eine wunderbare Zusammenarbeit und Freundschaft sein würde, die inzwischen mehr als ein Jahrzehnt überspannt. Ich bin sehr dankbar dafür, dass Carol meine Äußerung hinsichtlich Mindset-Kulturen mit einem dynamischen Mindset aufnahm – und dass wir uns seitdem gemeinsam bemühen, das Konzept in die Welt zu tragen. Dankbar bin ich auch für die Mentorenschaft und die Freundschaft von Jennifer Richeson, die mich als Postdoktorandin an der Northwestern University unterstützte und mir half, zu der Wissenschaftlerin zu werden, die ich heute bin. Meine Kommilitoninnen und Kommilitonen am Graduiertenkolleg und ich gründeten unsere eigene Wachstumskultur, um uns gegenseitig während der Promotion und darüber hinaus zu unterstützen. Valerie Jones Taylor, Sapna Cheryan, Nic Anderson, Julie Heiser, Natalia Mislavsky Khilko, Nick Davidenko, Dave Nussbaum, Paul Hamilton, Chris Bryan, Kelly Wilson, Jennifer Wagner, Hal Hershfield, Valerie Purdie Greenaway, Phil Solomon, Paul Davies, Joyce Ehrlinger und Kali Trzesniewski – ich bin euch so dankbar für den Spaß, den wir gemeinsam hatten. Meinen Mitarbeiterinnen und Mitarbeitern sowie meinen Co-Autorinnen und Co-Autoren, die wesentlich an unseren Studien und Experimenten beteiligt waren und die mit im Boot saßen, wenn wieder einmal ein Artikel oder ein Förderantrag abgelehnt wurde, die aber auch an dem schönen Erfolgserlebnis einer Annahme teilhatten: Ich kann euch nicht alle aufzählen, aber mein besonderer Dank gilt Sabrina Zirkel, Julie Garcia, Daryl Wout, Stephanie Fryberg, Laura Brady, Megan Bang, Amanda Diekman, Greg Walton, David Yeager, Nick Bowman, Ken Fujita, Laura Wallace, Aneeta Rattan, Josh Clarkson, Ben Tauber und Chris Samsa. Ein ganz besonderer Dank geht an meine Arbeitskollegin Christine

Logel, die an diesem Buch mitgewirkt hat, das Labor mitgeleitet hat und mich immer wieder ermahnte, Pausen einzulegen, etwas zu essen und ins Wellness-Bad zu gehen. Auch Tiffany Han, die mir in diesen letzten fünf Jahren mit Rat und Unterstützung zur Seite stand, möchte ich danken. Ich danke Margaret Levi, dem Jahrgang 2015/16 und der Belegschaft des Center for Advanced Study in the Behavioral Sciences an der Stanford University, wo ich ein fantastisches Jahr in gemeinschaftlicher Atmosphäre verbringen durfte, über diese Konzepte nachdachte und schrieb und mit der Arbeit an diesem Buch begann.

Meine Studierenden, Postdoktorandinnen und -doktoranden sowie Laborleiterinnen und -leiter verdienen einen gesonderten Dank. Mit ihrer Brillanz und ihrer Hingabe haben sie diese Ideen bereichert; ein Großteil der Forschungsergebnisse, über die ich hier berichte, entstand in Zusammenarbeit mit diesen engagierten Wissenschaftlerinnen und Wissenschaftlern. Sylvia Perry, Kathy Emerson, Evelyn Carter, Katie Kroeper, Elise Ozier, Heidi Williams, Caitlyn Jones, Katie Boucher, Elizabeth Canning, Katie Muenks, Dorainne Green, Jennifer LaCosse, Stephanie Reeves, Wen Bu, Asha Ganesan, Nedim Yel, Shahana Ansari, Julian Rucker, Trisha Dehrone, Tiffany Estep und Ben Oistad: Ich danke euch für die Zusammenarbeit in den letzten 16 Jahren. Ich bin stolz darauf, wie viel ihr bewegt habt.

Danken möchte ich auch den heutigen und früheren Mitarbeiterinnen und Mitarbeitern des Equity Accelators dafür, dass sie das Konzept der Wachstumskultur Tausenden von Menschen an Schulen und Unternehmen weltweit vermittelt haben. Steve Bernardini, Jen Coakley, Kathy Emerson, Cassie Hartzog, Sophie Kuchynka, Katie Mathias, Krysti Ryan, Stephanie Schacht, Samantha Stevens, Chris Smith, Chaghig Walker und Sara Woodruff: Ich danke euch für eure Innovationsfreude und euer Engagement bei der Herstellung gerechterer Arbeits- und Lernumgebungen und dafür, dass ihr euch am Aufbau und dem Erhalt einer Wachstumskultur in unserer Organisation beteiligt habt.

Ich danke meinen Kolleginnen und Kollegen an der University of Illinois in Chicago und an der Indiana University, die mir im Laufe der Jahre Feedback zu dieser Arbeit gegeben, Förderanträge gegengelesen und mich und meine Studierenden unterstützt haben. Courtney Bonam, Bette Bottoms, Dan Cervone, Jim Larson, Linda Skitka, Sabine French-Rolnick at UIC and Amanda Diekman, Dorainne Green, Ed Hirt, Kurt Hugenberg, Anne Krendl, BJ Rydell, Jim Sherman, Rich Shiffrin und Eliot Smith an der IU – danke, dass ihr unsere Arbeit verbessert habt. Dankbar bin ich auch unseren Geldgebern, die unsere Arbeit im Laufe der Jahre unterstützt haben, darunter die National Science Foundation, die Raikes Foundation, das Character Lab, die Bill & Melinda Gates Foundation, die Spencer Foundation, die Russell Sage Foundation, die Alfred P. Sloan Foundation, die Kern Family Foundation, die Ewing Marion Kauffman Foundation und das Student Experience Research Network. Ein besonderer Dank geht an Lisa Quay, Dina Blum und Zoe Stemm-Calderon, die uns über die Jahre hinweg mit Rat und Unterstützung zur Seite standen.

Mein Dank geht an alle Menschen, die sich zu einem persönlichen Gespräch bereit erklärten und ihre Geschichten mit mir teilten: Alison Mudditt, Amanda Arrington, Amy Bosley, Becki Cohn-Vargas, Ben Tauber, Bill Strickland, Bruce Friedrich, Candy Duncan, Carol Dweck, Cassie Roma, Claude Steele, Dina Blum, Jacqueline Novogratz, Jennifer Danek, Jorrit van der Togt, Karen Gross, Kathleen Boyle Dalen, Wendy Torrance, Kinney Zalesne, Laura Braden, Lou Wool, Sandy Shugart, Susan Mackie, Tom Kudrle und Verne Harnish. Leider konnte ich sie aus Platzgründen nicht alle berücksichtigen, doch mein Dank bleibt.

Vielen Dank an Adam Grant, Angela Duckworth, Dave Nussbaum, Dolly Chugh, Eli Finkel, Emily Balcetis, Elizabeth Dunn, Jennifer Eberhardt, Katherine Howe, Katy Milkman, Kerry Ann Rockquemore, Michele Gelfand und Tim Wilson, die mir Ratschläge zum Schreibprozess eines Buches gaben und mich anderen Menschen vorstellten, die mir weiterhelfen konnten.

Schließlich schulde ich meiner Familie größten Dank, insbesondere Mama (Bertie), Papa (Richard), Papa (Tom), Patrick, Maureen, Yen und der gesamten Esquivel-Sippe, die mich immer gestützt haben und mir mein heutiges Leben und meine Karriere ermöglicht haben. Besonders dankbar bin ich dafür, dass Victor Quintanilla bei jenem ersten Zusammentreffen auf der Hochzeit von Freunden darauf bestand, mit mir zu tanzen – und dass wir bis heute nicht damit aufgehört haben. Danke, Victor, dass du dein Leben mit mir teilst; dich als Partner in allem zu wissen macht mein eigenes Leben sinnvoller, freudvoller und reizvoller.

ANMERKUNGEN

Einleitung

1 Ashley Stewart & Shana Lebowitz, »Satya Nadella Employed a ›Growth Mindset‹ to Overhaul Microsoft's Cutthroat Culture and Turn it Into a Trillion-Dollar Company – Here's How He Did It«, *Business Insider*, 7.3.2020, https://www.businessinsider.com/microsoft-ceo-satya-nadella-company-culture-change-growth-mindset.
2 Eric Jackson, »Steve Ballmer Deserves His Due as a Great CEO«, CNBC, 17.1.2018, https://www.cnbc.com/2018/01/17/steve-ballmer-deserves-his-due-as-a-great-ceo.html.
3 »Microsoft Corp«, Barchart, https://www.barchart.com/stocks/quotes/MSFT/performance.
4 Will Feuer, »Microsoft Becomes Second US Company to Reach $2 Trillion Valuation«, *New York Post*, 23.6.2021, https://nypost.com/2021/06/23/microsoft-second-us-company-to-reach-2-trillion-valuation/.
5 Amy Kraft, »Microsoft Shuts Down AI Chatbot After It Turned into a Nazi«, CBS News, 25.3.2016, https://www.cbsnews.com/news/microsoft-shuts-down-ai-chatbot-after-it-turned-into-racist-nazi/.
6 Kif Leswing, »Microsoft's Bing A.I. Made Several Factual Errors in Last Week's Launch Demo«, CNBC, 14.2.2023, https://www.cnbc.com/2023/02/14/microsoft-bing-ai-made-several-errors-in-launch-demo-last-week-.html.
7 Anthony Colannino, »Celtics' Brad Stevens Discusses a Growth Mindset«, *Mindset Works*, 10.8.2016, https://blog.mindsetworks.com/entry/celtics-brad-stevens-discusses-a-growth-mindset-1; Kevin Ding, »This LeBron Season Exemplifies His Lifelong Mindset«, *The Point*, 30.3.2020, https://www.nba.com/lakers/the-point-lebron-season-exemplifies-his-lifelong-mindset; Lee Jenkins, »From ›The Dungeon‹ to the Top: Erik Spoelstra's Rise with the Heat«, https://www.si.com/nba/2014/09/24/erik-spoelstra-miami-heat.
8 Avery Hartmans, Sarah Jackson & Azmi Haroun, »The Rise and Fall of Elizabeth Holmes, the Former Theranos CEO Found Guilty of Wire Fraud and Conspiracy – Who Just Managed to Delay Her Prison Reporting Date«, *Business Insider*, 26.4.2023, https://www.businessinsider.com/theranos-founder-ceo-elizabeth-holmes-life-story-bio-2018-4.
9 David Smith, »A Financial Fairytale: How One Man Fooled the Global Elite«, *Guardian*, 14.7.2021, https://www.theguardian.com/books/2021/jul/14/the-key-man-simon-clark-will-louch-private-equity.
10 Arwa Mahdawi, »30 Under 30-Year Sentences: Why So Many of Forbes' Young Heroes Face Jail«, *Guardian*, 7.4.2023, https://www.theguardian.com/business/2023/apr/06/forbes-30-under-30-tech-finance-prison.
11 Mary C. Murphy & Carol S. Dweck, »A Culture of Genius: How an Organization's Lay Theory Shapes People's Cognition, Affect, and Behavior«, *Personality and Social Psychology Bulletin* 36, Nr. 3 (Oktober 2009): 283–96, https://doi.org/10.1177/0146167209347380.

1. Das Mindset-Kontinuum

1 Mary C. Murphy & Stephanie L. Reeves, »Personal and Organizational Mindsets at Work«, *Research in Organizational Behavior* 39 (2019), https://doi.org/10.1016/j.riob.2020.100121.
2 Carol S. Dweck & Ellen L. Leggett, »A Social-Cognitive Approach to Motivation and Personality«, *Psychological Review* 95, Nr. 2 (1988): 256–73, https://doi.org/10.1037/0033-295X.95.2.256; Carol S. Dweck, *Self-Theories: Their Role in Motivation, Personality, and Development* (Philadelphia: Psychology Press, 2000); Carol S. Dweck, *Selbstbild: Wie unser Denken Erfolge oder Niederlagen bewirkt* (München: Piper, 2014).
3 Murphy & Reeves, »Personal and Organizational Mindsets at Work«; Grafik von Reid Wilson, Wayfaring Path, www.wayfaringpath.com.
4 »What Having a ›Growth Mindset‹ Actually Means«, *Harvard Business Review*, 13.1.2016, https://hbr.org/2016/01/what-having-a-growth-mindset-actually-means; Carol Dweck, »Carol Dweck Revisits the ›Growth Mindset‹«, *Education Week*, 22.9.2015, https://www.edweek.org/leadership/opinion-carol-dweck-revisits-the-growth-mindset/2015/09?print=1; Carol Dweck, »Recognizing and Overcoming False Growth Mindset«, *Edutopia*, 11.1.2016, https://www.edu topia.org/blog/recognizing-overcoming-false-growth-mindset-carol-dweck; Christine Gross-Loh, »How Praise Became a Consolation Prize«, *Atlantic*, 16.12.2016, https://www.theatlantic.com/education/archive/2016/12/how-praise-became-a-consolation-prize/510845/.
5 Mary Murphy, Stephanie Fryberg, Laura Brady, Elizabeth Canning & Cameron Hecht, »Global Mindset Initiative Paper 1: Growth Mindset Cultures and Teacher Practices«, *Growth Mindset Cultures and Practices* (27.8.2021), http://dx.doi.org/10.21 39/ssrn.3911594; K. Morman, L. Brady, C. Wang, M. C. Murphy, M. Bang & S. Fryberg, »Creating Identity Safe Classrooms: A Cultural Educational Psychology Approach to Teacher Interventions«, Vortrag anlässlich des American Educational Research Association Annual Meeting, Chicago, Illinois (April 2023).
6 Aneeta Rattan, Catherine Good & Carol Dweck, »›It's Ok – Not Everyone Can Be Good at Math‹: Instructors with an Entity Theory Comfort (and Demotivate) Students«, *Journal of Experimental Social Psychology* 48, Nr. 3 (Mai 2012): 731–37, https://doi.org/10.1016/j.jesp.2011.12.012.
7 Murphy & Reeves, »Personal and Organizational Mindsets at Work«; Dweck, »What Having a ›Growth Mindset‹ Actually Means«.
8 Dweck, *Selbstbild*; Peter A. Heslin, Lauren A. Keating & Susan J. Ashford, »How Being in Learning Mode May Enable a Sustainable Career Across the Lifespan«, *Journal of Vocational Behavior* 117 (März 2020), https://doi.org/10.1016/j.jvb.2019.10 3324.
9 Murphy & Reeves, »Personal and Organizational Mindsets at Work«; L. S. Blackwell, K. H. Trzesniewski & C. S. Dweck, »Implicit Theories of Intelligence Predict Achievement Across an Adolescent Transition: A Longitudinal Study and an Intervention«, *Child Development* 78, Nr. 1 (2007): 246–63, http://dx.doi.org/10.1111/j.1467-8624.2007.00995.x; Y. Hong, C. Chiu, C. S. Dweck, D. M.-S. Lin & W. Wan, »Implicit Theories, Attributions, and Coping: A Meaning System Approach«, *Journal of Personality and Social Psychology* 77 (1999): 588–99, https://doi.org/10.1037/0022-3514.77.3.588; A. David Nussbaum & Carol S. Dweck, »Defensiveness Versus Remediation: Self-Theories and Modes of Self-Esteem Maintenance«, *Personality and Social Psychology Bulletin* 34, Nr. 5 (5.3.2008): 599–612, https://doi.org/10.1177/0146 167207312960; Dweck & Leggett, »A Social-Cognitive Approach to Motivation and Personality«; Heslin, Keating & Ashford, »How Being in Learning Mode May Enable a Sustainable Career Across the Lifespan«.
10 Murphy & Reeves, »Personal and Organizational Mindsets at Work«; Mary C. Murphy & Carol S. Dweck, »A Culture of Genius: How an Organization's Lay Theory

Shapes People's Cognition, Affect, and Behavior«, *Personality and Social Psychology Bulletin* 36, Nr. 3 (Oktober 2009): 283–96, https://doi.org/10.1177/0146167209347380; Murphy et al., »Global Mindset Initiative Paper 1«; Katherine T. U. Emerson & Mary C. Murphy, »Identity Threat at Work: How Social Identity Threat and Situational Cues Contribute to Racial and Ethnic Disparities in the Workplace«, *Cultural Diversity and Ethnic Minority Psychology* 20, Nr. 4 (Oktober 2014): 508–20, https://doi.org/10.1037/a0035403; Elizabeth A. Canning, Mary C. Murphy, Katherine T. U. Emerson, Jennifer A. Chatman, Carol S. Dweck & Laura J. Kray, »Cultures of Genius at Work: Organizational Mindsets Predict Cultural Norms, Trust, and Commitment«, *Personality and Social Psychology Bulletin* 46, Nr. 4 (2020): 626–42.

11 Murphy & Reeves, »Personal and Organizational Mindsets at Work«; Murphy & Dweck, »A Culture of Genius«; Elizabeth A. Canning, Katherine Muenks, Dorainne J. Green & Mary C. Murphy, »STEM Faculty Who Believe Ability Is Fixed Have Larger Racial Achievement Gaps and Inspire Less Student Motivation in Their Classes«, *Science Advances* 5, Nr. 2 (15.2.2019), https://doi.org/10.1126/sciadv.aau4734; Mary C. Murphy & Carol S. Dweck, »Mindsets Shape Consumer Behavior«, *Journal of Consumer Psychology* 26, Nr. 1 (2016): 127–36, http://dx.doi.org/10.1016/j.jcps.2015.06.005; K. Muenks, E. A. Canning, J. LaCosse, D. J. Green, S. Zirkel & J. A. Garcia, »Does My Professor Think My Ability Can Change? Students' Perceptions of Their STEM Professors' Mindset Beliefs Predict Their Psychological Vulnerability, Engagement, and Performance in Class«, *Journal of Experimental Psychology: General* 149, Nr. 11 (2020): 2119–44, https://doi.org/10.1037/xge0000763; Canning et al., »Cultures of Genius at Work«; David S. Yeager, Jamie M. Carroll, Jenny Buontempo, Andrei Cimpian, Spencer Woody, Robert Crosnoe, Chandra Muller, Jared Murray, Pratik Mhatre, Nicole Kersting, Christopher Hulleman, Molly Kudym, Mary Murphy, Angela Lee Duckworth, Gregory M. Walton & Carol S. Dweck, »Teacher Mindsets Help Explain Where a Growth-Mindset Intervention Does and Doesn't Work«, *Psychological Science* 33, Nr. 1 (2022): 18–32, https://doi.org/10.1177/09567976211028984; Elizabeth A. Canning, Elise Ozier, Heidi E. Williams, Rashed AlRasheed & Mary C. Murphy, »Professors Who Signal a Fixed Mindset about Ability Undermine Women's Performance in STEM«, *Social Psychological and Personality Science* 13, Nr. 5 (2022): 927–37, https://doi.org/10.1177/19485506211030398; Cameron A. Hecht, David S. Yeager, Carol S. Dweck & Mary C. Murphy, »Beliefs, Affordances, and Adolescent Development: Lessons from a Decade of Growth Mindset Interventions«, *Advances in Child Development and Behavior* 61 (2021): 169–197, https://doi.org/10.1016/bs.acdb.2021.04.004; Cameron A. Hecht, Carol S. Dweck, Mary C. Murphy, Kathryn M. Kroeper & David S. Yeager, »Efficiently Exploring the Causal Role of Contextual Moderators in Behavioral Science«, *Proceedings of the National Academy of Sciences* 120, Nr. 1 (2023): https://doi.org/10.1073/pnas.2216315120.

12 Megan DiTrolio, »Being a Female CEO Is Not My Identity«, *Marie Claire*, 3.7.2019, https://www.marieclaire.com/career-advice/a28243947/sadie-lincoln-barre-3/; »Sadie Lincoln Is Rewriting the Fitness Story: Thoughts on Movement, Community, Risk & Vulnerability, Episode 501«, Gespräch mit Rich Roll, *Rich Roll Podcast*, 24.2.2020, https://www.richroll.com/podcast/sadie-lincoln-501/.

13 DiTrolio, »Being a Female CEO Is Not My Identity«.

14 »How I Built Resilience: Live with Sadie Lincoln«, Gespräch mit Guy Raz, *How I Built This*, 20.6.2020, https://www.npr.org/2020/06/18/880460529/how-i-built-resilience-live-with-sadie-lincoln.

15 Ebd.

16 »Diversity, Equity, and Inclusion Update at Barre3: An Update«, *Barre3 Magazine*, 4.2.2021, https://blog.barre3.com/diversity-equity-inclusion-update/.

17 Murphy & Reeves, »Personal and Organizational Mindsets at Work«; Murphy & Dweck, »A Culture of Genius«; Katherine T. U. Emerson & Mary C. Murphy, »A Company I Can Trust? Organizational Lay Theories Moderate Stereotype Threat for

Women«, *Personality and Social Psychology Bulletin* 41, Nr. 2 (1.2.2015): 295–307, https://doi.org/10.1177/01461672145649; Canning et al., »Cultures of Genius at Work«.

18 Ebd.

19 Ebd.

20 Ebd.

21 Marjorie Garber, »Our Genius Problem: Why This Obsession with the Word, with the Idea, and with the People on Whom We've Bestowed the Designation?« *Atlantic*, Dezember 2002, https://www.theatlantic.com/magazine/archive/2002/12/our-genius-problem/308435/.

22 Carol Dweck, Gespräch mit der Autorin, 23.6.2021.

23 Claude Steele, Gespräch mit der Autorin, 9.7.2021.

24 Murphy & Reeves, »Personal and Organizational Mindsets at Work«; Canning et al., »Professors Who Signal a Fixed Mindset«; Murphy et al., »Global Mindset Initiative Paper 1«; Canning et al., »STEM Faculty Who Believe Ability Is Fixed«; L. Bian, S. Leslie, M. C. Murphy & A. Cimpian, »Messages about Brilliance Undermine Women's Interest in Educational and Professional Opportunities«, *Journal of Experimental Social Psychology* 76 (Mai 2018): 404–20; https://doi.org/10.1016/j.jesp.2017.11.006; Lile Jia, Chun Hui Lim, Ismaharif Ismail & Yia Chin Tan, »Stunted Upward Mobility in Learning Environment Reduces the Academic Benefits of Growth Mindset«, *Proceedings of the National Academy of Sciences* 118, Nr. 10 (1.3.2021): https://doi.org/10.1073/pnas.20118321. Siehe auch D. Storage, T. E. S. Charlesworth, M. R. Banaji & A. Cimpian, »Adults and Children Implicitly Associate Brilliance with Men More than Women«, *Journal of Experimental Social Psychology* 90 (2020), https://doi.org/10.1016/j.jesp.2020.104020; L. Bian, S. J. Leslie & A. Cimpian, »Evidence of Bias Against Girls and Women in Contexts that Emphasize Intellectual Ability«, *American Psychologist* 73, Nr. 9 (2018): 1139–53, https://doi.org/10.1037/amp0000427; E. K. Chestnut, R. F. Lei, S. J. Leslie & A. Cimpian, »The Myth that Only Brilliant People are Good at Math and Its Implications for Diversity«, *Education Sciences* 8, Nr. 2 (2018): 65, https://doi.org/10.3390/educsci8020065; Andrei Cimpian and Sarah-Jane Leslie, »The Brilliance Paradox: What Really Keeps Women and Minorities from Excelling in Academia«, *Scientific American*, 1.9.2017, https://www.scientificamerican.com/article/the-brilliance-paradox-what-really-keeps-women-and-minorities-from-excelling-in-academia/; D. Storage, Z. Horne, A. Cimpian & S. J. Leslie, »The Frequency of ›Brilliant‹ and ›Genius‹ in Teaching Evaluations Predicts the Representation of Women and African Americans Across Fields«, *PLOS ONE* 11, Nr. 3, (3.3.2016), https://doi.org/10.1371/journal.pone.0150194; und S. J. Leslie, A. Cimpian, M. Meyer & E. Freeland, »Expectations of Brilliance Underlie Gender Distributions Across Academic Disciplines«, *Science* 347, Nr. 6219, (2015): 262–65, https://doi.org/10.1126/science.1261375.

25 Canning et al., »STEM Faculty Who Believe Ability Is Fixed«; Yeager et al., »Teacher Mindsets«; K. M. Kroeper, A. Fried & M. C. Murphy, »Toward Fostering Growth Mindset Classrooms: Identifying Teaching Behaviors that Signal Instructors' Fixed and Growth Mindset Beliefs to Students«, *Social Psychology of Education* 25 (2022): 371–98, https://doi.org/10.1007/s11218-022-09689-4; K. M. Kroeper, K. Muenks, E. A. Canning & M. C. Murphy, »An Exploratory Study of the Behaviors that Communicate Perceived Instructor Mindset Beliefs in College STEM Classrooms«, *Teaching and Teacher Education* 114 (2022), https://doi.org/10.1016/j.tate.2022.103717; Muenks et al., »Does My Professor Think My Ability Can Change?«; J. LaCosse, M. C. Murphy, J. A. Garcia & S. Zirkel, »The Role of STEM Professors' Mindset Beliefs on Students' Anticipated Psychological Experiences and Course Interest«, *Journal of Educational Psychology* 113 (2021): 949–71, https://doi.org/10.1037/edu0000620; K. L. Boucher, M. A. Fuesting, A. Diekman & M. C. Murphy, »Can I Work With and Help Others in the Field? How Communal Goals Influence Interest and Participation in STEM Fields«, *Frontiers in Psychology* 8 (2017), https://doi.org/10.3389/fpsyg.2017.00901; Melissa A. Fuesting, Amanda B. Diekman, Kathryn L. Boucher, Mary C. Murphy, Dana

L. Manson & Brianne L. Safer, »Growing STEM: Perceived Faculty Mindset as an Indicator of Communal Affordances in STEM«, *Journal of Personality and Social Psychology* 117, Nr. 2 (2019): 260–81, https://doi.org/10.1037/pspa0000154; K. Boucher, M. C. Murphy, D. Bartel, J. Smail, C. Logel & J. Danek, »Centering the Student Experience: What Faculty and Institutions Can Do to Advance Equity«, *Change: The Magazine of Higher Learning* 53 (2021): 42–50, https://doi.org/10.1080/00091383.2021.1987804.

26 Murphy & Reeves, »Personal and Organizational Mindsets at Work«; Murphy & Dweck, »A Culture of Genius«; Emerson & Murphy, »A Company I Can Trust?«; Canning et al., »Cultures of Genius at Work«.

27 Ebd.

28 Ebd.

29 Murphy & Reeves, »Personal and Organizational Mindsets at Work«.

2. Mindsets von Organisationen

1 William James, *The Principles of Psychology* (New York: Henry Holt, 1890), 294.

2 Carol Dweck, *Selbstbild: Wie unser Denken Erfolge oder Niederlagen bewirkt* (München: Piper, 2014); H. Grant & C. S. Dweck, »Clarifying Achievement Goals and their Impact«, *Journal of Personality and Social Psychology* 85 (2003): 541–53, https://doi.org/10.1037/0022-3514.85.3.541; Y. Hong, C. Chiu, C. S. Dweck, D. M.-S. Lin & W. Wan, »Implicit Theories, Attributions, and Coping: A Meaning System Approach«, *Journal of Personality and Social Psychology* 77 (1999): 588–99, https://doi.org/10.1037/0022-3514.77.3.588; D. C. Molden & C. S. Dweck, »Finding ›Meaning‹ in Psychology: A Lay Theories Approach to Self-Regulation, Social Perception, and Social Development«, *American Psychologist*, 61 (2006): 192–203, https://doi.org/10.1037/0003-066X.61.3.192; Dweck & Leggett, »A Social-Cognitive Approach to Motivation and Personality«; David Nussbaum & Carol S. Dweck, »Defensiveness Versus Remediation: Self-Theories and Modes of Self-Esteem Maintenance«, *Personality and Social Psychology Bulletin* 34, Nr. 5 (5.3.2008): 599–612, https://doi.org/10.1177/0146167207312960; J. S. Moser, H. S. Schroder, C. Heeter, T. P. Moran & Y.-H. Lee, »Mind Your Errors: Evidence for a Neural Mechanism Linking Growth Mind-Set to Adaptive Post-Error Adjustments«, *Psychological Science* 22 (2011): 1484–89, https://doi.org/10.1177/0956797611419520; J. A. Mangels, B. Butterfield, J. Lamb, C. Good & C. S. Dweck, »Why Do Beliefs about Intelligence Influence Learning Success? A Social Cognitive Neuroscience Model«, *Social Cognitive and Affective Neuroscience* 1 (2006): 75–86; https://doi.org/10.1093/scan/nsl013; L. S. Blackwell, K. H. Trzesniewski & C. S. Dweck, »Implicit Theories of Intelligence Predict Achievement Across an Adolescent Transition: A Longitudinal Study and an Intervention«, *Child Development* 78, Nr. 1 (2007): 246–63, http://dx.doi.org/10.1111/j.1467-8624.2007.00995.x; C. S. Dweck, C. Chiu & Y. Hong, »Implicit Theories and Their Role in Judgments and Reactions: A World from Two Perspectives«, *Psychological Inquiry* 6, (1995): 267–85, https://doi.org/10.1207/s15327965pli0604_1; S. R. Levy, J. E. Plaks, Y. Hong, C. Chiu & C. S. Dweck, »Static Versus Dynamic Theories and the Perception of Groups: Different Routes to Different Destinations«, *Personality and Social Psychology Review* 5 (2001): 156–68, https://doi.org/10.1207/S15327957PSPR0502_6; C. Chiu, Y. Hong & C. S. Dweck, »Lay Dispositionism and Implicit Theories of Personality«, *Journal of Personality and Social Psychology* 73 (1997): 19–30, https://doi.org/10.1037/0022-3514.73.1.19; C. A. Erdley & C. S. Dweck, »Children's Implicit Personality Theories as Predictors of their Social Judgments«, *Child Development*, 64 (1993): 863–78, https://doi.org/10.2307/1131223; S. R. Levy, S. J. Stroessner & C. S. Dweck, »Stereotype Formation and Endorsement: The Role of Implicit Theories«, *Journal of Personality and Social Psychology* 74 (1998): 1421–36, https://doi.org/10.1037/0022-3514.74.6.1421; J. E. Plaks, S. J. Stroessner, C. S. Dweck & J. W. Sherman, »Person Theories and Attention Allocation: Preferences for Stereotypic Versus

Counterstereotypic Information«, *Journal of Personality and Social Psychology* 80 (2001): 876–93, https://doi.org/10.1037/0022-3514.80.6.876; J. E. Plaks, »Implicit Theories: Assumptions that Shape Social and Moral Cognition«, in: *Advances in Experimental Social Psychology* 56, hrsg. von J. M. Olson (New York: Academic Press, 2017), 259–310.

3 Mary C. Murphy & Stephanie L. Reeves, »Personal and Organizational Mindsets at Work«, *Research in Organizational Behavior* 39 (2019), https://doi.org/10.1016/j.riob.2020.100121; Mary C. Murphy & Carol S. Dweck, »A Culture of Genius: How an Organization's Lay Theory Shapes People's Cognition, Affect, and Behavior«, *Personality and Social Psychology Bulletin* 36, Nr. 3 (Oktober 2009): 283-296, https://doi.org/10.1177/0146167209347380; Katherine T. U. Emerson & Mary C. Murphy, »A Company I Can Trust? Organizational Lay Theories Moderate Stereotype Threat for Women«, *Personality and Social Psychology Bulletin* 41, Nr. 2 (1.2.2015): 295–307, https://doi.org/10.1177/01461672145649; Elizabeth A. Canning, Mary C. Murphy, Katherine T. U. Emerson, Jennifer A. Chatman, Carol S. Dweck & Laura J. Kray, »Cultures of Genius at Work: Organizational Mindsets Predict Cultural Norms, Trust, and Commitment«, *Personality and Social Psychology Bulletin* 46, Nr. 4 (2020): 626–42.

4 Murphy & Reeves, »Personal and Organizational Mindsets at Work«; Canning et al., »Cultures of Genius at Work«.

5 Murphy & Reeves, »Personal and Organizational Mindsets at Work«; Emerson & Murphy, »A Company I Can Trust?«; Canning et al., »Cultures of Genius at Work«.

6 Benjamin Frimodig, »Heuristics: Definition, Examples, and How They Work«, *Simply Psychology*, 14.2.2023, https://www.simply psychology.org/what-is-a-heuristic.html; L. Bian, S. J. Leslie & A. Cimpian, »Gender Stereotypes About Intellectual Ability Emerge Early and Influence Children's Interests«, *Science* 355 (2017): 389–91, https://doi.org/10.1126/science.aah6524; M. Bennett, »Men's and Women's Self-Estimates of Intelligence«, *Journal of Social Psychology* 136 (1996): 411–12, https://doi.org/10.1080/00224545.1996.9714021; M. Bennett, »Self-Estimates of Ability in Men and Women«, *Journal of Social Psychology* 137 (1997): 540–41, https://doi.org/10.1080/00224549709595475; K. C. Elmore and M. Luna-Lucero, »Light Bulbs or Seeds? How Metaphors for Ideas Influence Judgments about Genius«, *Social Psychological and Personality Science* 8 (2017): 200–8, https://doi.org/10.1177/1948550616667611; B. Kirkcaldy, P. Noack, A. Furnham & G. Siefen, »Parental Estimates of Their Own and Their Children's Intelligence«, *European Psychologist* 12 (2007): 173–80, https://doi.org/10.1027/1016-9040.12.3.173; A. Lecklider, *Inventing the Egghead: The Battle over Brainpower in American Culture*. (Philadelphia: University of Pennsylvania Press, 2013); Seth Stephens-Davidowitz, »Google, Tell Me. Is My Son a Genius?« *New York Times*, 18.1.2014, http://www.nytimes.com/2014/01/19/opinion/sunday/google-tell-me-is-my-son-a-genius.html; J. Tiedemann, »Gender-Related Beliefs of Teachers in Elementary School Mathematics«, *Educational Studies in Mathematics* 41 (2000): 191–207, https://doi.org/10.1023/A:1003953801526; Sandra Upson & Lauren F. Friedman, »Where are all the Female Geniuses?« *Scientific American Mind*, 1.11.2012, https://www.scientificamerican.com/article/where-are-all-the-female-geniuses/.

7 »What Does Genius Look Like?« Google-Suche, https://www.google.com/search?q=what+does+a+genius+look+like&tbm=isch&ved=2ahUKEwj9h5Obi-H-AhUTLN-4AHXhZAQIQ2-cCegQIABAA&oq=what+does+a+genius+look+like&gs_lcp=CgNpbWcQAzIECCMQJzIGCAAQBxAeMgYIABAIEB5Q9gJYoAlgpQpoAXAAeACAAZ-MBiAHxAZIBAzEuMZgBAKABAaoBC2d3cyl3aXotaW1nwAEB&sclient=img&ei=53xWZL34I5PY-LYP-LKFEA.

8 L. Bian, S. Leslie, M. C. Murphy & A. Cimpian, »Messages about Brilliance Undermine Women's Interest in Educational and Professional Opportunities«, *Journal of Experimental Social Psychology* 76 (Mai 2018): 404–20; https://doi.org/10.1016/j.jesp.2017.11.006.

9 Canning et al., »Cultures of Genius at Work«.
10 Edgar H. Schein, *Organizational Culture and Leadership*, 4. Aufl. (San Francisco: Jossey-Bass, 2010).
11 Murphy & Reeves, »Personal and Organizational Mindsets at Work«; Canning et al., »Cultures of Genius at Work«.
12 Murphy & Reeves, »Personal and Organizational Mindsets at Work«.
13 Murphy & Reeves, »Personal and Organizational Mindsets at Work«; Murphy & Dweck, »A Culture of Genius«.
14 Murphy & Reeves, »Personal and Organizational Mindsets at Work«; Murphy & Dweck, »A Culture of Genius«; Emerson & Murphy, »A Company I Can Trust?«; Canning et al., »Cultures of Genius at Work«.
15 Canning et al., »Cultures of Genius at Work«.
16 Emerson & Murphy, »A Company I Can Trust?«; Canning et al., »Cultures of Genius at Work«.
17 Canning et al., »Cultures of Genius at Work«. Siehe auch P. A. Heslin, »›Potential‹ in the Eye of the Beholder: The Role of Managers Who Spot Rising Stars«, *Industrial and Organizational Psychology: Perspectives on Science and Practice* 2, Nr. 4 (2009): 420–24, https://doi.org/10.1111/j.1754-9434.2009.01166.x
18 Mary C. Murphy, »Mindsets in Entrepreneurship: Measurement and Validation Results«, Bericht an die G2 Advisory Group und die Kauffman Foundation (April 2020).

3. Zusammenarbeit

19 Mary C. Murphy & Stephanie L. Reeves, »Personal and Organizational Mindsets at Work«, *Research in Organizational Behavior* 39 (2019), https://doi.org/10.1016/j.riob.2020.100121; Mary C. Murphy & Carol S. Dweck, »A Culture of Genius: How an Organization's Lay Theory Shapes People's Cognition, Affect & Behavior«, *Personality and Social Psychology Bulletin* 36, Nr. 3 (October 2009): 283–96, https://doi.org/10.1177/0146167209347380; Elizabeth A. Canning, Mary C. Murphy, Katherine T. U. Emerson, Jennifer A. Chatman, Carol S. Dweck & Laura J. Kray, »Cultures of Genius at Work: Organizational Mindsets Predict Cultural Norms, Trust, and Commitment«, *Personality and Social Psychology Bulletin* 46, Nr. 4 (2020): 626–42; M. C. Murphy, B. Tauber, C. Samsa & C. S. Dweck, »Founders' Mindsets Predict Company Culture and Organizational Success in Early Stage Startups« (Arbeitspapier); Mary C. Murphy, »Mindsets in Entrepreneurship: Measurement and Validation Results«, Bericht an die G2 Advisory Group und die Kauffman Foundation (April 2020). Anmerkung: Die Zusammenarbeit mit der Kauffman Foundation wurde von Wendy Torrance und Kathleen Boyle Dalen geleitet.
20 *WeWork: Or the Making and Breaking of a $47 Billion Unicorn*, Regie: Jed Rothstein, Campfire/Forbes Entertainment/Olive Hill Media, 2021. Als Einhorn bezeichnet man Start-ups mit einer Bewertung >1 Mrd. USD.
21 Steve Bates, »Forced Ranking«, *HR Magazine*, 1.6.2003, https://www.shrm.org/hr-today/news/hr-magazine/pages/0603bates.aspx.
22 Reeves Wiedeman, *Billion Dollar Loser: The Epic Rise and Fall of WeWork* (London: Hodder & Stoughton, 2020).
23 »There Are Significant Business Costs to Replacing Employees«, Center for American Progress, 16.11.2012, https://www.americanprogress.org/article/there-are-significant-business-costs-to-replacing-employees/.
24 Amy Adkins, »Millennials: The Job-Hopping Generation«, Gallup, https://www.gallup.com/workplace/231587/millennials-job-hopping-generation.aspx.
25 Lauren Vesty, »Millennials Want Purpose Over Paychecks. So Why Can't We Find It at Work?«, *Guardian*, 14.9.2016, https://www.theguardian.com/sustainable-business/2016/sep/14/millennials-work-purpose-linkedin-survey.
26 Canning et al., »Cultures of Genius at Work«.

27 »Quits: Total Nonfarm«, Federal Reserve Bank of St. Louis, https://fred.stlouisfed.org/series/JTSQUL?utm_source=npr_newsletter&utm_medium=email&utm_content=20220122&utm_term=6236291&utm_campaign=money&utm_id=1253516&orgid=278&utm_att1=nprnews.
28 Donald Sull, Charles Sull & Ben Zweig, »Toxic Culture Is Driving the Great Resignation«, *MIT Sloan Management Review*, 11.1.2022, https://sloanreview.mit.edu/article/toxic-culture-is-driving-the-great-resignation/.
29 Murphy & Reeves, »Personal and Organizational Mindsets at Work«;; Katherine T. U. Emerson & Mary C. Murphy, »A Company I Can Trust? Organizational Lay Theories Moderate Stereotype Threat for Women«, *Personality and Social Psychology Bulletin* 41, Nr. 2 (1.2.2015): 295–307, https://doi.org/10.1177/0146167214564 9; Canning et al., »Cultures of Genius at Work«; P. A. Heslin, »›Potential‹ in the Eye of the Beholder: The Role of Managers Who Spot Rising Stars«, *Industrial and Organizational Psychology: Perspectives on Science and Practice* 2, Nr. 4 (2009): 420–24, https://doi.org/10.1111/j.1754-9434.2009.01166.x; Heslin, Keating & Ashford, »How Being in Learning Mode May Enable a Sustainable Career Across the Lifespan«.
30 *WeWork: Or the Making and Breaking of a $47 Billion Unicorn.*
31 Murphy & Reeves, »Personal and Organizational Mindsets at Work«; Emerson & Murphy, »A Company I Can Trust?«; Canning et al., »Cultures of Genius at Work«.
32 *WeWork: Or the Making and Breaking of a $47 Billion Unicorn.*
33 »Ousted WeWork CEO Says $47 Billion Valuation Went to His Head Before Botched IPO«, CNBC, 9.11.2021, https://www.cnbc.com/2021/11/09/ousted-wework-ceo-adam-neumann-47-billion-valuation-went-to-his-head.html; Wiedeman, *Billion Dollar Loser*.
34 Wiedeman, *Billion Dollar Loser*.
35 John Carreyrou, *Bad Blood: Die wahre Geschichte des größten Betrugs im Silicon Valley* (München: Penguin, 2022); *Die Erfinderin: Böses Blut im Silicon Valley*, Regie: Alex Gibney, HBO Documentary Films/Jigsaw Productions, 2019.
36 Chris Prentice & Pete Schroeder, »Former Wells Fargo Exec Faces Prison, Will Pay $17 Million Fine Over Fake Accounts Scandal«, Reuters, 15.3.2023, https://www.reuters.com/legal/former-wells-fargo-executive-pleads-guilty-obstructing-bank-examination-fined-17-2023-03-15/.
37 Bethany McLean & Peter Elkind, *Smartest Guys in the Room: The Amazing Rise and Scandalous Fall of Enron* (New York: Portfolio, 2003).
38 A. J. Hess, »Ranking Workers Can Hurt Morale and Productivity. Tech Companies Are Doing It Anyway«, *Fast Company*, 16.2.2023, https://www.fastcompany.com/90850190/stack-ranking-workers-hurt-morale-productivity-tech-companies?utm_source=newsletters&utm_medium=email&utm_campaign=FC%20-%20Compass%20Newsletter.Newslet ter%20-%20FC%20-%20Compass%202-17-23&leadId=7181911.
39 Murphy & Reeves, »Personal and Organizational Mindsets at Work«; Emerson & Murphy, »A Company I Can Trust?«; Canning et al., »Cultures of Genius at Work«.
40 Canning et al., »Cultures of Genius at Work«.
41 Margaret Heffernan, *A Bigger Prize: How We Can Do Better than the Competition* (Philadelphia: PublicAffairs, 2014).
42 Omri Gillath, Christian S. Crandall, Daniel L. Wann & Mark H. White II, »Buying and Building Success: Perceptions of Organizational Strategies for Improvement«, *Journal of Applied Psychology* 51, Nr. 5 (Mai 2021): 534–46, https://doi.org/10.1111/jasp.12755.
43 »How to Nail Your Design Interview: What to Expect and What We Look For«, Atlassian, https://www.atlassian.com/company/careers/resources/interviewing/how-to-nail-your-design-interview.
44 »Breaking the Glass Ceiling in Tech: Advice from Three Atlassian Engineering Managers«, Atlassian, https://www.atlassian.com/company/careers/resources/career-growth/breaking-the-glass-ceiling-in-tech.

45 »Common Challenges of Interns and Grads and the Solutions to Them«, Atlassian, https://www.atlassian.com/company/careers/resources/career-growth/common-challenges-of-interns-and-grads.
46 »Employee Development Templates«, Atlassian, https://www.atlassian.com/software/confluence/templates/collections/employee-development.
47 »From New Grads to Engineering Managers: Three Atlassian[s] on their Journeys, Constant Learning, and Support Along the Way«, Atlassian, https://www.atlassian.com/company/careers/resources/career-growth/from-new-grads-to-engineering-managers.
48 Sarah Larson, »The Employee Attrition Spike is Here: How to Hang on to Your Best People«, Atlassian, 22.6.2021, https://www.atlassian.com/blog/leadership/attrition-spike.
49 »Atlassian«, Glassdoor, https://www.glassdoor.com/Reviews/Atlassian-Reviews-E115699.htm.
50 »Atlassian«, MarketCap, https://companiesmarketcap.com/atlassian/marketcap/.
51 Ronald A. Cohen, »Yerkes-Dodson Law«, *Encyclopedia of Clinical Neuropsychology*, https://link.springer.com/referenceworkentry/10.1007/978-0-387-79948-3_1340.
52 Canning et al., »Cultures of Genius at Work«; Murphy & Reeves, »Personal and Organizational Mindsets at Work«; Emerson & Murphy, »A Company I Can Trust?«.
53 Walter Isaacson, *Der Codebreaker: Wie die Erfindung der Genschere die Zukunft der Menschheit für immer verändert* (Salzburg, EcoWing, 2022).
54 Walter Isaacson, »CRISPR Rivals Put Patents Aside to Help in Fight Against Covid-19«, *STAT*, 3.3.2021, https://www.statnews.com/2021/03/03/crispr-rivals-put-patents-aside-fight-against-covid-19/.
55 »STATus List 2022: Jennifer Doudna«, *STAT*, https://www.statnews.com/status-list/2022/jennifer-doudna/.
56 Walter Isaacson, *Der Codebreaker*.
57 Yvon Chouinard, *Lass die Mitarbeiter surfen gehen! Die Erfolgsgeschichte eines eigenwilligen Unternehmers* (München: Redline, 2017).
58 »Overview«, Lenox Hill Hospital, https://lenoxhill.northwell.edu/about.
59 *Lenox Hill*, Staffel 1, Folge 1, »Growth Hurts«. Netflix, 2020.
60 »Steve Magness: How to Do Hard Things and the Surprising Science of Resilience, Episode 686«, Gespräch mit Rich Roll, *Rich Roll Podcast*, 13.6.2022, https://www.richroll.com/podcast/steve-magness-686/.
61 *Friends*, Staffel 5, Folge 5.13, »The One with Joey's Bag«. NBC,4.2.1999
62 Lisa Bodell, »Reward Programs that Actually Boost Collaboration«, *Forbes*, 30.11.2019, https://www.forbes.com/sites/lisabodell/2019/11/30/reward-programs-that-actually-boost-collaboration/?sh=706c797871ee.
63 Stephen Miller, »›Stack Ranking‹ Ends at Microsoft, Generating Heated Debate«, SHRM, 20.11.2013, https://www.shrm.org/resourcesandtools/hr-topics/compensation/pages/stack-ranking-microsoft.aspx.
64 »Can Patagonia Change the World? With CHRO Dean Carter and Dr. David Rock«, Gespräch mit Chris Weller, *Your Brain at Work*, 5.8.2019, https://neuroleadership.com/podcast/planting-seeds-at-patagonia-with-dean-carter.
65 »Talent Assessment Program«, GitLab, https://about.gitlab.com/handbook/people-group/talent-assessment/#measuring-growth-potential.

4. Innovation und Kreativität

1 Jorrit van der Togt, Gespräch mit der Autorin, 8.7.2021.
2 »Safety: Our Approach«, Shell, https://www.shell.com/sustainability/safety/our-approach.html.
3 Candace Duncan, Gespräch mit Kelly Madrone, 2.12.2020.
4 Crystal L. Hoyt, Jeni L. Burnette & Audrey N. Innella, »I Can Do That: The Impact

of Implicit Theories on Leadership Role Model Effectiveness«, *Personality and Social Psychology Bulletin* 38, Nr. 2 (5.12.2011), https://doi.org/10.1177/0146167211427922.

5 Mike Isaac, *Super Pumped: The Battle for Uber* (New York: W. W. Norton & Company, 2019).

6 Candace Duncan, Gespräch mit Kelly Madrone, 2.12.2020.

7 Mike Isaac, *Super Pumped.*

8 Frances Frei, »How to Build (and Rebuild) Trust«, TED2018, April 2018, https://www.ted.com/talks/frances_frei_how_to_build_and_rebuild_trust#t-848544.

9 Kara Swisher, »Here's One of Uber CEO Dara Khosrowshahi's New Rules of the Road: ›We Do the Right Thing. Period.‹«, *Vox*, 7.11.2017, https://www.vox.com/2017/11/7/16617340/read-uber-dara-khosrowshahi-new-rule-values-meeting.

10 Marie Crouzevialle and Fabrizio Butera, »Performance-Approach Goals Deplete Working Memory and Impair Cognitive Performance«, *Journal of Experimental Psychology* 142, Nr. 3 (August 2013): 666–78, https://doi.org/10.1037/a0029632.

11 Nujaree Intasao & Ning Hao, »Beliefs about Creativity Influence Creative Performance: The Mediation Effects of Flexibility and Positive Affect«, *Frontiers in Psychology* 9 (24.9.2018), https://doi.org/10.3389/fpsyg.2018.01810.

12 Alexander J. O'Connor, Charlan J. Nemeth & Satoshi Akutsu, »Consequences of Beliefs about the Malleability of Creativity«, *Creativity Research Journal* 25, Nr. 2 (17.5.2013): 155–62, https://doi.org/10.1080/10400419.2013.783739.

13 Ebd.

14 Charles A. O'Reilly & Michael L. Tushman, *Lead and Disrupt: How to Solve the Innovator's Dilemma* (Redwood City, CA: Stanford Business Books, 2016).

15 Elizabeth A. Canning, Mary C. Murphy, Katherine T. U. Emerson, Jennifer A. Chatman, Carol S. Dweck & Laura J. Kray, »Cultures of Genius at Work: Organizational Mindsets Predict Cultural Norms, Trust, and Commitment«, *Personality and Social Psychology Bulletin* 46, Nr. 4 (2020): 626–42; Don Vandenwalle, »A Growth and Fixed Mindset Exposition of the Value of Conceptual Clarity«, *Industrial and Organizational Psychology* 5, Nr. 3 (7.1.2015): 301–05, https://doi.org/10.1111/j/1754-9434.2012.01450.x.

16 Jacqueline Novogratz, *The Blue Sweater: Bridging the Gap Between Rich and Poor in an Interconnected World* (New York: Rodale, 2009); Jacqueline Novogratz, *Manifesto for a Moral Revolution: Practices to Build a Better World* (New York: Henry Holt, 2020); Jacqueline Novogratz, Gespräch mit der Autorin, 16.3.2023.

17 »1,400,000 Lives. Transformed«. d.light, https://www.dlight.com/.

18 Jacqueline Novogratz, *Manifesto for a Moral Revolution.*

19 Jacqueline Novogratz, Gespräch mit der Autorin, 16.3.2023.

20 Mary C. Murphy & Carol S. Dweck, »Mindsets Shape Consumer Behavior«, *Journal of Consumer Psychology* 26, Nr. 1 (2016): 127–36, http://dx.doi.org/10.1016/j.jcps.2015.06.005.

21 Cammy Crolic, Joshua J. Clarkson, Ashley S. Otto & Mary C. Murphy, »Motivated Knowledge Acquisition: Implicit Self-Theories and the Preference for Knowledge Breadth or Depth«, *Personality and Social Psychology Bulletin* (unveröffentlichtes Manuskript; erscheint 2024).

22 Carol S. Dweck & Ellen L. Leggett, »A Social-Cognitive Approach to Motivation and Personality«, *Psychological Review* 95, Nr. 2 (1988): 256–73, https://doi.org/10.1037/0033-295X.95.2.256.

23 Murphy & Dweck, »Mindsets Shape Consumer Behavior«; Mary C. Murphy & Carol S. Dweck, »Mindsets and Consumer Psychology: A Response«, *Journal of Consumer Psychology* 26 (2015): 165–66, https://doi.org/10.1016/j.jcps.2015.06.006.

24 Murphy & Dweck, »Mindsets Shape Consumer Behavior«; J. K. Park & D. R. John, »Got to Get You Into My Life: Do Brand Personalities Rub Off on Consumers?«, *Journal of Consumer Research* 37 (2010): 655–669, https://doi.org/10.1086/655807; J. K. Park & D. R. John, »Capitalizing on Brand Personalities in Advertising: The Influence of

Implicit Self-Theories on Ad Appeal Effectiveness«, *Journal of Consumer Psychology* 22 (2012): 424–32, https://doi.org/10.1016/j.jcps.2011.05.004.

25 Murphy & Dweck, »Mindsets Shape Consumer Behavior«; Emerson & Murphy, »A Company I Can Trust?«; Mary C. Murphy & Carol S. Dweck, »A Culture of Genius: How an Organization's Lay Theory Shapes People's Cognition, Affect, and Behavior«, *Personality and Social Psychology Bulletin* 36, Nr. 3 (Oktober 2009): 283–96, https://doi.org/10.1177/0146167209347380.

26 Seth Stevenson, »We're No. 2! We're No. 2! How a *Mad Men*-Era Ad Firm Discovered the Perks of Being an Underdog«, *Slate*, 12.8.2013, https://slate.com/business/2013/08/hertz-vs-avis-advertising-wars-how-an-ad-firm-made-a-virtue-out-of-second-place.html; Murphy & Dweck, »Mindsets Shape Consumer Behavior«.

27 »Millennials + Money: The Unfiltered Journey«, Meta, 25.9.2016, https://www.facebook.com/business/news/insights/millennials-money-the-unfiltered-journey.

28 Christopher Klein, »Why Coca-Cola's ›New Coke‹ Flopped«, History, 13.3.2020, https://www.history.com/news/why-coca-cola-new-coke-flopped; Murphy & Dweck, Mindsets Shape Consumer Behavior.

29 Sandie Glass, »What Were They Thinking? The Day Ketchup Crossed the Line from Perfect to Purple«, *Fast Company*, 14.9.2011, https://www.fastcompany.com/1779591/what-were-they-thinking-day-ketchup-crossed-line-perfect-purple.

30 Murphy & Dweck, »Mindsets Shape Consumer Behavior«; E. A. Yorkston, J. C. Nunes & S. Matta, »The Malleable Brand: The Role of Implicit Theories in Evaluating Brand Extensions«, *Journal of Marketing* 74 (2010): 80–93, https://doi.org/10.1509/jmkg.74.1.80; P. Mathur, S. P. Jain & D. Maheswaran, »Consumers' Implicit Theories about Personality Influence Their Brand Personality Judgments«, *Journal of Consumer Psychology* 22 (2012): 545–57, https://doi.org/10.1016/j.jcps.2012.01.005. Murphy & Dweck, »Mindsets Shape Consumer Behavior«; E. A. Yorkston, J. C. Nunes & S. Matta, »The Malleable Brand: The Role of Implicit Theories in Evaluating Brand Extensions«, *Journal of Marketing* 74 (2010): 80–93, https://doi.org/10.1509/jmkg.74.1.80; P. Mathur, S. P. Jain & D. Maheswaran, »Consumers' Implicit Theories about Personality Influence Their Brand Personality Judgments«, *Journal of Consumer Psychology* 22 (2012): 545–57, https://doi.org/10.1016/j.jcps.2012.01.005

31 Murphy & Dweck, »Mindsets Shape Consumer Behavior«.

32 E. Halperin, A. Russell, K. Trzesniewski, J. J. Gross & C. S. Dweck, »Promoting the Middle East Peace Process by Changing Beliefs about Group Malleability«, *Science* 333, Nr. 6050 (2011): 1767–69, https://doi.org/10.1126/science.1202925; R. J. Rydell, K. Hugenberg, D. Ray & D. M. Mackie, »Implicit Theories about Groups and Stereotyping: The Role of Group Entitativity«, *Personality and Social Psychology Bulletin* 33 (2007): 549–58, https://doi.org/10.1177/0146167206296956.

33 Mark Stevenson, »Taco Bell's Fare Baffles Mexicans«, *Seattle Times*, 10.10.2007, https://www.seattletimes.com/business/taco-bells-fare-baffles-mexicans/; Murphy & Dweck, »Mindsets Shape Consumer Behavior«.

34 Murphy & Dweck, »Mindsets Shape Consumer Behavior«; D. Daszkowski, »How American Fast Food Franchises Expanded Abroad«, About.com, http://franchises.about.com.

35 Amy Edmonson, *Die angstfreie Organisation: Wie Sie psychologische Sicherheit am Arbeitsplatz für mehr Entwicklung, Lernen und Innovation schaffen* (München: Vahlen, 2020).

36 Novogratz, *The Blue Sweater*.

37 Jorrit van der Togt, Gespräch mit der Autorin, 8.7.2021.

38 Jorrit van der Togt, Gespräch mit der Autorin, 8.7.2021; »Oil and Gas Extraction«, U.S. Bureau of Labor Statistics, https://www.bls.gov/iag/tgs/iag211.htm; »Oil Mining and Gas Extraction«, U. S. Bureau of Labor Statistics, https://data.bls.gov/pdq/SurveyOutputServlet.

39 Chouinard, *Lass die Mitarbeiter surfen gehen!*

40 Ed Catmull & Amy Wallace, *Die Kreativitäts-AG: Wie man die unsichtbaren Kräfte überwindet, die echter Inspiration im Wege stehen* (München: Hanser 2014).
41 »The Wildfang Way: Emma McIlroy«, Gespräch mit Jonathan Fields, *The Good Life Podcast*, 7.8.2019, https://www.goodlifeproject.com/podcast/emma-mcilroy-wildfang/.
42 »Dee Hock«, Quotes, https://www.quotes.net/quote/41629.
43 »ShipIt«, Atlassian, https://www.atlassian.com/company/shipit.
44 Kaomi Goetz, »How 3M Gave Everyone Days Off and Created an Innovation Dynamo«, *Fast Company*, 1.2.2011, https://www.fastcompany.com/1663137/how-3m-gave-everyone-days-off-and-created-an-innovation-dynamo.
45 Bill Murphy Jr., »Google Says It Still Uses ›20 Percent Rule‹ and You Should Totally Copy It«, *Inc.*, 11.11.2020, https://www.inc.com/bill-murphy-jr/google-says-it-still-uses-20-percent-rule-you-should-totally-copy-it.html.
46 Heffernan, *A Bigger Prize*; Jay Rao, »W. L. Gore: Culture of Innovation«, Babson College, April 2012, http://www.elmayorportalde gerencia.com/Documentos/Innovacion/%5bPD%5d%20Documentos%20-%20Culture%20of%20innovation.pdf.
47 Jorrit van der Togt, Gespräch mit der Autorin, 8.7.2021.
48 Novogratz, *The Blue Sweater*.
49 Nikolaus Franke, Marion K. Poetz & Martin Schreier, »Integrating Problem Solvers from Analogous Markets in New Product Ideation«, *Management Science* 60, Nr. 4 (26.11.2013): 805–1081, https://doi.org/10.1287/mnsc.2013.1805.
50 John Mackey, Steve McIntosh & Carter Phipps, *Conscious Leadership: Elevating Humanity Through Business* (New York: Portfolio, 2020).
51 @kimberlyquinn, »Kennen Sie das Überraschungs-Tagebuch? Wenn jemand etwas tut, das Sie überrascht, machen Sie sich eine Notiz. Wenn Sie diese später analysieren und erkennen, was Sie so überraschend fanden, dann erfahren Sie etwas über Ihre impliziten Standarderwartungen – woraus sich interessante Hypothesen ergeben können.« 8.3.2021, 13.50 Uhr, https://twitter.com/kimberlyquinn/status/136901262721 7788928.

5. Risikobereitschaft und Resilienz

1 David Smith, »Is Donald Trump's Love-Hate Relationship with Twitter on the Rocks?«, *Guardian*, 31.5.2020, https://www.theguardian.com/us-news/2020/may/31/donald-trump-twitter-love-hate-relationship.
2 Ben Tauber, Gespräch mit der Autorin, 30.6.2021.
3 Reeves Wiedeman, *Billion Dollar Loser: The Epic Rise and Fall of WeWork* (London: Hodder & Stoughton, 2020).
4 Clint Rainey, »Adam Neumann Talked About Flow for a Full Hour and We Still Don't Know What It Is«, *Fast Company*, 8.2.2023, https://www.fastcompany.com/9084 7220/adam-neumann-a16z-flow-startup-real-estate-explained.
5 Ben Tauber, Gespräch mit der Autorin, 30.6.2021.
6 Rob Asghar, »Why Silicon Valley's ›Fail Fast‹ Mantra is Just Hype«, *Forbes*, 14.7.2014, https://www.forbes.com/sites/robasghar/2014/07/14/why-silicon-valleys-fail-fast-mantra-is-just-hype/?sh=3f54c7d724bc.
7 Ben Tauber, Gespräch mit der Autorin, 30.6.2021.
8 Herminia Ibarra, Aneeta Rattan & Anna Johnston, »Satya Nadella at Microsoft: Instilling a Growth Mindset«, London Business School, 2018, https://hbsp.harvard.edu/product/LBS128-PDF-ENG.
9 Satya Nadella, *Hit Refresh: Wie Microsoft sich neu erfunden hat und die Zukunft verändert* (Kulmbach: Plassen, 2020).
10 Kinney Zalesne, Gespräch mit der Autorin, 29.6.2021.
11 Catherine Poirier, Carina Cheng, Ellora Sarkar, Henry Silva & Tom Kudrle, »The Culture of Data Leaders«, Keystone, 2.2.2021, https://www.keystone.ai/news-publications/whitepaper-the-culture-of-data-leaders/.

12 Louis Wool, Gespräch mit der Autorin, 29.9.2020.
13 David A. Singer, »Harrison School's Louis N. Wool Named New York Superintendent of the Year«, *Huffington Post*, 11.12.2009, https://www.huffpost.com/entry/harrison-schools-louis-n_b_389177.
14 Louis Wool, Gespräch mit der Autorin, 29.9.2020.
15 Amy Stuart Wells, Lauren Fox & Diana Cordova-Cobo, »How Racially Diverse Schools and Classrooms Can Benefit All Students«, Century Foundation, 9.2.2016, https://tcf.org/content/report/how-racially-diverse-schools-and-classrooms-can-benefit-all-students/?agreed=1. Siehe auch Aaliyah Samuel, »Why an Equitable Curriculum Matters«, NWEA, 19.9.2019, https://www.nwea.org/blog/2019/why-an-equitable-curriculum-matters/.
16 Singer, »Harrison School's Louis N. Wool Named New York Superintendent of the Year«.
17 Louis Wool, Gespräch mit der Autorin, 29.9.2020. Lautet das Ziel, ein Fachgebiet zu beherrschen, so hilft das den Schülerinnen und Schülern nicht nur, sich in ihr dynamisches Mindset zu begeben, sondern kann auch ihr Durchhaltevermögen steigern. Forschungsarbeiten von Angela Duckworth und ihrem Team zufolge waren »Schülerinnen und Schüler, die ihre Schule als eher auf Meisterschaft orientiert erlebten, zäher und erzielten bessere Zeugnisnoten. Hingegen waren Schülerinnen und Schüler, die glaubten, dass ihre Schule eher auf individuelle Leistung Wert legte, weniger zäh und erzielten schlechtere Zeugnisnoten«. Daeun Park, Alisa Yu, Rebecca N. Baelen, Eli Tsukayama & Angela L. Duckworth, »Fostering Grit: Perceived School Goal-Structure Predicts Growth in Grit and Grades«, *Contemporary Educational Psychology* 55 (Oktober 2018): 120–28, https://doi.org/10.1016/j.cedpsych.2018.09.007.
18 Louis Wool, Korrespondenz mit der Autorin, 3.5.2023.
19 Louis Wool, Gespräch mit der Autorin, 29.9.2020.
20 Chris Weller, »Patagonia and the Regenerative Approach to Performance Management«, NeuroLeadership Institute, 15.8.2019, https://neuroleadership.com/your-brain-at-work/patagonia-your-brain-at-work-podcast; »Can Patagonia Change the World? With CHRO Dean Carter and Dr. David Rock«, Gespräch mit Chris Weller, *Your Brain at Work*, 5.8.2019, https://neuroleadership.com/podcast/planting-seeds-at-patagonia-with-dean-carter.
21 Ash Jurberg, »Patagonia Has Provided a Business Blueprint in How to Avoid the Great Resignation«, Entrepreneur's Handbook, 26.11.2021, https://medium.com/entrepreneur-s-handbook/patagonia-has-provided-a-business-blueprint-in-how-to-avoid-the-great-resignation-6dcd6ea6f668.
22 John Corrigan, »Elon Musk Gives Remaining Twitter Employees an Ultimatum«, 16.11.2022, https://www.hcamag.com/us/specialization/employee-engagement/elon-musk-gives-remaining-twitter-employees-an-ultimatum/427677.
23 »The Wildfang Way: Emma McIlroy«, Gespräch mit Jonathan Fields, *The Good Life Podcast*, 7.8.2019, https://www.goodlifeproject.com/podcast/emma-mcilroy-wildfang/.
24 Robert C. Wilson, Amitai Shenhav, Mark Straccia & Jonathan D. Cohen. »The Eighty Five Percent Rule for Optimal Learning«, *Nature Communications* 10, Nr. 1 (5.11.2019), https://doi.org/10.1038/s41467-019-12552-4.
25 Taylor Soper, »›Failure and Innovation are Inseparable Twins‹: Amazon Founder Jeff Bezos Offers 7 Leadership Principles«, *Geek-Wire*, 28.10.2016, https://www.geekwire.com/2016/amazon-founder-jeff-bezos-offers-6-leadership-principles-change-mind-lot-embrace-failure-ditch-powerpoints/.

6. Redlichkeit und ethisches Verhalten

1 Mary C. Murphy & Stephanie L. Reeves, »Personal and Organizational Mindsets at Work«, *Research in Organizational Behavior* 39 (2019), https://doi.org/10.1016/j.riob.2020.100121; Mary C. Murphy & Carol S. Dweck, »Mindsets Shape Consumer

Behavior«, *Journal of Consumer Psychology* 26, Nr. 1 (2016): 127–36, http://dx.doi.org/10.1016/j.jcps.2015.06.005.
2 Susan Fowler, »Reflecting on One Very, Very Strange Year at Uber«, Susan Fowler Blog, 19.2.2017, https://www.susanjfowler.com/blog/2017/2/19/reflecting-on-one-very-strange-year-at-uber.
3 Mike Isaac, *Super Pumped: The Battle for Uber* (New York: W. W. Norton & Company, 2019).
4 John Carreyrou, *Die wahre Geschichte des größten Betrugs im Silicon Valley* (München: Penguin, 2022).
5 Reeves Wiedeman, *Billion Dollar Loser: The Epic Rise and Fall of WeWork* (London: Hodder & Stoughton, 2020).
6 Emily Flitter, Kate Kelly & David Enrich, »A Top Goldman Banker Raised Ethics Concerns. Then He Was Gone«, *New York Times*, 11.9.2018, https://www.nytimes.com/2018/09/11/business/goldman-sachs-whistleblower.html.
7 Jamie Fiore Higgins, *Bully Market: My Story of Money and Misogyny at Goldman Sachs* (New York: Simon & Schuster, 2022).
8 Bruce Friedrich, Gespräch mit der Autorin, 8.7.2021.
9 Laura Braden, Gespräch mit Kelly Madrone, 10.10.2022.
10 Bruce Friedrich, Gespräch mit der Autorin, 8.7.2021.
11 Robert Glazer, »The Biggest Lesson from Volkswagen: Culture Dictates Behavior«, *Entrepreneur*, 8.1.2016, https://www.entrepreneur.com/leadership/the-biggest-lesson-from-volkswagen-culture-dictates/254178.
12 Susan Mackie, Gespräch mit der Autorin, 13.7.2021; Susan Mackie, Korrespondenz mit der Autorin, 8.5.2023. Mackie zufolge gibt es drei Hauptstrategien, um Kundenerfahrungsprogramme auf eine neue Grundlage zu stellen: 1. Kundengespräche zielorientiert statt aufgabenorientiert führen; 2. Leistungsmessungs- und Anreizsysteme schaffen, die eine Zielorientierung verstetigen; und 3. ein dynamisches Mindset entwickeln, um Zielorientierung und zielorientierte Gesprächsführung bei Mitarbeitern mit Kundenkontakt zu fördern. Das erfordert von Organisationen, ihren Beschäftigten nicht nur Grundfertigkeiten zu vermitteln, sondern auch ihre Denk-, Empathie- und Problemlösungsfähigkeiten zu schulen. Training und Lernen müssen unterschieden werden. Ersteres ist auf Routine- und Grundelemente der jeweiligen Rolle gerichtet, Letzteres schult die Beschäftigten, Lösungen für lose definierte Probleme zu entwickeln. So könnte beispielsweise eine Beschäftigte in ihrem statischen Mindset – das die Organisationskultur begünstigt – bei einem Kundenanruf denken: »Ich weiß, dass ich versuchen sollte, diesen Kunden zu halten, aber wenn ich zu viel Zeit auf ihn verwende, schadet das meinem Zeitkonto.« Eine Beschäftigte in ihrem dynamischen Mindset – begünstigt durch eine Wachstumskultur – könnte dem Kunden hingegen sagen: »Das ist interessant, dass dieses Produkt nicht zu Ihren Bedürfnissen zu passen scheint. Darf ich Sie wohl bitten, mir zu erklären, was Sie genau benötigen? Dann kann ich Ihnen vielleicht helfen, ein passenderes Produkt zu finden.« Eine solche Mitarbeiterentwicklung ist natürlich aufwendiger – schließlich ist es für gewöhnlich leichter, aufgabenbezogene Leistungen zu messen und aufgabenbezogenes Verhalten zu schulen, als Menschen komplexere Fähigkeiten zu vermitteln und ihnen bei deren Entwicklung zu helfen. Doch eine Wachstumskultur legt mehr Wert auf den langfristigen Nutzen eines geretteten Kunden und die positiven Kundenbeziehungen sowie die höhere Selbstwirksamkeit der Beschäftigten, die sich daraus ergeben.
13 Verne Harnish, Gespräch mit der Autorin, 14.7.2021.
14 Simine Vazire, »Do We Want to Be Credible or Incredible?«, Association for Psychological Science, 23.12.2019, https://www.psychologicalscience.org/observer/do-we-want-to-be-credible-or-incredible.
15 Walter Isaacson, *Der Codebreaker: Wie die Erfindung der Genschere die Zukunft der Menschheit für immer verändert* (Salzburg, EcoWing, 2022).
16 Antonio Regalado, »The Creator of the CRISPR Babies has been Released from a

Chinese Prison«, *MIT Technology Review*, 4.4.2022, https://www.technologyreview.com/2022/04/04/1048829/he-jiankui-prison-free-crispr-babies/. Wie Regalado in einem früheren Artikel feststellt, handelte He zwar auf eigene Faust, wurde aber von Kollegen ermutigt: »Die Verantwortung für das Experiment tragen He und andere Mitglieder des chinesischen Teams, doch viele andere Wissenschaftler wussten von dem Projekt und unterstützten es, darunter Michael Deem, ein ehemaliger Professor der Rice University, der am Experiment teilnahm, und John Zhang, Leiter einer großen Klinik für künstliche Befruchtungen in New York, der den Plan verfolgte, die Technologie kommerziell zu nutzen.« Antonio Regalado, »Disgraced CRISPR Scientist had Plans to Start a Designer-Baby Business«, *MIT Technology Review*, 1.8.2019, https://www.technologyreview.com/2019/08/01/133932/crispr-baby-maker-explored-starting-a-business-in-designer-baby-tourism/.

17 Alison Mudditt, Gespräch mit der Autorin, 30.9.2020.

18 Stuart Firestein, *Failure: Why Science Is So Successful* (Oxford: Oxford University Press, 2015).

19 @Stanford, »Ich verstehe, welche Bedeutung es hat, als Frau einen wissenschaftlichen Nobelpreis zu gewinnen. Es gibt nicht viele von unserer Sorte – bisher.« 5.10.2022, 22.45 Uhr, https://twitter.com/Stanford/status/1577882613293146113.

20 Mary C. Murphy, Amanda F. Mejia, Jorge Mejia, Xiaoran Yan, Sapna Cheryan, Nilanjana Dasgupta, Mesmin Destin, Stephanie A. Fryberg, Julie A. Garcia, Elizabeth L. Haines, Judith M. Harackiewicz, Alison Ledgerwood, Corinne A. Moss-Racusin, Lora E. Park, Sylvia P. Perry, Kate A. Ratliff, Aneeta Rattan, Diana T. Sanchez, Krishna Savani, Denise Sekaquaptewa, Jessi L. Smith, Valerie Jones Taylor, Dustin B. Thoman, Daryl A. Wout, Patricia L. Mabry, Susanne Ressl, Amanda B. Diekman & Franco Pestilli, »Open Science, Communal Culture, and Women's Participation in the Movement to Improve Science«, *Proceedings of the National Academy of Sciences*, 117, Nr. 39 (29.9.2020): 24154–64, https://doi.org/10.1073/pnas.1921320117.

21 Murphy & Reeves, »Personal and Organizational Mindsets at Work«; Elizabeth A. Canning, Mary C. Murphy, Katherine T. U. Emerson, Jennifer A. Chatman, Carol S. Dweck & Laura J. Kray, »Cultures of Genius at Work: Organizational Mindsets Predict Cultural Norms, Trust, and Commitment«, *Personality and Social Psychology Bulletin* 46, Nr. 4 (2020): 626–42; M. C. Murphy, B. Tauber, C. Samsa & C. S. Dweck, »Founders' Mindsets Predict Company Culture and Organizational Success in Early Stage Startups« (Arbeitspapier); Mary C. Murphy, »Mindsets in Entrepreneurship: Measurement and Validation Results«, Bericht an die G2 Advisory Group und die Kauffman Foundation (April 2020).

22 Ebd.

23 Jennifer Danek, Gespräch mit der Autorin, 2.7.2021.

24 Amy Edmonson, *Die angstfreie Organisation. Wie Sie psychologische Sicherheit am Arbeitsplatz für mehr Entwicklung, Lernen und Innovation schaffen* (München: Vahlen, 2020).

25 Jennifer Danek, Gespräch mit der Autorin, 2.7.2021.

26 »Seiko's Duelling Factories«, *Teamistry Podcast*, Staffel 2, Folge 1, 20.9.2020, https://www.atlassian.com/blog/podcast/teamistry/season/season-2/seiko-duelling-factories.

27 »The Wildfang Way: Emma McIlroy«, Gespräch mit Jonathan Fields, *The Good Life Podcast*, 7.8.2019, https://www.goodlifeproject.com/podcast/emma-mcilroy-wildfang/.

28 Murphy & Dweck, »Mindsets Shape Consumer Behavior«.

29 Susan Mackie, Gespräch mit der Autorin, 13.7.2021.

30 Marianne Jennings, *The Seven Signs of Ethical Collapse: How to Spot Moral Meltdowns in Companies … Before It's Too Late* (New York: St. Martin's Press, 2006).

31 Jacqueline Novogratz, Gespräch mit der Autorin, 16.3.2023.

32 Arwa Mahdawi, »30 Under 30-Year Sentences: Why So Many of Forbes' Young Heroes Face Jail«, *Guardian*, 7.4.2023, https://www.theguardian.com/business/2023/apr/06/forbes-30-under-30-tech-finance-prison.

33 Jacqueline Novogratz, Gespräch mit der Autorin, 16.3.2023.
34 Susan Mackie, Gespräch mit der Autorin, 13.7.2021.
35 Jennifer Danek, Gespräch mit der Autorin, 2.7.2021.
36 Susan Mackie, Gespräch mit der Autorin, 13.7.2021.
37 Jennings, *The Seven Signs of Ethical Collapse*.

7. Vielfalt, Gleichstellung und Inklusion

38 Mary C. Murphy, Claude M. Steele & James J. Gross, »Signaling Threat: How Situational Cues Affect Women in Math, Science, and Engineering Settings«, *Psychological Science*, 18, Nr. 10 (Oktober 2007): 879–85, https://doi.org/10.1111/j.1467-9280.2007.01995.x; Kathryn M. Kroeper, Heidi E. Williams & Mary C. Murphy, »Counterfeit Diversity: How Strategically Misrepresenting Gender Diversity Dampens Organizations' Perceived Sincerity and Elevates Women's Identity Threat Concerns«, *Journal of Personality and Social Psychology* 122, Nr. 3 (2022): 399–426, https://doi.org/10.1037/pspi0000348; M. C. Murphy & V. J. Taylor, »The Role of Situational Cues in Signaling and Maintaining Stereotype Threat«, in: *Stereotype Threat: Theory, Process, and Applications*, hrsg. von M. Inzlicht & T. Schmader (Oxford: Oxford University Press, 2012), 17–33; K. L. Boucher & M. C. Murphy, »Why So Few? The Role of Social Identity and Situational Cues in Understanding the Underrepresentation of Women in STEM Fields«, in: *Self and Social Identity in Educational Contexts*, hrsg. von K. I. Mavor, M. Platow & B. Bizumic (Philadelphia: Routledge/Taylor & Francis, 2017), 93–111; M. C. Murphy, K. M. Kroeper & E. Ozier, »Prejudiced Places: How Contexts Shape Inequality and How We Can Change Them«, *Policy Insights from the Behavioral and Brain Sciences* 5 (2018): 66–74, https://doi.org/10.1177/2372732217748671; Katherine T. U. Emerson & Mary C. Murphy, »Identity Threat at Work: How Social Identity Threat and Situational Cues Contribute to Racial and Ethnic Disparities in the Workplace«, *Cultural Diversity and Ethnic Minority Psychology* 20, Nr. 4 (Oktober 2014): 508–20, https://doi.org/10.1037/a0035403; G. M. Walton, M. C. Murphy & A. M. Ryan, »Stereotype Threat in Organizations: Implications for Equity and Performance«, *Annual Review of Organizational Psychology and Organizational Behavior* 2 (2015): 523–50, https://doi.org/10.1146/annurev-orgpsych-032414-111322.
39 Mary C. Murphy & Stephanie L. Reeves, »Personal and Organizational Mindsets at Work«, *Research in Organizational Behavior* 39 (2019), https://doi.org/10.1016/j.riob.2020.100121; Mary C. Murphy & Carol S. Dweck, »A Culture of Genius: How an Organization's Lay Theory Shapes People's Cognition, Affect, and Behavior«, *Personality and Social Psychology Bulletin* 36, Nr. 3 (Oktober 2009): 283–96, https://doi.org/10.1177/0146167209347380; Elizabeth A. Canning, Katherine Muenks, Dorainne J. Green & Mary C. Murphy, »STEM Faculty Who Believe Ability Is Fixed Have Larger Racial Achievement Gaps and Inspire Less Student Motivation in Their Classes«, *Science Advances* 5, Nr. 2 (15.2.2019), https://doi.org/10.1126/sciadv.aau4734; K. Muenks, E. A. Canning, J. LaCosse, D. J. Green, S. Zirkel & J. A. Garcia, »Does My Professor Think My Ability Can Change? Students' Perceptions of Their STEM Professors' Mindset Beliefs Predict Their Psychological Vulnerability, Engagement, and Performance in Class«, *Journal of Experimental Psychology: General* 149, Nr. 11 (2020): 2119–44, https://doi.org/10.1037/xge0000763; David S. Yeager, Jamie M. Carroll, Jenny Buontempo, Andrei Cimpian, Spencer Woody, Robert Crosnoe, Chandra Muller, Jared Murray, Pratik Mhatre, Nicole Kersting, Christopher Hulleman, Molly Kudym, Mary Murphy, Angela Lee Duckworth, Gregory M. Walton & Carol S. Dweck, »Teacher Mindsets Help Explain Where a Growth-Mindset Intervention Does and Doesn't Work«, *Psychological Science* 33, Nr. 1 (2022): 18–32, https://doi.org/10.1177/09567976211028984; Elizabeth A. Canning, Elise Ozier, Heidi E. Williams, Rashed AlRasheed & Mary C. Murphy, »Professors Who Signal a Fixed Mindset about Ability Undermine Women's Performance in STEM«, *Social Psychological and Personality Science* 13, Nr. 5 (2022):

927–37, https://doi.org/10.1177/19485506211030398; M. C. Murphy and G. M. Walton, »From Prejudiced People to Prejudiced Places: A Social-Contextual Approach to Prejudice«, in *Frontiers in Social Psychology Series: Stereotyping and Prejudice*, hrsg. von C. Stangor & C. Crandall (New York: Psychology Press, 2013), 181–203; Emerson & Murphy, »Identity Threat at Work«; Katherine T. U. Emerson & Mary C. Murphy, »A Company I Can Trust? Organizational Lay Theories Moderate Stereotype Threat for Women«, *Personality and Social Psychology Bulletin* 41, Nr. 2 (1.2.2015): 295–307, https://doi.org/10.1177/01461672145649; Walton, Murphy & Ryan, »Stereotype Threat in Organizations«; Boucher & Murphy, »Why So Few?«; L. Bian, S. Leslie, M. C. Murphy & A. Cimpian, »Messages about Brilliance Undermine Women's Interest in Educational and Professional Opportunities«, *Journal of Experimental Social Psychology* 76 (Mai 2018): 404–20; https://doi.org/10.1016/j.jesp.2017.11.006; Melissa A. Fuesting, Amanda B. Diekman, Kathryn L. Boucher, Mary C. Murphy, Dana L. Manson & Brianne L. Safer, »Growing STEM: Perceived Faculty Mindset as an Indicator of Communal Affordances in STEM«, *Journal of Personality and Social Psychology* 117, Nr. 2 (2019): 260–81, https://doi.org/10.1037/pspa0000154; L. A. Murdock-Perriera, K. L. Boucher, E. R. Carter & M. C. Murphy, »Belonging and Campus Climate: Belonging Interventions and Institutional Synergies to Support Student Success in Higher Education«, in: *Higher Education Handbook of Theory and Research*, Bd. 34, hrsg. von M. Paulsen (New York: Springer, 2019), 291–323; Murphy et al., »Open Science, Communal Culture, and Women's Participation in the Movement to Improve Science«, *Proceedings of the National Academy of Sciences*, 117, Nr. 39 (29.9.2020): 24154–64, https://doi.org/10.1073/pnas.1921320117; K. Boucher, M. C. Murphy, D. Bartel, J. Smail, C. Logel & J. Danek, »Centering the Student Experience What Faculty and Institutions Can Do to Advance Equity«, *Change: The Magazine of Higher Learning* 53 (2021): 42–50, https://doi.org/10.1080/00091383.2021.1987804; Canning et al., »Professors Who Signal a Fixed Mindset«; D. J. Green, D. A. Wout & M. C. Murphy, »Learning Goals Mitigate Identity Threat for Black Individuals in Threatening Interracial Interactions«, *Cultural Diversity and Ethnic Minority Psychology* 27 (2021): 201–13, https://doi.org/10.1037/cdp0000331; J. LaCosse, M. C. Murphy, J. A. Garcia & S. Zirkel, »The Role of STEM Professors' Mindset Beliefs on Students' Anticipated Psychological Experiences and Course Interest«, *Journal of Educational Psychology* 113 (2021): 949–71, https://doi.org/10.1037/edu0000620; Mary Murphy, Stephanie Fryberg, Laura Brady, Elizabeth Canning & Cameron Hecht, »Global Mindset Initiative Paper 1: Growth Mindset Cultures and Teacher Practices«, *Growth Mindset Cultures and Practices* (27.8.2021), http://dx.doi.org/10.2139/ssrn.3911594.

40 Jilana Jaxon, Ryan F. Lei, Reut Shachnai, Eleanor K. Chestnut & Andrei Cimpian, »The Acquisition of Gender Stereotypes and Intellectual Ability: Intersections with Race«, *Journal of Social Issues* 75, Nr. 4 (Dezember 2019): 1192–1215, https://doi.org/10.1111/josi.12352.

41 Murphy & Reeves, »Personal and Organizational Mindsets at Work«; Canning et al., »STEM Faculty Who Believe Ability Is Fixed«; Canning et al., »Professors Who Signal a Fixed Mindset«; Murphy & Walton, »From Prejudiced People to Prejudiced Places«; Emerson & Murphy, »A Company I Can Trust?«; Walton, Murphy & Ryan, »Stereotype Threat in Organizations«; Boucher & Murphy, »Why So Few?«; Bian et al., »Messages about Brilliance«; Canning at al., »Professors Who Signal a Fixed Mindset«; La-Cosse et al., »The Role of STEM Professors' Mindset Beliefs«; Murphy et al., »Global Mindset Initiative Paper 1«; M. C. Murphy & S. Zirkel, »Race and Belonging in School: How Anticipated and Experienced Belonging Affect Choice, Persistence, and Performance«, *Teacher's College Record* 117 (2015): 1–40, https://doi.org/10.1177/016146811511701204; Murphy & Taylor, »The Role of Situational Cues«.

42 Murphy, Steele & Gross, »Signaling Threat: How Situational Cues Affect Women in Math, Science, and Engineering Settings«; Murphy & Taylor, »The Role of Situational Cues«; Boucher & Murphy, »Why So Few?«; Murphy, Kroeper & Ozier, »Prejudiced

Places: How Contexts Shape Inequality and How We Can Change Them«; Emerson & Murphy, »Identity Threat at Work«; Walton, Murphy & Ryan, »Stereotype Threat in Organizations«; Claude M. Steele & Joshua Aronson, »Stereotype Threat and the Intellectual Test Performance of African Americans«, *Journal of Personality and Social Psychology* 69, Nr. 5 (1995): 797–811, https://doi.org/10.1037/0022-3514.69.5.797; Claude M. Steele, Steven J. Spencer & Joshua Aronson, »Contending with Group Image: The Psychology of Stereotype and Social Identity Threat«, in: *Advances in Experimental Social Psychology*, Bd. 34, hrsg. von M. P. Zanna (New York: Academic Press: 2002), https://doi.org/10.1016/S0065-2601(02)80009-0; Claude M. Steele, »A Threat in the Air: How Stereotypes Shape Intellectual Identity and Performance«, *American Psychologist* 52, Nr. 6 (1997): 613–29, https://doi.org/10.1037/0003-066X.52.6.613; Claude Steele, *Whistling Vivaldi: How Stereotypes Affect Us and What We Can Do* (New York: W. W. Norton & Company, 2010); Steven J. Spencer, Christine Logel & Paul G. Davies, »Stereotype Threat«, *Annual Review of Psychology* 67 (2015): 415–37, https://doi.org/10.1146/annurev-psych-0731150103235; Geoffrey L. Cohen & Julio Garcia, »Identity, Belonging, and Achievement: A Model, Interventions, Implications«, *Current Directions in Psychological Science* 17, Nr. 6 (2008): https://doi.org/10.1111/j.1467-8721.2008.00607.x.

43 Murphy, Steele & Gross, »Signaling Threat: How Situational Cues Affect Women in Math, Science, and Engineering Settings«; Murphy & Taylor, »The Role of Situational Cues«; Boucher & Murphy, »Why So Few?« Emerson & Murphy, »Identity Threat at Work«; Walton, Murphy & Ryan, »Stereotype Threat in Organizations«; Steele, Spencer & Aronson, »Contending with Group Image«; Spencer, Logel & Davies, »Stereotype Threat«; D. Sekaquaptewa & M. Thompson, »Solo Status, Stereotype Threat, and Performance Expectancies: Their Effects on Women's Performance«, *Journal of Experimental Social Psychology* 39, Nr. 1 (2003): 68–74, https://doi.org/10.1016/S0022-1031(02)00508-5; Nicholas A. Bowman, Christine Logel, Jennifer LaCosse, Lindsay Jarratt, Elizabeth A. Canning, Katherine T. U. Emerson & Mary C. Murphy, »Gender Representation and Academic Achievement Among STEM-Interested Students in College STEM Courses«, *Journal of Research in Science Teaching*, 59, Nr. 10 (2022): 1876–1900, https://doi.org/10.1002/tea.21778.

44 Im Jahr 2021 lag der Frauenanteil in leitenden Managementfunktionen weltweit bei 31 Prozent. Afrika nahm dabei mit 39 Prozent eine Spitzenposition ein, gefolgt von Südostasien mit 38 Prozent. Nordamerika und der pazifische Raum folgten mit 33 Prozent beziehungsweise 28 Prozent. »Women in Management (Quick Take)«, Catalyst, 1.3.2022, https://www.catalyst.org/research/women-in-management/. Von den Fortune-500-Unternehmen waren 2022 nur rund 15 Prozent weiblich geführt. Katharina Buchholz, »How Has the Number of Female CEOs in Fortune 500 Companies Changed Over the Last 20 Years?« World Economic Forum, 10.3.2022, https://www.weforum.org/agenda/2022/03/ceos-fortune-500-companies-female. Und natürlich lag der Anteil nichtweißer Frauen noch viel niedriger. Im Jahr 2021 waren nur zwei Fortune-500-Unternehmen weiblich geführt. Beth Kowitt, »Roz Brewer on What It Feels Like to Be 1 of 2 Black Female CEOs in the Fortune 500«, *Fortune*, 4.10.2021, https://fortune.com/longform/roz-brewer-ceo-walgreens-boots-alliance-interview-fortune-500-black-female-ceos/.

45 M. Johns, M. Inzlicht & T. Schmader, »Stereotype Threat and Executive Resource Depletion: Examining the Influence of Emotion Regulation«, *Journal of Experimental Psychology: General* 137, Nr. 4 (2008): 691–705, https://doi.org/10.1037/a0013834; W. B. Mendes & J. Jamieson, »Embodied Stereotype Threat: Exploring Brain and Body Mechanisms Underlying Performance Impairment«, in: *Stereotype Threat: Theory, Process, and Application*, hrsg. von M. Inzlicht & T. Schmader, 51–68; R. J. Rydell and K. L. Boucher, »Stereotype Threat and Learning«, in: *Advances in Experimental Social Psychology* (New York: Elsevier Academic Press, 2017): 81–129, https://doi.org/10.1016/bs.aesp.2017.02.002; R. J. Rydell, A. R. McConnell & S. L. Beilock, »Multiple Social

Identities and Stereotype Threat: Imbalance, Accessibility, and Working Memory«, *Journal of Personality and Social Psychology* 96, Nr. 5 (2009): 949–66, https://doi.org/10.1037/a0014846; T. Schmader & S. Beilock, »An Integration of Processes that Underlie Stereotype Threat«, in: *Stereotype Threat: Theory, Process, and Application*, hrsg. von M. Inzlicht & T. Schmader, 34–50; T. Schmader, C. E. Forbes, S. Zhang & W. B. Mendes, »A Metacognitive Perspective on the Cognitive Deficits Experienced in Intellectually Threatening Environments«, *Personality and Social Psychology Bulletin* 35, Nr. 5 (2009): 584–96, https://doi.org/10.1177/0146167208330450; T. Schmader & M. Johns, »Converging Evidence that Stereotype Threat Reduces Working Memory Capacity«, *Journal of Personality and Social Psychology* 85 Nr. 3 (2003): 440–52, https://doi.org/10.1037/0022-3514.85.3.440; Spencer, Logel & Davies, »Stereotype Threat«; Murphy, Steele & Gross, »Signaling Threat: How Situational Cues Affect Women in Math, Science, and Engineering Settings«; C. Logel, G. M. Walton, S. J. Spencer, E. C. Iserman, W. von Hippel & A. E. Bell, »Interacting with Sexist Men Triggers Social Identity Threat Among Female Engineers«, *Journal of Personality and Social Psychology* 96 Nr. 6 (2009): 1089–1103, https://doi.org/10.1037/a0015703.

46 Emerson & Murphy, »Identity Threat at Work«; Emerson & Murphy, »A Company I Can Trust?«

47 Ebd.

48 Murphy, »Mindsets in Entrepreneurship: Measurement and Validation Results«.

49 Canning et al., »STEM Faculty Who Believe Ability Is Fixed«.

50 Murphy & Reeves, »Personal and Organizational Mindsets at Work«; Murphy & Dweck, »A Culture of Genius«; Canning et al., »STEM Faculty Who Believe Ability Is Fixed«; Muenks et al., »Does My Professor Think My Ability Can Change?«; Elizabeth A. Canning, Mary C. Murphy, Katherine T. U. Emerson, Jennifer A. Chatman, Carol S. Dweck & Laura J. Kray, »Cultures of Genius at Work: Organizational Mindsets Predict Cultural Norms, Trust, and Commitment«, *Personality and Social Psychology Bulletin* 46, Nr. 4 (2020): 626–42; Canning et al., »Professors Who Signal a Fixed Mindset«; Emerson & Murphy, »Identity Threat at Work«; Emerson & Murphy, »A Company I Can Trust?«; Walton, Murphy & Ryan, »Stereotype Threat in Organizations«; Green et al., »Learning Goals Mitigate Identity Threat for Black Individuals in Threatening Interracial Interactions«; LaCosse et al., »The Role of STEM Professors' Mindset Beliefs«; Murphy et al., »Global Mindset Initiative Paper 1«.

51 Katherine W. Phillips, »How Diversity Makes Us Smarter: Being Around People Who are Different from Us Makes Us More Creative, More Diligent and Harder-Working«, *Scientific American*, 1.10.2014, https://www.scientificamerican.com/article/how-diversity-makes-us-smarter/. Beachtenswert ist auch eine internationale Analyse von 2 360 Unternehmen, der zufolge sowohl Gewinn als auch Wachstum höher ausfielen, wenn wenigstens eine Frau im Vorstand saß. (Meine Forschung zum »Ein-Frau-Phänomen« erläutere ich jedoch etwas später in diesem Kapitel.) Eine Untersuchung von 177 Sparkassen in den USA ergab, dass bei den Instituten, die sich Innovation auf die Fahnen geschrieben hatten, ethnische Vielfalt zu höheren Erträgen führte.

52 Dame Vivian Hunt, Dennis Layton & Sara Prince, »Why Diversity Matters«, McKinsey & Company, 1.1.2015, https://www.mckinsey.com/capabilities/people-and-organizational-performance/our-insights/why-diversity-matters.

53 J. A. Richeson & J. N. Shelton, »Negotiating Interracial Interactions: Costs, Consequences, and Possibilities«, *Current Directions in Psychological Science* 16, Nr. 6 (2007): 316–20, https://doi.org/10.1111/j.1467-8721.2007.00528.x; Sophie Trawalter, Jennifer A. Richeson & J. Nicole Shelton, »Predicting Behavior During Interracial Interactions: A Stress and Coping Approach«, *Personality and Social Psychology Review* 13, Nr. 4 (2009), https://doi.org/10.1177/1088868309345850; A. D. Galinsky, A. R. Todd, A. C. Homan, K. W. Phillips, E. P. Apfelbaum, S. J. Sasaki, J. A. Richeson, J. B. Olayon & W. W. Maddux, »Maximizing the Gains and Minimizing the Pains of Diversity: A Policy Perspective«, *Perspectives on Psychological Science*, 10 (2015): 742–48, https://

doi.org/10.1177/1745691615598513; D. van Knippenberg, C. K. W. De Dreu & A. C. Homan, »Work Group Diversity and Group Performance: An Integrative Model and Research Agenda«, *Journal of Applied Psychology*, 89 (2004): 1008–22, https://doi.org/10.1037/0021-9010.89.6.1008; John F. Dovidio, Samuel L. Gaertner & Kerry Kawakami, »Intergroup Contact: The Past, the Present, and the Future«, *Group Processes and Intergroup Relations*, 6, Nr. 1 (2003), https://doi.org/10.1177/1368430203006001009; J. F. Dovidio, S. E. Gaertner, K. Kawakami & G. Hodson, »Why Can't We Just Get Along? Interpersonal Biases and Interracial Distrust«, *Cultural Diversity and Ethnic Minority Psychology* 8, Nr. 2 (2002): 88–102, https://doi.org/10.1037/1099-9809.8.2.88.
54 Samantha Goddiess, »The 10 Largest Recruiting Firms in the United States«, Zippia, 12.4.2022, https://www.zippia.com/advice/largest-recruiting-firms/.
55 »Act One Group: Janice Bryant Howroyd (2018)«, Gespräch mit Guy Raz, *How I Built This*, 28.12.2020, https://www.npr.org/2020/12/22/949258732/actone-group-janice-bryant-howroyd-2018; »Janice Bryant Howroyd and Family«, *Forbes*, https://www.forbes.com/profile/janice-bryant-howroyd/?sh=244962786da8.
56 »Being an Underrepresented Founder with Courtney Blagrove«, Gespräch mit Jenny Stojkovic, *VWS Pathfinders Podcast*, Spotify, 3.5.2021, https://podcasters.spotify.com/pod/pod/show/veganwomensummit/episodes/Being-an-Underrepresented-Founder-with-Courtney-Blagrove--Co-founder-of-Whipped--on-the-VWS-Pathfinders-Podcast-with-Jenny-Stojkovic-e10668i.
57 Ray Douglas, »Lack of Diversity Increases Risk of Tech Product Failures«, *Financial Times*, 13.11.2018, https://www.ft.com/content/0ef656a8-cd8a-11e8-8d0b-a6539b949662.
58 Shane Ferro, »Here's Why Facial Recognition Tech Can't Figure Out Black People«, *Huffington Post*, 2.3.2016, https://www.huffpost.com/entry/heres-why-facial-recognition-tech-cant-figure-out-black-people_n_56d5c2b1e4b0bf0dab3371eb.
59 Ebd.
60 George Aye, »Surviving IDEO«, *Medium*, 23.5.2021, https://medium.com/surviving-ideo/surviving-ideo-4568d51bcfb6. Aye schreibt weiter, dass eine Frau während ihres Mutterschaftsurlaubs entlassen wurde. Der dafür verantwortliche Manager hatte sich zuvor angeblich bei ihr darüber beklagt, dass er für eine andere Frau »ein ganzes Jahr Mutterschaftsurlaub« habe bezahlen müssen, »nur um dann zu erfahren, dass sie nicht zurückkehren wird«. Mehrere Menschen berichteten Aye, dass sie gefragt worden seien, ob sie Einwände dagegen hätten, für eine Fast-Food-Kette zu arbeiten, die sich aktiv gegen LGBTQ+-Belange einsetzt. Als einige das bejahten, erhielten sie eine Abmahnung, und das Unternehmen entschied sich dennoch, den Kunden anzunehmen. Eine Untersuchung bei der branchenweit als genial betrachteten Firma in Bezug auf Diversität und Inklusion ergab, dass »Männer und weiße Angestellte am ehesten ein Zugehörigkeitsgefühl [haben] und glauben, dass sie in die Entscheidungsfindung eingebunden werden und ihre Stimme gehört wird. Sie sind außerdem in den Führungspositionen deutlich überrepräsentiert.«
61 »The STEM Struggle«, Gespräch mit Mark Reggers, 3M Science of Safety, 12.11.2018, https:/3mscienceofsafety.libsyn.com/episode-18-the-stem-struggle. Zu den datengestützten Programmen von 3M zählen »Inclusion Champions« und »Inclusion Teams«, die eng mit dem Mitarbeiterressourcen-Netzwerk des Unternehmens zusammenarbeiten, um eine Art DEI-Qualitätskontrolle zu gewährleisten. Ihr Ziel besteht darin, sicherzustellen, dass Mitarbeiter und Führungskräfte über geografische und Arbeitsplatzkulturen hinweg ein integratives Verhalten an den Tag legen und Vielfalt im gesamten Unternehmen als positiven Wert würdigen. Zu den diesbezüglichen Anstrengungen gehören regelmäßige Treffen zwischen den Inclusion Champions, den Leitern des Mitarbeiterressourcen-Netzwerks und der obersten Führungsebene. Wie SAP unterstützt das Unternehmen in großem Umfang verschiedene Bereiche der MINT-Ausbildung, etwa Bestrebungen, mehr Bildungsmöglichkeiten für nichtweiße Bevölkerungsgruppen zu schaffen. Die Organisation »Equity & Community« von 3M ist mit

einer Reihe von Aufgaben betraut, darunter mit der unternehmensweiten Gewährleistung von Gleichstellung und Inklusion sowie der Unterstützung sozialer Gerechtigkeit in Bereichen wie Produktentwicklung, politische Interessenvertretung und Lieferantenvielfalt. Im Jahr 2020 hat 3M zwei Führungspositionen zur Unterstützung von DEI-Initiativen geschaffen: den Direktor für Social Justice Strategy & Initiatives und den Chief Equity Officer im Range eines Vice President. Das Unternehmen beobachtet seine Diversitätsentwicklung genau, und in seinem Bericht für das Jahr 2020 erreichte 3M einen Diversitätsgrad von insgesamt fast 50 Prozent (39,7 Prozent Frauen, 8,7 Prozent rassische und ethnische Minderheiten, 1,4 Prozent behinderte Beschäftigte und 0,5 Prozent LGBTQ+) bei den weltweit Beschäftigten außerhalb der Produktion und einen Diversitätsgrad von fast 70 Prozent (34,7 Prozent Frauen und 24,8 Prozent rassische und ethnische Minderheiten) bei den Vice Presidents und der obersten Leitungsebene. Außerdem waren 36,4 Prozent der Vorstandsmitglieder des Unternehmens Frauen. In einer Unternehmensumfrage gaben 76 Prozent der 3M-Mitarbeiter an, dass sie das Gefühl hätten, zum Unternehmen zu gehören und integriert zu werden. »Global Diversity, Equity & Inclusion Report«, 3M, 2020, https://multimedia.3m.com/mws/media/1955238O/3m-global-diversity-equity-and-inclusion-report-2020.pdf.
62 »The STEM Struggle«, Gespräch mit Mark Reggers.
63 Emerson & Murphy, »Identity Threat at Work«; Emerson & Murphy, »A Company I Can Trust?«
64 Madeline Bennett, »Black History Month: SAP's Diversity Chief Busts the Talent Pipeline Myth«, *Diginomica*, 2.2.2021, https://diginomica.com/black-history-month-saps-diversity-chief-busts-talent-pipeline-myth; Emily Chang, *Brotopia: Breaking Up the Boys' Club of Silicon Valley* (New York: Portfolio, 2018).
65 Im Vereinigten Königreich kommen nur vier Prozent der Arbeitskräfte im Technologiesektor aus der schwarzen, asiatischen oder einer sonstigen Minderheit. Doch laut Daten von Colorintech – einem gemeinnützigen Londoner Netzwerk, das die Diversität in der Tech-Branche erhöhen möchte – waren im Studienjahr 2013/14 mehr Studierende aus ethnischen Minderheiten als weiße Studierende in den MINT-Fächern eingeschrieben. Diese früheren Studierenden stünden heute für einen Berufsweg in MINT-Unternehmen theoretisch zur Verfügung. Laut Dion McKenzie, Mitgründer von Colorintech, stellt die Pipeline nicht das Problem dar. »Wenn wir eines unserer Portfolio-Unternehmen im Bewerbungsverfahren unterstützen, dann erleben wir, dass Bewerberinnen und Bewerber aus ethnischen Minderheiten es noch nicht einmal durch den Ausleseprozess schaffen. Man sollte sich fragen, woran das wohl liegt.« Douglas, »Lack of Diversity Increases Risk of Tech Product Failures«.
66 »Equity Accelerator«, https://accelerateequity.org/.
67 »Open Hiring at Greyston Bakery«, YouTube, 30.7.2020, https://www.youtube.com/watch?v=fiKwkh2teQg; »Homepage«, Greyston, https://www.greyston.org/.
68 Karen Gross, Gespräch mit der Autorin, 13.7.2021; Karen Gross, »A Case for Getting Proximate«, University of St. Thomas, https://blogs.stthoma s.edu/holloran-center/a-case-for-getting-proximate/.
69 »To Repeat or Diversify? The Impact of Implicit Self-Theories and Preferences Forecasting on Anticipated Consumption Variety« (unveröffentlichtes Manuskript).
70 L. J. Kray & M. P. Haselhuhn, »Implicit Negotiation Beliefs and Performance: Experimental and Longitudinal Evidence«, *Journal of Personality and Social Psychology* 93, Nr. 1 (2007): 49–64, https://doi.org/10.1037/0022-3514.93.1.49. In einer praxisnahen Erweiterung dieser Arbeit maßen sie zudem die Überzeugungen von MBA-Studierenden in Bezug auf Verhandlungen und untersuchten, wie diese Überzeugungen die Fähigkeit der Studierenden beeinflussten, ein schwieriges Verhandlungsszenario zu bewältigen, das oft mit einem Misserfolg endet. Je mehr ein Duo die mit einem dynamischen Mindset einhergehenden Überzeugungen vertrat, desto eher hielt es durch, wenn das Hin und Her anstrengend wurde, und desto eher war es auch in der Lage, integrativere Lösungen zu entwickeln.

71 Mary C. Murphy, »Cultures of Genius and Cultures of Growth: Effects on Board Gender Diversity in the Fortune 500« (unveröffentlichtes Manuskript).
72 Boucher et al., »Centering the Student Experience«; »Increasing Equity in College Student Experience: Findings from a National Collaborative. A Report of the Student Experience Project«, https://studentexperienceproject.org/wp-content/uploads/Increasing-Equity-in-Student-Experience-Findings-from-a-National-Collaborative.pdf; https://studentexperienceproject.org/.
73 Sanford Shugart, Gespräch mit der Autorin, 23.9.2020.
74 Louis Wool, Gespräch mit der Autorin, 29.9.2020.
75 Sanford Shugart, Gespräch mit der Autorin, 23.9.2020.
76 Amy Bosley, Gespräch mit Kelly Madrone, 22.11.2020.
77 Sanford Shugart, Gespräch mit der Autorin, 23.9.2020.
78 Courtney L. McCluney, Kathrina Robotham, Serenity Lee, Richard Smith & Myles Durkee, »The Costs of Code-Switching«, *Harvard Business Review*, 15.11.2019, https://hbr.org/2019/11/the-costs-of-codeswitching.
79 Emerson & Murphy, »A Company I Can Trust?«; Murphy & Reeves, »Personal and Organizational Mindsets at Work«; Emerson & Murphy, »Identity Threat at Work«; Canning et al., »Professors Who Signal a Fixed Mindset«; LaCosse et al., »The Role of STEM Professors' Mindset Beliefs«.
80 »Lanaya Irvin: Talking About Race at Work«, Gespräch mit Veronica Dagher, *Secrets of Wealthy Women*, Wall Street Journal podcast, 10.6.2020, https://www.wsj.com/podcasts/secrets-of-wealthy-women/lanaya-irvin-talking-about-race-at-work/918158fb-b9a6-422e-b21d-cd6d4a82ffff.
81 Ebd.
82 Ebd.
83 Ebd.
84 Ellen Pao, *Reset: My Fight for Inclusion and Lasting Change* (New York: Random House, 2017).
85 Karen Gross, Gespräch mit der Autorin, 13.7.2021; »Compassion Contract«, Citizen Discourse. Weitere Informationen auf der Website von Citizen Discourse, wo man den Mitgefühlsvertrag (*compassion contract*) herunterladen kann: https://citizendiscourse.org/compassion-contract/.
86 »Open Hiring at Greyston Bakery«, YouTube.
87 Mara Leighton, »MIT Offers Over 2,000 Free Online Courses – Here Are 13 of the Best Ones«, *Business Insider*, 9.2.2021, https://www.businessinsider.com/guides/learning/free-massachusetts-institute-of-technology-online-courses.

8. Mindset-Mikrokulturen

1 Mary C. Murphy & Stephanie L. Reeves, »Personal and Organizational Mindsets at Work«, *Research in Organizational Behavior* 39 (2019), https://doi.org/10.1016/j.riob.2020.100121.
2 Mary C. Murphy, Claude M. Steele & James J. Gross, »Signaling Threat: How Situational Cues Affect Women in Math, Science, and Engineering Settings«, *Psychological Science*, 18, Nr. 10 (Oktober 2007): 879–85, https://doi.org/10.1111/j.1467-9280.2007.01995.x; Katherine T. U. Emerson & Mary C. Murphy, »Identity Threat at Work: How Social Identity Threat and Situational Cues Contribute to Racial and Ethnic Disparities in the Workplace«, *Cultural Diversity and Ethnic Minority Psychology* 20, Nr. 4 (Oktober 2014): 508–20, https://doi.org/10.1037/a0035403; G. M. Walton, M. C. Murphy & A. M. Ryan, »Stereotype Threat in Organizations: Implications for Equity and Performance«, *Annual Review of Organizational Psychology and Organizational Behavior* 2 (2015): 523–50, https://doi.org/10.1146/annurev-orgpsych-032414-111322. Murphy & Taylor, »The Role of Situational Cues in Signaling and Maintaining Stereotype Threat;« Murphy & Reeves, »Personal and Organizational Mindsets at Work«; Elizabeth

A. Canning, Mary C. Murphy, Katherine T. U. Emerson, Jennifer A. Chatman, Carol S. Dweck & Laura J. Kray, »Cultures of Genius at Work: Organizational Mindsets Predict Cultural Norms, Trust, and Commitment«, *Personality and Social Psychology Bulletin* 46, Nr. 4 (2020): 626–42; Elizabeth A. Canning, Elise Ozier, Heidi E. Williams, Rashed AlRasheed & Mary C. Murphy, »Professors Who Signal a Fixed Mindset about Ability Undermine Women's Performance in STEM«, *Social Psychological and Personality Science* 13, Nr. 5 (2022): 927–37, https://doi.org/10.1177/19485506211030398; J. LaCosse, M. C. Murphy, J. A. Garcia & S. Zirkel, »The Role of STEM Professors' Mindset Beliefs on Students' Anticipated Psychological Experiences and Course Interest«, *Journal of Educational Psychology* 113 (2021): 949–71, https://doi.org/10.1037/edu0000620; K. Muenks, E. A. Canning, J. LaCosse, D. J. Green, S. Zirkel & J. A. Garcia, »Does My Professor Think My Ability Can Change? Students' Perceptions of Their STEM Professors' Mindset Beliefs Predict Their Psychological Vulnerability, Engagement, and Performance in Class«, *Journal of Experimental Psychology: General* 149, Nr. 11 (2020): 2119–44, https://doi.org/10.1037/xge0000763.

3 Dan Scofield, »Daniel ›Rudy‹ Ruettiger, Notre Dame's Famous Walk-On: The True Story«, *Bleacher Report*, 18.1.2010, https://bleacherreport.com/articles/328263-the-true-story-of-notre-dames-famous-walk-on-daniel-rudy-reutigger.

4 »How to Change Your Brain with Dr. Andrew Huberman, Episode 533«, Gespräch mit Rich Roll, *Rich Roll Podcast*, 20.7.2020, https://www.richroll.com/podcast/andrew-huberman-533/.

5 Mary C. Murphy & Carol S. Dweck, »A Culture of Genius: How an Organization's Lay Theory Shapes People's Cognition, Affect, and Behavior«, *Personality and Social Psychology Bulletin* 36, Nr. 3 (Oktober 2009): 283–96, https://doi.org/10.1177/0146167209347380; Emerson & Murphy, »A Company I Can Trust?«

6 Candace Duncan, Gespräch mit Kelly Madrone, 2.12.2020.

7 Jorrit van der Togt, Gespräch mit der Autorin, 8.7.2021.

9. Beurteilungssituationen

8 L. S. Blackwell, K. H. Trzesniewski & C. S. Dweck, »Implicit Theories of Intelligence Predict Achievement Across an Adolescent Transition: A Longitudinal Study and an Intervention«, *Child Development* 78, Nr. 1 (2007): 246–63, http://dx.doi.org/10.1111/j.1467-8624.2007.00995.x; Y. Hong, C. Chiu, C. S. Dweck, D. M.-S. Lin & W. Wan, »Implicit Theories, Attributions, and Coping: A Meaning System Approach«, *Journal of Personality and Social Psychology* 77 (1999): 588–99, https://doi.org/10.1037/0022-3514.77.3.588; A. David Nussbaum & Carol S. Dweck, »Defensiveness Versus Remediation: Self-Theories and Modes of Self-Esteem Maintenance«, *Personality and Social Psychology Bulletin* 34, Nr. 5 (5.3.2008): 599–612, https://doi.org/10.1177/0146167207312960.

9 John Carreyrou, *Die wahre Geschichte des größten Betrugs im Silicon Valley* (München: Penguin, 2022).

10 *Die Erfinderin: Böses Blut im Silicon Valley*, Regie: Alex Gibney, HBO Documentary Films/Jigsaw Productions, 2019.

11 Avery Hartmans, Sarah Jackson & Azmi Haroun, »The Rise and Fall of Elizabeth Holmes, the Former Theranos CEO Found Guilty of Wire Fraud and Conspiracy – Who Just Managed to Delay Her Prison Reporting Date«, *Business Insider*, 26.4.2023, https://www.businessinsider.com/theranos-founder-ceo-elizabeth-holmes-life-story-bio-2018-4.

12 Carreyrou, *Bad Blood*.

13 *Die Erfinderin*, Regie: Alex Gibney; Hartmans, Jackson & Haroun, »The Rise and Fall of Elizabeth Holmes«.

14 »Style Startup to IPO with Katrina Lake at the Commonwealth Club«, Gespräch mit Lauren Schiller, *Inflection Point*, YouTube, 20.6.2018, https://www.youtube.com/watch?

v=69MiU-4v3NU; Jessica Pressler, »How Stitch Fix CEO Katrina Lake Built a $2 Billion Company«, *Elle*, 28.2.2018, https://www.elle.com/fashion/a15895336/katrina-lake-stitch-fix-ceo-interview/.

15 »Katrina Lake«, Gespräch mit Carly Zakin und Danielle Weisberg, *Skimm'd from the Couch*, 25.7.2018, https://www.theskimm.com/money/sftc-katrina-lake.

16 In der Zeit nach Ende der Pandemie litten die Bewertungen vieler Technologieunternehmen, darunter auch jene von Stitch Fix. Das ändert jedoch nichts an der Tatsache, dass Lakes wachstumsorientierte Herangehensweise an die mit dem Börsengang verbundene Beurteilungssituation ihrem Unternehmen viele erfolgreiche Jahre bescherte. Lake trat 2021 als CEO zurück und übernahm den Posten 2023 erneut. Adriana Lee, »Stitch Fix Plans to Return Focus to What Built the Business«, Yahoo!-Money, 8.3.2023, https://money.yahoo.com/stitch-fix-plans-return-focus-222156568.html.

17 »These Are Not Uncertain Times: Ways to Pivot, Lead, and Thrive – Simon Sinek with Dave Asprey, #740«, *Human Upgrade*, 21.5.2020, https://daveasprey.com/simon-sinek-740/.

18 Anne Helen Petersen, *Can't Even: How Millennials Became the Burnout Generation* (New York: Houghton Mifflin Harcourt, 2020).

19 Catherine Poirier, Carina Cheng, Ellora Sarkar, Henry Silva & Tom Kudrle, »The Culture of Data Leaders«, Keystone, 2.2.2021, https://www.keystone.ai/news-publications/whitepaper-the-culture-of-data-leaders/.

20 Mary Murphy, Stephanie Fryberg, Laura Brady, Elizabeth Canning & Cameron Hecht, »Global Mindset Initiative Paper 1: Growth Mindset Cultures and Teacher Practices«, *Growth Mindset Cultures and Practices* (27.8.2021), http://dx.doi.org/10.2139/ssrn.3911594; K. Morman, L. Brady, C. Wang, M. C. Murphy, M. Bang & S. Fryberg, »Creating Identity Safe Classrooms: A Cultural Educational Psychology Approach to Teacher Interventions«. Vortrag anlässlich des American Educational Research Association Annual Meeting, Chicago, Illinois, April 2023.

21 John Mackey, Steve McIntosh & Carter Phipps, *Conscious Leadership: Elevating Humanity Through Business* (New York: Portfolio, 2020).

22 »Badass Bozoma Saint John«, Gespräch mit Charli Penn und Cori Murray, *Yes, Girl!*, 26.10.2020, https://www.essence.com/lifestyle/career-advice-uber-cbo-bozoma-saint-john/.

23 Kurt Wagner, »Mark Zuckerberg Shares Facebook's Secrets with All His Employees, and Almost None of It Leaks«, *Vox*, 5.1.2017, https://www.vox.com/2017/1/5/13987714/mark-zuckerberg-facebook-qa-weekly.

10. Hochleistungssituationen

1 Mary C. Murphy & Stephanie L. Reeves, »Personal and Organizational Mindsets at Work«, *Research in Organizational Behavior* 39 (2019), https://doi.org/10.1016/j.riob.2020.100121.

2 »Ramona Hood«, Gespräch mit Carly Zakin und Danielle Weisberg, *Skimm'd from the Couch*, 11.11.2020, https://www.theskimm.com/money/skimmd-from-the-couch-ramona-hood.

3 Stephen King, *Das Leben und das Schreiben* (München: Heyne, 2011).

4 »Stephen King Books in Order: Complete Series List«, *Candid Cover*, 3.5.2023, https://candidcover.net/stephen-king-books-in-order-list/.

5 King, *Das Leben und das Schreiben*.

6 Jason R. Tregellas, Deana B. Davalos & Donald C. Rojas, »Effect of Task Difficulty on the Functional Anatomy of Temporal Processing«, *Neuroimage* 32, Nr. 1 (19.4.2006): 307–15, https://doi.org/10.1016/j.neuroimage.2006.02.036.

7 National Research Council, *How People Learn: Brain, Mind, Experience, and School: Expanded Edition* (Washington, DC: National Academies Press, 2020).

8 Cathy O'Neil, »Weapons of Math Destruction«, *Discover*, 31.8.2016, https://www.discovermagazine.com/the-sciences/weapons-of-math-destruction.
9 »The Inside Story of the Ever-Changing Brain«, Gespräch mit Brené Brown, *Unlocking Us*, 2.12.2020, https://brenebrown.com/podcast/brene-with-david-eagleman-on-the-inside-story-of-the-ever-changing-brain/.
10 David Curry, »Fitbit Revenue and Usage Statistics (2023)«, *Business of Apps*, 9.1.2023, https://www.businessofapps.com/data/fitbit-statistics/.
11 »Fitbit: James Park«, Gespräch mit Guy Raz, *How I Built This*, 27.4.2020, https://www.npr.org/2020/04/22/841267648/fitbit-james-park.
12 Lin-Manuel Miranda, Keinan Warsame, Claudia Feliciano, Rizwan Ahmed, Rene Perez Joglar & Jeffrey Penalva, »Immigrants (We Get the Job Done)«, *The Hamilton Mixtape*, Atlantic Records, 2.12.2016.
13 Julia A. Leonard, Dominique N. Martinez, Samantha C. Dashineau, Anne T. Park & Allyson P. Mackey, »Children Persist Less When Adults Take Over«, *Child Development* 92, Nr. 4 (Juli/August 2021): 1325–36, https://doi.org/10.1111/cdev.13492.
14 »Don't Be a Duck! How to Resist the Stanford Duck Syndrome«, Stanford University, https://studentaffairs.stanford.edu/focus-dont-be-duck-how-resist-stanford-duck-syndrome.
15 Jennifer Epstein, »A ›Suicide School‹?«, *Inside Higher Ed*, 15.3.2010, https://www.insidehighered.com/news/2010/03/16/suicide-school; Trip Gabriel, »After 3 Suspected Suicides, Cornell Reaches Out«, *New York Times*, 16.3.2010, https://www.nytimes.com/2010/03/17/education/17cornell.html; Tovia Smith, »Deaths Revive Cornell's Reputation as ›Suicide School,‹« NPR, 18.3.2010, https://www.npr.org/templates/story/story.php?storyId=124807724.
16 Nancy Doolittle, »Cornell Reviews Its Mental Health Approach, Looks Ahead«, *Cornell Chronicle*, 18.1.2018, https://news.cornell.edu/stories/2018/01/cornell-reviews-its-mental-health-approach-looks-ahead.
17 Elizabeth Bjork & Robert A. Bjork, »Making Things Hard on Yourself, but in a Good Way: Creating Desirable Difficulties to Enhance Learning«, in: *Psychology and the Real World*, hrsg. von Morton Ann Gernsbacher, Richard W. Pew, Leaetta M. Hough & James R. Pomerantz (New York: Worth, 2009), 56–64.
18 David Epstein, *Range: Why Generalists Triumph in a Specialized World* (New York: Macmillan, 2019).
19 Epstein, *Range*; Harold W. Stevenson & James W. Stigler, *The Learning Gap: Why Our Schools Are Failing and What We Can Learn from Japanese and Chinese Education* (New York: Touchstone, 1992).
20 Stevenson & Stigler, *The Learning Gap*.
21 Nate Kornell, Matthew Jensen Hays & Robert A. Bjork, »Unsuccessful Retrieval Attempts Enhance Subsequent Learning«, *Journal of Experimental Psychology* 35, Nr. 4 (2009): 989–98, https://doi.org/10.1037/a0015729.
22 Shui-Fong Lam, Pui-shan Lim & Yee-lam Ng, »Is Effort Praise Motivational? The Role of Beliefs in the Effort–Ability Relationship«, *Contemporary Educational Psychology* 33, Nr. 4 (Oktober 2008): 694–710, https://doi.org/10.1016/j.cedpsych.2008.01.005.
23 Lam, Lim & Ng, »Is Effort Praise Motivational?«; Michael Chapman & Ellen A. Skinner, »Children's Agency Beliefs, Cognitive Performance, and Conceptions of Effort and Ability: Individual and Developmental Differences«, *Child Development* 60, Nr. 5 (1989): 1229–38, https://doi.org/10.2307/1130796; John G. Nicholls, »The Development of the Concepts of Effort and Ability, Perception of Academic Attainment, and the Understanding that Difficult Tasks Require More Ability«, *Child Development* 49, Nr. 3 (1978): 800–14, https://doi.org/10.2307/1128250.
24 @sarahelizalewis, »Martin Luther King Jr. erhielt im Fach Rhetorik zweimal die Note 3. Im nächsten Semester fiel er sogar von einer 3+ auf eine glatte 3. Hier ist das Protokoll. Lebe deinen Traum.« 11.1.2020, 17 09 Uhr, https://twitter.com/sarahelizalewis/status/1216150254120247297?lang=en.

25 Paul A. O'Keefe, Carol S. Dweck & Gregory M. Walton, »Implicit Theories of Interest: Finding Your Passion or Developing It?« *Psychological Science* 29, Nr. 10 (6.9.2018): 1653–64, https://doi.org/10.1177/0956797618780643.
26 »Meet the Speakers: Dr. Sapna Cheryan«, Gespräch mit Andrew Watson, *Learning & the Brain*, 15.10.2017, https://www.learning andthebrain.com/blog/meet-the-speakers-dr-sapna-cheryan/.
27 Emily Chang, *Brotopia: Breaking Up the Boys' Club of Silicon Valley* (New York: Portfolio, 2018).
28 Walter Isaacson, *Steve Jobs* (München: btb, 2012).
29 »The Wildfang Way: Emma McIlroy«, Gespräch mit Jonathan Fields, *The Good Life Podcast*, 7.8.2019, https://www.goodlifeproject.com/podcast/emma-mcilroy-wildfang/.
30 Katherine T. U. Emerson & Mary C. Murphy, »Identity Threat at Work: How Social Identity Threat and Situational Cues Contribute to Racial and Ethnic Disparities in the Workplace«, *Cultural Diversity and Ethnic Minority Psychology* 20, Nr. 4 (Oktober 2014): 508–20, https://doi.org/10.1037/a0035403; Ashley Bittner & Brigette Lau, »Women-Led Startups Received Just 2.3% of VC Funding in 2020«, *Harvard Business Review*, 25.2.2021, https://hbr.org/2021/02/women-led-startups-received-just-2-3-of-vc-funding-in-2020; Gabrielle Fonrouge, »Venture Capital for Black Entrepreneurs Plummeted 45% in 2022, Data Shows«, CNBC, 2.2.2023, https://www.cnbc.com/2023/02/02/venture-capital-black-founders-plummeted.html; Dana Kanze, Mark A. Conley, Tyler G. Okimoto, Damon J. Phillips & Jennifer Merluzzi, »Evidence that Investors Penalize Female Founders for Lack of Industry Fit«, *Science Advances* 6, Nr. 48 (2020), https://doi.org/10.1126/sciadv.abd7664; Elsa T. Chan, Pok Man Tang & Shuhui Chen, »The Psychology of Women in Entrepreneurship: An International Perspective«, in: *The Cambridge Handbook of the International Psychology of Women*, hrsg. von Fanny M. Cheung & Diane F. Halpern (Cambridge: Cambridge University Press, 2020), https://www.cambridge.org/core/books/abs/cambridge-handbook-of-the-international-psychology-of-women/psychology-of-women-in-entrepreneurship/029B74F2B343 30350BF6C72FADC8363D; L. Bigelow, L. Lundmark, J. McLean Parks & R. Wuebker, »Skirting the Issues: Experimental Evidence of Gender Bias in IPO Prospectus Evaluations«, *Journal of Management* 40, Nr. 6 (2012): 1732–59, https://doi.org/10.1177/0149206312441624; E. H. Buttner & B. Rosen, »Bank Loan Officers' Perceptions of the Characteristics of Men, Women, and Successful Entrepreneurs«, *Journal of Business Venturing* 3, Nr. 3 (1988): 249–58, https://doi.org/10.1016/0883-9026(88)90018-3; Mark Geiger, »A Meta-Analysis of the Gender Gap(s) in Venture Funding: Funder- and Entrepreneur-Driven Perspectives«, *Journal of Business Venturing Insights* 13 (2020), https://doi.org/10.1016/j.jbvi.2020.e00167; Candida Brush, Patricia Greene, Lakshmi Balachandra & Amy Davis, »The Gender Gap in Venture Capital: Progress, Problems, and Perspectives«, *Venture Capital* 20, Nr. 2 (2018): 115–36, https://doi.org/10.1080/13691 066.2017.1349266; Michael S. Barr, »Minority and Women Entrepreneurs: Building Capital, Networks, and Skills«, Hamilton Project, discussion paper 2015-03 (März 2015), https://www.brookings.edu/wp-content/uploads/2016/07/minority_women_entrepreneurs_building_skills_barr.pdf; Rosanna Garcia & Daniel W. Baack, »The Invisible Racialized Minority Entrepreneur: Using White Solipsism to Explain the White Space«, *Journal of Business Ethics* (2022), https://doi.org/10.1007/s10551-022-05308-6.
31 Dominic-Madori Davis, »Women-Founded Startups Raised 1.9% of All VC Funds in 2022, a Drop from 2021«, *TechCrunch*, 18.1.2023, https://techcrunch.com/2023/01/18/women-founded-startups-raised-1-9-of-all-vc-funds-in-2022-a-drop-from-2021/.
32 Silvia Mah, »Why Female Founders Still Aren't Getting the Big Number Investments – And Why They Should«, *Forbes*, 30.11.2022, https://www.forbes.com/sites/forbesbusinesscouncil/2022/11/30/why-female-founders-still-arent-getting-the-big-number-investments-and-why-they-should/?sh=58c769902761.
33 Dominic-Madori Davis, »Black Founders Still Raised Just 1% of All VC Funds in 2022«, *TechCrunch*, 6.1.2023, https://techcrunch.com/2023/01/06/black-founders-still-

raised-just-1-of-all-vc-funds-in-2022/. CNBC kommentiert: »Während Investitionen in diverse Teams oft als moralisches Gebot betrachtet werden und als etwas, das man tut, weil es richtig ist, haben Forschungen bewiesen, dass sie auch zu höheren Erträgen für Investoren führen können, sagt John Roussel, der Geschäftsführer von Colorwave.« Fonrouge, »Venture Capital for Black Entrepreneurs Plummeted 45% in 2022, Data Shows«.
34 Mary C. Murphy, »Mindsets in Entrepreneurship: Measurement and Validation Results«, Bericht an die G2 Advisory Group und die Kauffman Foundation (April 2020); M. C. Murphy, B. Tauber, C. Samsa & C. S. Dweck, »Founders' Mindsets Predict Company Culture and Organizational Success in Early Stage Startups« (Arbeitspapier).
35 »Style Startup to IPO with Katrina Lake at the Commonwealth Club«, Gespräch mit Lauren Schiller, *Inflection Point*, YouTube, 20.6.2018, https://www.youtube.com/watch?v=69MiU-4v3NU.
36 »Calendly: Tope Awotona«, Gespräch mit Guy Raz, *How I Built This*, 14.9.2020, https://www.npr.org/2020/09/11/911960189/calendly-tope-awotona.
37 »McBride Sisters Wine (Part 1 of 2): Robin McBride and Andrea McBride John«, Gespräch mit Guy Raz, *How I Built This*, 19.10.2020, https://www.npr.org/2020/10/15/924227706/mcbride-sisters-wine-part-1-of-2-robin-mcbride-and-andr-a-mcbride-john; »McBride Sisters Wine (Part 2 of 2): Robin McBride and Andrea McBride John«, Gespräch mit Guy Raz, *How I Built This*, 26.10.2020, https://www.npr.org/2020/10/23/927158151/mcbride-sisters-wine-part-2-of-2-robin-mcbride-and-andr-a-mcbride-john.
38 »Our Story«, McBride Sisters Wine Company, https://www.mcbridesisters.com/Sisters-Story.
39 McBride Sisters Wine (Part 1 of 2): Robin Mc-Bride and Andrea McBride John», Gespräch mit Guy Raz; »McBride Sisters Wine (Part 2 of 2): Robin McBride and Andrea McBride John«, Gespräch mit Guy Raz.
40 »McBride Sisters Wine (Part 2 of 2): Robin Mc-Bride and Andrea McBride John«, Gespräch mit Guy Raz.
41 »Rotpunkt: Alex Megos Climbs His Hardest Project Yet«, *Patagonia*, YouTube, https://www.youtube.com/watch?v=COuxNFuAS1Q; Michael Levy, »Interview: Alex Megos on ›Bibliographie,‹ (5.15d)«, *Rock & Ice*, 11.8.2020, https://www.rockandice.com/climbing-news/inteview-alex-megos-on-bibliographie-5-15d/.
42 Anne Lamott, *Bird by Bird: Some Instructions on Writing and Life* (New York: Pantheon, 1994).
43 »McBride Sisters Wine (Part 2 of 2): Robin Mc-Bride and Andrea McBride John«, Gespräch mit Guy Raz.
44 Claude M. Steele, »The Psychology of Self-Affirmation: Sustaining the Integrity of the Self«, *Advances in Experimental Social Psychology* 21 (1988): 261–2, https://doi.org/10.1016/S0065-2601(08)60229-4; David K. Sherman & Geoffrey L. Cohen, »The Psychology of Self-Defense: Self-Affirmation Theory«, *Advances in Experimental Social Psychology* 38 (2006): 183–242, https://doi.org/10.1016/S0065-2601(06)38004-5.
45 Rebecca Riffkin, »In U.S., 55 % of Workers Get Sense of Identity from Their Job«, Gallup, 22.8.2014, https://news.gallup.com/poll/175400/workers-sense-identity-job.aspx.
46 Steele, »The Psychology of Self-Affirmation«; Sherman & Cohen, »The Psychology of Self-Defense«.
47 »Jay-Z: The Hip-Hop Billionaire Who Couldn't Even Get a Record Deal«, Black BOSS Channel, YouTube, https://www.youtube.com/watch?v=aVP4NjvuB50.
48 Charles Duhigg, »What Google Learned from Its Quest to Build the Perfect Team«, *New York Times Magazine*, 15.2.2016, https://www.nytimes.com/2016/02/28/magazine/what-google-learned-from-its-quest-to-build-the-perfect-team.html.
49 »State of the Global Workplace: 2022 Report«, Gallup, https://www.gallup.com/workplace/349484/state-of-the-global-workplace-2022-report.aspx#ite-393245.
50 »The Impact of Employee Engagement on Retention«, Oak Engagement, 20.4.2023, https://www.oak.com/blog/impact-of-employee-engagement-on-retention/.

11. Kritisches Feedback

1 Wikiquote zufolge lautet das Originalzitat allerdings wie folgt: »Es gibt nur einen Weg, der moralischen und physischen Hinrichtung zu entgehen: nichts tun, nichts sagen und nichts sein – versuche, unsichtbar zu bleiben, denn nur, wer nicht beachtet wird, lebt sicher.« Aus: Elbert Hubbard, *Little Journeys to the Homes of American Statesmen* (1898), https://en.wikiquote.org/wiki/Aristotle#Misattributed.

2 Mary C. Murphy & Stephanie L. Reeves, »Personal and Organizational Mindsets at Work«, *Research in Organizational Behavior* 39 (2019), https://doi.org/10.1016/j.riob.2020.100121; J. N. Belding, K. Z. Naufel & K. Fujita, »Using High-Level Construal and Perceptions of Changeability to Promote Self-Change Over Self-Protection Motives in Response to Negative Feedback«, *Personality and Social Psychology Bulletin*, 41 Nr. 6 (2015): 822–38, https://doi.org/10.1177/0146167215580776; David Nussbaum & Carol S. Dweck, »Defensiveness Versus Remediation: Self-Theories and Modes of Self-Esteem Maintenance«, *Personality and Social Psychology Bulletin* 34, Nr. 5 (5.3.2008): 599–612, https://doi.org/10.1177/0146167207312960; Y. Trope & E. Neter, »Reconciling Competing Motives in Self-Evaluation: The Role of Self-Control in Feedback Seeking«, *Journal of Personality and Social Psychology* 66, Nr. 4 (1994): 646–57, https://doi.org/10.1037/0022-3514.66.4.646.

3 »Sadie Lincoln Is Rewriting the Fitness Story – Thoughts on Movement, Community, Risk & Vulnerability, Episode 501«, Gespräch mit Rich Roll; »How I Built Resilience: Live with Sadie Lincoln«, Gespräch mit Guy Raz, *How I Built This*, 20.6.2020, https://www.npr.org/2020/06/18/880460529/how-i-built-resilience-live-with-sadie-lincoln.

4 Lisa Feldman Barrett, »The Theory of Constructed Emotion: An Active Inference Account of Interoception and Categorization«, *Social Cognitive and Affective Neuroscience* 12, Nr. 1 (Januar 2017): 1–23, https://doi.org/10.1093/scan/nsw154; Lisa Feldman Barrett, *Wie Gefühle entstehen: Eine neue Sicht auf unsere Emotionen* (Reinbek: Rowohlt, 2023).

5 »Sadie Lincoln Is Rewriting the Fitness Story«, Gespräch mit Rich Roll.

6 »All About Amygdala Hijack«, PsychCentral, https://psychcentral.com/health/amygdala-hijack.

7 »Sadie Lincoln Is Rewriting the Fitness Story«, Gespräch mit Rich Roll.

8 *Seinfeld*, Staffel 9, Folge 5, »The Junk Mail«, NBC, 30.10.1997.

9 *Eine Frage der Ehre*, Regie: Rob Reiner, Columbia Pictures/Castle Rock Entertainment/David Brown Productions, 1992.

10 Nussbaum & Dweck, »Defensiveness Versus Remediation«. Anmerkung: Ähnliche Ergebnisse zeigten sich auch in zwei weiteren Studien.

11 Jennifer A. Mangels, Brady Butterfield, Justin Lamb, Catherine Good & Carol S. Dweck, »Why Do Beliefs about Intelligence Influence Learning Success? A Social Cognitive Neuroscience Model«, *Social Cognitive and Affective Neuroscience* 1, Nr. 2 (1.9.2006): 75–86, https://doi.org/10.1093/scan/nsl013; Hans S. Schroder, Megan E. Fisher, Yanli Lin, Sharon L. Lo, Judith H. Danovitch & Jason S. Moser, »Neural Evidence for Enhanced Attention to Mistakes among School-Aged Children with a Growth Mindset«, *Developmental Cognitive Neuroscience* 24 (April 2017): 42–50, https://doi.org/10.1016/j.dcn.2017.01.004.

12 »The Rise, the Creative Process, and the Difference Between Mastery and Success, with Dr. Sarah Lewis«, Gespräch mit Brené Brown, *Dare to Lead*, 30.11.2020, https://brenebrown.com/podcast/brene-with-dr-sarah-lewis-on-the-rise-the-creative-process-and-the-difference-between-mastery-and-success/.

13 D. S. Yeager, H. Y. Lee & J. P. Jamieson, »How to Improve Adolescent Stress Responses: Insights from Integrating Implicit Theories of Personality and Biopsychosocial Models«, *Psychological Science* 27 (2016): 1078–91, https://doi.org/10.1177/0956797616649604; D. S. Yeager, K. H. Trzesniewski, K. Tirri, P. Nokelainen & C. S. Dweck,

»Adolescents' Implicit Theories Predict Desire for Vengeance After Peer Conflicts: Correlational and Experimental Evidence«, *Developmental Psychology* 47 (2011): 1090–7, https://doi.org/10.1037/a0023769; Weidong Tao, Dongchi Zhao, Huilan Yue, Isabel Horton, Xiuju Tian, Zhen Xu & Hong-Jin Sun, »The Influence of Growth Mindset on the Mental Health and Life Events of College Students«, *Frontiers in Psychology* 13 (2022), https://doi.org/10.3389/fpsyg.2022.821206; L. S. Blackwell, K. H. Trzesniewski & C. S. Dweck, »Implicit Theories of Intelligence Predict Achievement Across an Adolescent Transition: A Longitudinal Study and an Intervention«, *Child Development* 78, Nr. 1 (2007): 246–63, http://dx.doi.org/10.1111/j.1467-8624.2007.00995.x; R. W. Robins & J. L. Pals, »Implicit Self-Theories in the Academic Domain: Implications for Goal Orientation, Attributions, Affect, and Self-Esteem Change«, *Self and Identity* 1, Nr. 4 (2002): 313–36, https://doi.org/10.1080/15298860290106805; R. B. King, D. M. McInerney & D. A. Watkins, »How You Think About Your Intelligence Determines How You Feel in School: The Role of Theories of Intelligence on Academic Emotions«, *Learning and Individual Differences* 22, Nr. 6 (2002): 814–19. https://doi.org/10.1016/j.lindif.2012.04.005.

14 A. Rattan, K. Kroeper, R. Arnett, X. Brown & M. C. Murphy, »Not Such a Complainer Anymore: Confrontation that Signals a Growth Mindset Can Attenuate Backlash«, *Journal of Personality and Social Psychology* 124, Nr. 2 (2003): 344–61, https://doi.org/10.1037/pspi0000399.

15 Betsy Ng, »The Neuroscience of Growth Mindset and Intrinsic Motivation«, *Brain Sciences* 8, Nr. 2 (2018), https://doi.org/10.3390/brainsci8020020; Hans S. Schroder, Megan E. Fisher, Yanli Lin, Sharon L. Lo, Judith H. Danovitch & Jason S. Moser, »Neural Evidence for Enhanced Attention to Mistakes Among School-Aged Children with a Growth Mindset«, *Developmental Cognitive Neuroscience* 24 (April 2017): 42–50, https://doi.org/10.1016/j.dcn.2017.01.004; J. S. Moser, H. S. Schroder, C. Heeter, T. P. Moran & Y.-H. Lee, »Mind Your Errors: Evidence for a Neural Mechanism Linking Growth Mind-Set to Adaptive Posterror Adjustments«, *Psychological Science* 22 (2011): 1484–89, https://doi.org/10.1177/0956797611419520; H. S. Schroder, T. P. Moran, M. B. Donnellan & J. S. Moser, »Mindset Induction Effects on Cognitive Control: A Neurobehavioral Investigation«, *Biological Psychology* 103 (2014): 27–37, https://doi.org/10.1016/j.biopsycho.2014.08.004; Mangels et al., »Why Do Beliefs about Intelligence Influence Learning Success?«

16 Ebd.

17 Justin Kruger and David Dunning, »Unskilled and Unaware of It: How Difficulties in Recognizing One's Own Incompetence Lead to Inflated Self-Assessments«, *Journal of Personality and Social Psychology* 77, Nr. 6 (1999): 1121–34, https://doi.org/10.1037/0022-3514.77.6.1121.

18 Joyce Ehrlinger, Ainsley L. Mitchum & Carol S. Dweck, »Understanding Overconfidence: Theories of Intelligence, Preferential Attention, and Distorted Self-Assessment«, *Journal of Experimental Psychology* 63 (März 2016): 94–100, https://doi.org/10.1016/j.jesp.2015.11.001.

19 »The Rise, the Creative Process, and the Difference Between Mastery and Success, with Dr. Sarah Lewis«, Gespräch mit Brené Brown.

20 »Misty Copeland«, Gespräch mit Carly Zakin und Danielle Weisberg, 9 to 5ish, Apple Podcasts, https://podcasts.apple.com/us/podcast/misty-copeland-principal-dancer-american-ballet-theatre/id1345547675?i=1000493035612.

21 »Misty Copeland on Blackness and Ballet«, Gespräch mit Karen Hunter, *Urban View*, SiriusXM, https://www.youtube.com/watch?v=tgnVHGbnLDQ&t=4s.

22 *A Ballerina's Tale*, Regie: Nelson George, Urban Romances/Nice Dissolve/Rumble Audio, 2015.

23 »Misty Copeland«, Gespräch mit Carly Zakin and Danielle Weisberg.

24 Devon Elizabeth, »Misty Copeland Responds to ›Swan Lake‹ Performance Criticism«, *Teen VOGUE*, 28.3.2018, https://www.teenvogue.com/story/misty-copeland-responds-criticisms-swan-lake-performance.

25 »Jessica Hische«, Gespräch mit Debbie Millman, *Design Matters*, 2020, https://www.designmattersmedia.com/podcast/2020/Jessica-Hische.

26 Blackwell, Trzesniewski & Dweck, »Implicit Theories of Intelligence Predict Achievement Across an Adolescent Transition«; Carol S. Dweck & Ellen L. Leggett, »A Social-Cognitive Approach to Motivation and Personality«, *Psychological Review* 95, Nr. 2 (1988): 256–73, https://doi.org/10.1037/0033-295X.95.2.256; Nussbaum & Dweck, »Defensiveness Versus Remediation«.

27 John Mackey, Steve McIntosh & Carter Phipps, *Conscious Leadership: Elevating Humanity Through Business* (New York: Portfolio, 2020); »Whole Foods CEO John Mackey on Conscious Capitalism, Leadership and Win-Win-Win Thinking«, Gespräch mit Matt Bodner, *The Science of Success*, 8.9.2020, https://www.successpodcast.com/show-notes/2020/9/8/b-whole-foods-ceo-john-mackey-on-conscious-capitalism-leadership-and-win-win-win-thinking.

28 Claude Steele, Gespräch mit der Autorin, 9.7.2021; M.C. Murphy, V.J. Taylor & C.M. Steele, »Stereotype Threat: A Situated Theory of Social Cognition«, in: *Oxford Handbook of Social Cognition*, hrsg. von K. Hugenberg, K. Johnson & D. Carlston (New York: Oxford University Press, Neuauflage im Druck).

29 Ehrlinger et al., »Understanding Overconfidence«.

30 Geoffrey G. Cohen, Claude M. Steele & Lee Ross, »The Mentor's Dilemma: Providing Critical Feedback Across the Racial Divide«, *Personality and Social Psychology Bulletin* 25, Nr. 10 (Oktober 1999): 1302–18, https://doi.org/10.1177/0146167299258011.

31 Cohen et al., »The Mentor's Dilemma«; D.S. Yeager, V. Purdie-Vaughns, J. Garcia, N. Apfel, P. Brzustoski, A. Master, W.T. Hessert, M.E. Williams & G.L. Cohen, »Breaking the Cycle of Mistrust: Wise Interventions to Provide Critical Feedback Across the Racial Divide«, *Journal of Experimental Psychology* 142, Nr. 2 (2014): 804–24, https://doi.org/10.1037/a0033906; Joel Brockner and David K. Sherman, »Wise Interventions in Organizations«, *Research in Organizational Behavior* 39 (2019): 100–25, https://doi.org/10.1016/j.riob.2020.100125.

32 Yeager et al., »Breaking the Cycle of Mistrust«. In einer anderen Studie dieser Reihe gaben die Lehrkräfte ihren Schülerinnen und Schülern wiederum die Möglichkeit, ihre Aufsätze zu überarbeiten. Für diese Möglichkeit entschieden sich 71 Prozent der schwarzen Schülerinnen und Schüler in der Gruppe »Kluge Kritik«, aber nur 17 Prozent in der Standard-Gruppe. Doch nicht nur das: Auch die Qualität der überarbeiteten Aufsätze war höher. In der Gruppe »Kluge Kritik« konnten 88 Prozent der schwarzen Schülerinnen und Schüler ihre Note verbessern, was nur 34 Prozent in der Standard-Gruppe gelang. Die kluge Intervention war zudem besonders effektiv bei denjenigen schwarzen Schülerinnen und Schülern, die der Aussage »Ich werde von Lehrkräften und anderen Erwachsenen an meiner Schule fair behandelt« am wenigsten zustimmten. Mit anderen Worten, sie war am effektivsten, wenn das Vertrauen zuvor besonders schwach ausgeprägt war. Wenn die Lehrkräfte klarstellten, warum sie kritisches Feedback gaben, und Befürchtungen zerstreuten, dass sie schwarze Schülerinnen und Schüler aufgrund ihrer Hautfarbe negativ bewerteten, dann konnten diese mehr Vertrauen fassen, und dieses Vertrauen ermöglichte es ihnen, sich auf ihre Arbeit zu konzentrieren und so zu besseren Leistungen zu kommen.

33 »Kara Swisher«, Gespräch mit Carly Zakin and Danielle Weisberg, 9 to 5ish, Apple Podcasts, https://podcasts.apple.com/us/podcast/kara-swisher-host-pivot-sway-podcasts-co-founder-recode/id1345547675?i=1000503251587.

34 Ed Catmull mit Amy Wallace, *Die Kreativitäts-AG: Wie man die unsichtbaren Kräfte überwindet, die echter Inspiration im Wege stehen* (München: Hanser, 2014).

35 »Sadie Lincoln Is Rewriting the Fitness Story«, Gespräch mit Rich Roll.

36 »Fitbit: James Park«, Gespräch mit Guy Raz, *How I Built This*, 27.4.2020, https://www.npr.org/2020/04/22/841267648/fitbit-james-park.

37 Elizabeth, »Misty Copeland Responds to ›Swan Lake‹ Performance Criticism«.

38 K. Muenks, E.A. Canning, J. LaCosse, D.J. Green, S. Zirkel & J.A. Garcia, »Does

My Professor Think My Ability Can Change? Students' Perceptions of Their STEM Professors' Mindset Beliefs Predict Their Psychological Vulnerability, Engagement, and Performance in Class«, *Journal of Experimental Psychology: General* 149, Nr. 11 (2020): 2119–44, https://doi.org/10.1037/xge0000763; K. M. Kroeper, A. Fried & M. C. Murphy, »Toward Fostering Growth Mindset Classrooms: Identifying Teaching Behaviors that Signal Instructors' Fixed and Growth Mindset Beliefs to Students«, *Social Psychology of Education* 25 (2022): 371–98, https://doi.org/10.1007/s11218-022-09689-4; K. M. Kroeper, K. Muenks, E. A. Canning & M. C. Murphy, »An Exploratory Study of the Behaviors that Communicate Perceived Instructor Mindset Beliefs in College STEM Classrooms«, *Teaching and Teacher Education* 114, Nr. 4 (2022), https://doi.org/10.1016/j.tate.2022.103717.

39 »Faculty Success Program: Achieve Academic Success and Better Work–Life Balance«, https://www.facultydiversity.org/fsp-bootcamp.

12. Erfolge anderer

40 L. S. Blackwell, K. H. Trzesniewski & C. S. Dweck, »Implicit Theories of Intelligence Predict Achievement Across an Adolescent Transition: A Longitudinal Study and an Intervention«, *Child Development* 78, Nr. 1 (2007): 246–63, http://dx.doi.org/10.1111/j.1467-8624.2007.00995.x; Carol S. Dweck & Ellen L. Leggett, »A Social-Cognitive Approach to Motivation and Personality«, *Psychological Review* 95, Nr. 2 (1988): 256–73, https://doi.org/10.1037/0033-295X.95.2.256; F. Rhodewalt, »Conceptions of Ability, Achievement Goals, and Individual Differences in Self-Handicapping Behavior: On the Application of Implicit Theories«, *Journal of Personality* 62, Nr. 1 (1994): 67–85, http://dx.doi.org/10.1111/j.1467-6494.1994.tb00795.x; Carol S. Dweck, »Mindsets and Human Nature: Promoting Change in the Middle East, the Schoolyard, the Racial Divide, and Willpower«, *American Psychologist* 67, Nr. 8 (2012): 614–22, https://doi.org/10.1037/a0029783.

41 Ellen Daniell, *Every Other Thursday: Stories and Strategies from Successful Women Scientists* (New Haven, CT: Yale University Press, 2008).

42 *30 for 30*, Staffel 1, Folge 15, »Unmatched (Evert & Navratilova)«, Disney-ESPN, 14.9.2010, https://www.youtube.com/watch?v=7eDGNAw97XM&t=62s.

43 Greg Logan, »Muhammad Ali vs. Joe Frazier: A Brutal Trilogy«, *Newsday*, 4.6.2016, https://www.newsday.com/sports/boxing/muhammad-ali-vs-joe-frazier-a-brutal-trilogy-v59775.

44 *30 for 30*, »Unmatched (Evert & Navratilova)«, Disney-ESPN.

45 J. A. Allen, »Queens of the Court: Chris Evert, Never Count Out the ›Ice Maiden‹«, *Sports Then and Now*, 20.12.2009, http://sportsthenandnow.com/2009/12/20/queens-of-the-court-chris-evert-never-count-out-the-ice-maiden/.

46 *30 for 30*, »Unmatched (Evert & Navratilova)«, Disney-ESPN.

47 Mary C. Murphy & Stephanie L. Reeves, »Personal and Organizational Mindsets at Work«, *Research in Organizational Behavior* 39 (2019), https://doi.org/10.1016/j.riob.2020.100121; K. M. Kroeper, A. Fried & M. C. Murphy, »Toward Fostering Growth Mindset Classrooms: Identifying Teaching Behaviors that Signal Instructors' Fixed and Growth Mindset Beliefs to Students«, *Social Psychology of Education* 25 (2022): 371–98, https://doi.org/10.1007/s11218-022-09689-4; K. M. Kroeper, K. Muenks, E. A. Canning & M. C. Murphy, »An Exploratory Study of the Behaviors that Communicate Perceived Instructor Mindset Beliefs in College STEM Classrooms«, *Teaching and Teacher Education* 114, Nr. 4 (2022), https://doi.org/10.1016/j.tate.2022.103717; Melissa A. Fuesting, Amanda B. Diekman, Kathryn L. Boucher, Mary C. Murphy, Dana L. Manson & Brianne L. Safer, »Growing STEM: Perceived Faculty Mindset as an Indicator of Communal Affordances in STEM«, *Journal of Personality and Social Psychology* 117, Nr. 2 (2019): 260–81, https://doi.org/10.1037/pspa0000154; K. L. Boucher, M. A. Fuesting, A. Diekman & M. C. Murphy, »Can I Work With and Help Others in the Field? How

Communal Goals Influence Interest and Participation in STEM Fields«, *Frontiers in Psychology* 8 (2017), https://doi.org/10.3389/fpsyg.2017.00901.

48 Alisa Chang, »Runner Tells Herself ›Just Show Up for One More Mile‹ – and Wins the Boston Marathon«, *NPR*, 17.4.2018, https://www.npr.org/2018/04/17/603189901/runner-tells-herself-just-show-up-for-one-more-mile-and-wins-the-boston-marathon.

49 Sarah Lorge Butler & Erin Strout, »Behind the Scenes of Desiree Linden's Incredible Boston Marathon Win«, *Runner's World*, 1.5.2018, https://www.runnersworld.com/news/a20087622/behind-the-scenes-of-desiree-lindens-incredible-boston-marathon-win/.

50 Chang, »Runner Tells Herself ›Just Show Up for One More Mile‹«.

51 Lindsay Crouse, »How the ›Shalane Flanagan Effect‹ Works«, *New York Times*, 11.11.2017, https://www.nytimes.com/2017/11/11/opinion/sunday/shalane-flanagan-marathon-running.html.

52 Patrick J. Kiger, »6 Key Inventions by Thomas Edison«, *History*, 6.3.2020, https://www.history.com/news/thomas-edison-inventions.

53 Der Erfinder stützte sich auf Dutzende sogenannter Lakaien – seine Bezeichnung für die vielen gut ausgebildeten Männer, die 55 Stunden pro Woche oder mehr zu unterdurchschnittlichen Löhnen arbeiteten, um Edisons Ideen in die Tat umzusetzen. Manche von ihnen beschrieben die Arbeit für ihn als inspirierend, doch er war auch dafür bekannt, kritisch und tyrannisch zu sein. Ein Lakai bemerkte, dass sein Chef einen »mit seinem beißenden Sarkasmus beschämen oder mit seinem Spott vernichten« konnte. Manche Menschen sagen, dass Edisons Talent neben seiner unbestreitbaren Fähigkeit, Probleme zu lösen, darin bestand, ein Team aus hoch engagierten Angestellten zu rekrutieren. Doch Edison scheint als Führungskraft ein dunkles Charisma versprüht zu haben, und sein Labor in Menlo Park war eine Geniekultur. »The Gifted Men Who Worked for Edison«, National Park Service, https://www.nps.gov/edis/learn/kidsyouth/the-gifted-men-who-worked-for-edison.htm.

54 »The Gifted Men Who Worked for Edison«, National Park Service.

55 Tom McNichol, *AC/DC: The Savage Tale of the First Standards War* (New York: Jossey-Bass, 2013).

56 *American Genius*, Staffel 1, Folge 8, »Edison vs Tesla«, National Geographic, 22.6.2015.

57 McNichol, *AC/DC*.

58 Steve Bates, »Forced Ranking«, *HR Magazine*, 1.6.2003, https://www.shrm.org/hr-today/news/hr-magazine/pages/0603bates.aspx.

59 Jack Welch, »Rank-and-Yank? That's Not How It's Done«, Strayer University, 12.4.2018, https://jackwelch.strayer.edu/winning/rank-yank-differentiation/.

60 Arwa Mahdawi, »30 Under 30-Year Sentences: Why So Many of Forbes' Young Heroes Face Jail«, *Guardian*, 7.4.2023, https://www.theguardian.com/business/2023/apr/06/forbes-30-under-30-tech-finance-prison.

61 Jack Welch, »Rank-and-Yank? That's Not How It's Done«.

62 Juli Fraga, »The Opposite of Schadenfreude Is Freudenfreude. Here's How to Cultivate It«, *New York Times*, 25.11.2022, https://www.nytimes.com/2022/11/25/well/mind/schadenfreude-freudenfreude.html.

63 »Fun: What the Hell Is It and Why Do We Need It?«, Gespräch mit Glennon Doyle, *We Can Do Hard Things*, 1.6.2021, https://mo mastery.com/blog/episode-04/.

64 Chris Prentice & Pete Schroeder, »Former Wells Fargo Exec Faces Prison, Will Pay $17 Million Fine Over Fake Accounts Scandal«, Reuters, 15.3.2023, https://www.reuters.com/legal/former-wells-fargo-executive-pleads-guilty-obstructing-bank-examination-fined-17-2023-03-15/.

65 Margaret Heffernan, *A Bigger Prize: How We Can Do Better than the Competition* (Philadelphia: PublicAffairs, 2014); Sarah Childress and Gretchen Gavett, »The News Corp. Phone-Hacking Scandal: A Cheat Sheet«, *Frontline*, 24.7.2012, https://www.pbs.org/wgbh/frontline/article/the-news-corp-phone-hacking-scandal-a-cheat-sheet/.

66 Jamie Fiore Higgins, *Bully Market: My Story of Money and Misogyny at Goldman Sachs* (New York: Simon & Schuster, 2022).
67 Kurt Eichenwald, »Microsoft's Lost Decade«, *Vanity Fair*, 24.7.2012, https://www.vanityfair.com/news/business/2012/08/microsoft-lost-mojo-steve-ballmer.
68 Ebd.
69 »*Supposing Microsoft*: Eichenwald, »Microsoft's Lost Decade«.
70 Peter Cohan, »Why Stacked Ranking Worked Better at GE than Microsoft«, *Forbes*, 13.7.2012, https://www.forbes.com/sites/petercohan/2012/07/13/why-stack-ranking-worked-better-at-ge-than-microsoft/?sh=62c989d23236.
71 Margaret Heffernan, »Forget the Pecking Order at Work«, TEDWomen 2015, Mai 2015, https://www.ted.com/talks/margaret_heffernan_forget_the_pecking_order_at_work.
72 »The Moment of Lift with Melinda French Gates«, Gespräch mit Brené Brown, *Unlocking Us*, 20.1.2021, https://brenebrown.com/podcast/brene-with-melinda-gates-on-the-moment-of-lift/.
73 Frances Frei, »How to Build (and Rebuild) Trust«, TED2018, April 2018, https://www.ted.com/talks/frances_frei_how_to_build_and_rebuild_trust#t-848544.
74 »The Moment of Lift with Melinda French Gates«, Gespräch mit Brené Brown.
75 Mary C. Murphy & Carol S. Dweck, »A Culture of Genius: How an Organization's Lay Theory Shapes People's Cognition, Affect, and Behavior«, *Personality and Social Psychology Bulletin* 36, Nr. 3 (Oktober 2009): 283–96, https://doi.org/10.1177/0146167209347380; Elizabeth A. Canning, Katherine Muenks, Dorainne J. Green & Mary C. Murphy, »STEM Faculty Who Believe Ability Is Fixed Have Larger Racial Achievement Gaps and Inspire Less Student Motivation in Their Classes«, *Science Advances* 5, Nr. 2 (15.2.2019), https://doi.org/10.1126/sciadv.aau4734; K. Muenks, E. A. Canning, J. LaCosse, D. J. Green, S. Zirkel & J. A. Garcia, »Does My Professor Think My Ability Can Change? Students' Perceptions of Their STEM Professors' Mindset Beliefs Predict Their Psychological Vulnerability, Engagement & Performance in Class«, *Journal of Experimental Psychology: General* 149, Nr. 11 (2020): 2119–44, https://doi.org/10.1037/xge0000763; Elizabeth A. Canning, Mary C. Murphy, Katherine T. U. Emerson, Jennifer A. Chatman, Carol S. Dweck & Laura J. Kray, »Cultures of Genius at Work: Organizational Mindsets Predict Cultural Norms, Trust, and Commitment«, *Personality and Social Psychology Bulletin* 46, Nr. 4 (2020): 626–42; L. Bian, S. Leslie, M. C. Murphy & A. Cimpian, »Messages about Brilliance Undermine Women's Interest in Educational and Professional Opportunities«, *Journal of Experimental Social Psychology* 76 (Mai 2018): 404–20, https://doi.org/10.1016/j.jesp.2017.11.006; Fuesting et al., »Growing STEM: Perceived Faculty Mindset as an Indicator«; Elizabeth A. Canning, Elise Ozier, Heidi E. Williams, Rashed AlRasheed & Mary C. Murphy, »Professors Who Signal a Fixed Mindset about Ability Undermine Women's Performance in STEM«, *Social Psychological and Personality Science* 13, Nr. 5 (2022): 927–37, https://doi.org/10.1177/19485506211030398; J. LaCosse, M. C. Murphy, J. A. Garcia & S. Zirkel, »The Role of STEM Professors' Mindset Beliefs on Students' Anticipated Psychological Experiences and Course Interest«, *Journal of Educational Psychology* 113 (2021): 949–71, https://doi.org/10.1037/edu0000620.
76 Anita Williams Woolley, Christopher F. Chabris, Alex Pentland, Nada Hashmi & Thomas W. Malone, »Evidence for a Collective Intelligence Factor in the Performance of Human Groups«, *Science* 330, Nr. 6004 (30.9.2010): 686–88, https://doi.org/10.1126/science.1193147.
77 Catmull und Wallace, *Die Kreativitäts-AG*.
78 Linda L. Carli and Alice H. Eagly, »Gender and Leadership«, in: *The SAGE Handbook of Leadership*, hrsg. von Alan Bryman, David L. Collinson, Keith Grint, Brad Jackson & Mary Uhl-Bien (New York: SAGE Publications, 2011), 103–17.
79 Paola Cecchi-Dimeglio, »How Gender Bias Corrupts Performance Reviews, and

What to Do About It«, *Harvard Business Review*, 12.4.2017, https://hbr.org/2017/04/how-gender-bias-corrupts-performance-reviews-and-what-to-do-about-it.
80 Jeff Miller, »Bozoma Saint John Explains Why She Left Uber«, Yahoo! Entertainment, 13.3.2019, https://www.yahoo.com/entertainment/endeavor-bozoma-saint-john-leaving-210150391.html.
81 Murphy & Dweck, »A Culture of Genius«; Kroeper et al., »Toward Fostering Growth Mindset Classrooms«; Kroeper et al., »An Exploratory Study of the Behaviors«; Bian et al., »Messages about Brilliance«; Murphy & Reeves, »Personal and Organizational Mindsets at Work«.
82 Fuesting et al., »Growing STEM: Perceived Faculty Mindset as an Indicator«; LaCosse et al., »The Role of STEM Professors' Mindset Beliefs«; Muenks et al., »Does My Professor Think My Ability Can Change?«; Bian et al., »Messages about Brilliance«.
83 Fuesting et al., »Growing STEM: Perceived Faculty Mindset as an Indicator«; Boucher et al., »Can I Work With and Help Others«; Murphy & Reeves, »Personal and Organizational Mindsets at Work«.
84 Rochelle Riley, »Trio's Boys-to-Men Journey Leads to Successful Careers as Doctors«, *Detroit Free Press*, 16.12.2018, https://www.freep.com/story/news/columnists/rochelle-riley/2018/12/16/riley-doctors-overcome-odds/2324825002/.
85 »Diversity in Medicine: Facts and Figures 2019«, Association of American Medical Colleges, https://www.aamc.org/data-reports/workforce/data/figure-18-per centage-all-active-physicians-race/ethnicity-2018.
86 Riley, »Trio's Boys-to-Men Journey Leads to Successful Careers as Doctors«.
87 Amy Edmonson, *Die angstfreie Organisation: Wie Sie psychologische Sicherheit am Arbeitsplatz für mehr Entwicklung, Lernen und Innovation schaffen* (München: Vahlen, 2020).
88 Heffernan, *A Bigger Prize*.
89 Studierende an der Cornell University verspüren womöglich einen zusätzlichen Druck, sich um jeden Preis beweisen zu müssen. Cornell ist zweifellos eine der Spitzenuniversitäten, doch in manchen Kreisen gilt ihr Rang als gefährdet. Da heißt es, sie verdiene am wenigsten die Bezeichnung »Ivy League School« [der sogenannten Ivy League gehören die acht prestigeträchtigsten US-Universitäten an; A. d. Ü.] oder sei sogar »Fake Ivy«. Eine Reihe von Faktoren wird zur Begründung angeführt, von der höheren Aufnahmequote über die höhere Studierendenzahl bis hin zum geringen Alter der Universität im Vergleich zu den anderen Mitgliedern der Ivy League. Hinzu kommt, dass einige Schülerinnen und Schüler mit Bestnoten, die sich in Harvard oder Yale bewerben, sich zusätzlich an der Cornell University bewerben, um eine Ausweichmöglichkeit im Falle einer Absage zu haben. So kommt es, dass manche Studierende Cornell als eine Form des Scheiterns betrachten, obwohl für die allermeisten Menschen eine Zusage von Cornell ein riesiger Erfolg wäre.
90 Cornell besitzt eine der weltweit führenden Abteilungen für Gesundheitsvorsorge. Diese wurde von der Universitätsleitung mit einer Kampagne beauftragt, die darauf abzielte, die psychische Gesundheit der Studierenden zu verbessern. Im Zuge dessen wurde die Belegschaft der CAPS (der für gesundheitliche und psychologische Beratung zuständigen Einrichtung) aufgestockt und die Kampagne selbst mit einem zusätzlichen Budget von 2,5 Millionen Dollar ausgestattet.
91 Nemanja Petkovic, »Top 25 Mental Health Statistics«, Health Careers, 12.5.2020, https://healthcareers.co/college-student-mental-health-statistics/.
92 Ebd.
93 »Average Daily Time Spent on Social Media«, Broadband Search, https://www.broadbandsearch.net/blog/average-daily-time-on-social-media.
94 *Das Dilemma mit den sozialen Medien*, Regie: Jeff Orlowski-Yang, Exposure Labs/Argent Pictures/The Space Program, 2020.
95 Judith B. White, Ellen J. Langer, Leeat Yariv & John C. Welch IV, »Frequent Social Comparisons and Destructive Emotions and Behaviors: The Dark Side of Social Com-

parison«, *Journal of Adult Development* 13, Nr. 1 (2006): 36–44, https://doi.org/10.1007/s10804-006-9005-0. Eine in derselben Zeitschrift veröffentlichte Studie zeigt, dass Polizeibeamte, die oft soziale Vergleiche anstellten, auch mehr gruppenbezogene Vorurteile hatten und weniger Arbeitszufriedenheit bekundeten.

96 Fuesting et al., »Growing STEM: Perceived Faculty Mindset as an Indicator«; Canning et al., »STEM Faculty Who Believe Ability Is Fixed«; Muenks et al., »Does My Professor Think My Ability Can Change?«; David S. Yeager, Jamie M. Carroll, Jenny Buontempo, Andrei Cimpian, Spencer Woody, Robert Crosnoe, Chandra Muller, Jared Murray, Pratik Mhatre, Nicole Kersting, Christopher Hulleman, Molly Kucym, Mary Murphy, Angela Lee Duckworth, Gregory M. Walton & Carol S. Dweck, »Teacher Mindsets Help Explain Where a Growth-Mindset Intervention Does and Doesn't Work«, *Psychological Science* 33, Nr. 1 (2022): 18–32, https://doi.org/10.1177/09567976211028984; Canning et al., »Professors Who Signal a Fixed Mindset«; Bian et al., »Messages about Brilliance«; K. Boucher, M. C. Murphy, D. Bartel, J. Smail, C. Logel & J. Danek, »Centering the Student Experience: What Faculty and Institutions Can Do to Advance Equity«, *Change: The Magazine of Higher Learning* 53 (2021): 42–50, https://doi.org/10.1080/00091383.2021.1987804; LaCosse et al., »The Role of STEM Professors' Mindset Beliefs«; Mary Murphy, Stephanie Fryberg, Laura Brady, Elizabeth Canning & Cameron Hecht, »Global Mindset Initiative Paper 1: Growth Mindset Cultures and Teacher Practices«, *Growth Mindset Cultures and Practices* (27.8.2021), http://dx.doi.org/10.2139/ssrn.3911594.

97 *Itzhak Perlman – Ein Leben für die Musik*, Regie: Alison Chernick, American Masters Pictures, 2018.

98 »Toby's Dream«, Perlman Music Program, https://www.perlmanmusicprogram.org/about-pmp.

99 »Itzhak Perlman Teaches Violin«, MasterClass, https://www.masterclass.com/classes/itzhak-perlman-teaches-violin.

100 Jim Blascovich und Wendy Berry Mendes, »Challenge and Threat Appraisals: The Role of Affective Cues«, in: *Feeling and Thinking: The Role of Affect in Social Cognition*, hrsg. von Joseph P. Forgas (Cambridge: Cambridge University Press, 1999), 59–81, https://books.google.com/books?hl=en&lr=&id=PSi-U9wsJ13QC&oi=fnd&pg=PA59&dq=challenge+and+threat+appraisals&ots=ekJs1I-uyUL&sig=RUndkRkiwgeTyewnTWpl1hL7DOI#v=onepage&q=challenge%20and%20threat%20appraisals&f=false. In einer ihrer Studien versetzten Blascovich und Mendes ihre Teilnehmerinnen und Teilnehmer in einen Herausforderungs- oder einen Bedrohungszustand, indem sie sie einer Version des Trier Sozialer Stress Tests (TSST) aussetzen, der in der Regel als stressvoll empfunden wird. Dabei muss man eine Rede ausarbeiten und halten und in Gegenwart eines Publikums, das einen sozial bewertet, auf ein schwieriges mathematisches Problem eingehen – klingt nicht gerade lustig! Doch zuerst mussten die Teilnehmenden sich Anweisungen von einem Tonband anhören. Um den Herausforderungszustand herbeizuführen, hieß es da, sie sollten »ihr Bestes geben und ihre Aufgabe als etwas betrachten, das man lösen kann«. Um den Bedrohungszustand auszulösen, erfuhren die Teilnehmenden, dass es sich um eine Pflichtaufgabe handele und ihre Leistung bewertet würde. Dann erhielten sie eine Reihe von Matheaufgaben, und die Forscher überprüften die Herzfrequenz und den Blutdruck der Teilnehmenden. Während ihrer Arbeit an den Matheaufgaben zeigten beide Gruppen einen ähnlichen Anstieg der Herzfrequenz, doch ihr Blutfluss wich voneinander ab. Bei den Teilnehmenden, die sich in der Herausforderungssituation befanden, durchströmte das Blut den gesamten Körper – ein ähnliches Herz-Kreislauf-Verhalten wie bei einer Aerobic-Übung. Diese Reaktion spiegelt eine »effiziente Mobilisierung von Energie« wider, um mit der stressvollen Situation umzugehen. Doch bei den Teilnehmenden, die in eine Bedrohungssituation versetzt worden waren, passierte das Gegenteil: Ihr Körper lenkte den Blutfluss weg von den Extremitäten und hin zur Körpermitte. Die physiologische Reaktion unseres Körpers angesichts von Herausforderungen entspricht also im Wesentlichen der Vorbereitung auf eine Leistung, während er sich angesichts von Bedrohungen für einen Überlebenskampf rüstet. Doch über die physiologischen Reaktionen hinaus beeinflussten Herausforderungen und Bedrohungen auch die kognitiven Fähigkeiten. Die Mitglieder der Bedrohungsgruppe bearbeiteten weniger Aufgaben und lösten weniger von diesen korrekt. Wenn wir uns in unserem dynamischen Mindset befinden, erkennen wir, welche Strategien und Ressourcen uns zur Bewältigung herausfordernder und stressvoller Situationen zur Verfügung stehen, und wir setzen sie so ein, wie es die Situation erfordert. Befinden wir uns hingegen in unserem starren Mindset, dann geraten wir mit viel höherer Wahrscheinlichkeit in einen Bedrohungszustand – der letztlich unser körperliches Wohlbefinden und unsere geistige Leistungsfähigkeit untergräbt. Interessant ist zudem, dass laut Blascovich und Mendes nicht entscheidend ist, ob wir uns der Bewertung durch andere bewusst sind.

101 Daniell, *Every Other Thursday*.

102 Ein weiterer Nutzen der Bezugsgruppe im Hinblick auf die Erfolge anderer besteht darin, dass wir uns dort verletzlich zeigen und offen zugeben können, an wem wir uns gemessen haben und wie der Erfolg dieser Person uns beeinflusst.

103 Miller, »Bozoma Saint John Explains Why She Left Uber«.

104 Kendra Cherry, »Actor–Observer Bias in Social Psychology,« *Verywell Mind*, 1.4.2022, https://www.verywellmind.com/what-is-the-actor-observer-bias-2794813.

105 *Teamistry*, Atlassian, https://www.atlassian.com/blog/podcast/teamistry/season/season-1.

106 »Itzhak Perlman Teaches Violin«, MasterClass.

107 Simon Sinek, »How Having the Right Kind of Rival Can Help You Thrive in a Changing World«, TED, 15.10.2019, https://ideas.ted.com/how-having-the-right-kind-of-rival-can-help-you-thrive-in-a-changing-world/.

108 Daniell, *Every Other Thursday*.

Ausklang

109 Humberto R. Maturana & Francisco J. Varela, *Der Baum der Erkenntnis: Die biologischen Wurzeln menschlichen Erkennens* (Frankfurt/M.: Fischer, 2009); S. Hirata, K. Watanabe & M. Kawai. »›Sweet-Potato Washing‹ Revisited,« in: *Primate Origins of Human Cognition and Behavior*, hrsg. von T. Matsuzawa (New York: Springer-Verlag, 2001); Tetsuro Matsuzawa, »Sweet Potato Washing Revisited: 50th Anniversary of the *Primates* Article,« *Primates* 56 (2015): 285–87, https://doi.org/10.1007/s10329-015-0492-0.